高等职业教育“互联网+”新形态一体化教材

PLC应用技术(S7-1200)

第2版

主　编　陈　丽　程德芳
副主编　韩会山　靳晨聪
参　编　于　娜　杨志方　蒙文强

机械工业出版社

本书以西门子 S7－1200 PLC 的应用为主线，系统地介绍了 S7－1200 PLC 的组成、工作原理、指令系统、编程方法、组态技术和以太网通信技术；深入浅出地介绍了 PLC 的输入、输出单元的内部电路特点，接口电路的设计方法，控制程序设计与调试方法，项目设计开发过程等。本书内容包括初识西门子 S7－1200 PLC、西门子 S7－1200 PLC 控制指示灯、西门子 S7－1200 PLC 控制电动机、西门子 S7－1200 PLC 人机界面的监控、西门子 S7－1200 PLC 运动控制、西门子 S7－1200 PLC 流程控制及西门子 S7－1200 PLC 的以太网通信 7 个项目，包含 20 个任务。通过这 20 个任务的学习，学生不仅可以掌握有关 S7－1200 PLC 的基础理论知识、提高实际操作技能，还能培养科学严谨、精益求精的工匠精神和团队协作精神。

本书适合作为高职高专院校电气自动化技术、机电一体化技术等机电类专业的教材，也可作为其他相关专业和工程技术人员学习 PLC 技术的参考书。

为方便教学，本书配有电子课件、模拟试卷、微课、动画、技能操作视频及仿真等，凡选用本书作为授课教材的学校，均可登录机械工业出版社教育服务网（www.cmpedu.com）免费下载。咨询电话：010-88379375；电子邮箱：cmpgaozhi@sina.com。

图书在版编目（CIP）数据

PLC 应用技术：S7－1200/陈丽，程德芳主编．—2 版．—北京：机械工业出版社，2023.10（2024.8 重印）
高等职业教育“互联网＋”新形态一体化教材
ISBN 978-7-111-74019-3

Ⅰ.①P… Ⅱ.①陈… ②程… Ⅲ.①PLC 技术-高等职业教育-教材 Ⅳ.①TM571.61

中国国家版本馆 CIP 数据核字（2023）第 190906 号

机械工业出版社（北京市百万庄大街 22 号　邮政编码 100037）
策划编辑：王宗锋　　责任编辑：王宗锋
责任校对：闫玥红　　封面设计：鞠　杨
责任印制：刘　媛
北京中科印刷有限公司印刷
2024 年 8 月第 2 版第 2 次印刷
189mm×260mm · 15.25 印张 · 349 千字
标准书号：ISBN 978-7-111-74019-3
定价：49.00 元

电话服务	网络服务
客服电话：010-88361066	机　工　官　网：www.cmpbook.com
010-88379833	机　工　官　博：weibo.com/cmp1952
010-68326294	金　　书　　网：www.golden-book.com
封底无防伪标均为盗版	机工教育服务网：www.cmpedu.com

前 言

为了贯彻落实《国家职业教育改革实施方案》，深化职业教育"三教"改革，深入实施科教兴国战略，为培养出一大批结构合理、素质优良的自动化类专业复合型创新人才助力，结合高等职业院校的教学要求和办学特色，我们编写了本书。

本书主要体现了如下特色：

1. 思政沁润，培育德才兼备英才

本书对接可编程控制系统集成及应用职业技能等级标准、自动化类专业教学标准及 PLC 控制系统的设计装调标准，潜移默化地进行安全、规范、节约、质量意识的培养；通过设计、装调 PLC 控制系统的反复实践，注重提升学生的工匠精神和创新精神；坚持立德树人、五育并举的思路，进而培育德才兼备的装备制造产业人才。

2. 遵循规律，凸显工程应用特色

一是遵循规律，虚实结合追求普适。本书的编写遵循职业教育教学规律和人才成长规律。书中的项目来源于企业实际应用，学生兴趣浓、学习积极性高。西门子 S7-1200 系列 PLC 应用范围广，有相应的仿真软件 PLCSIM，可虚实结合。当无 PLC 硬件时，学习者也可以进行程序的调试，降低了学习门槛，通俗易学，具有较好的可迁移性。

二是实干笃行，打造数字信息资源。以微课、动画、操作视频、仿真视频、课件、文本等丰富的数字化、工程化资源作为支撑，构建新形态的立体化课程资源。采用动画或仿真视频直观展示工程控制对象的动作过程及指令执行的过程；利用屏幕录像来演示、讲解工程软件操作；通过拍摄录像、制作动画来展示实际操作；以微课方式讲解工程系统工作原理；使用工程仿真软件来模拟实训模型，验证设计。

三是学思践悟，培养现场工程能力。将在线资源和课堂教学进行整体化设计，将理论教学、实践操作和综合设计训练有机结合，将硬件组态与软件设计相结合，以电动机控制、人机界面的监控、运动控制、流程控制等企业真实的案例作为项目任务，由简单到复杂，将知识点和技能点紧密结合，将设计过程完整再现，在项目开发过程中培养学生的现场工程应用能力，突出了工程应用特色。

3. 产教融合，打造混编撰写团队

本书由"PLC 控制系统编程与实现"国家精品课、国家在线精品课程主讲教师团队，按照职业成长规律，精心选取实践项目。西门子（中国）有限公司工程师蒙文强、崔玉龙和沧州惠邦机电产品制造有限责任公司工程师昝亮亮等作为课程团队成员为本书的编写提供了企业案例和技术资料。

4. 科学合理，编排教材内容结构

"一化两式"结构设计。根据工程实际，本书包含 7 个项目，难度递进。每个项目由若干任务组成，每个任务均设置任务描述、任务目标、相关知识、任务实施、任务拓展等环节。本书结构模块化设计，项目难度递进式增加，任务步骤循环式实施。

“三层架构”内容编排。实施“一主线，七项目，二十任务”的三层架构，以西门子 S7－1200 系列可编程序控制器的应用为主线。由初识西门子 S7－1200 PLC、西门子 S7－1200 PLC 控制指示灯、西门子 S7－1200 PLC 控制电动机、西门子 S7－1200 PLC 人机界面的监控、西门子 S7－1200 PLC 运动控制、西门子 S7-1200 PLC 流程控制、西门子 S7－1200 PLC 的以太网通信共 7 个项目组成，包含 20 个任务。

本书由陈丽、程德芳任主编，韩会山、靳晨聪任副主编。具体分工如下：陈丽制订编写大纲，并编写项目 2；程德芳编写项目 6 和项目 7；韩会山编写项目 5；靳晨聪编写项目 4；于娜编写项目 1 中的任务 2 和任务 3；杨志方编写项目 3；蒙文强编写项目 1 中的任务 1。在编写过程中，编者参考了大量的相关文献资料，在此对相关作者深表谢意。

由于编者水平有限，书中难免存在疏漏与不足之处，恳请读者批评指正。

编　者

二维码清单

序号	名称	图形	页码	序号	名称	图形	页码
1	PLC 硬件结构		1	10	工作任务书　用多个开关控制照明灯		32
2	工作任务书　S7－1200 PLC 的外部接线		9	11	触发器指令		32
3	博途 TIA		10	12	边沿检测指令		33
4	工作任务书　三相异步电动机点动控制		22	13	工作任务书　抢答器自动控制		36
5	数据类型		23	14	定时器		36
6	寻址方式		23	15	工作任务书　霓虹灯自动控制		42
7	工作任务书　S7－1200 PLC 的控制过程		26	16	计数器指令		43
8	触点与线圈指令		28	17	计数器指令应用		45
9	置位复位指令		30	18	工作任务书　展厅人数指示自动控制		48

（续）

序号	名称	图形	页码	序号	名称	图形	页码
19	比较指令及其应用		49	29	移位指令		107
20	工作任务书 电子密码锁自动控制		53	30	循环移位指令		108
21	接触器-继电器编程方法		56	31	工作任务书 任意位频率可选的彩灯循环显示控制		114
22	工作任务书 三相异步电动机往返运动控制		60	32	光电编码器		115
23	定时器指令的应用		61	33	高速计数器指令		116
24	工作任务书 三相交流异步电动机的星-三角减压启动控制		67	34	工作任务书 基于平均值计算的 PLC 距离测量显示控制		125
25	程序控制指令		68	35	S7-1200 运动控制指令		128
26	工作任务书 多台电动机顺序软启动、软停止控制		78	36	脉冲串输出 PTO 控制方式		128
27	S7-1200 PLC 和 HMI 项目的建立		82	37	步进电动机驱动控制		140
28	工作任务书 人行道的交通信号灯控制		106	38	工作任务书 电动阀门自动控制		154

（续）

序号	名称	图形	页码	序号	名称	图形	页码
39	S120 运动控制系统		155	45	工作任务书　密闭小空间 PID 温度控制系统		205
40	工作任务书　机械手分拣控制系统		172	46	两台 S7－1200 PLC 之间以太网通信		206
41	G120 变频器及其调试		175	47	工作任务书　两台 S7－1200 PLC 的 TCP 通信系统		225
42	工作任务书　工业搅拌控制系统		189	48	S7－1200 PLC 与组态王的通信		226
43	PID 控制器组态及其调试方法		193	49	工作任务书　自动送料小车控制系统		234
44	转换指令		198				

目　录

项目1

初识西门子S7-1200 PLC

可编程序控制器（Programmable Logic Controller，PLC）是以微处理器为核心的通用工业控制装置，是在继电器-接触器基础上发展起来的。随着现代工业生产自动化水平的日益提高及微电子技术的迅猛发展，当今的 PLC 已将微型计算机技术、控制技术及通信技术融为一体，是当代工业生产自动化的重要支柱。

西门子 S7－1200 PLC 是一种模块化的小型 PLC，功能强大，使用灵活，可用于控制各种各样的设备，以满足用户的自动化需求。S7－1200 PLC 设计紧凑、组态灵活，具有功能强大的指令集，这些特点的组合使它成为控制各种应用的完美解决方案。

任务1　S7－1200 PLC 的硬件结构及性能认知

任务描述

本任务从 S7－1200 PLC 的硬件结构及性能入手，分析 S7－1200 PLC 的原理、结构及性能特点，为完成后续各项任务打下基础。

任务目标

1）了解 S7－1200 PLC 的硬件结构及各部件的作用。

2）熟悉 S7－1200 PLC 端子接线。

相关知识

PLC硬件结构

1. 基本知识

（1）S7－1200 PLC 的硬件结构组成　S7－1200 PLC（如图 1-1 所示）主要由 CPU 模块、信号模块、通信模块、精简系列面板和编程软件组成，各种模块安装在标准 DIN 导轨上。S7－1200 PLC 的硬件组成具有高度的灵活性，用户可以根据自身需求确定 PLC 的结构，系统扩展十分方便。

1）CPU 模块。S7－1200 PLC 的 CPU 模块将微处理器、电源、数字量输入/输出电路、模拟量输入/输出电路、PROFINET 以太网接口、高速运动控制功能组合到一个设计紧凑的外壳中。每块 CPU 内可以安装一块信号板（如图 1-2 所示），安装以后不会改变 CPU 的外形和体积。

微处理器相当于人的大脑和心脏，它不断地采集输入信号、执行用户程序、刷新系统的输出，并用存储器存储程序和数据。图 1-3 所示为 CPU 模块的内部结构图。

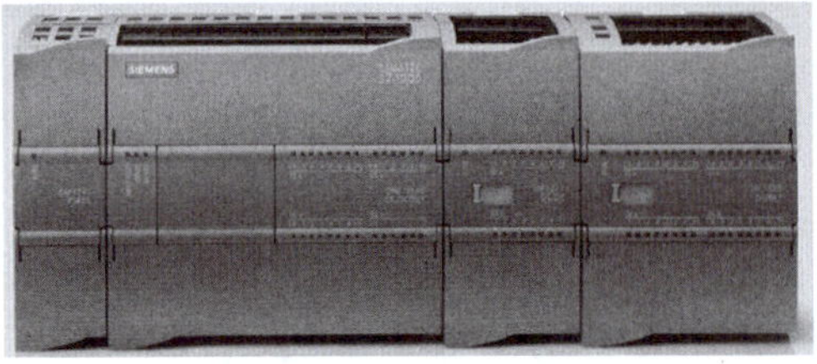

图 1-1　S7－1200 PLC

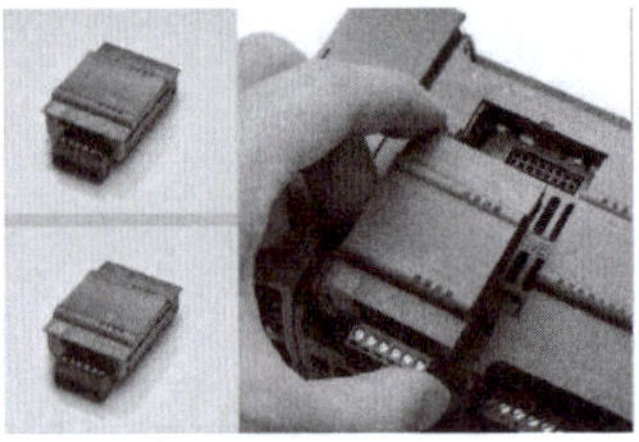

图 1-2　安装信号板

S7－1200 PLC 集成的 PROFINET 接口用于与编程计算机、HMI（人机界面）、其他 PLC 或其他设备通信。此外它还可以通过开放的以太网协议与第三方设备通信。

2）信号模块。输入（Input）模块和输出（Output）模块简称为 I/O 模块，数字量（又称为开关量）输入模块和数字量输出模块简称为 DI 模块和 DQ 模块，模拟量输入模块和模拟量输出模块简称为 AI 模块和 AQ 模块，它们统称为信号模块，简称为 SM。信号模块安装在 CPU 模块的右边，扩展能力最强的 CPU 可以扩展 8 个信号模块，以增加数字量和模拟量输入、输出点。

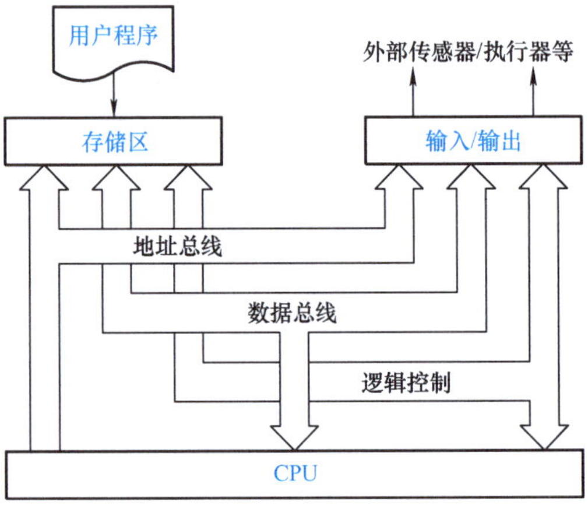

图 1-3　CPU 模块的内部结构

信号模块是系统的眼、耳、手、脚，是联系外部现场设备和 CPU 的桥梁。输入模块用来接收和采集输入信号，其中：数字量输入模块用来接收从按钮、选择开关、数字拨码开关、限位开关、接近开关、光电开关、压力继电器等传来的数字量输入信号；模拟量输入模块用来接收电位器、测速发电机和各种变送器提供的连续变化的模拟量电流、电压信号，或者直接接收热电阻、热电偶提供的温度信号。

数字量输出模块用来控制接触器、电磁阀、电磁铁、指示灯、数字显示装置和报警装置等输出设备。模拟量输出模块用来控制电动调节阀、变频器等执行器。PLC 检测与控制的对象示意图如图 1-4 所示。

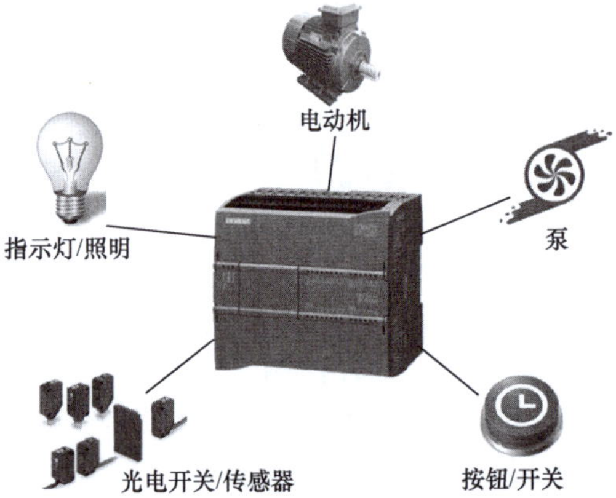

图 1-4　PLC 检测与控制的对象示意图

CPU 模块内部的工作电压一般是 DC 5V，而 PLC 的外部输入/输出信号电压一般较高，如 DC 24V 或 AC 220V。从外部引入的尖峰电压和干扰噪声可能损坏 CPU 模块中的元器件，或使 PLC 不能正常工作。在信号模块中，用光电耦合器、光电晶闸管、小型继电器等器件来隔离 PLC 的内部电路和外部的输入/输出电路。信号模块除了传递信号外，还有电平转换与隔离的作用。

3）通信模块。通信模块安装在 CPU 模块的左边，最多可以添加 3 块通信模块，可以使用点对点通信模块、PROFIBUS 模块、工业远程通信模块、AS-i 接口模块和 IO-Link 模块。

4）精简系列面板。与 S7－1200 PLC 配套的第二代精简面板具有 64K 色高分辨率宽屏显示器，其显示器尺寸主要有 4.3in、7in、9in 和 12in 4 种，支持垂直安装，采用 TIA 博途中的 WinCC 组态。面板上有一个 RS－422/RS－485 接口或一个 RJ45 以太网接口，还有一个 USB 2.0 接口。USB 2.0 接口可连接键盘、鼠标或条形码扫描仪，可用 U 盘实现数据记录。

5）编程软件。TIA 是 Totally Intergrated Automation（全集成自动化）的简称，TIA 博途（TIA Portal）是西门子自动化的全新工程设计软件平台。S7－1200 PLC 用 TIA 博途中的 STEP 7 Basic（基本版）或 STEP 7 Professional（专业版）编程。

（2）S7－1200 PLC 的 CPU 模块　S7－1200 PLC 的 CPU 模块是 S7－1200 PLC 系统中最核心的成员。目前，S7－1200 PLC 的 CPU 有 5 类：CPU1211C、CPU1212C、CPU1214C、CPU1215C 和 CPU1217C。每类 CPU 模块又细分为三种规格，分别是 DC/DC/DC、DC/DC/RLY 和 AC/DC/RLY。细分规格一般印刷在 CPU 模块的外壳上，其含义如图 1-5 所示。

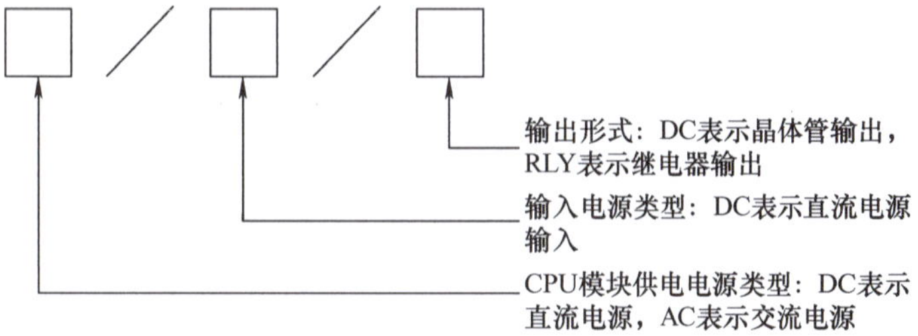

图 1-5　细分规格含义

> AC/DC/RLY 的含义是：CPU 模块的供电电源是交流电源，范围为 AC 120～240V；输入电源是直流电源，范围是 DC 20.4～28.8V；输出形式是继电器输出。

1）CPU 模块的外部介绍。以图 1-6 所示的序号为顺序介绍其外部各部分的功能。

电源接口：用于向 CPU 模块供电的接口，有交流和直流两种供电方式。

存储卡插槽：位于上部保护盖下面，用于安装 SIMATIC 存储卡。

接线连接器：也称接线端子，位于保护盖下面，接线连接器具有可拆卸的优点，便于 CPU 模块的安装和维护。

板载 I/O 的状态 LED：通过板载 I/O 的状态 LED（绿色）的点亮或熄灭，指示各输入或输出的状态。

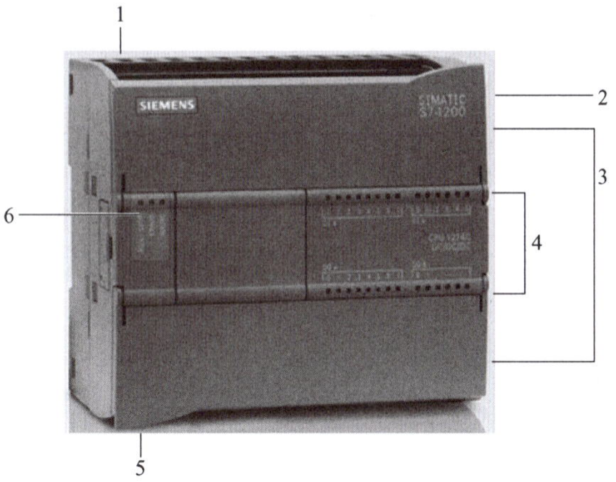

图 1-6　S7－1200 PLC 的 CPU

1—电源接口　2—存储卡插槽　3—接线连接器
4—板载 I/O 的状态 LED　5—集成以太网口
6—运行状态 LED

集成以太网口（PROFINET 连接器）：位于 CPU 的底部，用于程序下载、设备组网。这使得程序下载更加方便快捷，节省了购买专用通信电缆的费用。

运行状态 LED：用于显示 CPU 的工作状态，如运行状态、停止状态和强制状态等。

2）CPU 模块的常规规范。S7－1200 PLC 的 CPU 的具体技术性能见表 1-1。

表 1-1　S7－1200 PLC 的 CPU 具体技术性能

特　征		CPU 1211C	CPU 1212C	CPU 1214C	CPU 1215C	CPU 1217C
物理尺寸/mm^3		90×100×75		110×100×75	130×100×75	150×100×75
用户存储器	工作/KB	50	75	100	125	150
	负载/MB	1		4		
	保持性/KB	10				
本体集成 I/O 点	数字量	6 入 4 出	8 入 6 出	14 入 10 出		
	模拟量	两点输入			两入两出	
位存储器/B		4096		8192		
信号模块扩展（个）		无	2	8		
信号板（个）		1				
通信模块（个）		3（左侧扩展）				
高速计数器	总计	3	5	6	6	6
	单相	3 个 100kHz	3 个 100kHz	3 个 100kHz	3 个 100kHz	4 个 1MHz
			2 个 30kHz	3 个 30kHz	3 个 30kHz	2 个 100kHz
	正交相位	3 个 80kHz	3 个 80kHz	3 个 80kHz	3 个 80kHz	3 个 1MHz
			2 个 20kHz	3 个 20kHz	3 个 20kHz	3 个 100kHz
脉冲输出		最多 4 路（CPU 本体 100kHz）				
存储卡		SIMATIC 存储卡（选件）				
实时时钟保持时间		通常为 20 天，40℃时最少为 12 天				
PROFINET		1 个以太网通信端口			2 个以太网通信端口	
实时运算执行速度		2.3μs/指令				
BOOL 运算执行速度		0.08μs/指令				

（3）S7－1200 PLC CPU 模块的接线　CPU1214C AC/DC/RLY 的外部接线图如图 1-7 所示。输入回路一般使用图中标有①的 CPU 内置的 DC 24V 传感器电源，漏型输入时需要去除图中标有②的外接 DC 电源，将输入回路的 1M 端子与 DC 24V 传感器电源的 M 端子连接起来，将内置的 24V 电源的 L+端子接到外接触点的公共端。源型输入时将 DC 24V 传感器电源的 L+端子连接到 1M 端子。

CPU1214C DC/DC/DC 的外部接线图如图 1-8 所示，其电源电压、输入回路电压和输出回路电压均为 DC 24V。输入回路也可以使用内置的 DC 24V 电源。

2. 拓展知识

（1）PLC 的工作原理　众所周知，继电器控制系统是一种硬件逻辑系统，它所采用的是并行工作方式，也就是条件一旦形成，多条支路可以同时动作。PLC 是在继电器控制系统逻辑关系基础上发展演变的。而 PLC 是一种专用的工业控制计算机，其工作原理是建立在计算机工作原理基础之上的。为了可靠地应用在工业环境下，方便现场电气技术人员使用和维护，它配有大量的接口器件、特定的监控软件和专用的编程器件。这样使得其外观不像计算机，它的操作方法、编程语言及工作过程与计算机控制系统也有区别。

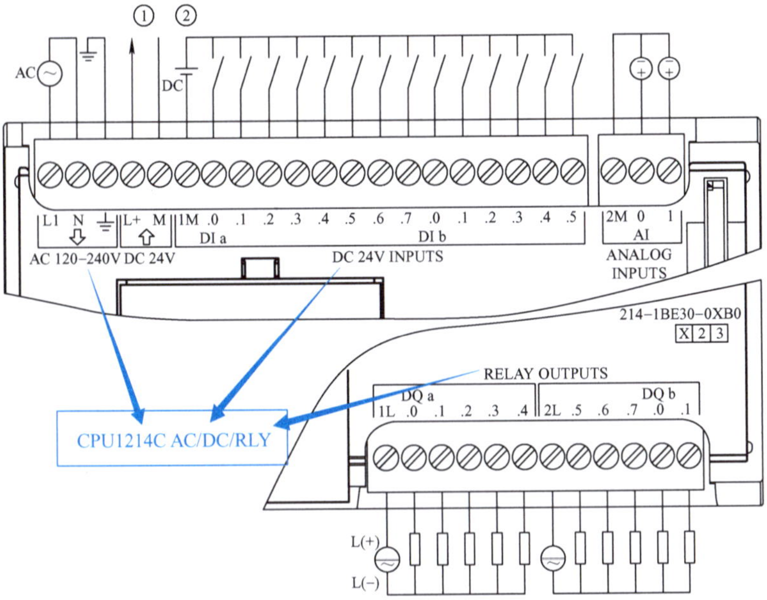

图 1-7 CPU1214C AC/DC/RLY 的外部接线图

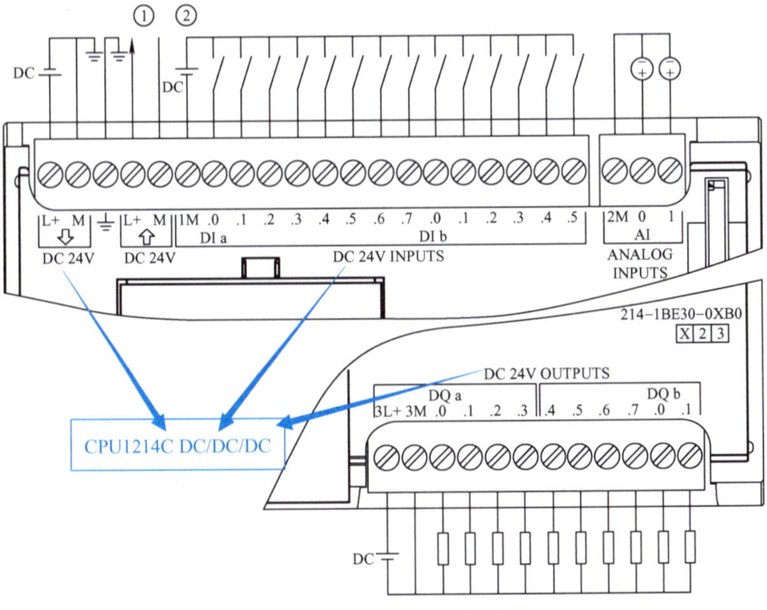

图 1-8 CPU1214C DC/DC/DC 的外部接线图

PLC 的工作原理是通过执行反映控制要求的用户程序来完成控制任务的，其 CPU 以分时操作方式来处理各项任务。计算机在每一瞬间只能做一件事，程序的执行按程序顺序依次完成相应段落上的动作，所以它属于串行工作方式。

1）PLC 控制系统的等效工作电路。PLC 控制系统的等效工作电路可以分为三部分，即输入部分、内部控制电路部分和输出部分。输入部分就是采集输入信号，输出部分就是系统的执行部件，这两部分与继电器控制电路相同。内部控制电路就是用户所编写的程序，可以实现控制逻辑，用软件编程代替继电器电路的功能。其等效工作电路如图 1-9 所示。图中的梯形图是为输出侧负载编写的对应程序。

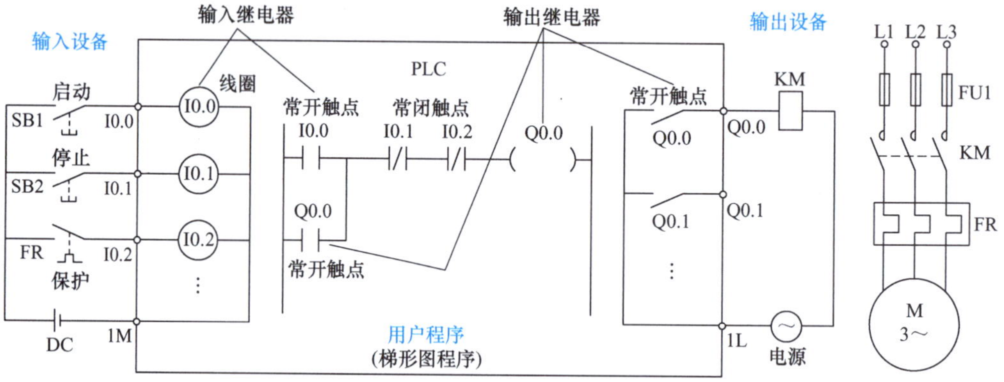

图 1-9 PLC 控制系统的等效工作电路

① 输入部分：由外部输入电路、PLC 输入接线端子和输入继电器组成。外部输入信号经 PLC 输入接线端子去驱动输入继电器线圈。每个输入端子与其相同编号的输入继电器有着唯一确定的对应关系。当外部的输入元件处于接通状态时，对应的输入继电器线圈得电，这个输入继电器是 PLC 内部的“软继电器”，这样称呼是便于用户接受，实际上这里不存在真正的物理继电器，只是存储器中的某一位，它可以提供任意多个常开触点（动合触点）和常闭触点（动断触点），这里所说的“触点”实际上也是不存在的，而是为了向早期的继电器线路图靠拢，便于用户接受。那么“触点”实际上就是这个存储器位的状态，这样就可以任意取用了。

为使输入继电器的线圈得电，即让外部输入元件的接通状态写入其对应的存储单元中去，输入回路中要有电流，这个电源可以用 PLC 自己提供的 DC 24V，也可以由 PLC 外部独立的交流电源或直流电源供电。

② 内部控制电路部分：由用户程序形成的用软继电器来替代硬继电器的控制逻辑。其作用是按照用户编写的程序所规定的逻辑关系，处理输入信号和输出信号。一般用户程序是用梯形图语言编制的，它看上去很像继电器控制电路图，这也是 PLC 设计者所追求的。但是即使 PLC 的梯形图与继电器控制电路图完全相同，最后的输出结果也不一定相同，这是因为它们处理信号的过程是不同的：继电器控制电路中的线圈都是并联关系，机会相等，只要条件允许，就可以同时动作，而 PLC 梯形图程序的工作特点是周期性逐行扫描，导致输出结果就不一定相同了。

③ 输出部分：由在 PLC 内部且与内部控制电路隔离的输出继电器的外部常开触点、输出接线端子和外部驱动电路组成，用来驱动外部负载。

每个输出继电器除了有为内部控制电路提供编程用的任意多个常开、常闭触点外，还为外部输出电路提供了一个实际的常开触点，该触点与输出接线端子相连。需要特别指出的是输出继电器是 PLC 中唯一存在的实际物理器件，打开 PLC 会发现在输出侧放置有微型继电器。

2）PLC 的工作原理。PLC 的工作方式有两个显著的特点：一个是周期性顺序扫描；另一个是信号集中批处理。

PLC 通电后，需要对软/硬件都做一些初始化的工作，为了使 PLC 的输出及时地响应各种输入信号，初始化后反复不停地分步处理各种不同的任务，这种周而复始的循环工作方式称为周期性顺序扫描工作方式。

PLC在运行过程中，总是处在不断循环的顺序扫描过程中，每次扫描所用的时间称为扫描时间，又称扫描周期或工作周期。

由于PLC的I/O点数较多，采用集中批处理的方法可简化操作过程以便于控制，从而提高系统的可靠性，PLC的三个批处理过程如图1-10所示。因此，PLC的另一个特点是对输入采样、用户程序执行、输出刷新实施集中批处理。

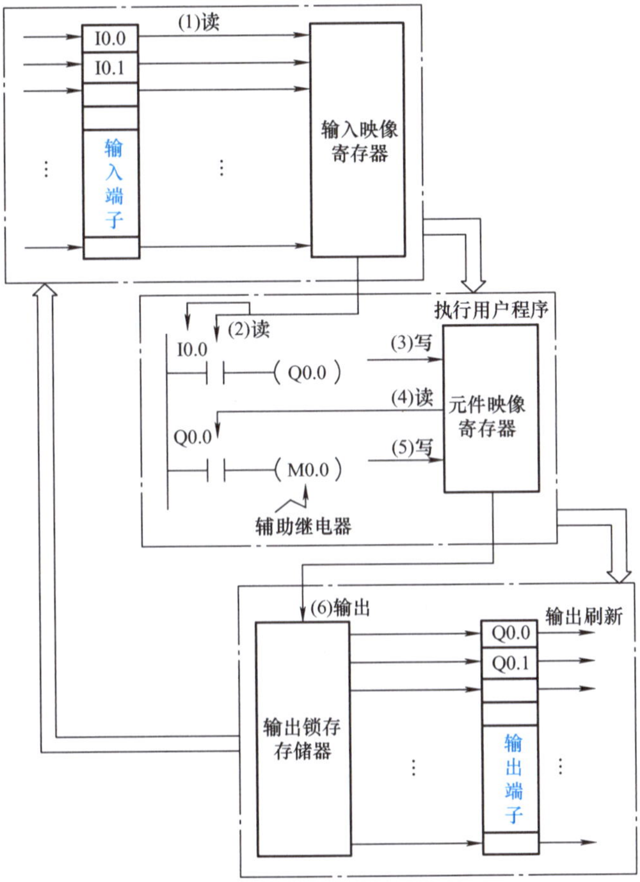

图1-10　PLC的三个批处理过程

① 输入采样扫描阶段：在PLC的存储器中，设置了一定的区域来存放输入信号和输出信号的状态，它们分别称为输入映像寄存器和输出映像寄存器，CPU以字节（符号为B，1B＝8bit）为单位来读写输入/输出映像寄存器。

这是第一个集中批处理过程。在这个阶段中，PLC首先按顺序扫描所有输入端子，并将各输入状态存入相应的输入映像寄存器中。此时，输入映像寄存器被刷新，在当前的扫描周期内，用户程序依据的输入信号的状态（ON或OFF）均从输入映像寄存器中读取，而不管此时外部输入信号的状态是否变化。在此程序执行阶段和接下来的输出刷新阶段，输入映像寄存器与外界隔离，即使此时外部输入信号的状态发生变化，也只能在下一个扫描周期的输入采样阶段去读取。一般来说，输入信号的宽度要大于一个扫描周期，否则很可能造成信号丢失。

② 用户程序执行扫描阶段：PLC的用户程序由若干条指令组成，指令在存储器中按照顺序排列。在RUN工作模式的用户程序执行阶段，在没有跳转指令时，CPU从第一条指令开始，逐条顺序地执行用户程序。

在执行指令时，从I/O映像寄存器或其他位元件映像寄存器中读取其ON/OFF状态，并根据指令的要求执行相应的逻辑运算，运算的结果写入相应的映像寄存器中。因此，除了输入映像寄存器为只读属性外，各映像寄存器的内容随着程序的执行而变化。

这是第二个集中批处理过程。具体地说，此阶段PLC的工作过程是：CPU对用户程序按顺序进行扫描，每扫描到一条指令，就要去输入映像寄存器中读取所需要的输入信息的状态，而不是直接使用现场的即时输入信息。因为第一个批处理过程（取输入信号状态）已经结束，“大门”已经关闭，现场的即时信号此刻是进不来的。对于其他信息，则是从PLC的元件映像寄存器中读取，在这个顺序扫描过程中，每一次运算的中间结果都立即写入元件映像寄存器中，这样该元件的状态马上就可以被后面将要扫描到的指令所利用，所以在编程时指令的先后位置将决定最后的输出结果。对于输出继电器的扫描结果，并不是马上就去驱动外部负载，而是将其结果写入元件映像寄存器中的输出映像寄存器中，该元件的状态也马上就可以被后面将要扫描到的指令所利用，待整个用户程序扫描阶段结束后，进入输出刷新扫描阶段时，成批地将输出信号状态送出去。

③ 输出刷新扫描阶段：CPU 执行完用户程序后，将输出映像寄存器的（ON/OFF）状态传送到输出模块并锁存起来，梯形图中的某一输出位的线圈“得电”时，对应的输出映像寄存器为“1”状态。信号经输出模块隔离和功率放大后，继电器型输出模块中对应的硬件继电器线圈得电，它的常开触点闭合，使外部负载通电工作。到此，一个周期扫描过程中的 3 个主要过程就结束了，CPU 又进入到了下一个扫描周期。

这是第三个集中批处理过程，用时极短，在本周期内，用户程序全部扫描后，就已经定好了某一输出位的状态。进入这个阶段的第一步时，信号状态已经送到输出映像寄存器中，也就是说输出映像寄存器的数据取决于输出指令的执行结果。然后再把此数据推到锁存器中锁存，最后一步就是锁存器的数据再送到输出端子上去。在一个周期中锁存器中的数据是不会变的。

PLC 的扫描工作过程如图 1-11 所示。

（2）CPU 集成的工艺功能 S7-1200 PLC 集成的工艺功能包括高速计数与频率测量、高速脉冲输出、PWM 控制、运动控制和 PID 控制。

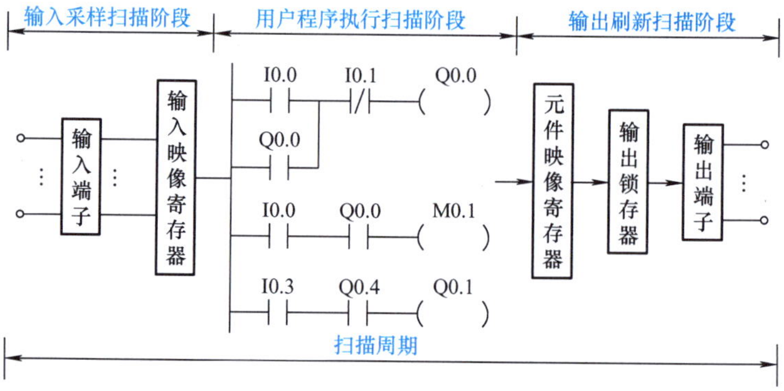

图 1-11 PLC 的扫描工作过程

1）高速计数器。最多可组态 6 个使用 CPU 内置或信号板输入的高速计数器，CPU1217C 有 4 点最高频率为 1MHz 的高速计数器。其他 CPU 可组态最高频率为 100kHz（单相）/80kHz（互差 90°的正交相位）或者最高频率为 30kHz（单相）/20kHz（正交相位）的高速计数器（与输入点地址有关）。如果使用信号板，最高计数频率为 200kHz（单相）/160kHz（正交相位）。

2）高速脉冲输出。各种型号的 CPU 最多有 4 点高速脉冲输出（包括信号板的 DQ 输出）。CPU1217C 的高速脉冲输出最高频率为 1MHz，其他 CPU 为 100kHz，信号板为 200kHz。

3）运动控制。S7-1200 PLC 的高速输出可以用于步进电动机或伺服电动机的速度和位置控制。通过一个轴工艺对象和 PLC open 运动控制指令，它们可以输出脉冲信号来控制步进电动机速度、阀位置或加热元件的占空比。除了返回原点和点动功能外，还支持绝对位置控制、相对位置控制和速度控制。轴工艺对象有专用的组态窗口、调试窗口和诊断窗口。

4）PID 控制。PID 功能用于对闭环过程进行控制，建议 PID 控制回路的个数不要超过 16 个。STEP 7 系列 PLC 中的 PID 调试窗口提供用于参数调节的形象直观的曲线图，还支持 PID 参数自整定功能，可以自动计算 PID 参数的最佳调节值。

任务拓展

工作任务书
S7-1200 PLC
的外部接线

根据你所要学习使用的 S7－1200 PLC 型号，绘制其外部接线图。

任务2　TIA 博途软件的使用——一个简单的启保停程序

任务描述

在电力拖动系统中，采用继电器控制方式实现对三相异步电动机的启保停控制，如图 1-12 所示。其中，控制核心元件是电磁式交流接触器 KM，它是通过电磁线圈产生吸力带动触点动作的。通常将继电器控制电路分为主电路和控制电路两部分。

三相异步电动机连续运转控制原理如图 1-13 所示。

设计用 PLC 控制三相异步电动机连续运转，控制要求如下：

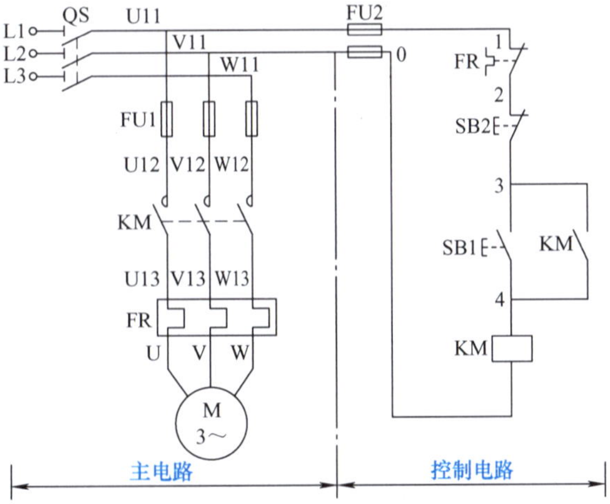

图 1-12　具有“自锁”的电动机连续控制电路

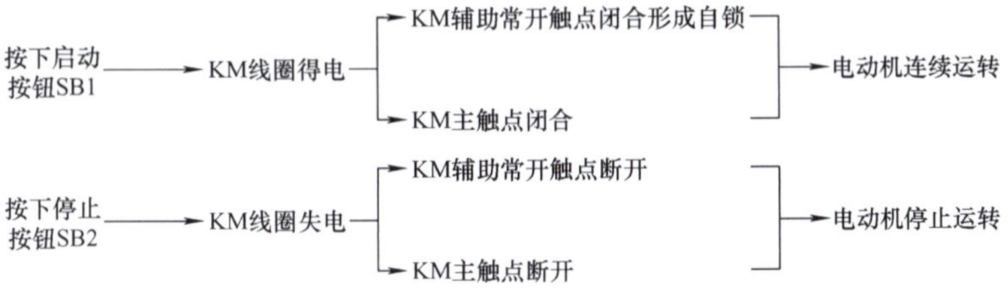

图 1-13　三相异步电动机连续运转控制原理

① 当接通三相电源时，电动机 M 不运转。
② 按下启动按钮 SB1 后，电动机 M 连续运转。
③ 按下停止按钮 SB2 后，电动机 M 停止运转。
④ 热继电器作为过载保护，FR 常闭触点动作，电动机立即停止。

本任务通过完成一个三相异步电动机的启保停控制，学习如何使用 TIA 博途软件来编程及仿真调试。

任务目标

1）了解 S7－1200 PLC 的电气接线。

2）掌握 TIA 博途 PLC 编程软件的使用。

3）初步掌握 S7－1200 PLC 的编程。

4）了解以太网通信的连接方式。

博途TIA

相关知识

1. 基本知识

（1）TIA Portal 软件的概述　TIA Portal 是西门子重新定义自动化概念、平台及标准的软件工具，它分为两个部分：STEP 7 和 WinCC。

TIA 是 Totally Intergrated Automation 的简称，即全集成自动化；Portal 是入口，即开始的地方。TIA Portal 被称为“TIA 博途”，寓意全集成自动化的入口。TIA Portal 软件是一款注重用户体验的工业工程工具，可在一个平台上完成从过程控制到离散控制、从驱动到自动化，包括 HMI、SCADA 等在内的工业控制相关软件的工具集合，应用前景非常广阔。

（2）TIA 博途 PLC 编程软件功能简介　TIA 博途 PLC 编程软件是 S7－1200 系列 PLC 的编程软件。在个人计算机 Windows 操作系统下运行，它功能强大，简单易学，使用方便。个人计算机通过 RJ45 电缆与 S7－1200 PLC 进行通信。

TIA 博途 PLC 编程软件具有 LAD（梯形图）、SCL（结构化控制语句）和 FBD（功能模块）三种编程方式，这三种编程方式可以相互转换，便于用户选择使用。该软件功能强大，提供程序在线编辑、监控、调试，支持中断程序、网络通信、模拟量处理、高速计数器等复杂程序编辑。

TIA 博途 PLC 编程软件提供两种不同的工具视图：基于任务的 Portal 视图和基于项目的项目视图。启动 TIA 博途编程软件，进入如图 1-14 所示的 TIA 博途（Portal）视图界面。在 Portal 视图中，用户可以概览自动化项目的所有任务，单击左下角视图切换按钮，可以切换到项目视图界面，如图 1-15 所示。

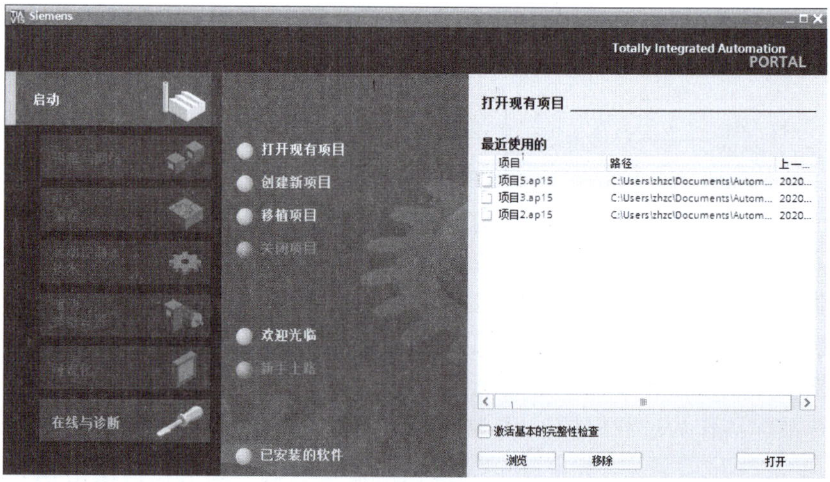

图 1-14　TIA 博途视图界面

1）菜单和工具栏。

菜单中提供项目视图的各种菜单命令；工具栏提供各种菜单命令的快捷按钮。

2）项目树。可以用它访问所有的项目和数据，添加项目设备，编辑已有的项目，

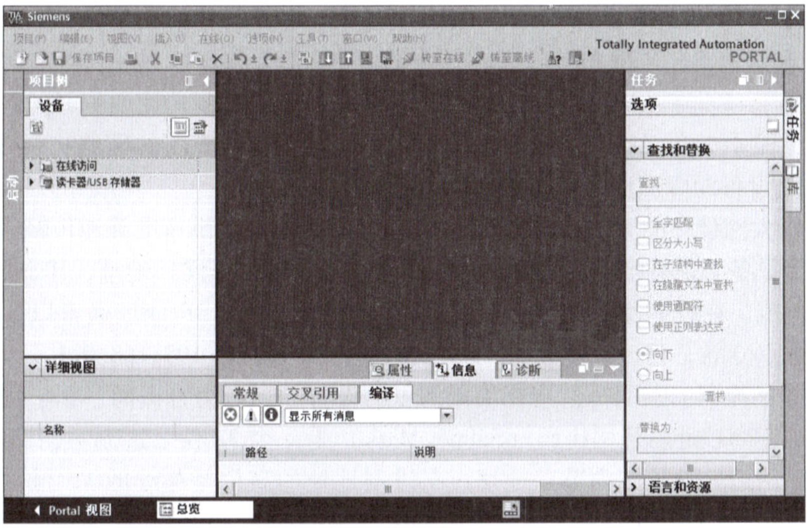

图 1-15　项目视图界面

打开处理项目的编辑器。项目树有项目、设备、文件夹和对象 4 个层次。

单击项目右上角的箭头“ ”，可以隐藏项目树，单击项目树左边最上端的“ ”，显示项目树。

单击任务卡边上的箭头可以隐藏或显示任务卡。

单击项目树上的自动折叠按钮“ ”，该按钮变成永久展开按钮“ ”。这时单击项目树外的任何区域，项目树自动折叠。单击项目树左边最上端的“ ”按钮，项目树展开。单击“ ”按钮，该按钮变成“ ”，自动折叠功能消失。

用类似的方法可以启动或关闭任务卡和巡视窗口的自动折叠功能。

3）工作区。可以同时打开多个编辑器窗口，但一般在工作区只显示一个打开的编辑器，编辑栏会高亮显示已经打开的编辑器，单击编辑栏的选项，可以切换不同的编辑器。

单击工具栏上的水平拆分按钮“ ”、垂直拆分按钮“ ”，可以水平或垂直显示两个编辑器窗口。

工作区右上角的 4 个按钮“ ”分别为最小化、浮动、最大化和关闭按钮。

工作区被最大化或浮动后，单击嵌入按钮“ ”，工作区重新固定显示。

4）任务卡。任务卡的内容与编辑器有关，可以通过任务卡进行进一步操作或附加的操作。任务卡最右边的标签，可以切换任务卡显示的信息。

5）巡视窗口。巡视窗口用于显示工作区对象的附件信息，设置有“属性”“信息”“诊断”三个选项卡。

6）切换到视图选项。切换视图选项用于切换工具视图窗口。

7）编辑器栏。编辑器栏会显示所有打开的编辑器，有多个编辑器标签，从而帮助用户更快速和高效地工作。要在打开的编辑器之间切换，只需单击不同的编辑器。

2. 拓展知识

计算机通过以太网接口连接 S7－1200 PLC，因此要下载用户程序，首先必须设置好计算机、PLC 的以太网通信属性。

（1）以太网设备的 MAC 地址　MAC 地址是以太网设备的物理地址。通常由设备的生产商将 MAC 地址写入 EEPROM 或闪存芯片，在网络底层的物理传输中，通过 MAC 地址来识别发送数据和接收数据的主机。MAC 地址是 48 位的二进制数，分为 6 字节，一般用 16 进制数表示。其中，前三字节是网络硬件制造商的编号，它由国际电气与电子工程师协会（IEEE）分配，后三字节是设备制造商的网络产品的序列号。MAC 地址是设备的标识证号，具有全球唯一性。

（2）以太网设备的 IP 地址　为了使信息可以在以太网快速准确地传输，连接到以太网的每台设备必须有唯一的 IP（Internet Protocol，国际协议）地址，IP 地址由 32 位二进制数组成。在控制系统中，一般使用固定的 IP 地址。IP 地址通常以十进制数表示，用小数点分隔。S7－1200 PLC 的 CPU 默认的 IP 地址是 192.168.0.1。

（3）子网掩码　子网是连接在局域网里的设备的逻辑组合。同一个子网中的节点之间的物理距离较近。子网掩码（Subnet Mask）是一个 32 位二进制数，用于将 IP 地址划分为子网地址或子网内节点地址。二进制地址的高位是连续的 1，低位是连续的 0，如 255.255.255.0，高 24 位是 1，表示 IP 子网的地址，相当于子网区号，低 8 位二进制数为 0，表示子网内节点的地址。

（4）路由器　IP 路由器用于连接子网，要将 IP 报文发送给别的子网，首先要将它发送给路由器。组态子网时，子网中的所有节点都对应输入路由器的地址。路由器通过 IP 地址发送和接收数据包。路由器的子网地址与子网内节点地址相同，与其他设备区别的是子网内的节点地址不同。

（5）组态 CPU 和 PROFINET 接口

1）在 TIA 博途软件中新建一个项目，在项目中配置与实际使用相同的 CPU 硬件。

2）双击项目树下“PLC-1”文件夹内的“设备组态”，打开设备视图。

3）双击 CPU 的以太网接口，打开巡视窗口，选中左边的以太网地址，如图 1-16 所示，设置 IP 地址和子网掩码，设置的地址在下载后才可以使用。

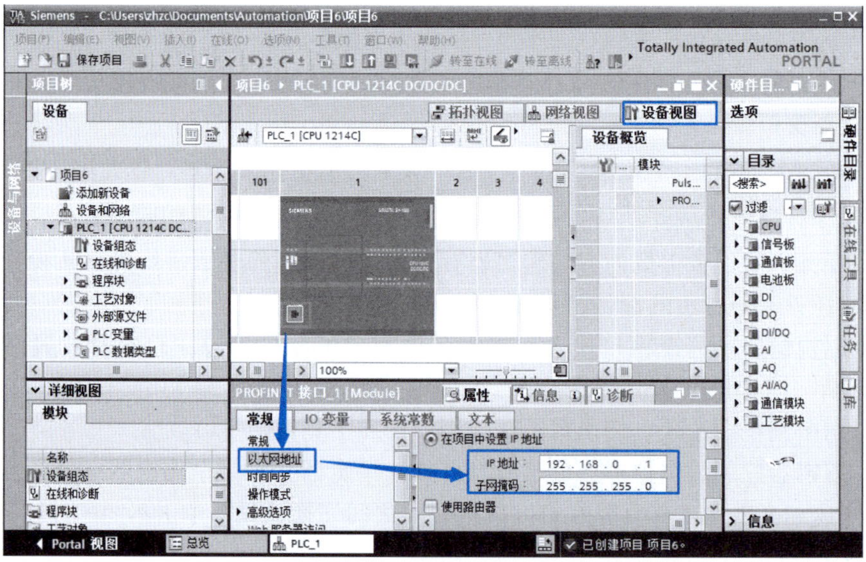

图 1-16　设置以太网地址

（6）设置计算机网卡的 IP

1）用以太网电缆连接计算机和 CPU 模块，打开计算机的“控制面板”，单击“查看网络状态和任务”，如图 1-17 所示。

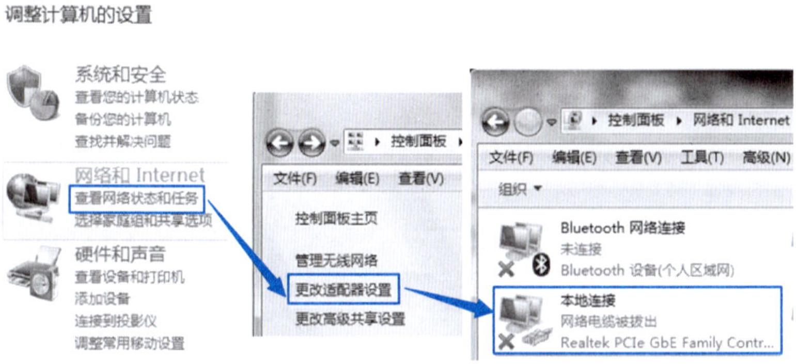

图 1-17　查看网络状态和任务

2）单击“本地连接”，打开“本地连接”对话框，单击其中的“属性”按钮。

3）在“本地连接属性”对话框中选择“Internet 协议版本 4（TCP/IPv4）”，如图 1-18 所示。打开“Internet 协议版本 4（TCP/IPv4）属性”对话框，如图 1-19 所示。

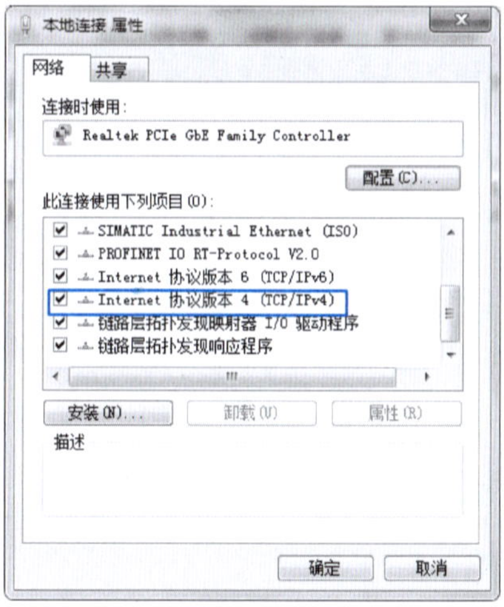

图 1-18　“本地连接属性”对话框

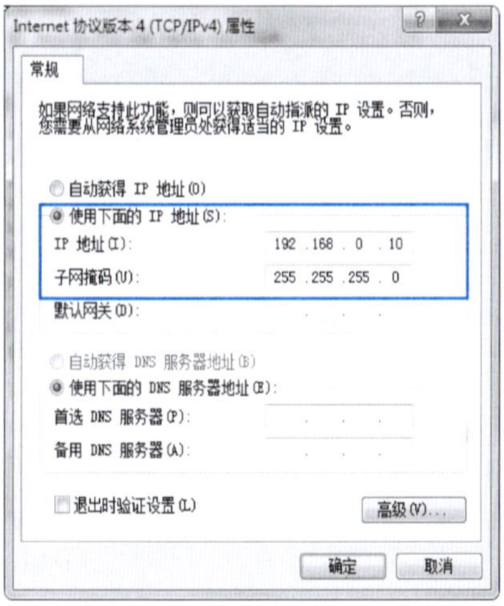

图 1-19　“Internet 协议版本 4（TCP/IPv4）属性”对话框

4）在图 1-19 中，选择“使用下面 IP 地址”，输入 PLC 的子网地址 192.168.0.10，第 4 个字节地址是子网设备节点地址，取 0～255 中的任意数值，但不能与其他设备相同。

5）单击子网掩码，自动出现“255.255.255.0”。

6）单击各级“确定”按钮，最后关闭“网络连接”对话框，结束 IP 属性设置。

（7）下载项目网络设置到 CPU

1）接通 PLC 电源，CPU 开始工作。

2）单击工具栏的下载按钮，打开“扩展的下载到设备”对话框，如图 1-20 所示。

3）单击“PG/PC 接口”下拉列表，选择实际使用的网卡。

4）单击“开始搜索”按钮，在目标子网兼容设备列表中出现网络上的 S7－1200 CPU 和它的 MAC 地址，搜索结果如图 1-21 所示，“扩展的下载到设备”对话框中计算机与设备的连线由断开转为接通，CPU 所在的方框背景色变为橙色，表示 CPU 进入在线状态。

5）选中列表中的 S7－1200 CPU 类型，下载按钮字符由灰色变为黑色，单击“下

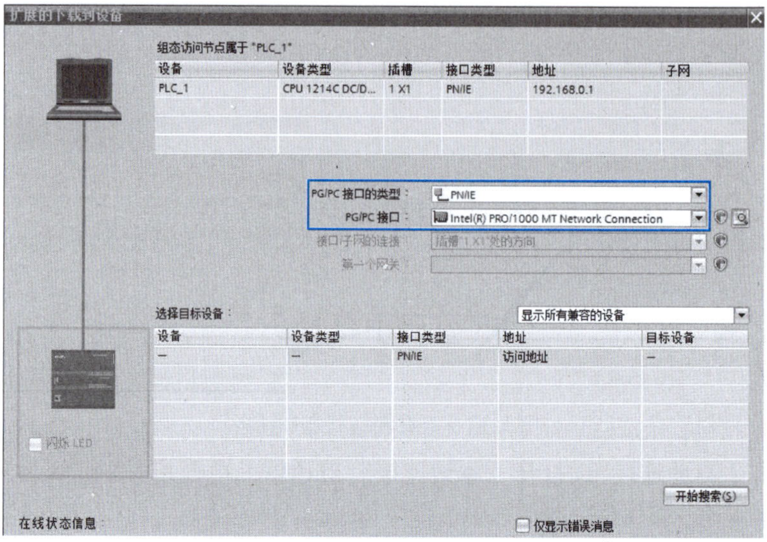

图 1-20 “扩展的下载到设备”对话框

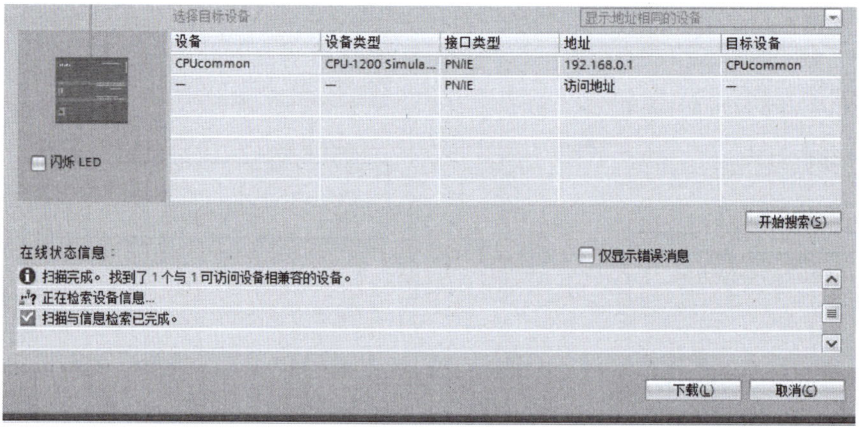

图 1-21 搜索结果

载”按钮，出现“下载预览”对话框，编程软件首先对项目进行编译。

6）编译成功后，勾选“全部覆盖”复选框，单击“下载”按钮，开始下载。

7）下载结束后，出现下载结束对话框，勾选“全部启动”复选框，单击“完成”按钮，PLC 切换到“RUN”模式。

任务实施

1. 输入/输出分析

根据控制要求进行分析，可得系统为开关量控制系统。

输入共有两个开关量控制信号：启动按钮、停止按钮。

输出有一个开关量控制信号：KM 线圈。

采用西门子 S7-1200 PLC 的 CPU1214C DC/DC/DC 进行接线和编程，具体接线图如图 1-22 所示。

2. 绘制 PLC 的 I/O 接线图

PLC 的 I/O 接线图如图 1-23 所示。

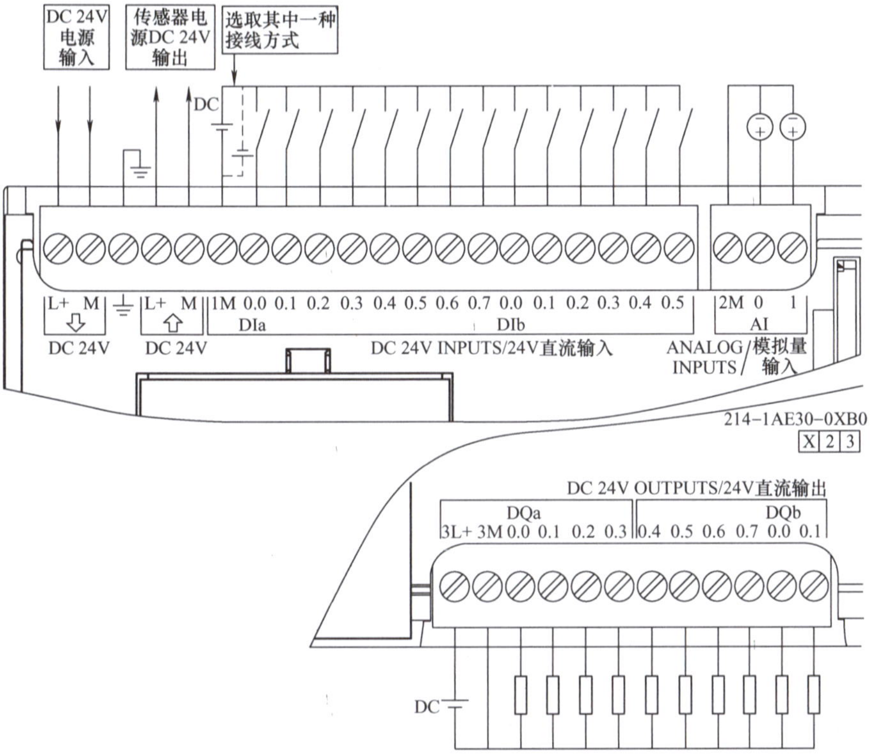

图 1-22　CPU1214C DC/DC/DC 的接线

3. S7-1200 PLC 编程

TIA Portal 软件可用来帮助用户实施自动化的解决方案。其解决步骤依次为：创建项目→配置硬件→设备联网→对 PLC 进行编程→装载组态数据→使用在线和诊断功能。

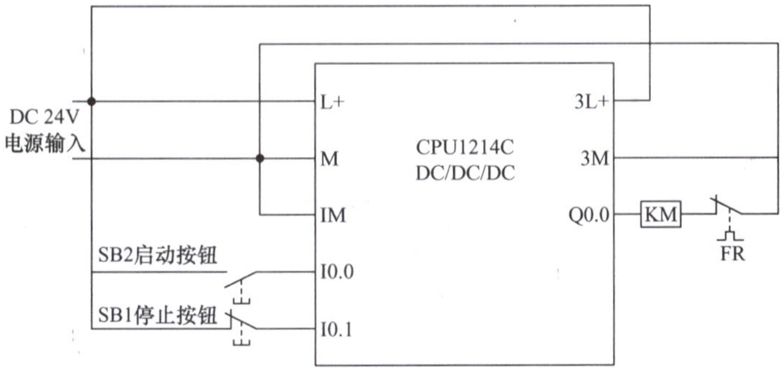

图 1-23　电动机启保停 PLC 控制的 I/O 接线图

1）创建新项目，输入项目名称和存放路径。

首先在图 1-24 所示的起始视图中创建一个新项目，然后输入项目名称，如 Motor1，并单击“▭”选择存放路径，如图 1-25 所示。

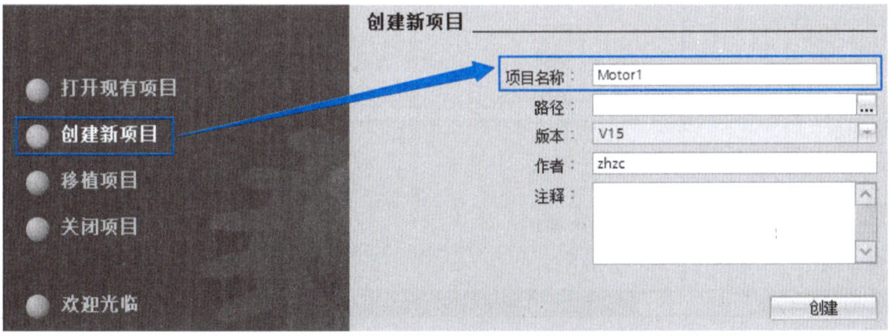

图 1-24　创建新项目

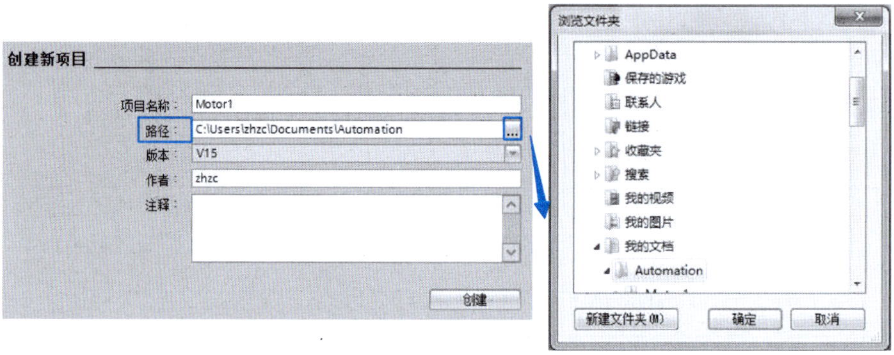

图 1-25 选择存放路径

2）新手上路。输入项目名称后，就会看到“新手上路”界面，如图 1-26 所示。界面中包含创建完整项目所需要的“组态设备”“创建 PLC 程序”“组态 HMI 画面”“打开项目视图”等提示，新手可以按照提示一步一步完成，也可以直接打开项目视图。这里选择“打开项目视图”。

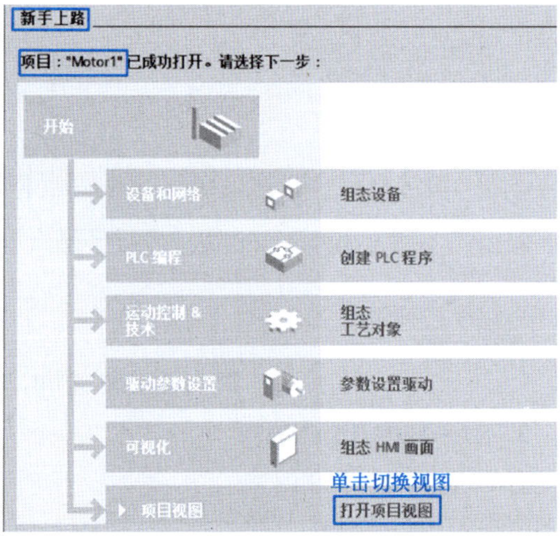

图 1-26 “新手上路”界面

3）切换到项目视图，熟悉项目树、设备和网络、硬件目录及信息窗口等。

切换到项目视图后，项目视图总览界面如图 1-27 所示，包括项目树、设备、硬件目录及信息窗口等。

4）硬件配置初步——添加新设备。

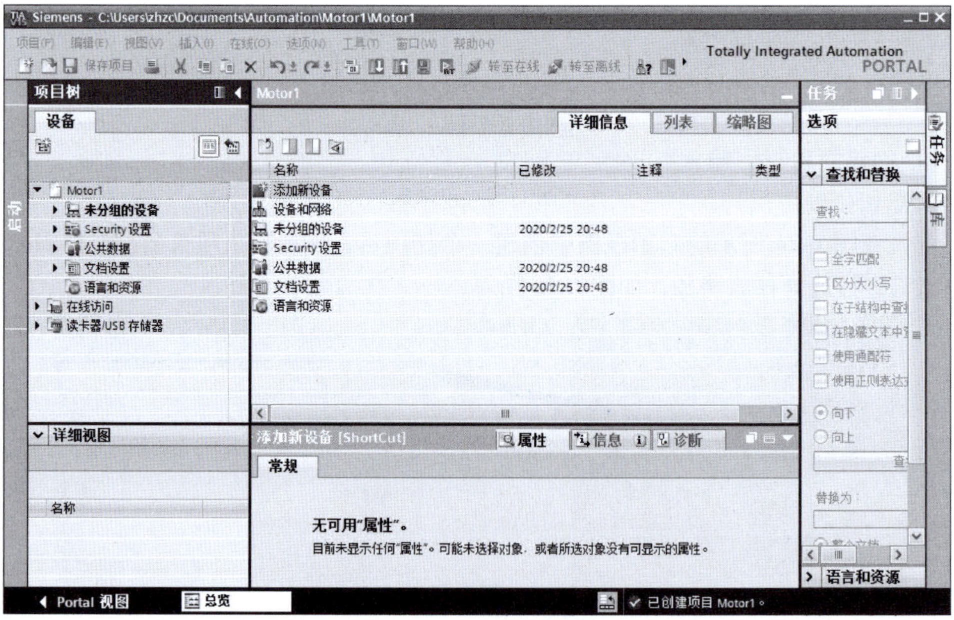

图 1-27 项目视图总览界面

与西门子 S7－200 PLC 不同，西门子 S7－1200 PLC 提供了完整的硬件配置。在项目树中选择“添加新设备”，如图 1-28 所示，选择 SIMATIC S7－1200，并依次单击 PLC 的 CPU 类型，最终选择所选用的 6ES7 214－1AG40－0XB0。

单击“确定”后，就会出现如图 1-29 所示的完整设备视图。

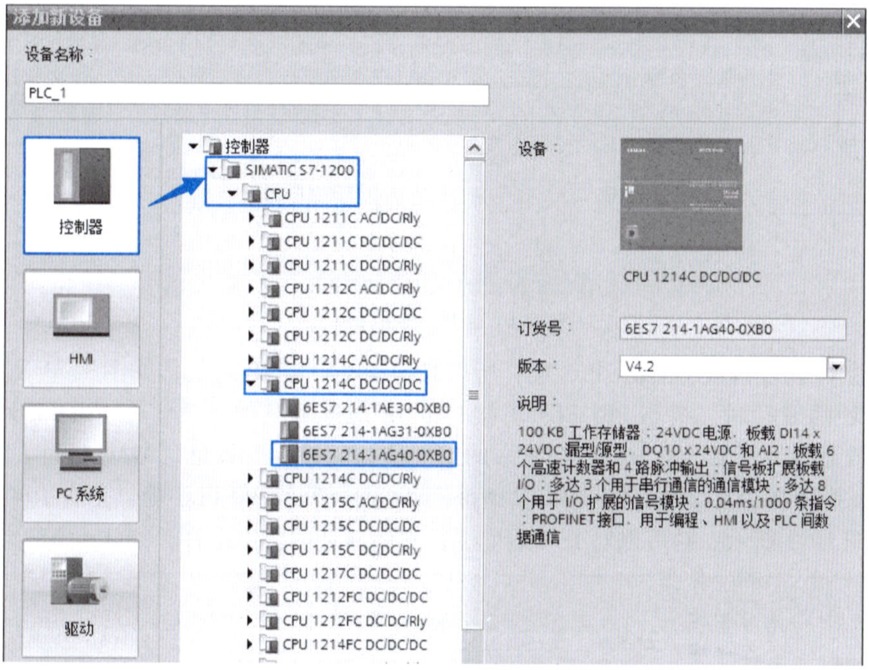

图 1-28　添加新设备

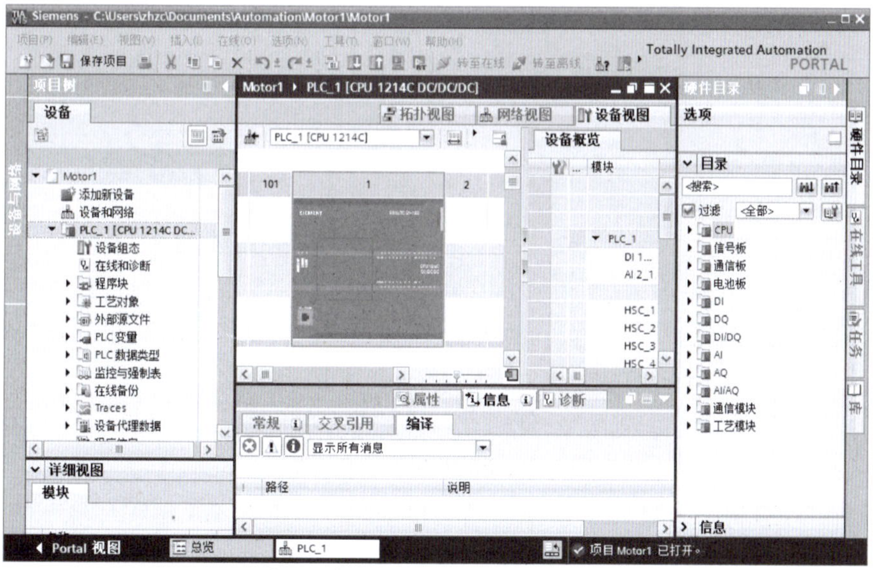

图 1-29　完整设备视图

5）定义设备属性，完成硬件配置。

如果要完成硬件配置，则在选择 PLC 的 CPU 类型后，还需要添加和定义其他扩展模块及网络等重要信息。对扩展模块来说，只需要从右边的“硬件目录”中拖入相应的扩展模块即可。在设备视图中，单击 CPU 模块，就会出现 CPU 的属性窗口，如图 1-30 所示。

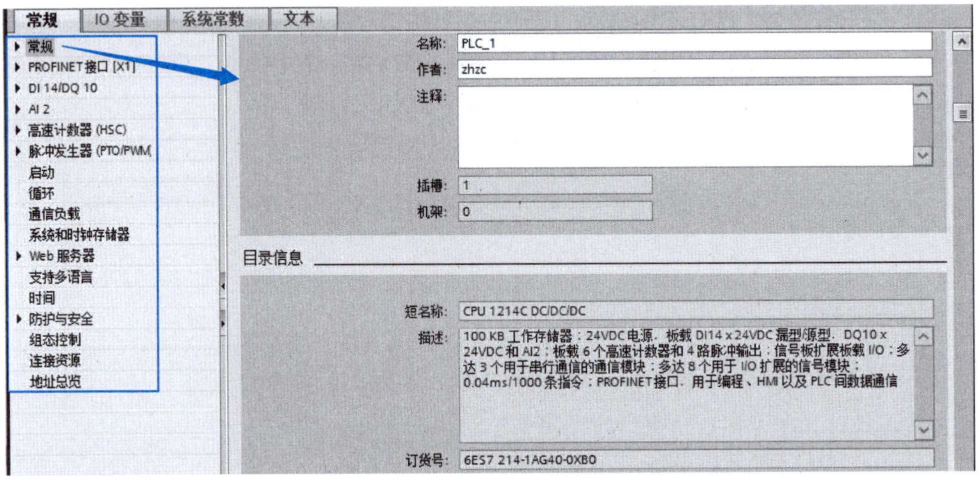

图 1-30 CPU 的属性窗口

因为 CPU 没有预组态的 IP 地址，所以必须手动分配 IP 地址，如图 1-31 所示，在组态 CPU 的属性时，组态 PROFINET 接口的 IP 地址和其他参数。在 PROFINET 网络中，制造商会为每个设备分配一个唯一的“介质访问控制”地址（MAC 地址）以进行标识。每个设备也都必须具有一个 IP 地址。西门子 S7－1200 PLC 提供了自由的寻址功能，如图 1-32 所示。它可以对 I/O 地址进行起始地址的自由选择，如 0～1023 均可以。

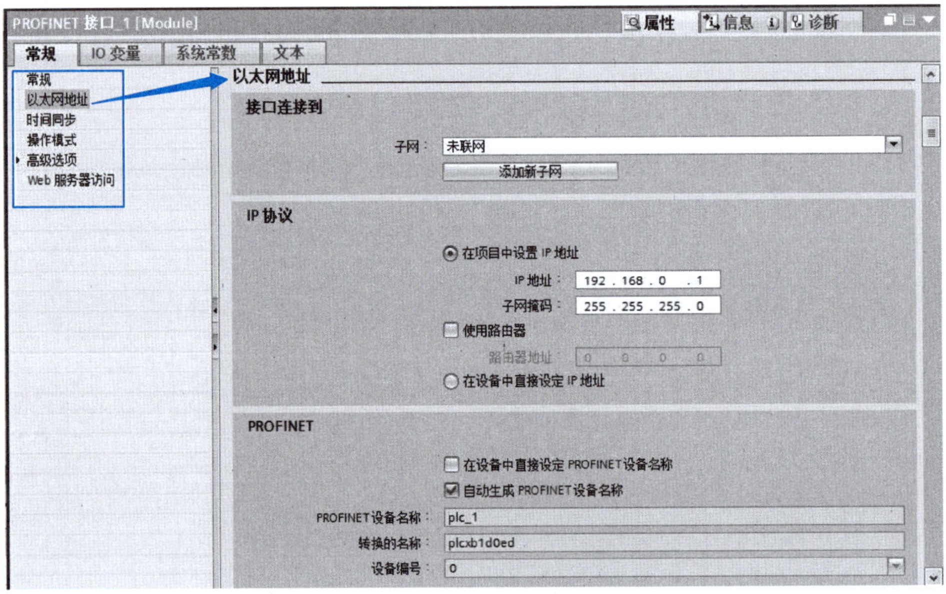

图 1-31 PROFINET 接口属性

6）打开项目树。如图 1-33 所示为项目树全貌。对于在 TIA 编程环境下的西门子 S7－1200 PLC 和人机界面来说，其项目树都是统一的。即使在复杂的工程组态项目中，项目树仍然可以保持清晰的结构。用户可以在组态自动化任务时快速访问相关设备、文件夹或特定的视图。

7）变量定义。变量是 PLC I/O 地址的符号名称。用户创建 PLC 的变量后，TIA Portal 软件将变量存储在变量表中。项目中的所有编辑器（如程序编辑器、设备编辑器、可视化编辑器及监视表格编辑器）均可访问该变量表。

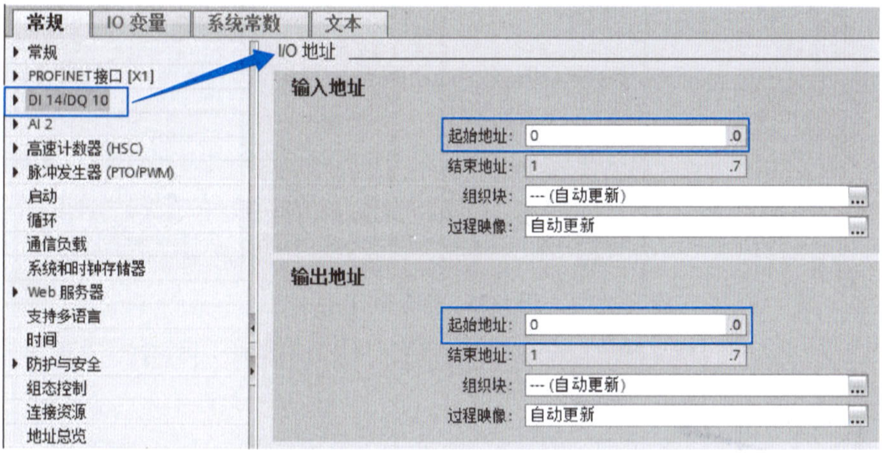

图 1-32 I/O 地址

在项目树中，单击“PLC 变量”就可以创建任务中所用到的变量，具体使用三个变量，分别为“启动按钮”“停止按钮”和“接触器”，如图 1-34 所示。需要注意的是，这里采用的默认数据类型为 Bool，即布尔量。

8）梯形图的编程。TIA Portal 软件提供了包含各种程序指令的指令窗口（如图 1-35 所示），包括基本指令、扩展指令、通信及工艺。同时，这些指令按功能分组，如常规、位逻辑运算、定时器操作等。

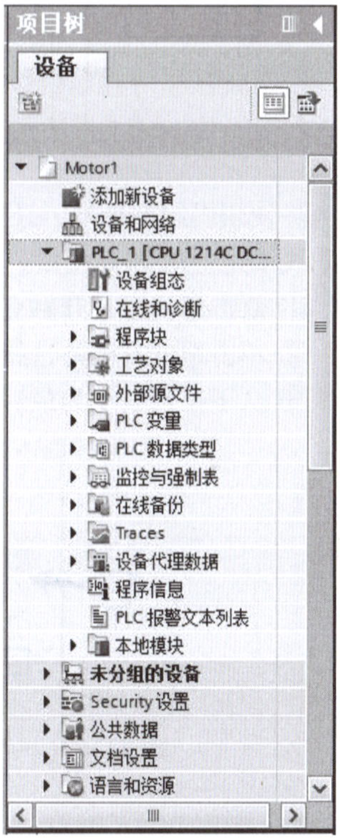

图 1-33 项目树全貌

如果用户要创建程序，则只需将指令从任务卡中拖动到程序段即可。TIA Portal 软件的指令编辑具有可选择性。例如，单击功能框指令黄色三角以显示指令的下拉列表，如常开、常闭、P 触点（上升沿）、N 触点（下降沿），向下滚动列表并选择所需指令。在选择完具体的指令后，必须输入具体的变量名，最基本的方法是，双击第一个常开触点上方的默认地址 <?? . ? >，直接输入固定地址变量“I0.1”，这时就会出现如图 1-36 所示的“停止按钮”注释。

需要注意的是，TIA Portal 软件默认的是 IEC 61131-3 标准。其地址用特殊字母序列来指示，字母序列的起始用“%”符号，跟随一个范围前缀和一个数据前缀（数据类型）表示数据长度，最后用数字序列表示存储器的位置。其中，范围前缀有 I（输入）、Q（输出）、M（标志，内部存储器范围）；长度前缀有 X（位）、B（字节，8 位）、W（字，16 位）、D（双字，32 位）。

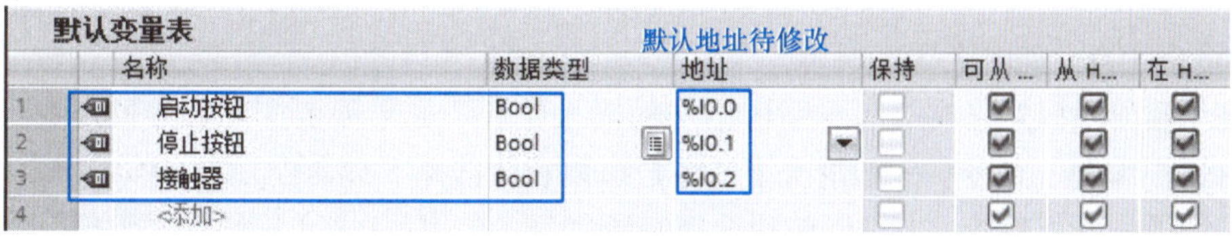

图 1-34 变量的定义

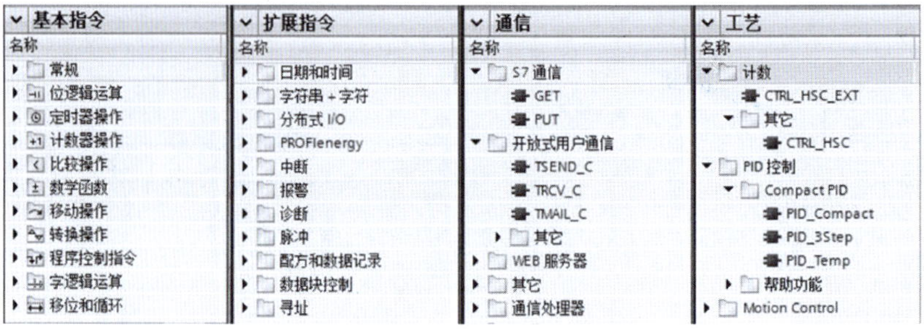

图 1-35　指令窗口

图 1-36　直接输入固定地址变量

除使用固定地址外，还可以使用变量表中定义的变量，用户可以快速输入对应触点和线圈地址的 PLC 变量，如图 1-37 所示，具体步骤如下：

① 双击第一个常开触点上方的默认地址 <?? . ?>；

② 单击地址右侧的选择器图标，打开变量表中的变量；

③ 从下拉列表中为最后一个触点选择“停止按钮 %I0. 1”。

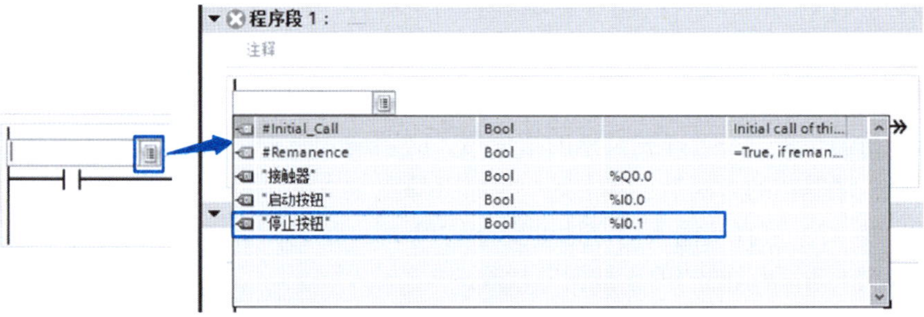

图 1-37　使用变量表中定义的变量

根据以上规律，完成程序的编制。

9）编译与下载。

将 IP 地址下载到 CPU 之前，必须先确保计算机的 IP 地址与 PLC 的 IP 地址相匹配。如图 1-38a 所示，在计算机的“本地连接 属性”窗口中，选择“Internet 协议版本 4（TCP/IPv4）”，将协议地址从自动获得 IP 地址变为手动设置 IP 地址为 192. 168. 0. 100，如图 1-38b 所示。

在编辑阶段只是完成了基本编辑语法的输入验证，如果需要实现程序的可行性，还必须执行“编译”命令。一般情况下，用户可以直接选择下载命令，TIA Portal 软件会自动执行编译命令。当然，也可以单独选择编译命令，在 TIA Portal 软件的“编辑”菜单中选择“编译”命令，或者使用快捷键“Ctrl + B”，就可获得整个程序的编译信息。

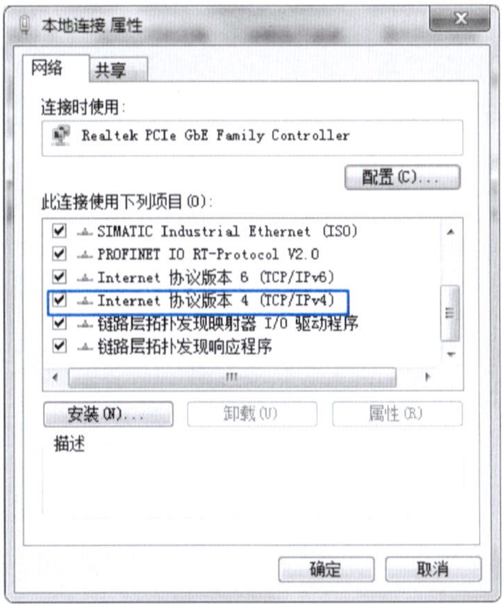

a)

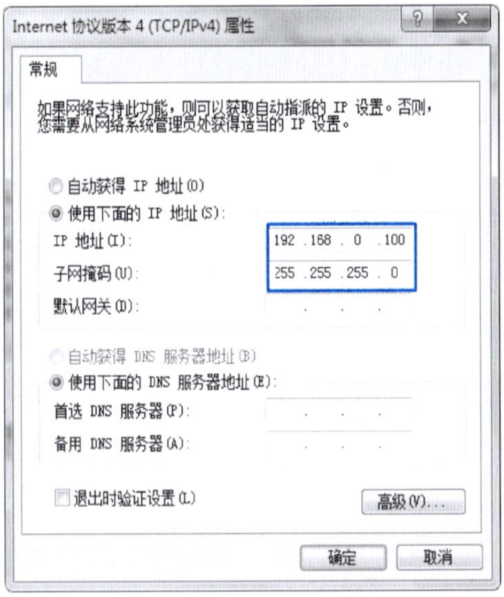

b)

图 1-38 PC 连接属性的设置

在编译完成后，就可以下载西门子 S7－1200 PLC 的硬件配置和梯形图程序了。下载时可以选择两个命令，即“下载到设备”或“扩展的下载到设备”。

这两种下载方式在第一次使用时会出现如图 1-39 所示的以太网联网示意图，不仅可以看到程序中的 PLC 地址及用于 PC 连接的 PG/PC 接口情况，还可以看到目标子网中的所有设备。

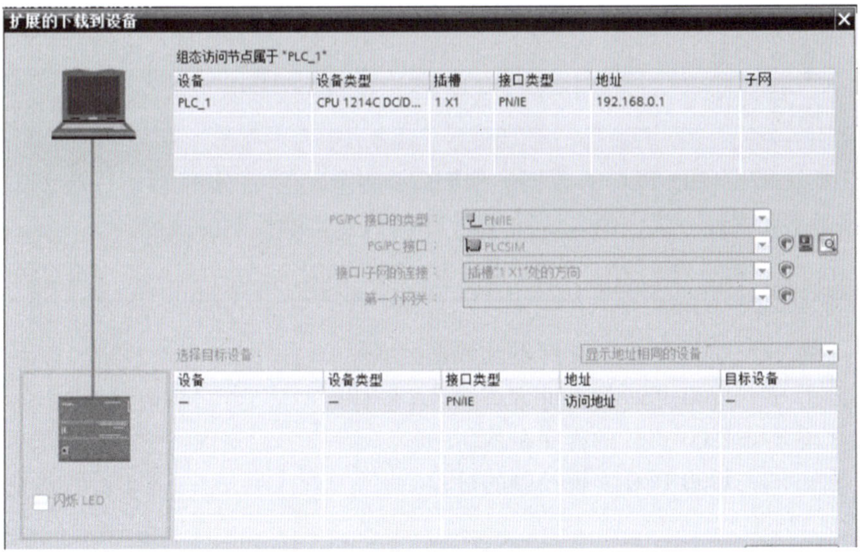

图 1-39 以太网联网示意图

10）PLC 在线与程序调试。

在下载 PLC 的程序与配置后，就可以将 PLC 切换到运行状态，在需要进一步调试时或者需要详细了解 PLC 的实际运行情况时，就要进入“PLC 在线和程序调试”阶段。

首先选择“转至在线”，转到在线后，项目树就会显示黄色的图符，其动画过程就表示出在线状态。这时可以从项目树的各个选项后面了解各自的情况，出现绿色的图符“☑”和“●”表示为正常，否则必须进行诊断和重新下载。

选择编译好的程序块进行在线仿真，选择图符“▣”可进入仿真阶段，实线表示接通，虚线表示断开，如图 1-40 所示。PLC 的变量还可以进行在线仿真，选择“▣”即可看到最新的监视值。在项目树中选择“在线访问”即可看到诊断状态、循环时间、存储器、分配 IP 地址等各种信息。

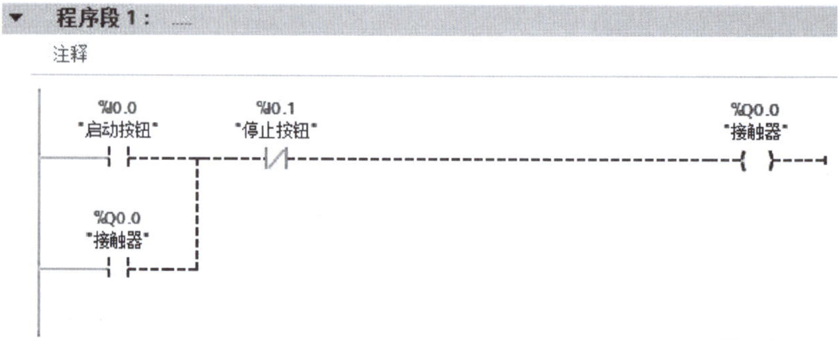

图 1-40　程序块的在线仿真

工作任务书 三相异步电动机点动控制

任务拓展

进一步熟悉 S7－1200 PLC 的编程软件 TIA Portal 的使用，能够熟练运用编程软件对三相异步电动机点动控制系统进行编程和调试。

任务 3　S7－1200 PLC 数据类型与程序结构认知

任务描述

本任务从 S7－1200 PLC 的数据类型和程序结构入手，分析 S7－1200 PLC 的存储器、数据类型和寻址方式，深入认知 S7－1200 PLC 实现控制的过程。

任务目标

1）了解 S7－1200 PLC 的存储器及数据类型。
2）熟悉 S7－1200 PLC 的寻址方式。
3）了解 S7－1200 PLC 的程序结构。
4）熟知 S7－1200 PLC 实现控制的过程。

相关知识

1. 基本知识

（1）S7－1200 PLC 的物理存储器　S7－1200 PLC 使用的物理存储器类型包括 RAM、ROM、Flash EPROM（简称为 FEPROM）。

装载存储器：非易失性的存储区，用于保存用户的程序、数据和组态信息。所有

CPU 都有内部的装载存储器，CPU 插入存储卡后，用存储卡作为装载存储器，类似于计算机的硬盘，具有断电保持功能。

工作存储器：集成在 CPU 中的高速存取 RAM，类似于计算机的内存，断电时，数据消失。

数据类型

断电保持存储器：用来防止在关闭电源时丢失数据，可以用不同的方法设置变量的断电保持功能。

存储卡：可选的存储卡用来存储用户程序或传送程序。

（2）S7－1200 PLC 的基本数据类型　S7－1200 PLC 的基本数据类型见表 1-2。

表 1-2　S7－1200 PLC 的基本数据类型

类　型	关键字	长　度	取值范围/格式示例	说　明
布尔型	Bool	1 位	1 或 0	布尔变量
整型	Byte	8 位	16#0～16#FF	字节
	Word	16 位	16#0～16#FFFF	字
	Dword	32 位	16#0～16#FFFFFFFF	双字
	SInt	8 位	－128～127	8 位有符号整数
	Int	16 位	－32768～32767	16 位有符号整数
	DInt	32 位	－2147483648～2147483647	32 位有符号整数
	USInt	8 位	0～255	8 位无符号整数
	UInt	16 位	0～65535	16 位无符号整数
	UDInt	32 位	0～4294967295	32 位无符号整数
实型	Real	32 位		
时间型	Time	32 位	T#-24d20h31m23s648ms～T#＋24d20h31m23s648ms	
字符型	Char	8 位	ASCII 字符集	字符
	Wchar	16 位	Unicode 字符集	宽字符

1）布尔型数据类型。布尔型数据类型是“位”，可被赋予“0”或者“1”，占用 1 位存储空间。

2）整型数据类型。整型数据类型可以是 Byte、Word、Dword、SInt、USInt、Int、UInt、DInt 及 UDInt 等。注意，当较长的数据类型转换为较短的数据类型时，会丢失高位信息。

3）实型数据类型。实型数据类型主要包括 32 位浮点数。Real 是浮点数，用于显示有理数，可以显示十进制数据，包括小数部分，也可以被描述成指数形式。其中，Real 是 32 位浮点数。

寻址方式

4）时间型数据类型。时间型数据类型主要是 Time，用于输入时间数据。

5）字符型数据类型。字符型数据类型主要是 Char，占用 8 位，用于输入字符。

（3）S7－1200 PLC 的寻址方式　8 位二进制数组成 1 字节（B），如%MB100 是由%M100.0 到%M100.7 共 8 位的状态构成的。西门子 S7－1200 PLC 采用“字节.位”寻址方式，与位逻辑相对应的常见操作数为 I（输入）、Q（输出）及 M（中间变量），均为直接变量。

根据 IEC 61131-3，直接变量以百分数符号%开始，随后是位置前缀符号。如果有分级，则用整数表示分级，并用由小数点符号“.”分隔的无符号整数表示直接变量。

如%I2.3，首位字母表示存储器的标识符，I 区为输入过程映像区，如图1-41所示。

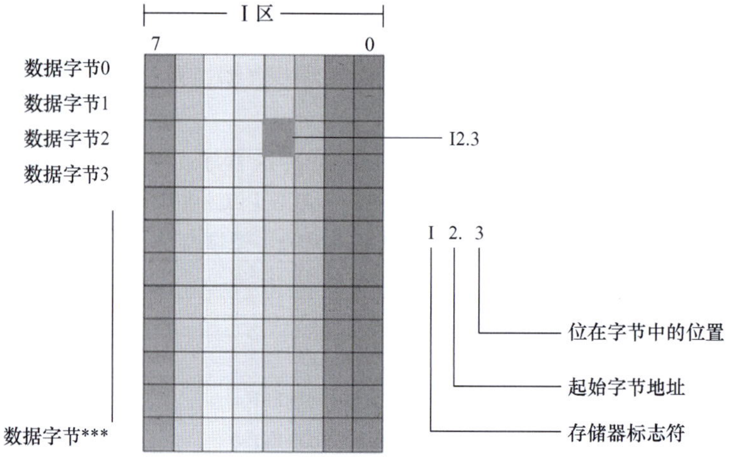

图1-41 %I2.3寻址

一般而言，以起始字节的地址作为字和双字的地址，起始字节为最高位的字节。图1-42所示是DBB0（字节）、DBW0（字）和DBD0（双字）的寻址方式。

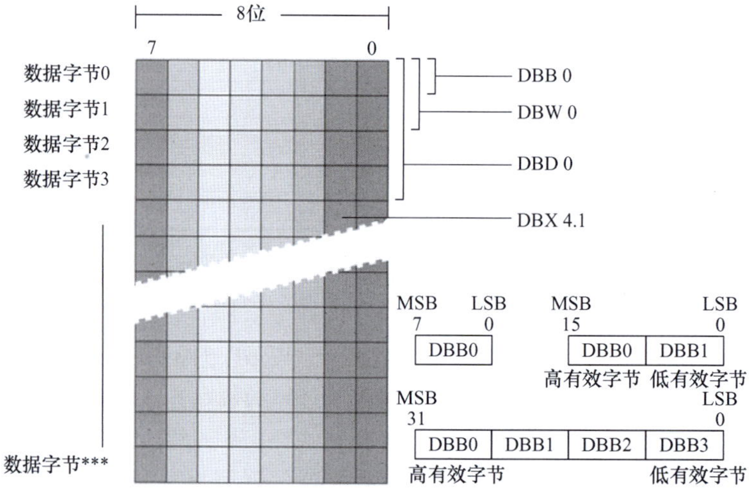

图1-42 DBB0（字节）、DBW0（字）和DBD0（双字）的寻址方式

2. 拓展知识

下面介绍S7－1200 PLC的用户程序结构。

（1）模块化编程 模块化编程将复杂的自动化任务划分为对应于生产过程技术功能较小的子任务，每个子任务对应于一个称为“块”的子程序，可以通过块与块之间的相互调用来组织程序。这样的程序易于修改、查错和调试。块结构显著地增加了PLC程序的组织透明性、可理解性和易维护性。各种块的简要说明见表1-3，其中OB（Organization Block，组织块）、FB（Function Block，函数块）、FC（Function，函数）都包含程序，统称为代码（Code）块。代码块的个数没有限制，但是受到存储器容量的限制。

表 1-3 用户程序中的块

块	简要描述
组织块（OB）	操作系统与用户程序的接口，决定用户程序的结构
函数块（FB）	用户编写的包含经常使用功能的子程序，有专用的背景数据块
函数（FC）	用户编写的包含经常使用功能的子程序，没有专用的背景数据块
背景数据块（DB）	用于保存 FB 的输入、输出参数和局部静态变量，其数据在编译时自动生成
全局数据块（DB）	存储用户数据的数据区域，供所有的代码块共享

被调用的代码块又可以调用其他代码块，这种调用称为嵌套调用。从程序循环 OB 或启动 OB 开始，嵌套深度为 16；从中断 OB 开始，嵌套深度为 6。

在块调用中，调用者可以是各种代码块，被调用的块是 OB 之外的代码块。调用函数块时需要为它指定一个背景数据块。

（2）组织块　组织块是操作系统和用户程序的接口，由操作系统调用，用于控制扫描循环和中断程序的执行、PLC 的启动和错误处理等。组织块的程序是用户编写的。

每个组织块必须有一个唯一的 OB 编号，123 之前的某些编号是保留的，其他 OB 的编号应大于等于 123。对于 CPU 中特定的事件触发的组织块的执行，OB 不能相互调用，也不能被 FC 和 FB 调用。只有启动事件（例如诊断中断事件或周期性中断事件）可以启动 OB 的执行。

1）程序循环组织块。OB1 是用户程序中的主程序，CPU 循环执行操作系统程序，在每一次循环中，操作系统程序调用一次 OB1。因此 OB1 中的程序也是循环执行的。允许有多个程序循环 OB，默认的是 OB1，其他程序循环 OB 的编号应大于等于 123。

2）启动组织块。当 CPU 的工作模式从“STOP”切换到“RUN”时，执行一次启动（Startup）组织块，来初始化程序循环 OB 中的某些变量。执行完启动 OB 后，开始执行程序循环 OB。可以有多个启动 OB，默认为 OB100，其他启动 OB 的编号应大于等于 123。

3）中断组织块。中断处理用来实现对特殊内部事件或外部事件的快速响应。如果没有中断事件出现，CPU 循环执行 OB1 和它调用的块。如果出现中断事件，例如诊断中断和时间延迟中断等，因为 OB1 的中断优先级最低，操作系统在执行完当前程序的当前指令（即断点处）后，立即响应中断。CPU 暂停正在执行的程序块，自动调用一个分配给该事件的组织块（即中断程序）来处理中断事件。执行完中断组织块后，返回被中断的程序的断点处继续执行原来的程序。

这意味着部分用户程序不必在每次循环中处理，而是在需要时才被及时地处理。处理中断事件的程序放在该事件驱动的 OB 中。

（3）函数　函数是用户编写的子程序，简称为 FC，STEP7 V5.5 中称为功能。它包含完整特定任务的代码和参数。FC 和 FB 与调用它的块有共享的输入参数和输出参数。执行完 FC 和 FB 后，返回调用它的代码块。

函数是快速执行的代码块，可用于完成标准的和可重复使用的操作，例如算术运算；或完成技术功能，例如使用位逻辑运算的控制。

可以在程序的不同位置多次调用同一个 FC 或 FB，这样可以简化重复执行任务的编程。函数没有固定的存储区，函数执行结束后，其临时变量中的数据就丢失了。

（4）函数块　函数块是用户编写的子程序，简称为 FB，STEP7 V5.5 中称为功能块。调用函数块时，需要指定背景数据块，后者是函数块专用的存储区。CPU 执行 FB 中的程序代码，将块的输入、输出参数和局部静态变量保存在背景数据块中，以便在后面的扫描周期访问它们。FB 的典型应用是执行不能在一个扫描周期完成的操作。在调用 FB 时，自动打开对应的背景数据块，后者的变量可以供其他代码块使用。

调用同一个函数块时使用不同的背景数据块，可以控制不同的对象。

S7－1200 PLC 的某些指令（例如符合 IEC 标准的定时器和计数器指令）实际上是函数块，在调用它们时需要指定配套的背景数据块。

（5）数据块　数据块（Data Block，DB）是用于存放执行代码块时所需数据的数据区，与代码块不同，数据块没有指令，STEP7 按变量生成的顺序自动地为数据块中的变量分配地址。

数据块有两种类型：一是全局数据块，存储供所有的代码块使用的数据，所有的 OB、FB 和 FC 都可以访问它们；二是背景数据块，用于存储数据供特定的 FB 使用。背景数据块中保存的是对应的 FB 输入、输出参数和局部静态变量。FB 的临时数据（Temp）不是用背景数据块保存的。

工作任务书
S7-1200 PLC
的控制过程

任务拓展

请根据所学的内容阐述西门子 S7－1200 PLC 是如何实现控制的。

思考与练习

1. PLC 主要由（　　）、（　　）、（　　）、（　　）和（　　）组成。

2. 继电器的线圈得电时，其常开触点（　　），常闭触点（　　）。

3. 外部的输入电路接通时，对应的输入映像寄存器为（　　）状态，梯形图中对应的常开触点（　　），常闭触点（　　）。

4. 若梯形图中的输出点 Q 的线圈失电，对应的输出映像寄存器为（　　）状态，在修改输出阶段后，继电器型输出模块中对应的硬件继电器的线圈（　　），其常开触点（　　），外部负载（　　）。

项目2

西门子S7-1200 PLC控制指示灯

日常生活中经常见到各种各样形式变换的彩灯，它们是如何实现控制的呢？本项目将结合 PLC 的位逻辑指令、计数器指令、数据处理指令和运算指令等来实现对彩灯及密码锁等日常生活常见对象的 PLC 控制。

任务1　用多个开关控制照明灯

任务描述

采用 PLC 控制方式，用三个开关 S1、S2、S3 控制一盏照明灯 EL，任何一个开关都可以控制照明灯的亮/灭。

任务目标

1）了解位逻辑指令概况。
2）掌握基本位逻辑指令及其应用。

相关知识

1. 基本知识

位逻辑指令用于二进制数的逻辑运算。位逻辑运算的结果简称为 RLO。位逻辑指令是实现逻辑控制的基本指令。S7－1200 PLC 的位逻辑指令主要包括触点和线圈指令、位操作指令及位检测指令，见表 2-1。

表 2-1　位逻辑指令图形符号及功能

<table>
<tr><th>图形符号</th><th>功　能</th><th>图形符号</th><th>功　能</th></tr>
<tr><td>—| |—</td><td>常开触点（地址）</td><td>—(S)—</td><td>置位线圈</td></tr>
<tr><td>—|/|—</td><td>常闭触点（地址）</td><td>—(R)—</td><td>复位线圈</td></tr>
<tr><td>—( )—</td><td>输出线圈</td><td>—(SET_BF)—|</td><td>置位位域</td></tr>
<tr><td>—(/)—</td><td>取反线圈</td><td>—(RESET_BF)—|</td><td>复位位域</td></tr>
<tr><td>—| NOT |—</td><td>取反逻辑</td><td>—|P|—</td><td>P 触点，上升沿检测</td></tr>
<tr><td rowspan="4">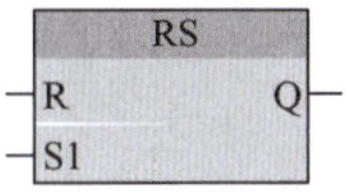</td><td rowspan="4">置位优先型
触发器</td><td>—|N|—</td><td>N 触点，下降沿检测</td></tr>
<tr><td>—(P)—</td><td>P 线圈，上升沿</td></tr>
<tr><td>—(N)—</td><td>N 线圈，下降沿</td></tr>
</table>

（续）

图形符号	功　能	图形符号	功　能
SR（S、R1 → Q）	复位优先型触发器	P_TRIG（CLK → Q）	在信号上升沿置位输出
		N_TRIG（CLK → Q）	在信号下降沿置位输出

（1）常开、常闭触点　以 CPU 1214C PLC 为例，该型号 PLC 有 14 点数字量输入和 10 点数字量输出，而每一点的数字量输入均可以连接一个常开或常闭触点，相应的每一个数字量输出皆可连接一个线圈或取反线圈。PLC 中的常开、常闭触点的概念与继电器中相同，即在线圈得电之前的触点状态是常态，得电之前触点是断开的就是常开触点，得电之前触点是闭合的就是常闭触点。

触点与线圈指令

在 S7－1200 PLC 的编程软件——TIA 博途软件中，触点指令在基本指令的位逻辑指令下，常开、常闭触点指令的 LAD 和 SCL 格式见表 2-2。

表 2-2　常开、常闭触点指令的 LAD 和 SCL 格式

格　式	名　称	
	常开触点	常闭触点
LAD	"IN" —| |—	"IN" —|/|—

SCL	IF IN THEN
	Statement
	ELSE
	Statement
	END_IF
		IF NOT（IN）THEN
		Statement
		ELSE
		Statement
		END_IF

1）常开触点。在梯形图中，在指定的位为 1 状态（ON）时闭合，为 0 状态时断开。0 代表低电平（断开），1 代表高电平（接通），其操作数有 I、Q、M、D、L。

2）常闭触点。在梯形图中，其逻辑作用与常开触点恰好相反。在指定的位为 1 状态时断开，在指定位为 0 状态时闭合。

结合常开触点与常闭触点的性质，当外来信号为 0 时，PLC 程序中的常开触点就为 0，常闭触点就为 1；当外来信号为 1 时，PLC 程序中的常开触点为 1，常闭触点就为 0。

3）常开、常闭触点的逻辑组合。在 PLC 程序中，可将触点相互连接并创建组合逻辑。基本的组合逻辑有“与”“或”“非”逻辑。

其中，与逻辑表示常开触点的串联，如果两个相应的信号状态均为 1，则执行该指令后，位逻辑运算结果（RLO）为 1。如果其中相应的一个信号为 0，则 RLO 为 0。或逻辑表示常开触点的并联，如果其中一个信号为 1，则 RLO 为 1，两个常开触点同时为 0，则 RLO 为 0。与逻辑和或逻辑如图 2-1、图 2-2 所示。

图 2-1　与逻辑示意图

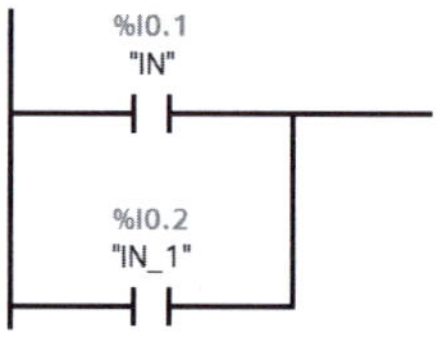

图 2-2　或逻辑示意图

除此之外，“与逻辑取反”：即常闭触点的串联；“或逻辑取反”：常闭触点并联；常闭触点与常开触点的串联也是常用的几种组合逻辑形式。同时，电路块的嵌套应用也十分广泛，如或逻辑嵌套，实际上就是把两个虚框当成两个块，再将两个块做或运算，如图2-3所示。与逻辑嵌套就是把两个虚框当成两个块，再将两个块做与运算，如图2-4所示。

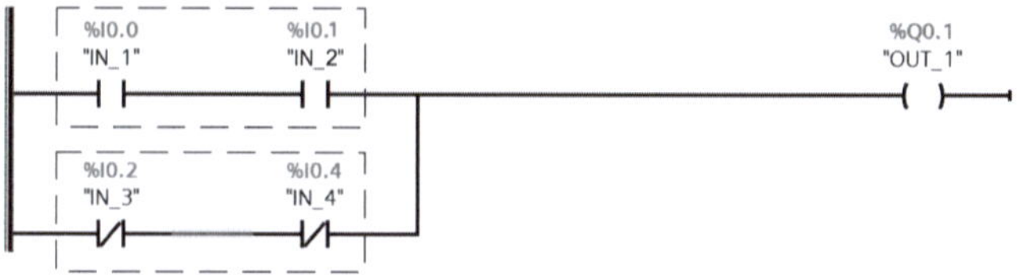

图2-3 或逻辑嵌套示例

（2）线圈与取反线圈 在编制PLC程序时，经常需要进行赋值操作，对于字节、双字等数据的赋值可以用MOVE指令进行数据传送，而对于点位信号状态的置位或复位，一般采用赋值指令。本节主要针对线圈与取反线圈指令来探究赋值指令的应用方法。在S7－1200 PLC的编程软件——TIA博途软件中，线圈指令在基本指令的位逻辑指令下，线圈与取反线圈指令的LAD和SCL格式见表2-3。

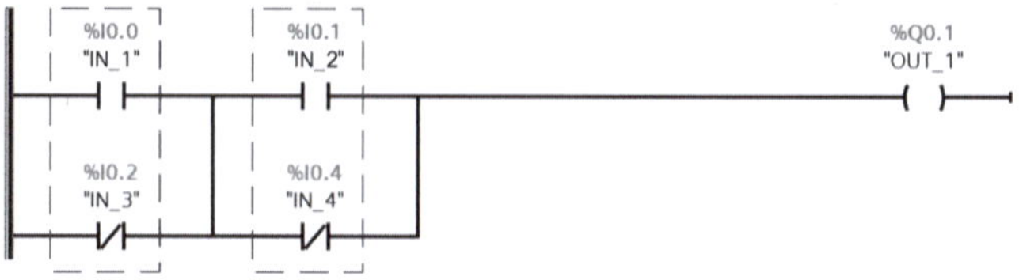

图2-4 与逻辑嵌套示例

表2-3 线圈与取反线圈指令的LAD和SCL格式

格式	名称	
	线圈	取反线圈
LAD	"OUT" —( )—|	"OUT" —(/)—|
SCL	OUT：=<布尔表达式>	OUT：= NOT <布尔表达式>

1）线圈的主要作用是赋值操作，将CPU中保存的逻辑运算结果的信号状态分配给指定的操作数，所以可以使用线圈指令来置位指定操作数的位。如果线圈输入的逻辑运算结果（RLO）的信号状态为1，则将指定操作数信号状态置位为1。如果线圈输入的信号状态为0，则指定操作数的位将复位为0，其操作数有I、Q、M、D、L。线圈赋值逻辑示例如图2-5所示。

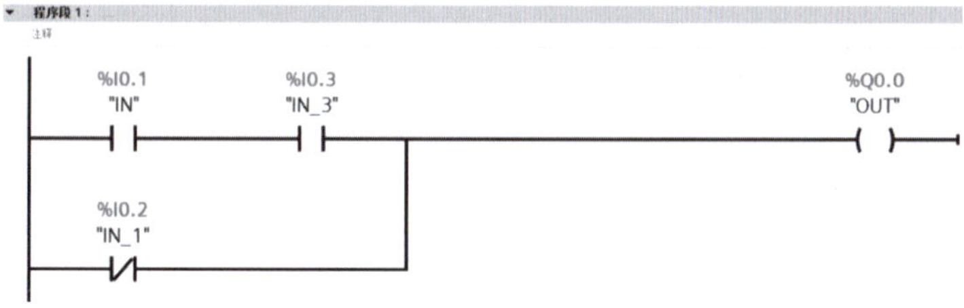

图2-5 线圈赋值逻辑示例

图2-5中，满足下列条件之一时，将置位“OUT”操作数：I0.1和I0.3的信号状态同时为1；I0.2的信号状态为0。

2）取反线圈在逻辑上与线圈具有相反的作用。将CPU中保存的逻辑运算结果的信号状态取反后，分配给指定操作数。线圈输入的RLO为1时，复位操作数。线圈输入的RLO为0时，操作数的信号状态置位为1。其操作数有：I、Q、M、D、L。取反线圈赋值指令示例如图2-6所示。

与线圈指令的作用恰好相反，图2-6中当满足下列条件之一时，将复位“OUT”操作数：I0.1和I0.3的信号状态同时为1；I0.2的信号状态为0。

（3）复位/置位指令

S：置位指令，将指定的地址位置位为1，并保持。

R：复位指令，将指定的地址位复位为0，并保持。

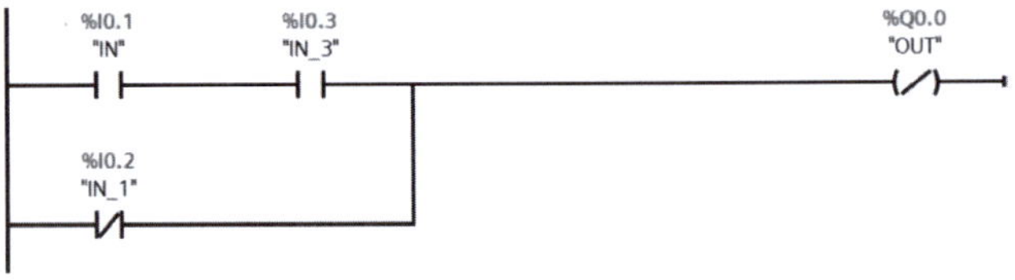

图 2-6 取反线圈赋值逻辑示例

图2-7所示为置位/复位指令应用示例，当I0.0为1时Q0.0为1，之后，即使I0.0为0，Q0.0始终保持1，直到I0.1为1时，Q0.0才变为0。这两条指令非常重要。置位/复位指令不需要成对使用。

置位复位指令

2. 拓展知识

下面介绍SET_BF、RESET_BF指令。

1）SET_BF：“置位位域”指令，对从某个特定地址开始的多个位进行置位。

2）RESET_BF：“复位位域”指令，对从某个特定地址开始的多个位进行复位。

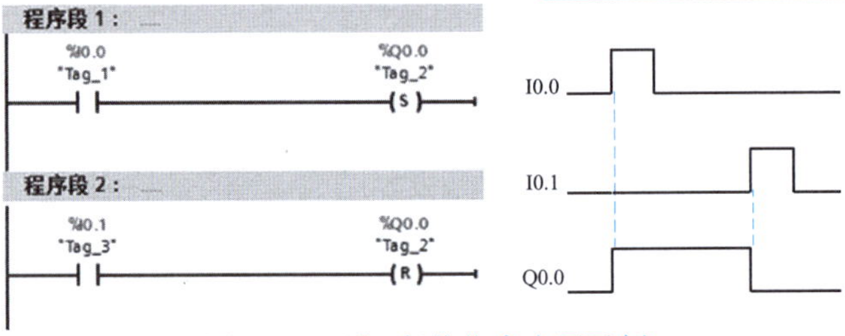

图 2-7 置位/复位指令应用示例

置位位域和复位位域指令应用示例如图2-8所示，当常开触点I0.0接通时，从Q0.0开始的3个位置位，而当常开触点I0.1接通时，从Q0.1开始的3个位复位。

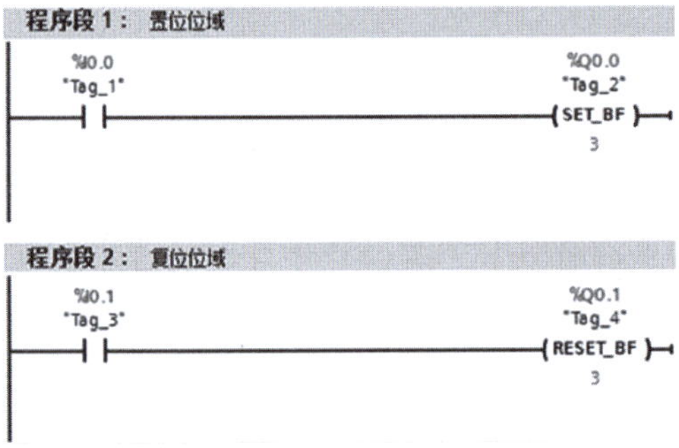

图 2-8 置位位域和复位位域指令应用示例

任务实施

1）根据控制要求，首先确定I/O个数，进行I/O地址分配，输入/输出地址分配见表2-4。画出照明灯PLC控制I/O接线，如图2-9所示。

表 2-4 输入/输出地址分配

输入			输出		
符号	地址	功能	符号	地址	功能
S1	I1.0	开关1	EL	Q0.0	照明灯
S2	I1.2	开关2			
S3	I1.4	开关3			

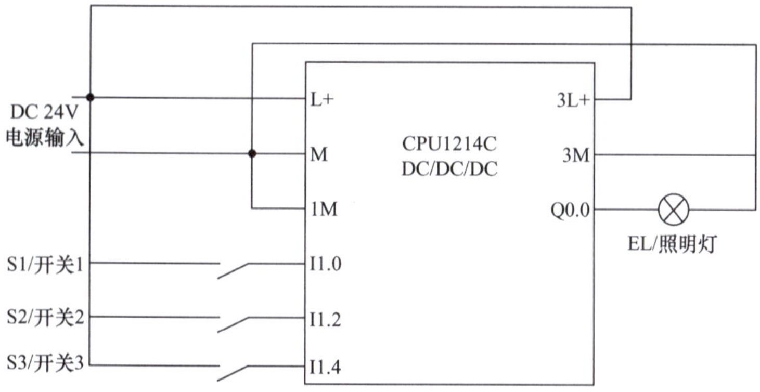

图 2-9　照明灯 PLC 控制 I/O 接线图

2）设计程序。根据控制电路的要求，在计算机中编写程序，程序设计如图 2-10 所示。

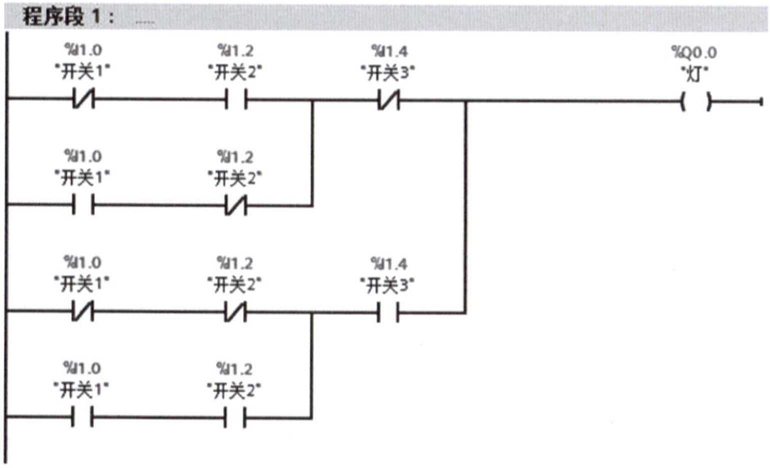

图 2-10　照明灯 PLC 控制程序梯形图

3）安装配线。按照图 2-9 进行配线，安装方法及要求与接触器-继电器电路相同。

4）运行调试。

① 在断电状态下，连接好通信电缆。

② 打开 PLC 的前盖，将运行模式开关拨到“STOP”位置，此时 PLC 处于停止状态，或者单击工具栏中的“STOP”按钮，可以进行程序编写。

③ 在作为编程器的 PC 上运行 TIA 博途编程软件。

④ 创建新项目并进行设备组态。

⑤ 打开程序编辑器，录入梯形图程序。

⑥ 单击“编辑”菜单下的“编译”子菜单命令，编译程序。

⑦ 将控制程序下载到 PLC。

⑧ 将运行模式选择开关拨到“RUN”位置，或者单击工具栏的“RUN（运行）”按钮使 PLC 进入运行方式。

⑨ 拨动开关，观察照明灯亮灭情况是否正常。

任务拓展

工作任务书
用多个开关
控制照明灯

采用PLC控制方式，用四个开关S1、S2、S3、S4控制一盏照明灯EL，任何一个开关都可以控制照明灯的亮/灭。根据控制要求编制PLC控制程序并进行调试。

任务2 抢答器自动控制

任务描述

抢答器有三个输入，分别为I0.0、I0.1和I0.2，输出分别为Q4.0、Q4.1和Q4.2，复位输入为I0.4。任务要求：三个人任意抢答，谁先按下按钮，谁的指示灯就优先亮，且只能亮一盏灯；进行下一问题抢答前，主持人按下复位按钮，抢答重新开始。

任务目标

1）掌握RS/SR触发器指令。

2）掌握边沿检测指令的使用方法。

3）熟悉基本位逻辑指令及其应用。

相关知识

触发器指令

1. 基本知识

（1）RS/SR触发器

1）RS：复位/置位触发器（置位优先）。如果R输入端的信号状态为1，S1输入端的信号状态为0，则复位。如果R输入端的信号状态为0，S1输入端的信号状态为1，则置位触发器。如果两个输入端的状态均为1，则置位触发器。如果两个输入端的状态均为0，则保持触发器当前的状态。RS/SR触发器应用示例如图2-11所示。

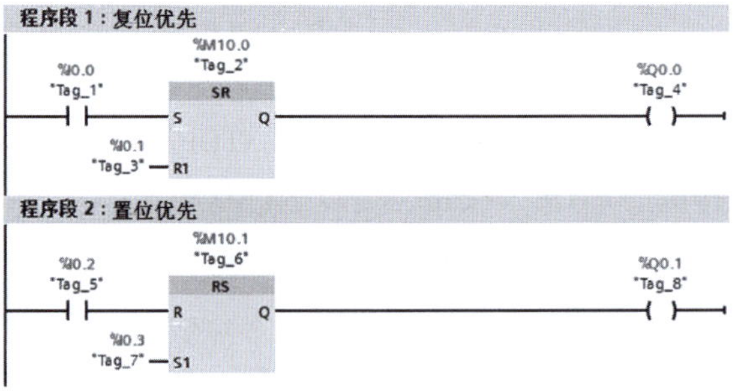

图2-11 RS/SR触发器应用示例

2）SR：置位/复位触发器（复位优先）。如果S输入端的信号状态为1，R1输入端的信号状态为0，则置位触发器。如果S输入端的信号状态为0，R1输入端的信号状态为1，则复位触发器。如果两个输入端的状态均为1，则复位触发器。如果两个输入端的状态均为0，保持触发器当前的状态。具体情况见表2-5。

表 2-5 RS/SR 触发器输入与输出的对应关系

置位/复位触发器 SR（复位优先）				复位/置位触发器 RS（置位优先）			
输入状态		输出状态	说明	输入状态		输出状态	说明
S (I0.0)	R1 (I0.1)	Q (Q0.0)	当各个状态断开后，输出状态保持	R (I0.2)	S1 (I0.3)	Q (Q0.1)	当各个状态断开后，输出状态保持
1	0	1		1	0	0	
0	1	0		0	1	1	
1	1	0		1	1	1	

（2）下降沿和上升沿指令

边沿检测指令

下降沿和上升沿指令有扫描操作数的信号下降沿和扫描操作数的信号上升沿的作用。

1）扫描操作数的信号下降沿指令 FN 检测 RLO 从 1 跳转到 0 时的下降沿，并保持 RLO＝1 一个扫描周期。每个扫描周期期间，都会将 RLO 为 0 的信号状态与上一个周期获取的状态比较，以判断是否改变，如图 2-12 所示。

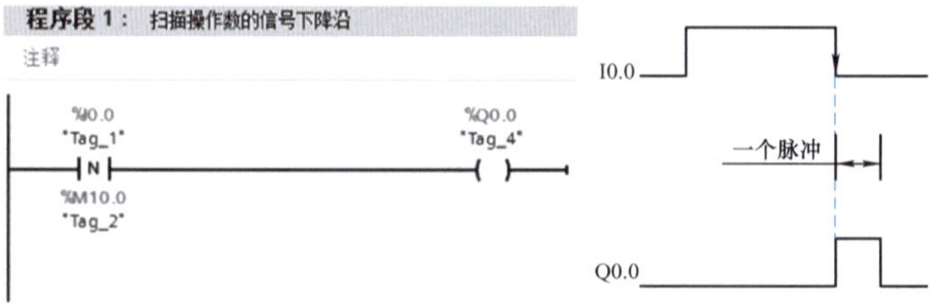

图 2-12 下降沿指令示例的梯形图与时序图

2）扫描操作数的信号上升沿指令 FP 检测 RLO 从 0 跳转到 1 时的上升沿，并保持 RLO＝1 一个扫描周期。每个扫描周期期间，都会将 RLO 为 1 的信号状态与上一个周期获取的状态比较，以判断是否改变，如图 2-13 所示。

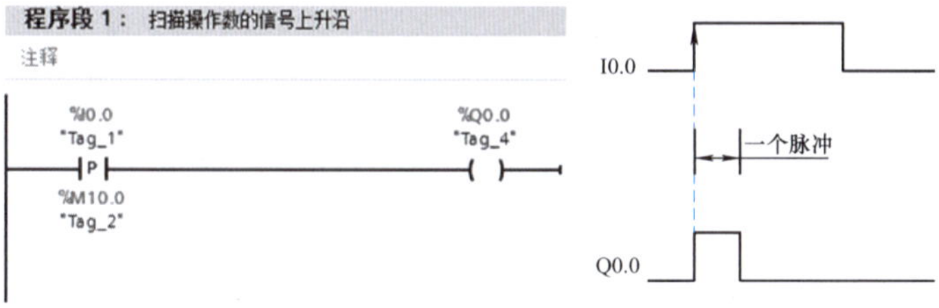

图 2-13 上升沿指令示例的梯形图与时序图

2. 拓展知识

边沿检测指令的应用。

图 2-14 所示为边沿检测指令示例梯形图，如果按下按钮 I0.0，闭合 1s 后弹起，请分析程序运行结果。

分析：时序图如图 2-15 所示，当按下按钮 I0.0 时，产生上升沿，触点产生一个扫描周期的时钟脉冲，驱动输出线圈 Q0.1 通电一个扫描周期，Q0.0 也通电，使输出线圈 Q0.0 置位，并保持。

当按钮 I0.0 弹起时，产生下降沿，触点产生一个扫描周期的时钟脉冲，驱动输出线圈 Q0.2 通电一个扫描周期，使输出线圈 Q0.0 复位，并保持，Q0.0 得电共 1s。

例如，设计一个程序，实现用一个按钮控制一盏灯的亮和灭，即奇数次压下按钮时灯亮，偶数次压下按钮时灯灭。

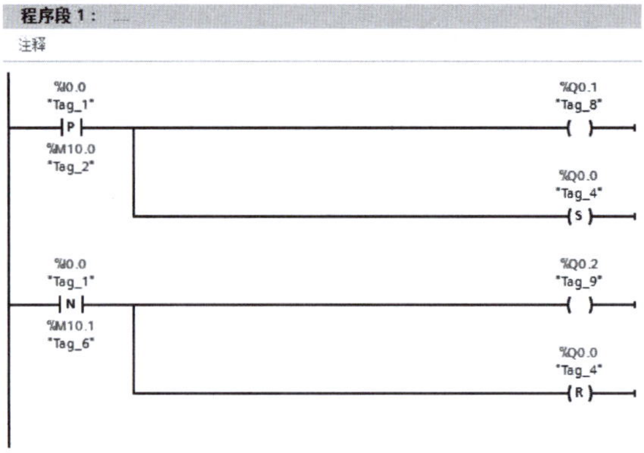

图 2-14 边沿检测指令应用示例

分析：当 I0.0 第一次合上时，M10.0 接通一个扫描周期，使得 Q0.0 线圈得电一个扫描周期，当下一次扫描周期到达，Q0.0 常开触点闭合自锁，灯亮。

当 I0.0 第二次合上时，M10.0 线圈得电一个扫描周期，使得 M10.0 常闭触点断开，灯灭。梯形图如图 2-16 所示。

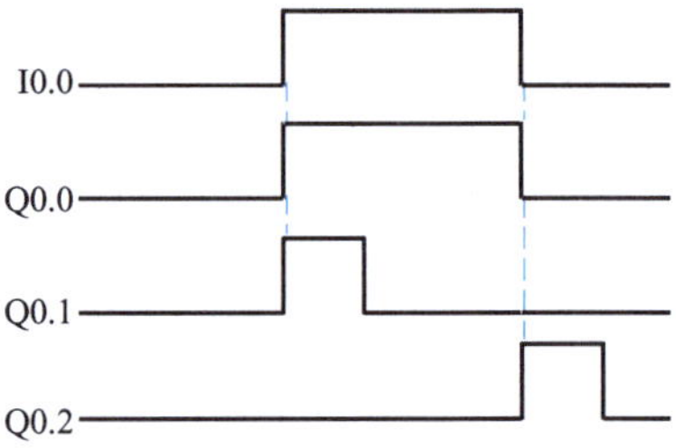

图 2-15 边沿检测指令示例时序图

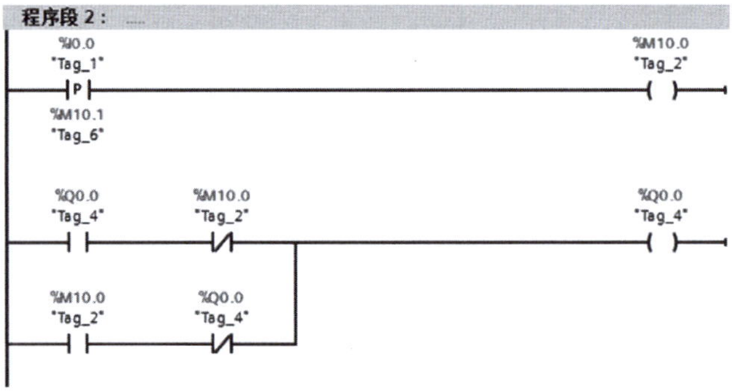

图 2-16 梯形图程序

任务实施

1）根据控制要求，首先确定 I/O 个数，进行 I/O 地址分配，输入/输出地址分配见表 2-6。画出抢答器 PLC 控制 I/O 接线图，如图 2-17 所示。

表 2-6 输入/输出地址分配

输入			输出		
符号	地址	功能	符号	地址	功能
SB1	I0.0	1#抢答按钮	EL1	Q4.0	1#抢答指示灯
SB2	I0.1	2#抢答按钮	EL2	Q4.1	2#抢答指示灯
SB3	I0.2	3#抢答按钮	EL3	Q4.2	3#抢答指示灯
SB4	I0.4	复位按钮			

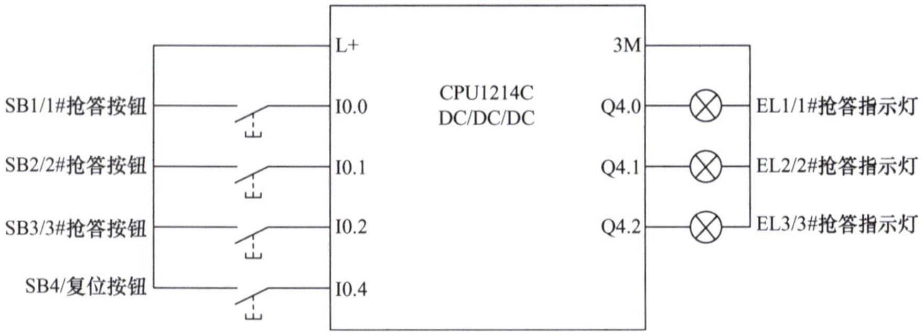

图 2-17　抢答器 PLC 控制 I/O 接线图

2）设计程序。根据控制电路的要求，在 TIA 博途软件中定义抢答器的变量如图 2-18 所示。

默认变量表

	名称	数据类型	地址
1	SB1	Bool	%I0.0
2	SB2	Bool	%I0.1
3	SB3	Bool	%I0.2
4	SB4	Bool	%I0.4
5	EL1	Bool	%Q4.0
6	EL2	Bool	%Q4.1
7	EL3	Bool	%Q4.2
8	Tag_1	Bool	%M0.0
9	Tag_2	Bool	%M0.1
10	Tag_3	Bool	%M0.2

图 2-18　抢答器的变量表

编写梯形图程序，如图 2-19 所示。

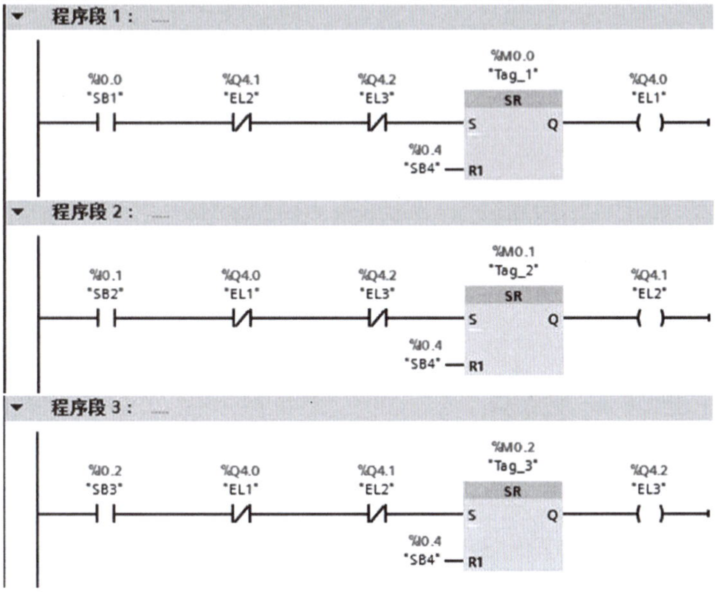

图 2-19　抢答器 PLC 控制程序——梯形图

3）安装配线。按照图 2-17 进行配线，安装方法及要求与接触器-继电器电路相同。

4）运行调试。

① 在断电状态下，连接好通信电缆。

② 打开 PLC 的前盖，将运行模式开关拨到“STOP”位置，此时 PLC 处于停止状

态，或者单击工具栏中的“STOP”按钮，可以进行程序编写。

③ 在作为编程器的 PC 上运行 TIA 博途编程软件。

④ 创建新项目并进行设备组态。

⑤ 打开程序编辑器，录入梯形图程序。

⑥ 单击“编辑”菜单下的“编译”子菜单命令，编译程序。

⑦ 将控制程序下载到 PLC。

⑧ 将运行模式选择开关拨到“RUN”位置，或者单击工具栏的“RUN（运行）”按钮使 PLC 进入运行方式。

⑨ 按下按钮，查看抢答器能否正常工作。

工作任务书
抢答器自动控制

任务拓展

抢答器有四个输入，分别为 I0.0、I0.1、I0.2 和 I0.3，输出分别为 Q4.0、Q4.1、Q4.2 和 Q4.3，复位输入为 I0.4。任务要求：四个人任意抢答，谁先按下按钮，谁的指示灯就优先亮，且只能亮一盏灯；进行下一问题抢答前，主持人按下复位按钮，抢答重新开始。

请结合以上控制要求，完成抢答器的 PLC 控制。

任务 3　霓虹灯自动控制

任务描述

有一组由 8 个彩灯构成的霓虹灯，当按下启动按钮 I0.0 时，彩灯 Q0.0 ~ Q0.7 按照亮 3s、灭 2s 的频率闪烁，按下停止按钮 I0.1 时，彩灯 Q0.0 ~ Q0.7 停止闪烁后熄灭。

任务目标

1）掌握定时器（TP、TON、TOF、TONR）指令。

2）了解定时器指令的应用。

定时器

相关知识

1. 基本知识

S7－1200 PLC 不支持 S7 定时器，只支持 IEC 定时器。IEC 定时器集成在 CPU 的操作系统中，有以下定时器：脉冲定时器（TP）、通电延时定时器（TON）、通电延时保持定时器（TONR）和断电延时定时器（TOF）。

（1）脉冲定时器　IEC 定时器属于函数块，调用时需要指定配套的背景数据块，定时器指令的数据保存在背景数据块中。打开右边的指令列表窗口，将“定时器操作”文件夹中的定时器指令拖放到梯形图中适当的位置。在出现的“调用选项”对话框中，可以修改默认的背景数据块的名称，来做定时器的标识符。单击“确定”按钮，自动生成的背景数据块如图 2-20 所示。

定时器的输入 IN 为启动输入端（如图 2-21 所示），在输入 IN 的上升沿，启动 TP、TON 和 TONR 开始定时。在输入 IN 的下降沿，启动 TOF 开始定时。

IEC_Timer_0_DB

	名称	数据类型	起始值	保持
1	▼ Static			☐
2	PT	Time	T#0ms	☐
3	ET	Time	T#0ms	☐
4	IN	Bool	false	☐
5	Q	Bool	false	☐

图 2-20　定时器的背景数据块

PT（Preset Time）为预设时间值，ET（Elapsed Time）为定时开始后经过的时间，称为当前时间值，它们的数据类型为 32 位的 Time，单位为 ms，最大定时时间为 T#24d_20h_31m_23s_647ms，d、h、m、s、ms 分别为日、小时、分、秒和毫秒。可以不给输出 Q 和 ET 指定地址。Q 为定时器的位输出，各参数均可以使用 I、Q、M、D、L 存储区，PT 可以使用常量。定时器指令可以放在程序段的中间或结束处。

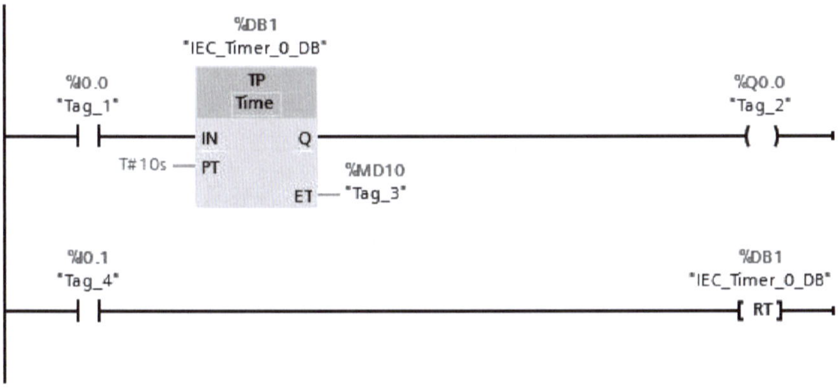

图 2-21　脉冲定时器的程序状态

脉冲定时器的指令名称为“生成脉冲”，用于将输出 Q 置位为 PT 预设的一段时间。用程序状态功能可以观察当前时间值的变化情况，如图 2-22 所示。在 IN 输入信号的上升沿启动该定时器，Q 输出信号变为 1 状态，开始输出脉冲。定时开始后，当前时间 ET 从 0ms 开始不断增大，达到 PT 预设的时间时，Q 输出信号变为 0 状态。如果 IN 输入信号为 1 状态，则当前时间值保持不变。如果 IN 输入信号为 0 状态，则当前时间变为 0s。

IN 输入的脉冲宽度可以小于预设值，在脉冲输出期间，即使 IN 输入出现下降沿和上升沿，也不会影响脉冲的输出。

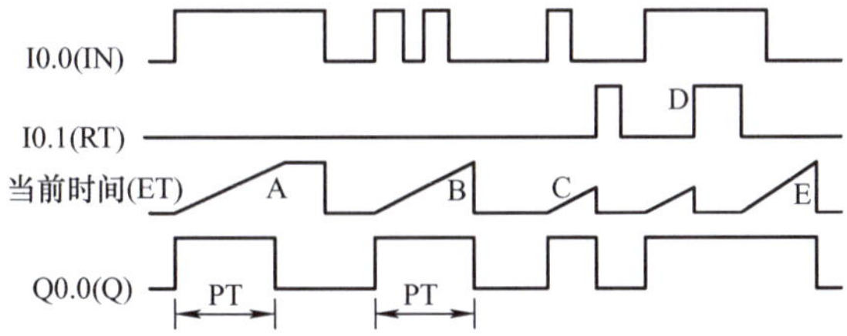

图 2-22　脉冲定时器的波形图

如图 2-21 所示，I0.1 为 1 时，定时器复位线圈（RT）通电，定时器被复位。用定时器的背景数据块的编号或符号名来指定需要复位的定时器。如果此时正在定时，且 IN 输入信号为 0 状态，将使当前时间值 ET 清零，Q 输出也变为 0 状态。如果此时正在定时，且 IN 输入信号为 1 状态，将使当前时间清零，但是 Q 输出保持为 1 状态。复位信号 I0.1 变为 0 状态，如果 IN 输入信号为 1 状态，将重新开始定时。只有需要时才对定时器使用 RT 指令。

（2）通电延时定时器　通电延时定时器（TON）用于将 Q 输出的置位操作延时 PT 指定的一段时间。IN 输入端的输入电路由断开变为接通时开始定时。定时时间大于等于预设时间 PT 指定的设定值时，输出 Q 变为 1 状态，当前时间值 ET 保持不变。

如图 2-23 所示，IN 输入端的电路断开时，定时器被复位，当前时间被清零，输出 Q 变为 0 状态。CPU 第一次扫描时，定时器输出 Q 被清零。如果 IN 输入信号在未达到 PT 设定的时间时变为 0 状态，则输出 Q 保持 0 状态不变。

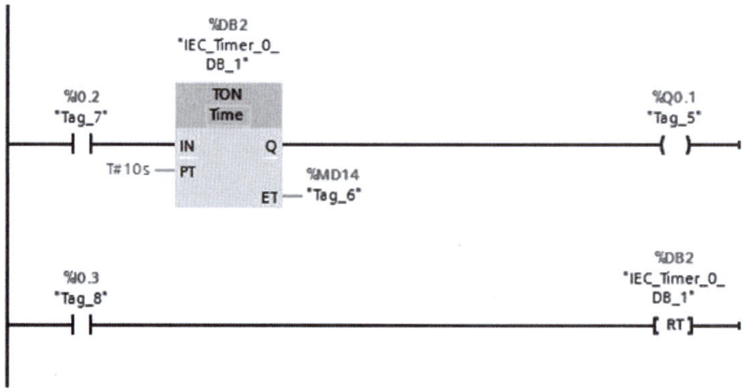

图 2-23　通电延时定时器

I0.3 为 1 状态时，定时器复位线圈 RT 通电，定时器被复位，当前时间被清零，Q 输出变为 0 状态。复位输入 I0.3 变为 0 状态时，如果 IN 输入信号为 1 状态，将开始重新定时。通电延时定时器的波形图如图 2-24 所示。

（3）断电延时定时器　断电延时定时器（TOF）用于将 Q 输出的复位操作延时 PT 指定的一段时间。其 IN 输入电路接通时，输出 Q 为 1 状态，当前时间被清零。IN 输入电路由接通变为断开时开始定时，当前时间从 0 逐渐增大。当前时间等于预设值时，输出 Q 变为 0 状态，当前时间保持不变，直到 IN 输入电路接通。

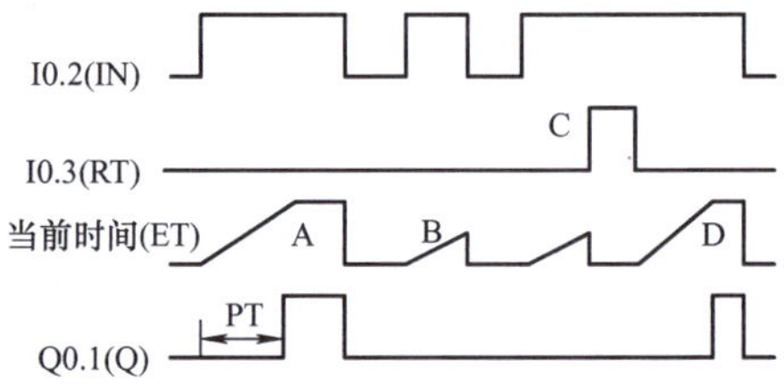

图 2-24　通电延时定时器的波形图

如果当前时间未达到 PT 预设的值，IN 输入信号就变为 1 状态，当前时间被清 0，输出 Q 将保持 1 状态不变。如图 2-25 所示，I0.5 为 1 时，定时器复位线圈 RT 通电。如果此时 IN 输入信号为 0 状态，则定时器被复位，当前时间被清零，输出 Q 变为 0 状态。如果复位时 IN 输入信号为 1 状态，则复位信号不起作用。断电延时定时器的波形图如图 2-26 所示。

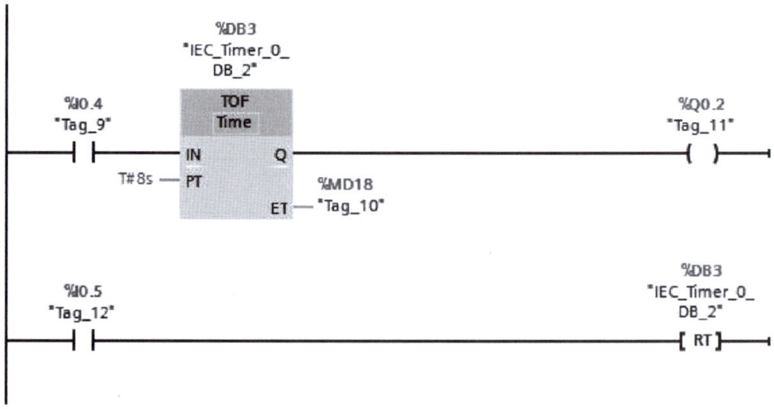

图 2-25　断电延时定时器

（4）通电延时保持定时器　通电延时保持定时器（TONR）如图2-27所示，IN输入电路接通时开始定时；输入电路断开时，累计的当前时间值保持不变。可以用TONR来累计输入电路接通的若干个时间段。如图2-28所示，累计时间 t_1+t_2 等于预设值PT时，Q输出变为1状态。复位输入R为1状态时，TONR被复位，它的当前时间值变为0，同时输出Q变为0状态。图2-23中的PT线圈为“加载持续时间”指令，该线圈通电时，将PT线圈下面指定的时间预设值写入图2-27所示TONR定时器名为“T4”的背景数据块DB4中的静态变量PT（“T4”.PT），将它作为TONR的输入参数PT的实参。用I0.7复位TONR时，“T4”.PT也被清0。

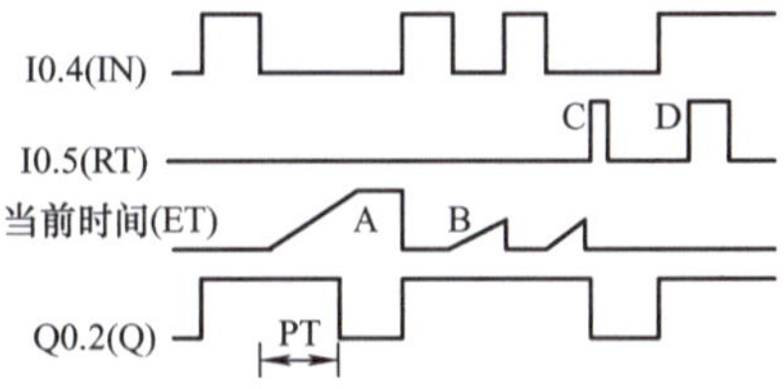

图2-26　断电延时定时器的波形图

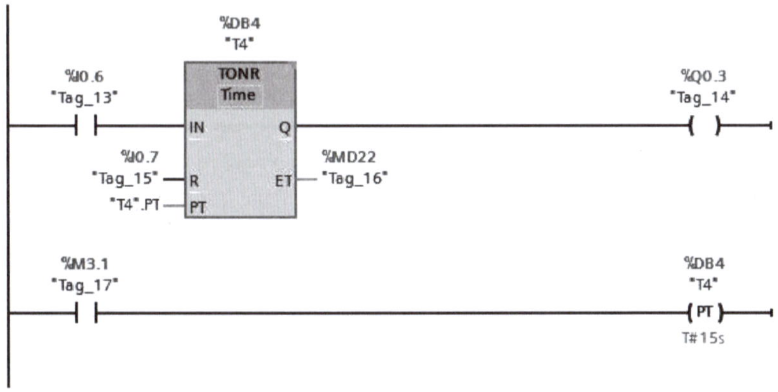

图2-27　通电延时保持定时器

2. 拓展知识

用数据类型为IEC_TIMER的变量提供背景数据。

在新建一个定时器的时候，需要为定时器制定一个背景数据块，该数据仅包含一个IEC_TIMER类型的变量，如图2-29所示。

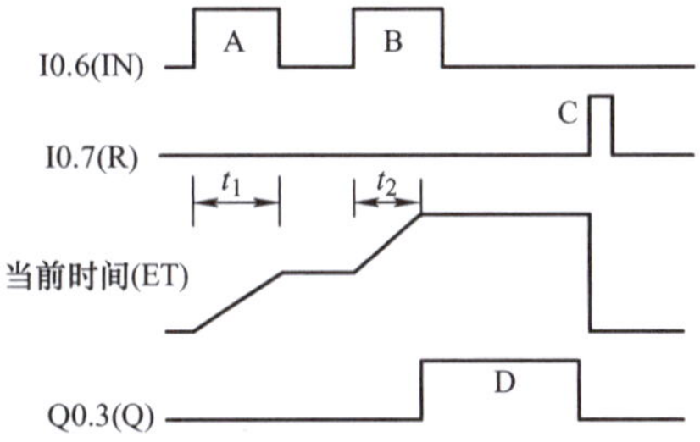

图2-28　通电延时保持定时器的波形图

该方法方便对定时器进行区分，但是使用

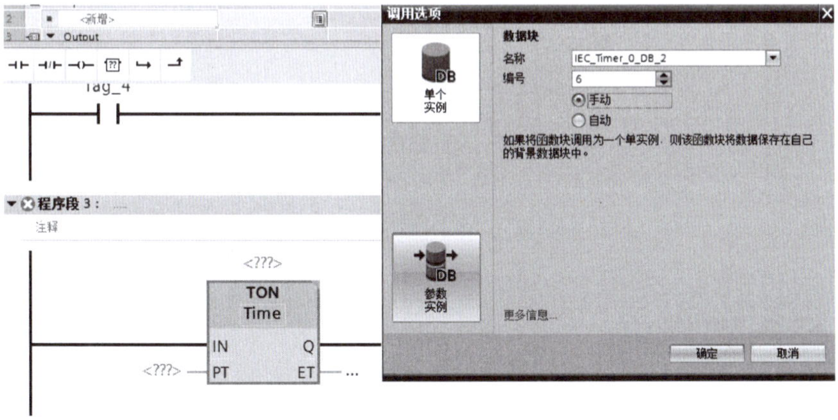

图2-29　添加定时器数据块

多个定时器时会添加多个独立的数据块，结构零散，造成资源浪费。为解决这个问题通常采用全局数据块，如图 2-30 所示。

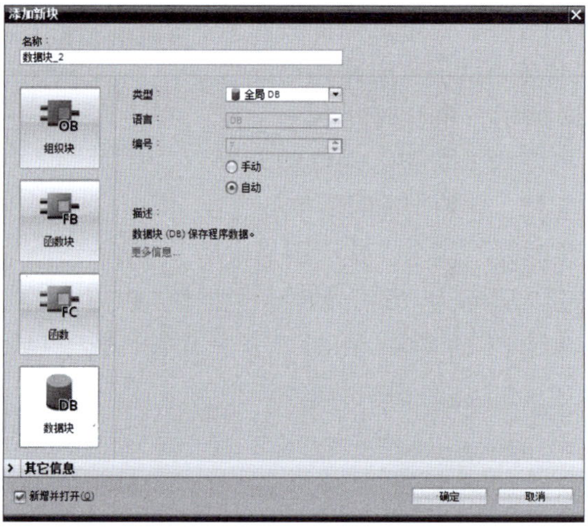

图 2-30　添加全局数据块

在该数据块中定义一个 IEC_TIMER 类型变量供定时器使用，因而不会增加多个数据块，如图 2-31 所示。修正后的定时器标号如图 2-32 所示。

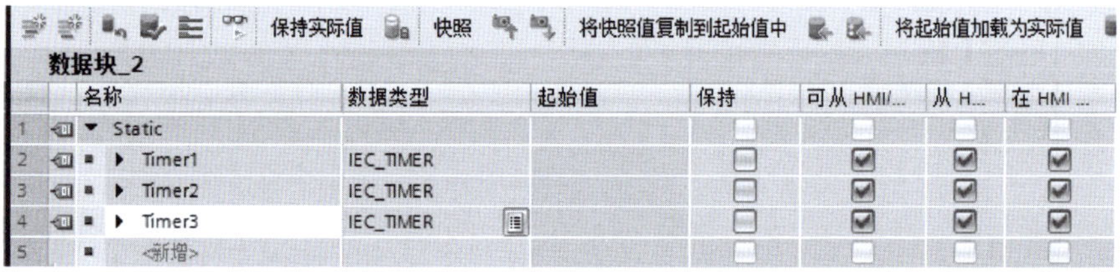

图 2-31　定义 3 个定时器变量

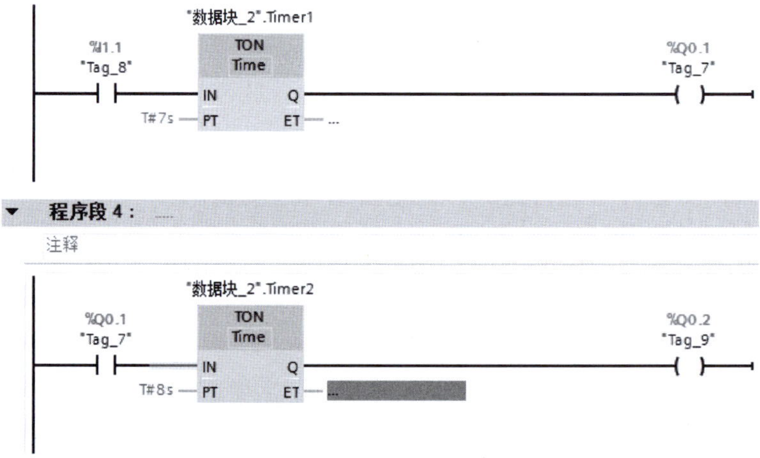

图 2-32　修正后的定时器标号

任务实施

1）根据控制要求，首先确定 I/O 个数，进行 I/O 地址分配，输入/输出地址分配见表 2-7。画出霓虹灯 PLC 控制 I/O 接线图，如图 2-33 所示。

表 2-7　输入/输出地址分配

输　入			输　出		
符　号	地　址	功　能	符　号	地　址	功　能
SB1	I0. 0	启动按钮	HL1	Q0. 0	彩灯 1
SB2	I0. 1	停止按钮	HL2	Q0. 1	彩灯 2
			HL3	Q0. 2	彩灯 3
			HL4	Q0. 3	彩灯 4
			HL5	Q0. 4	彩灯 5
			HL6	Q0. 5	彩灯 6
			HL7	Q0. 6	彩灯 7
			HL8	Q0. 7	彩灯 8

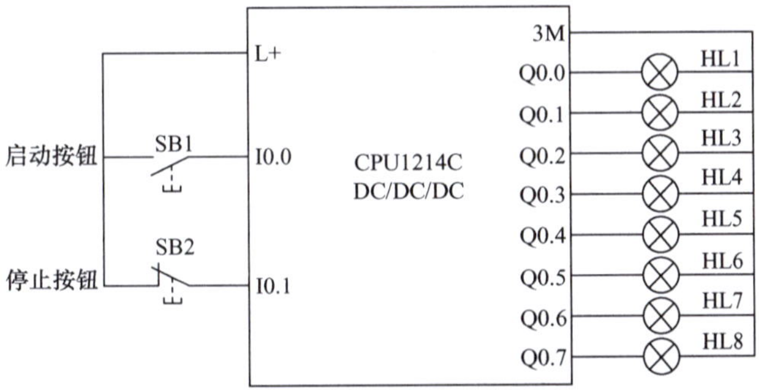

图 2-33　霓虹灯 PLC 控制 I/O 接线图

2）设计程序。根据控制电路的要求，在计算机中编写程序，如图 2-34 所示。

3）安装配线。按照图 2-33 进行配线，安装方法及要求与接触器-继电器电路相同。

4）运行调试。

① 在断电状态下，连接好通信电缆。

② 打开 PLC 的前盖，将运行模式开关拨到“STOP”位置，此时 PLC 处于停止状态，或者单击工具栏中的“STOP”按钮，可以进行程序编写。

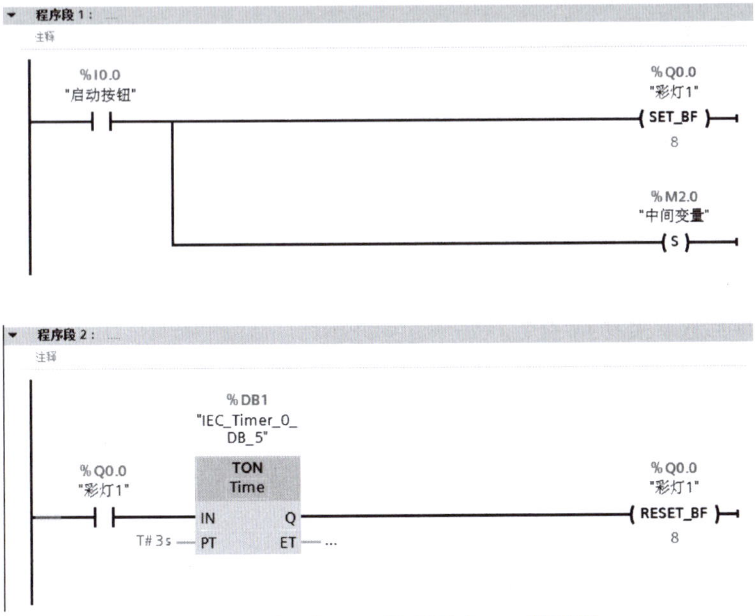

图 2-34　霓虹灯 PLC 控制程序——梯形图

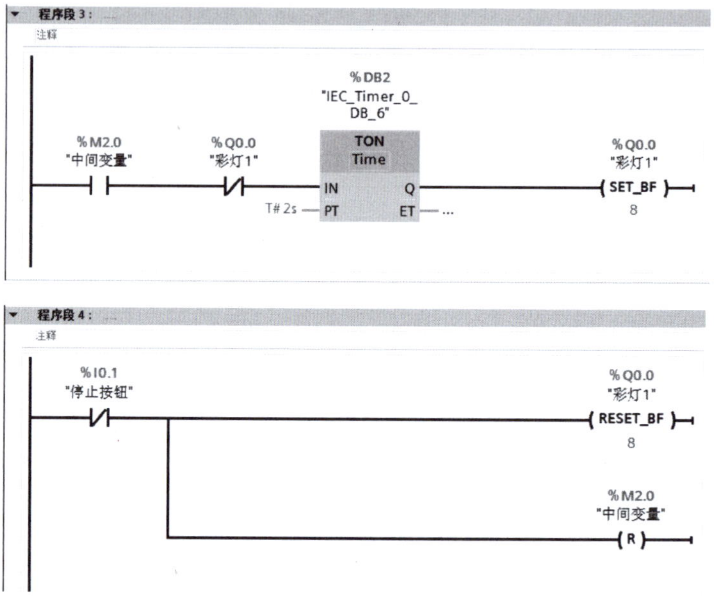

图 2-34　霓虹灯 PLC 控制程序——梯形图（续）

③ 在作为编程器的 PC 上运行 TIA 博途编程软件。

④ 创建新项目并进行设备组态。

⑤ 打开程序编辑器，录入梯形图程序。

⑥ 单击“编辑”菜单下的“编译”子菜单命令，编译程序。

⑦ 将控制程序下载到 PLC。

⑧ 将运行模式选择开关拨到“RUN”位置，或者单击工具栏的“RUN（运行）”按钮使 PLC 进入运行方式。

⑨ 按下按钮 SB1，观察霓虹灯亮灭情况是否正常。

任务拓展

工作任务书
霓虹灯自动
控制

有 9 盏灯构成闪光灯控制系统，控制要求如下：

1）隔两灯闪烁：L1、L4、L7 亮，1s 后灭，接着 L2、L5、L8 亮，1s 后灭，接着 L3、L6、L9 亮，1s 后灭，接着 L1、L4、L7 亮，1s 后灭，如此循环。试编制程序，并上机调试运行。

2）发射型闪烁：L1 亮，2s 后灭，接着 L2、L3、L4、L5 亮，2s 后灭，接着 L6、L7、L8、L9 亮，2s 后灭，接着 L1 亮，2s 后灭，如此循环。试编制程序，并上机调试运行。

任务 4　生产线产量计数指示灯控制

任务描述

图 2-35 所示为某生产线产量计数的应用。产品通过传感器输入 I0.0 进行计数。达到产量数 50 时，指示灯 Q0.0 亮；达到产量数 100 时，指示灯 Q0.0 闪烁。复位信号采

用复位按钮 I0.1。

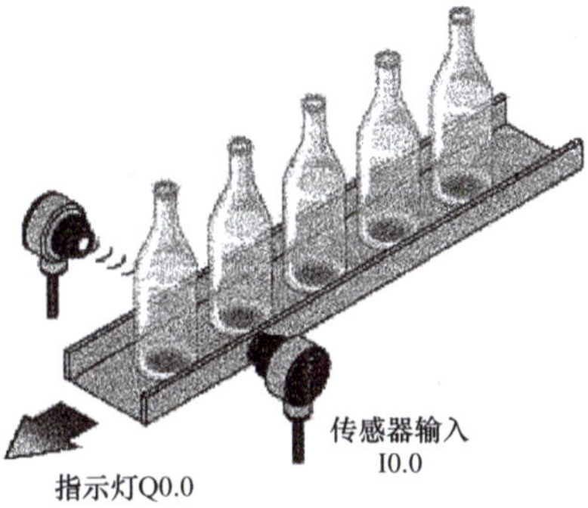

图 2-35 某生产线产量计数的应用

任务目标

1）掌握计数器（CTU、CTD、CTUD）指令。

2）了解计数器指令的应用。

相关知识

1. 基本知识

S7－1200 PLC 不支持 S7 计数器，只支持 IEC 计数器。S7－1200 PLC 有 3 种 IEC 计数器：加计数器（CTU）、减计数器（CTD）和加减计数器（CTUD）。它们属于软件计数器，其最大计数频率受扫描周期的限制。如果需要频率更高的计数器，可以使用 CPU 内置的高速计数器。

IEC 计数器指令是函数块，调用它们时，需要生成保存计数器数据的背景数据块。CU 和 CD 分别是加计数输入和减计数输入，在 CU 或 CD 由 0 状态变为 1 状态时，当前计数器值 CV 被加 1 或减 1。PV 为预设计数值，Q 为布尔输出。R 为复位输入，CU、CD、R 和 Q 均为 Bool 变量。

将指令列表的“计数器操作”文件夹中的 CTU 指令拖放到工作区，单击框中 CTU 下面的 3 个问号，如图 2-36 所示，再单击问号右边出现的下拉按钮，用下拉式列表设置 PV 和 CV 的数据类型为 Int。

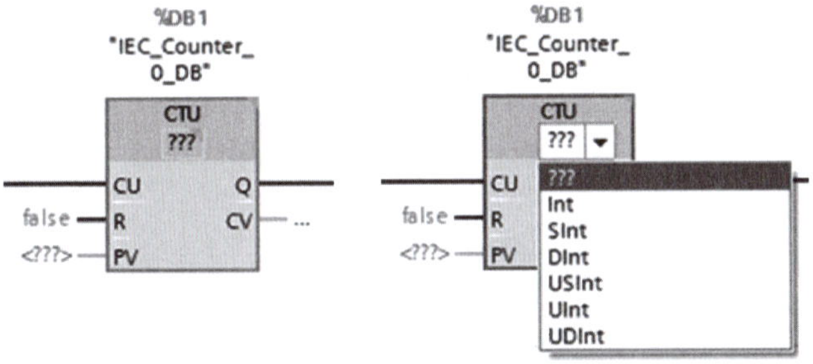

图 2-36 设置计数器的数据类型

PV 为预设计数值，CV 为当前计数器值，它们可以使用的数据类型如图 2-36 所示。各变量均可以使用 I（仅用于输入变量）、Q、M、D 和 L 存储区，PV 还可以使用常数。

（1）加计数器（CTU） 当接在 R 输入端的复位输入 I1.1 为 0 状态，如图 2-37 所示，接在 CU 输入端的加计数脉冲输入电路由断开变为接通时，当前计数器值 CV 加 1，直到 CV 达到指定的数据类型的上限值。此后 CU 输入信号不再起作用，CV 的值不再增加。

计数器指令

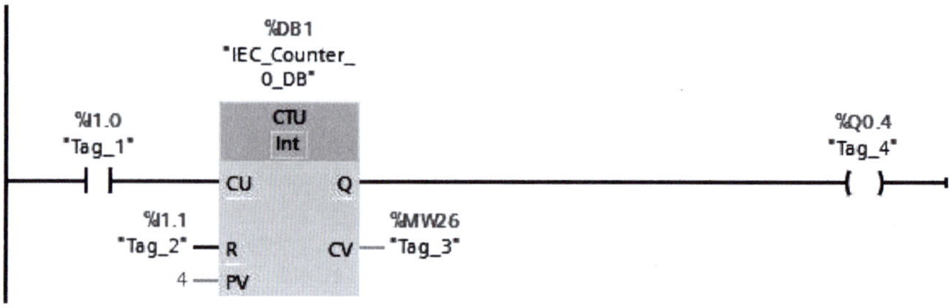

图 2-37　加计数器

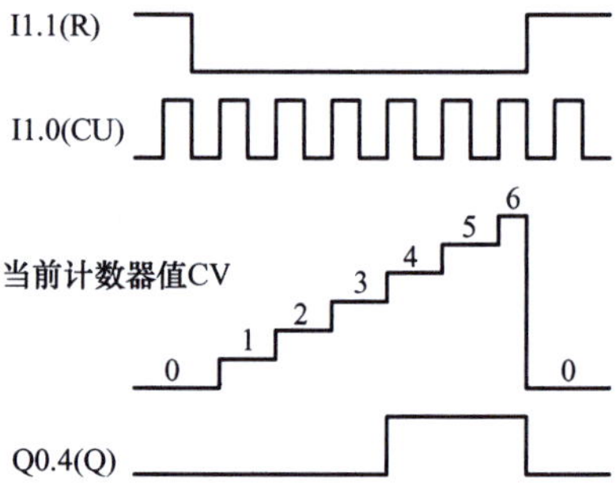

图 2-38　加计数器的波形图

CV 大于等于预设计数值 PV 时，输出 Q 为 1 状态，反之为 0 状态。第一次执行指令时，CV 被清零。各类计数器的复位输入 R 为 1 状态时，计数器被复位，输出 Q 变为 0 状态，CV 被清零。图 2-38 所示是加计数器的波形图。

（2）减计数器（CTD）　如图 2-39 所示，减计数器的装载输入 LD 为 1 状态时，输出 Q 被复位为 0，并把预设计数值 PV 的值装入 CV。LD 为 1 状态时，减计数输入 CD 不起作用。LD 为 0 状态时，在减计数输入 CD 的上升沿，当前计数器值 CV 减 1，直到 CV 达到指定的数据类型的下限值。此后 CD 输入信号的状态变化不再起作用，CV 的值不再减小。

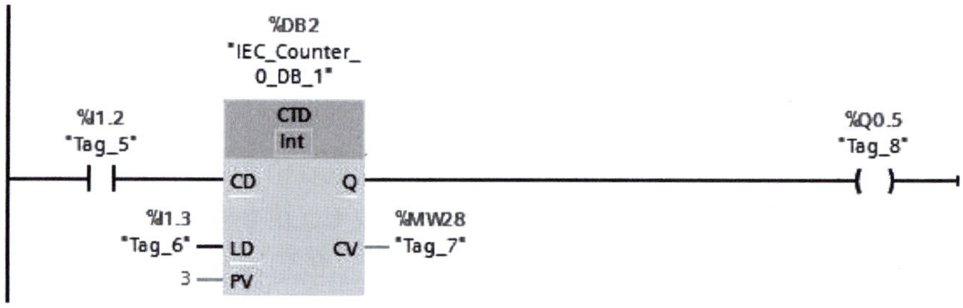

图 2-39　减计数器

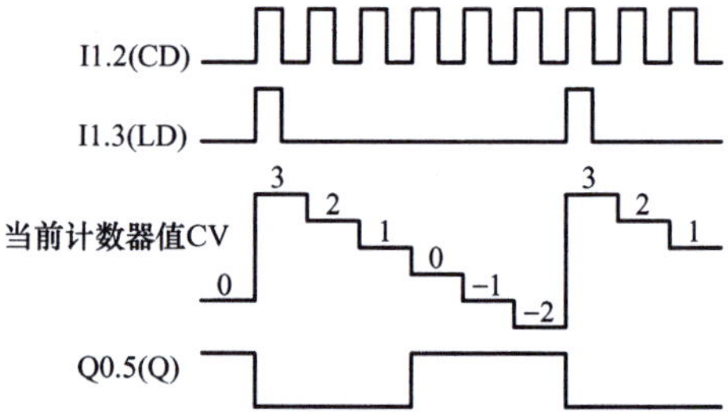

图 2-40　减计数器的波形图

当前计数器值 CV 小于等于 0 时，输出 Q 为 1 状态，反之 Q 为 0 状态。第一次执行指令时，CV 被清零。减计数器的波形图如图 2-40 所示。

（3）加减计数器（CTUD）　在加减计数器的加计数输入 CU 的上升沿，如图 2-41 所示，当前计数器值 CV 加 1，CV 达到指定的数据类型的上限值时不再增加。在减计数输入 CD 的上升沿，CV 减 1，CV 达到指定的数据类型的下限值时不再减小。

如果同时出现计数脉冲 CU 和 CD 的上升沿，则 CV 保持不变。CV 大于等于预设计数值 PV 时，输出 QU 为 1，反之为 0。CV 小于等于 0 时，输出 QD 为 1，反之为 0。

装载输入 LD 为 1 状态时，预设值 PV 被装入当前计数器值 CV，输出 QU 变为 1 状态，QD 被复位为 0 状态。

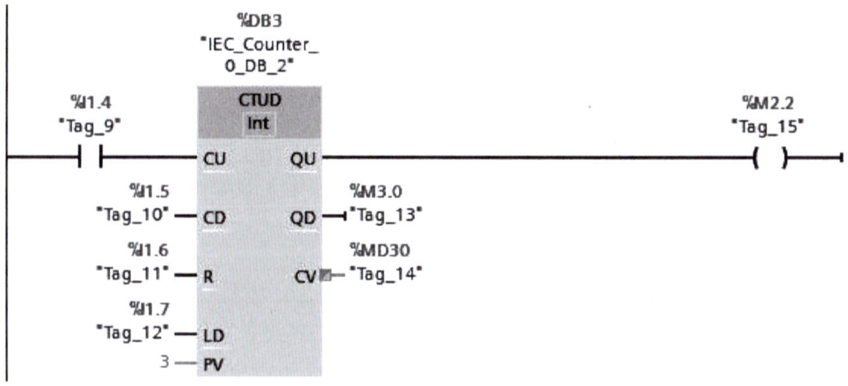

图 2-41　加减计数器

复位输入 R 为 1 状态时，计数器被复位，CV 被清零，输出 QU 变为 0 状态，QD 被复位为 1 状态。R 为 1 状态时，CU、CD 和 LD 不再起作用。加减计数器的波形图如图 2-42 所示。

计数器指令应用

2. 拓展知识——计数器的应用示例

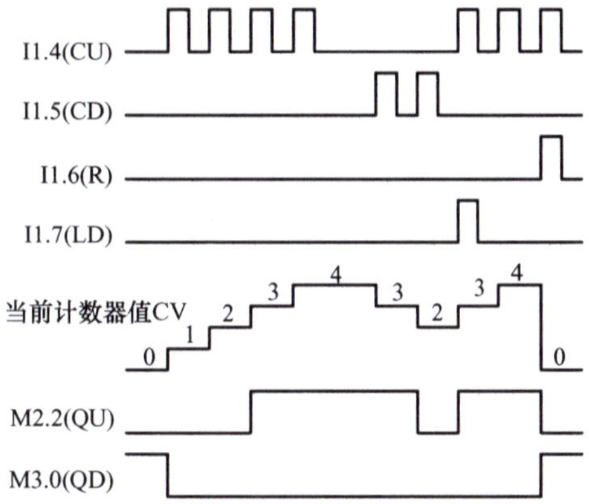

图 2-42　加减计数器的波形图

（1）加计数器应用示例　设计一个程序，实现用一个按钮控制一盏灯的亮灭，即：奇数次压下按钮时，灯亮；偶数次压下按钮时，灯灭。

当 I0.0 第一次闭合时，M2.0 接通一个扫描周期，使得 Q0.0 线圈得电一个扫描周期，当下一次扫描周期到达，Q0.0 常开触点闭合自锁，灯亮。当 I0.0 第二次合上时，M2.0 接通一个扫描周期，当计数器计数为 2 时，M2.1 线圈得电，从而 M2.1 常闭触点断开，Q0.0 线圈断电，使得灯灭，同时计数器复位。梯形图程序如图 2-43 所示。

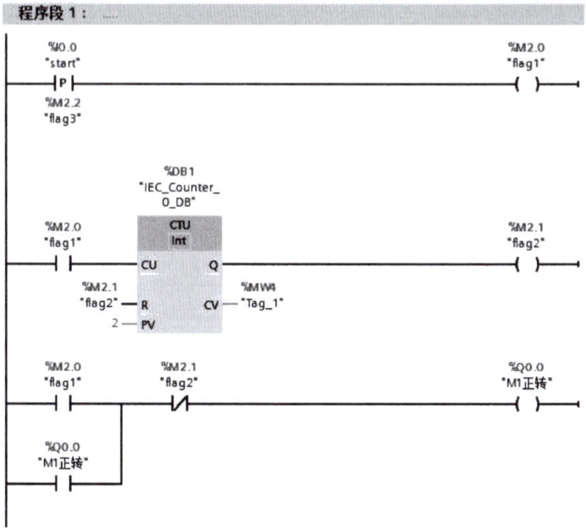

图 2-43　加计数器应用示例梯形图程序

(2) 减计数器应用示例　梯形图程序如图 2-44 所示。当 I0.2 按下一次，PV 值装载到当前计数值（CV），且为3。当按下 I0.0 一次，CV 减1，按下 I0.0 共3 次，CV 值变为0，Q0.0 状态变为1。

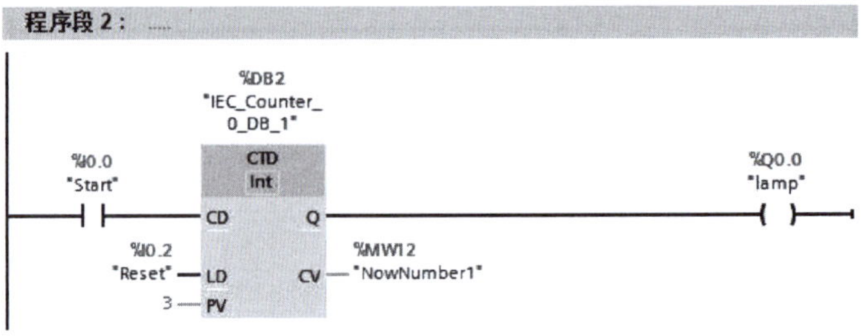

图 2-44　减计数器应用示例梯形图程序

(3) 加减计数器应用示例　梯形图程序如图2-45 所示。如果当前值 PV 为0，按下 I0.0 共3 次，CV 为3，QU 的输出 Q0.0 为1，当按下 I0.2 后计数器复位，Q0.0 为0；当按下 I0.3 一次，PV 值装载到当前计数值（CV），且为3；按下 I0.1 一次，CV 减1，按下 I0.1 共3 次，CV 值变为0，Q0.1 状态变为1。

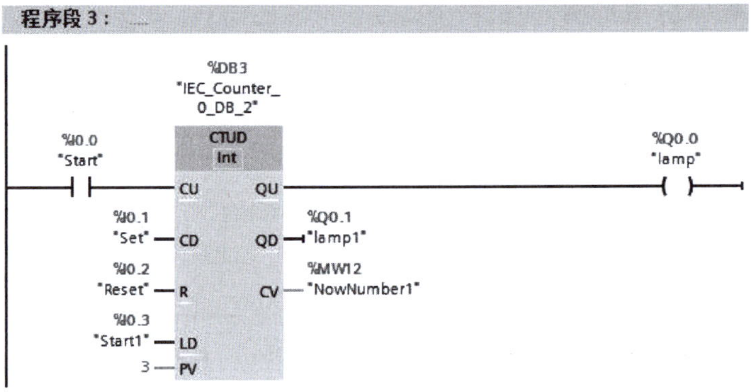

图 2-45　加减计数器应用示例梯形图程序

任务实施

1) 根据控制要求，首先确定 I/O 个数，进行 I/O 地址分配，输入/输出地址分配见表 2-8。画出某生产线产量计数 PLC 控制 I/O 接线，如图 2-46 所示。

表 2-8　输入/输出地址分配

输　入			输　出		
符　号	地　址	功　能	符　号	地　址	功　能
S1	I0.0	传感器	HL	Q0.0	指示灯
SB	I0.1	复位按钮			

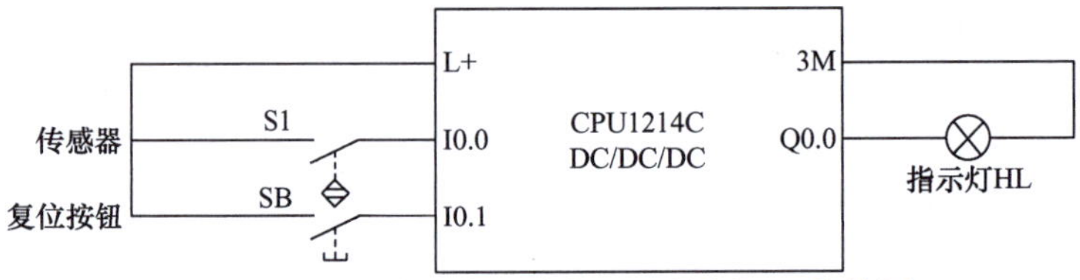

图 2-46　某生产线产量计数 PLC 控制 I/O 接线图

2）设计程序。根据控制电路的要求，在计算机中编写程序，程序设计如图2-47所示。

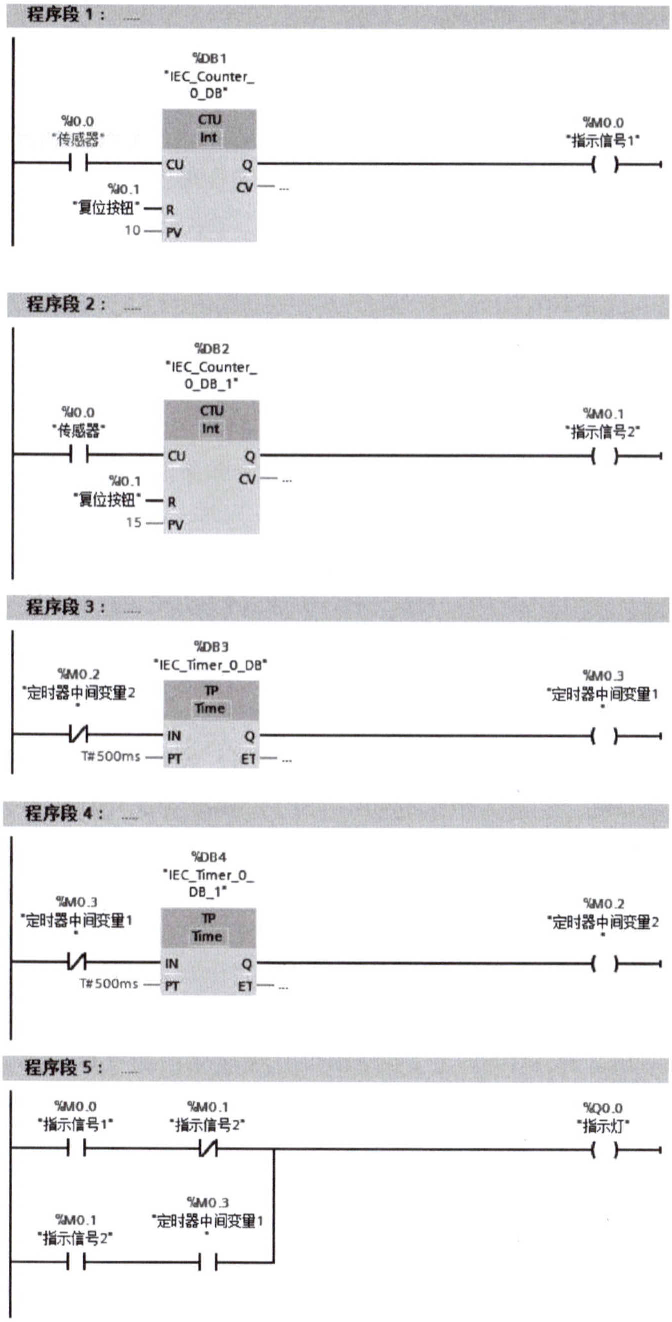

图2-47　某生产线产量计数PLC控制程序——梯形图

3）安装配线。按照图2-46进行配线，安装方法及要求与接触器-继电器电路相同。

4）运行调试。

① 在断电状态下，连接好通信电缆。

② 打开PLC的前盖，将运行模式开关拨到“STOP”位置，此时PLC处于停止状态，或者单击工具栏中的“STOP”按钮，可以进行程序编写。

③ 在作为编程器的 PC 上运行 TIA 博途编程软件。

④ 创建新项目并进行设备组态。

⑤ 打开程序编辑器，录入梯形图程序。

⑥ 单击“编辑”菜单下的“编译”子菜单命令，编译程序。

⑦ 将控制程序下载到 PLC。

⑧ 将运行模式选择开关拨到“RUN”位置，或者单击工具栏的“RUN（运行）”按钮使 PLC 进入运行方式。

⑨ 拨动开关模拟传感器输入信号，观察指示灯亮灭情况是否正常。

任务拓展

工作任务书
展厅人数指示自动控制

现有一展厅，最多可容纳 50 人同时参观。展厅进口和出口各装一个传感器，每当有人进出，传感器就给出一个脉冲信号。试编程实现，当展厅内不足 50 人时，绿灯亮，表示可以进入；当展厅满 50 人时，红灯亮，表示不准进入。

任务 5　电子密码锁自动控制

任务描述

掌握比较指令的应用，能熟练运用比较指令设计 PLC 程序实现对电子密码锁的控制。

某密码锁控制系统，它有 5 个按键 SB1 ~ SB5，其控制要求如下：

1）SB1 为启动键，按下 SB1 才可进行开锁工作。

2）SB2、SB3 为可按压键。开锁条件：SB2 设定按压次数为 3 次，SB3 设定按压次数为 2 次。同时，SB2、SB3 是有顺序的，必须先按下 SB2，后按下 SB3。如果按上述规定按压，密码锁自动打开。

3）SB5 为不可按压键，一旦按压，警报器就会发出警报。

4）SB4 为复位键，按下 SB4 后可重新进行开锁作业。如果按错键，则必须进行复位操作，所有的计数器都被复位。

任务目标

1）进一步熟悉计数器指令的应用。

2）掌握移动操作指令的使用方法。

3）掌握比较指令的使用方法。

相关知识

1. 基本知识

TIA 博途软件中的比较指令可以对如整数、双整数、实数等数据类型的数值进行比较。

比较指令有等于（CMP ==）、不等于（CMP <>）、大于（CMP >）、小于（CMP <）、大于或等于（CMP >=）和小于或等于（CMP <=）。比较指令对输入操作数 1 和操作数 2

进行比较，如果比较结果为真，则逻辑运算结果 RLO 为“1”，反之则为“0”。

比较指令及其应用

（1）等于比较指令（CMP ==） 等于比较指令有整数等于比较指令、双整数等于比较指令和实数等于比较指令等。等于比较指令及参数见表 2-9。

表 2-9 等于比较指令及参数

LAD	SCL	参数	数 据 类 型	说 明

<???>
==
???
<???>
	OUT：= IN1 = IN2；
	或
	IF IN1 = IN2 THEN
	OUT：=1；
	ELSE
	OUT：=0；
	END_IF；
		操作数 1	位字符串、整数、浮点数、字符串、Time、LTime、Date、TOD、LTOD、DTL、DT、LDT	比较的第一个数值

		操作数 2		比较的第二个数值

从指令框的“<???>”下拉列表中选择该指令的数据类型。

（2）不等于比较指令（CMP <>） 不等于比较指令有整数不等于比较指令、双整数不等于比较指令和实数不等于比较指令等。不等于比较指令及参数见表 2-10。

表 2-10 不等于比较指令及参数

LAD	SCL	参数	数 据 类 型	说 明

<???>
<>
???
<???>
	IF IN1 <> IN2 THEN
	OUT：=1；
	ELSE
	OUT：=0；
	END_IF；
		操作数 1	位字符串、整数、浮点数、字符串、Time、Date、TOD、DTL 和 DT	比较的第一个数值

		操作数 2		比较的第二个数值

从指令框的“<???>”下拉列表中选择该指令的数据类型。

（3）小于比较指令（CMP <） 小于比较指令有整数小于比较指令、双整数小于比较指令和实数小于比较指令等。小于比较指令及参数见表 2-11。

表 2-11 小于比较指令及参数

LAD	SCL	参数	数 据 类 型	说 明

<???>
<
???
<???>
	IF IN1 < IN2 THEN
	OUT：=1；
	ELSE
	OUT：=0；
	END_IF；
		操作数 1	位字符串、整数、浮点数、字符串、Time、Date、TOD、DTL 和 DT	比较的第一个数值

		操作数 2		比较的第二个数值

从指令框的“<???>”下拉列表中选择该指令的数据类型。

（4）大于等于比较指令（CMP >=） 大于等于比较指令有整数大于等于比较指令、双整数大于等于比较指令和实数大于等于比较指令等。大于等于比较指令及参数见表 2-12。

表 2-12 大于等于比较指令及参数

LAD	SCL	参数	数 据 类 型	说 明

<???>
>=
???
<???>
	IF IN1 >= IN2 THEN
	OUT：=1；
	ELSE
	OUT：=0；
	END_IF；
		操作数 1	位字符串、整数、浮点数、字符串、Time、Date、TOD、DTL 和 DT	比较的第一个数值

		操作数 2		比较的第二个数值

从指令框的“<???>”下拉列表中选择该指令的数据类型。

（5）值在范围内指令（IN_RANGE） 值在范围内指令将输入 VAL 的值与输入 MIN

和 MAX 的值进行比较，并将结果发送到功能框输出中。如果输入 VAL 的值满足 MIN <= VAL 并且 VAL <= MAX 的比较条件，则功能框输出的信号状态为 1。如果不满足比较条件，则功能框输出的信号状态为 0。值在范围内指令和参数见表 2-13。

表 2-13　值在范围内指令（IN_RANGE）及参数

LAD	参　　数	数 据 类 型	说　　明
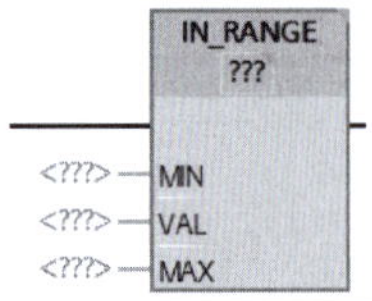	功能框输入	Bool	上一个逻辑运算的结果
	MIN	整数、浮点数	取值范围的下限
	VAL	整数、浮点数	比较值
	MAX	整数、浮点数	取值范围的上限
	功能框输出	Bool	比较结果

从指令框的“ <??? > ”下拉列表中选择该指令的数据类型。

2. 拓展知识

（1）移动值指令（MOVE）　当允许输入端的状态为 1 时，启动此指令，将 IN 端的数值输送到 OUT 端的目的地址中，IN 和 OUTx（x 为 1、2、3）有相同的信号状态，移动值指令（MOVE）及参数见表 2-14。

表 2-14　移动值指令（MOVE）及参数

LAD	SCL	参数	数 据 类 型	说　　明
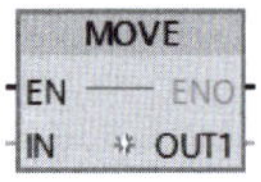	OUT1 : = IN;	EN	Bool	允许输入
		ENO	Bool	允许输出
		OUT1	位字符串、整数、浮点数、定时器、日期时间、Char、WChar、struct、Array、Timer、Counter、IEC 数据类型、PLC 数据类型（UDT）	目的地地址
		IN		源数据

每单击“MOVE”指令中的一次，就增加一个输出端。

（2）存储区移动指令（MOVE_BLK）　将一个存储区（源区域）的数据移动到另一个存储区（目标区域）中。使用输入 COUNT 可以指定将移动到目标区域中的元素个数，通过输入 IN 中元素的宽度来定义元素待移动的宽度。存储区移动指令（MOVE_BLK）及参数见表 2-15。

表 2-15　存储区移动指令（MOVE_BLK）及参数

LAD	SCL	参数	数 据 类 型	说　　明
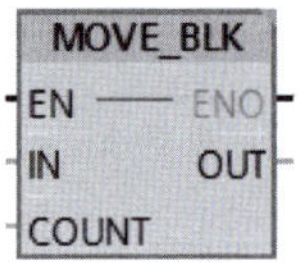	MOVE_BLK (IN: = _in_, COUNT: = _in_, OUT = > _out_);	EN	Bool	使能输入
		ENO	Bool	使能输出
		IN	二进制数、整数、浮点数、定时器、Date、Char、WChar、TOD、LTOD	待复制源区域中的首个元素
		COUNT	USInt、UInt、UDInt、ULInt	要从源区域移动目标区域的元素个数
		OUT	二进制数、整数、浮点数、定时器、Date、Char、WChar、TOD、LTOD	源区域内容要复制到的目标区域中的首个元素

（3）交换指令（SWAP） 使用交换指令更改输入 IN 中字节的顺序，并在输出 OUT 中查询结果。交换指令（SWAP）及参数见表 2-16。

表 2-16 交换指令（SWAP）及参数

LAD	SCL	参数	数据类型	说明
	"OUT"：=SWAP("IN")；	EN	Bool	使能输入
		ENO	Bool	使能输出
		IN	Word，DWord，LWord	要更换其字节的操作数
		OUT	Word，DWord，LWord	结果

从指令框的“<???>”下拉列表中选择该指令的数据类型。

任务实施

1）根据控制要求，首先确定 I/O 个数，进行 I/O 地址分配，输入/输出地址分配见表 2-17。画出密码锁 PLC 控制 I/O 接线，如图 2-48 所示。

表 2-17 输入/输出地址分配

输入			输出		
符号	地址	功能	符号	地址	功能
SB1	I0.0	开锁键	KM	Q0.0	开锁
SB2	I0.1	按键	HA	Q0.1	报警
SB3	I0.2	按键			
SB4	I0.3	复位键			
SB5	I0.4	报警键			

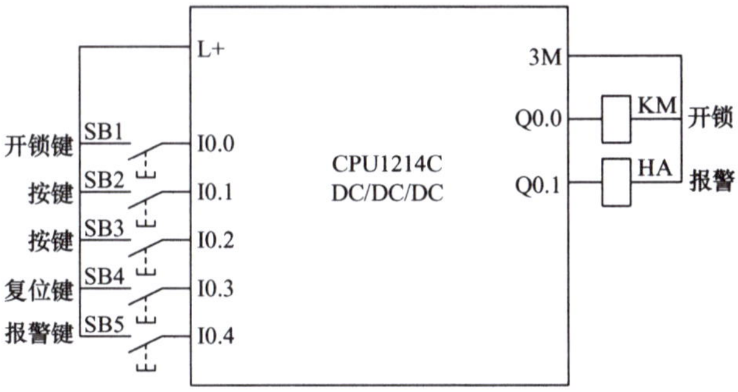

图 2-48 密码锁 PLC 控制 I/O 接线图

2）设计程序。根据控制电路的要求，在计算机中编写程序，程序设计如图 2-49 所示。

3）安装配线。按照如图 2-48 所示进行配线，安装方法及要求与接触器-继电器电路相同。

4）运行调试

① 在断电状态下，连接好通信电缆。

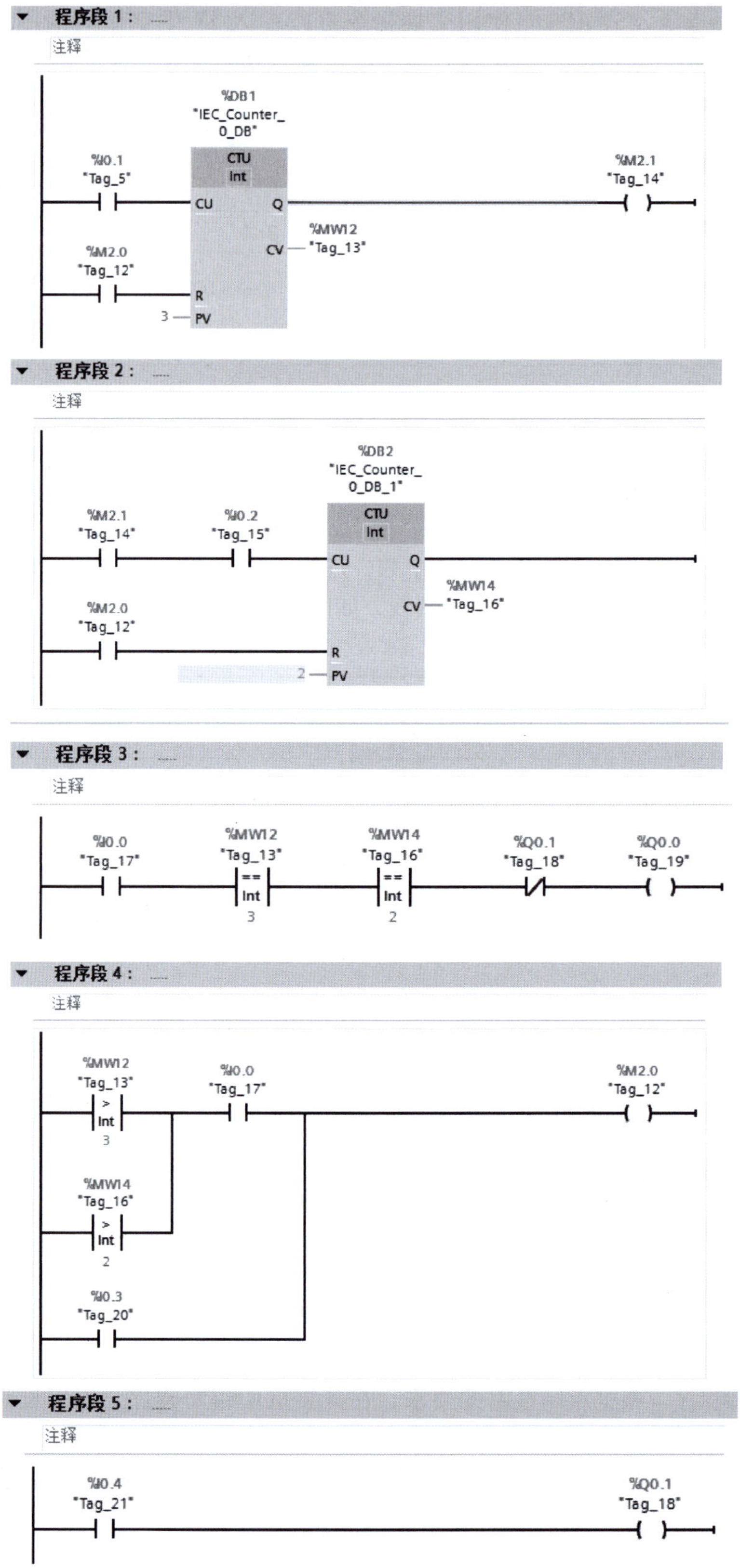

图 2-49 密码锁 PLC 控制程序梯形图

图 2-49　密码锁 PLC 控制程序梯形图（续）

② 打开 PLC 的前盖，将运行模式开关拨到“STOP”位置，此时 PLC 处于停止状态，或者单击工具栏中的“STOP”按钮，可以进行程序编写。

③ 在作为编程器的 PC 上运行 TIA 博途编程软件。

④ 创建新项目并进行设备组态。

⑤ 打开程序编辑器，录入梯形图程序。

⑥ 单击“编辑”菜单下的“编译”子菜单命令，编译程序。

⑦ 将控制程序下载到 PLC。

⑧ 将运行模式选择开关拨到“RUN”位置，或者单击工具栏的“RUN（运行）”按钮使 PLC 进入运行方式。

⑨ 按下按钮，观察 PLC 输出指示灯亮灭情况是否正常。

工作任务书
电子密码锁
自动控制

任务拓展

某密码锁控制系统，它有 6 个按键 SB1 ~ SB6，其控制要求如下：

1）SB1 为千位按钮，SB2 为百位按钮，SB3 为十位按钮，SB4 为个位按钮。

2）开锁密码为 2345。即按顺序按下 SB1 两次，SB2 三次，SB3 四次，SB4 五次，再按下确认键 SB5 后电磁阀 YV 动作，密码锁被打开。

3）按钮 SB6 为撤销键，如操作错误可按此键撤销后重新操作。

4）当输入错误密码三次时，按下确认键后报警灯 HL 亮，蜂鸣器 HA 发出报警声响。

请根据以上控制要求，运用比较指令设计 PLC 程序实现对电子密码锁的控制。

思考与练习

1. 设 Q0.0、Q0.1、Q0.2 分别驱动三台电动机的电源接触器，I0.6 为三台电动机依次起动的起动按钮，I0.7 为三台电动机同时停车的停止按钮，要求三台电动机依次起动的时间间隔为 10s，试采用定时器指令与比较指令配合或者计数器指令与比较指令配合编写程序。

2. 有四台电动机，希望能够同时起动、同时停车。试用移动操作指令编程来实现。

3. 在 M0.0 的上升沿，用三个拨码开关来设置定时器的时间，每个拨码开关的输出占用 PLC 的四位数字量输入点，个位拨码开关接 I1.0 ~ I1.3，I1.0 为最低位；十位和百位拨码开关分别接 I1.4 ~ I1.7 和 I0.0 ~ I0.3。设计语句表程序，读入拨码开关输出的 BCD 码，转换为二进制数后存放在 MW10 中，作为通电延时定时器的时间设定值。定时器在 I0.1 为 ON 时开始定时。

4. 一圆的半径值（<10000 的整数）存放在 VW100 中，取 π = 3.1416，用实数运

算指令计算圆周长，结果四舍五入转为整数后，存放在 VW200 中。

5. 设定时器的预设值为 30s、40s、50s，现分别通过开关 I0.0、I0.1、I0.2 对预设值进行预设，试用数据移动操作指令通过编程来实现。

6. 由定时器和比较指令组成占空比可调的脉冲发生器。

7. 在 MW2 等于 3592 或 MW4 大于 27369 时将 M6.6 置位，反之将 M6.6 复位。用比较指令设计出满足要求的程序。

8. 编写程序，在 I0.2 的下降沿将 MW50 ~ MW68 清零。

9. 字节交换指令 SWAP 为什么必须采用脉冲执行方式？

项目3

西门子S7-1200 PLC控制电动机

电动机的应用非常广泛，几乎涵盖人类活动的方方面面，包括工业建设、农业生产以及日常生活。鉴于PLC拥有更加灵活的指令，更加清晰直观的逻辑关系，对电动机的控制已经由以前单一的继电器控制，转为以PLC控制为主。发达国家已将PLC作为工业控制的标准设备。本项目将以S7－1200 PLC为控制器，介绍三相异步电动机的正反转控制、Y-△控制和PWM调速控制。

任务1　三相异步电动机正反转控制

任务描述

结合位指令，进一步熟悉常开、常闭触点的应用，软硬件结合的编程方法的使用，以及梯形图的基本绘制规则；熟练掌握接触器-继电器编程方法，能够应用该方法设计PLC程序，实现运动平台自动控制。

这是一个由三相异步电动机驱动的运动平台。按下启动按钮后，电动机控制滑块从初始位置（左限位）处开始向右运行；当滑块运行到右限位处，右限位开关触发，开始反向运行；当滑块运行到左限位处，左限位开关触发，停止运行。为了提高安全性与准确性，需检测电动机故障，一旦发生故障立即停止运行。往返移动平台示意图如图3-1所示。

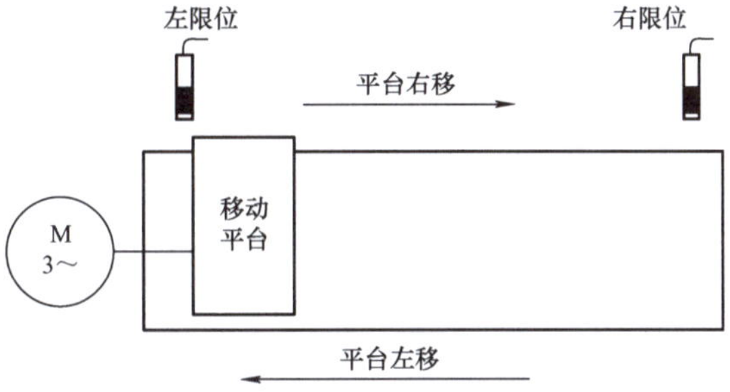

图3-1　往返移动平台示意图

任务目标

1）进一步熟悉常开、常闭触点的应用。
2）掌握线圈与取反线圈的应用。
3）熟知梯形图的基本绘制规则。
4）掌握接触器-继电器编程方法。

相关知识

1. 基本知识

（1）梯形图的基本绘制规则

1）NETWORK ＊＊＊：NETWORK为网络段，后面的＊＊＊是网络段序号。为了使程序易读，可以在 NETWORK 后面输入程序标题或注释，但不参与程序执行。

2）能流/使能：在梯形图中有两种基本类型的输入/输出：一种是能流；另一种是数据。在此使用能流的概念。对于功能性指令，EN 为能流输入，为布尔类型。如果与之相连的逻辑运算结果为1，则能流可以流过该指令盒，执行这条指令。ENO 为能流输出，如果 EN 为1，而且正确执行了本条指令，则 ENO 输出能把能流传到下一个单元；否则，指令执行错误，能流在此中止。

功能性质的指令盒，都有 EN 输入和 ENO 输出。线圈或线圈性质的指令盒，没有 EN 输入，但有一个与 EN 性质和功能相同的输入端；输出端没有 ENO，但应理解为有能流通过。

3）编程顺序：梯形图按照从上到下、从左到右的顺序绘制，每个逻辑行开始于左母线。一般来说，触点放在左侧，线圈和指令盒放在右侧，且线圈和指令盒的右侧不能再有触点，整个梯形图成阶梯形结构。

4）编号分配：对外接电路各元件分配编号，编号的分配必须是主机或扩展模块本身实际提供的，而且是用来进行编程的。无论是输入设备还是输出设备，每个元件都必须分配不同的输入点和输出点。两个设备不能共用一个输入点和输出点。

5）内、外触点的配合：在梯形图中应正确选择设备所连接的输入继电器的触点类型。输入触点用以表示用户输入设备的输入信号，用常开触点还是常闭触点，与两方面的因素有关：一是输入设备所用的触点类型；二是控制电路要求的触点类型。

可编程序控制器无法识别输入设备用的是常开触点还是常闭触点，只能识别输入电路是接通还是断开。

6）触点的使用次数：因为可编程序控制器的工作是以扫描方式进行的，而且在同一时刻只能扫描梯形图中的一个编程元件的状态。所以梯形图中同一编程元件，如输入/输出继电器、通用辅助继电器、定时器和计数器等元件的常开、常闭触点可以任意多次重复使用，不受限制。

7）线圈的使用次数：在绘制梯形图时，不同的多个继电器线圈可以并联输出。但同一个继电器的线圈只能使用一次，不能重复使用。

接触器-继电器编程方法

（2）接触器-继电器法

可编程序控制器常用的编程方法有接触器-继电器法和顺序控制法等。这里先介绍接触器-继电器法。

接触器-继电器法就是依据所控制电器的接触器-继电器控制电路原理图，用与 PLC 对应的符号和功能相当的元件，把原来的接触器-继电器系统的控制电路直接“翻译”成梯形图程序的设计法。接触器-继电器法特别适合于初学者编程设计使用，也特别适合于对原有旧设备的技术革新和技术改造。

接触器-继电器法编程大致分为以下几个步骤：

1）读懂现有设备的接触器-继电器控制电路原理图。现有设备的接触器-继电器控制电路原理图是设计 PLC 控制程序的基础。在读图时首先要划分好现有设备的主电路和控制电路部分，找出主电路和控制电路的关键元件及相互关联的元件和电路；然后对主电路进行识图分析，逐一分析各电动机主电路中的每一个元件在电路中的作用和功能；最后对控制电路进行识图分析，逐一分析各电动机对应的控制电路中每一个元件在电路中的作用和功能等，弄清楚各控制部分的逻辑关系。

2）对照 PLC 的输入/输出接线端，将现有的接触器-继电器控制电路图上的控制元件（如按钮、行程开关、光电开关、其他传感器等）进行编号并换成对应的输入点，将现有接触器-继电器控制电路图上的被控制元件（如接触器线圈、电磁阀、指示灯、数码管等）进行编号并换成对应的输出点。

3）将现有设备的接触器-继电器控制电路图中的中间继电器、定时器用 PLC 的辅助继电器、定时器代替。

4）完成“翻译”后，将梯形图进行简化和修改。

2. 拓展知识

下面介绍触点指令与外部接线的应用技巧。

常开触点与常闭触点的使用，通常与外部系统的按钮相结合。例如急停按钮，停止按钮一般使用常闭型开关与 PLC 中的常开触点相结合。PLC 内部触点与外部常开、常闭按钮的结合介绍如下。

1）常开触点指令与常开按钮组合，如图 3-2 所示。

该方式在 PLC 的接线中最为常用，如果外部常开按钮没有按下，因为 I0.0 状态为 0，Q0.0 没有输出。如果外部常开按钮按下，因为 I0.0 的状态为 1，Q0.0 有输出。

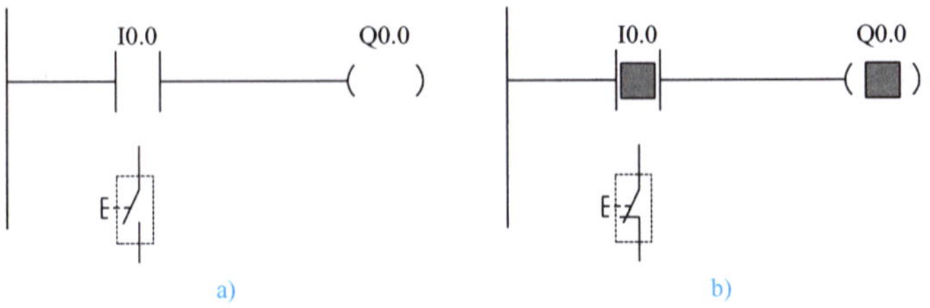

图 3-2　常开触点指令与常开按钮组合

2）常开触点指令与常闭按钮组合，如图 3-3 所示。

如果外部接的是常闭按钮，同样能实现控制 Q0.0 的输出。外部常闭按钮没有按下时，I0.0 的状态为 1，Q0.0 有输出；如果外部常闭按钮按下，因为 I0.0 状态变为 0，此时 Q0.0 没有输出。该方法一般用于急停按钮或停止按钮的使用。

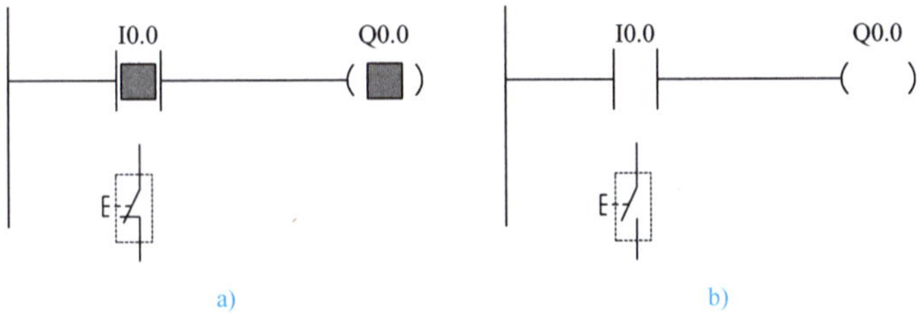

图 3-3　常开触点指令与常闭按钮组合

3）常闭触点指令与常开按钮组合，如图 3-4 所示。

如果外部接的是常开按钮，当没有按下时，I0.0 是接通的，所以 Q0.0 有输出。如果外部常开按钮按下，I0.0 断开，Q0.0 没有输出，该方式也可用于停止按钮。

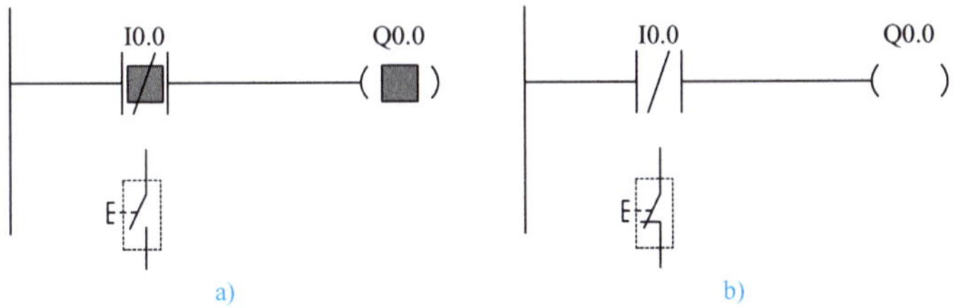

图 3-4　常闭触点指令与常开按钮组合

4）常闭触点指令与常闭按钮组合，如图 3-5 所示。

如果外部接的是常闭按钮，当没有按下时，I0.0 是断开的，所以 Q0.0 就没有输出。如果外部常闭按钮按下，因为 I0.0 接通，Q0.0 有输出。请大家记住一句话“程序内的常开触点，给它信号它就接通；常闭触点，给它信号它就断开”。其中，这个信号就是外部的常开或常闭按钮输入信息。

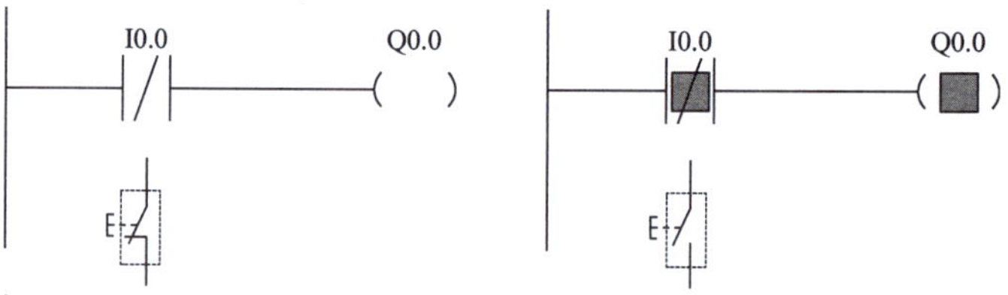

a)　　　　b)

图 3-5　常闭触点指令与常闭按钮组合

任务实施

1）由于平台需要往返运动，根据控制要求，首先需要了解三相异步电动机正反转运动的基本原理。要实现三相异步电动机正反转，将其电源的相序中任意两相对调即可，如图 3-6 所示。由于将两相相序对调，故须确保两个接触器线圈（图中 KM1、KM2）不能同时得电，否则会发生严重的相间短路故障，因此必须采取联锁控制。

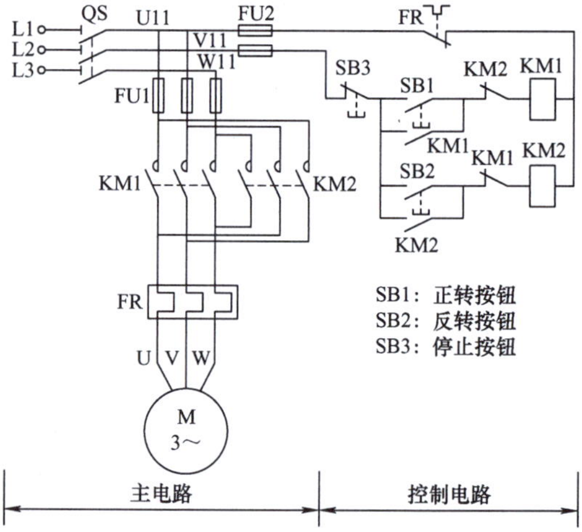

图 3-6　三相异步电动机正反转原理图

2）完成输入输出端的转化，确定 I/O 个数，进行 I/O 地址分配，输入/输出地址分配见表 3-1。PLC 控制接线图如图 3-7 所示。

表 3-1　输入/输出地址分配

输　入			输　出		
符　号	地　址	功　能	符　号	地　址	功　能
SB1	I0.5	电动机故障	HL1	Q0.4	电动机右行
SB2	I0.6	故障复位	HL2	Q0.5	电动机左行
SB3	I0.7	电动机启动	HL3	Q0.6	故障指示灯
SB4	I1.0	左限位	HL4	Q0.7	运行指示灯
SB5	I1.2	右限位			

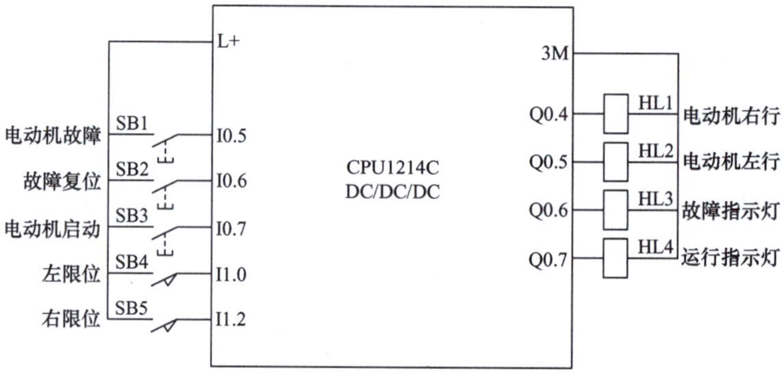

图 3-7　PLC 控制接线图

3）设计程序。根据控制电路的要求，在计算机中编写程序，程序设计如图 3-8 所示。程序段 1 完成对输出端、中间继电器的清零；程序段 2 利用 SR 触发电路实现故障报警标志位的标识；程序段 3 实现电动机运行状态的标识；程序段 4 和程序段 5 通过自锁和互锁实现电动机自动运行。

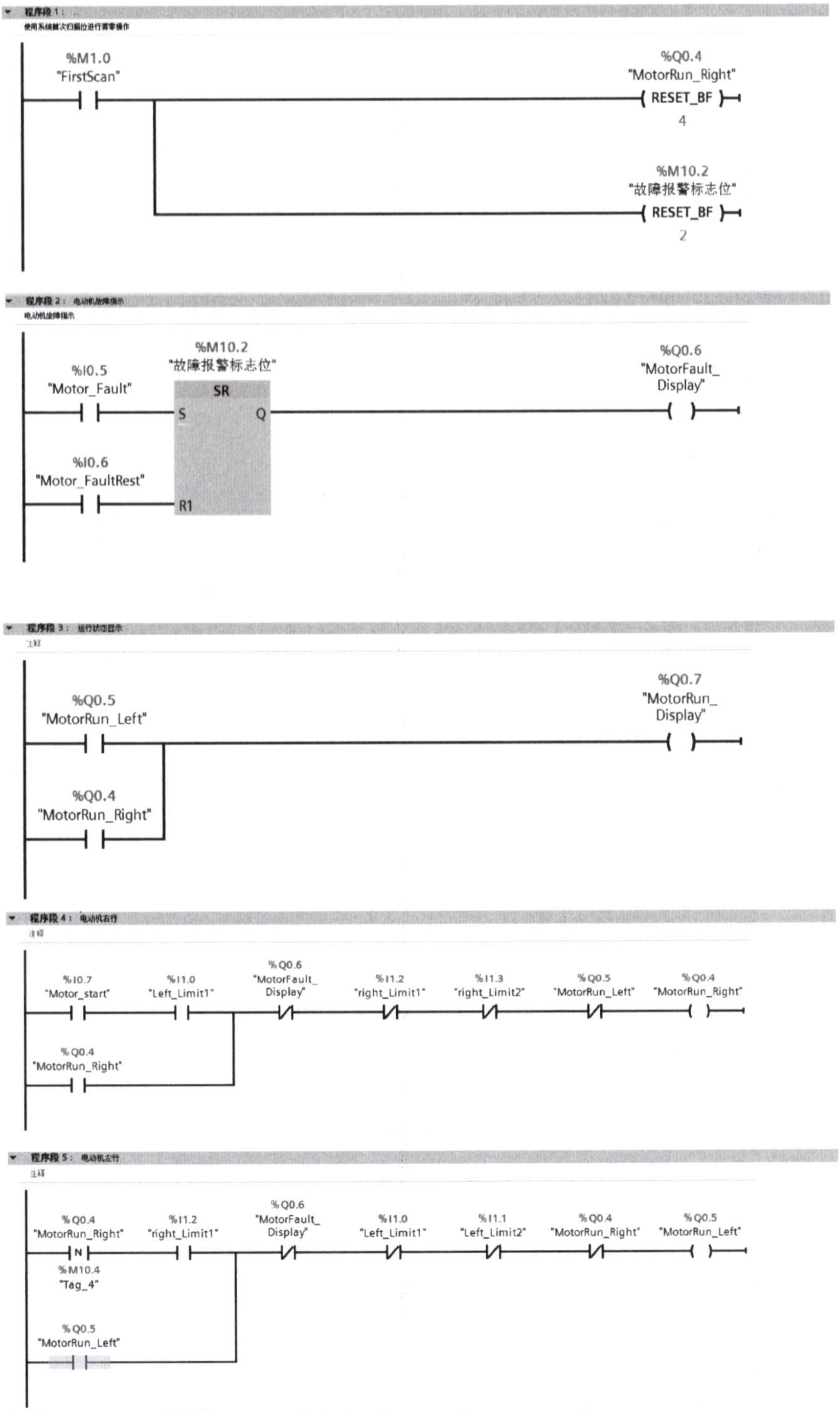

图 3-8　往返移动平台 PLC 控制程序梯形图

4）安装配线。按照图 3-7 所示进行配线，安装方法及要求与接触器-继电器电路相同。

5）运行调试。

① 用户完成硬件配置和程序编写后，即可将硬件配置和程序下载到 CPU 中。

② 修改安装了 TIA 博途软件的计算机 IP 地址，保证安装了 TIA 博途软件的计算机 IP 地址与 S7－1200 PLC 的 IP 地址在同一网段。

③ 下载之前，要确保 S7－1200 PLC 与计算机之间已经用网线连接在一起，且 S7－1200 PLC 已经通电。

④ 在 TIA 博途软件的项目视图中，单击“下载到设备”按钮，选择“PG/PC 接口类型”为“PN/IE”，选择“PG/PN 接口”为“Intel(R) Ethernet..”。

⑤ 单击“开始搜索按钮”，TIA 博途软件开始搜索可以连接的设备，搜索到设备后单击下载按钮，弹出下载预览界面。

⑥ 在该界面中，把“复位”选项修改为“全部删除”，单击“装载”按钮。

⑦ 将运行模式选择开关拨到“RUN”位置，或者单击工具栏的“RUN（运行）”按钮使 PLC 进入运行方式。

⑧ 按下电动机启动按钮，观察运动滑块是否按照要求进行往返运动。

任务拓展

工作任务书
三相异步电动机往返运动控制

电动机正反转控制系统要求：工作台往返工作示意图如图 3-9 所示。图中行程开关 SQ2 安装在左端需要反向的位置，SQ3 安装在右端需要反向的位置，一旦触碰到 SQ2 或 SQ3，则立即反向运行，用于控制工作台的左、右往返工作范围。工作台上有左右挡块，当工作台运动到相应位置，会触动相应的行程开关，从而进行反向运动。SQ1 和 SQ4 是工作台的左右极限保护。SB1 为停止按钮，SB2 为启动按钮，一旦触碰到 SQ1 或者 SQ4 机构立即停止。根据控制要求编制 PLC 控制程序并进行调试。

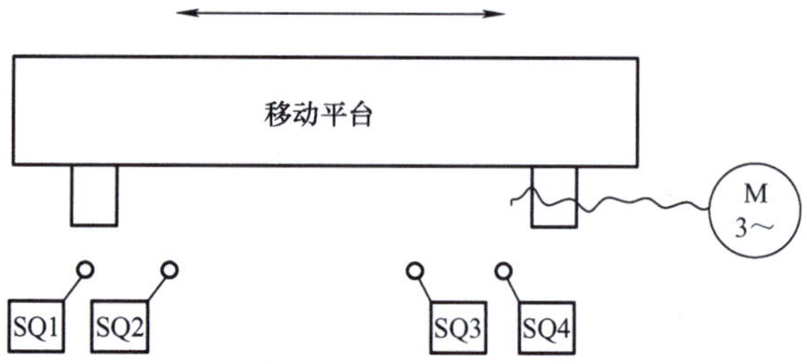

图 3-9 工作台往返工作示意图

任务 2 三相异步电动机Y-△启动控制

任务描述

在三相异步电动机启动过程中，启动电流较大，所以容量大的电动机必须采取一定的减压方式启动，否则极易损坏电动机。其中，Y-△启动就是一种简便的减压启动方式：即在电动机启动时将定子绕组接成星形联结方式，在达到额定转速后再接成三角形联结，就可以减小启动电流，减轻对电网的冲击。本任务的主要目的是进一步熟悉 S7－1200 PLC 定时器的使用，并能够应用该指令设计 PLC 程序完成对三相异步电动机Y-△启动。

根据三相异步电动机Y-△启动的原理，利用 TON 定时器，设计 S7－1200 PLC 硬件连接电路，并进行软件编程。

任务目标

1）进一步熟悉 TON 和 TONF 定时器指令的应用。
2）了解联锁控制的意义，并掌握 PLC 联锁控制的设计要点。
3）了解经验设计法的一般步骤。
4）掌握定时器的基本应用。

相关知识

1. 基本知识

（1）PLC 联锁控制　在生产机械的各种运动之间，往往存在着某种相互制约或者由一种运动制约着另一种运动的控制关系，一般均采用联锁控制来实现。

如图 3-10 所示，该联锁控制方式又称互锁。为了使两个或者两个以上的输出线圈不能同时得电，可将常闭触点串联于对方控制电路中，以保证在任何时候都不能同时启动，达到联锁的控制要求。图 3-10 中，Q0.1 和 Q0.2 的常闭触点分别串联在线圈 Q0.2 和 Q0.1 的控制电路中，使 Q0.1 和 Q0.2 不能同时得电。

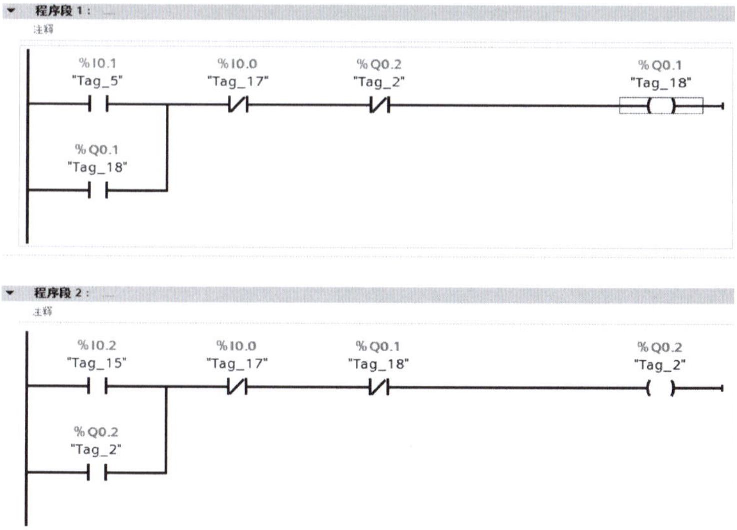

图 3-10　联锁（互锁）控制梯形图

这种联锁控制方式经常被用于控制电动机的减压启动、正反转、机床刀架的进给与快速移动、横梁升降及机床卡具的卡紧与放松等一些不能同时发生运动的控制。

定时器指令的应用

（2）定时器指令的应用

1）周期可调的脉冲信号发生器。如图 3-11 所示，定时器 TON 产生一个周期可调的连续脉冲。当常开触点 I0.0 闭合后，第一次扫描到 Q1.1 常闭触点是闭合的，定时器得电。经过 1s 后，定时器输出控制的 Q1.1 置位，同时它的常闭触点断开，定时器断电，使得 Q1.1 断电。下一个扫描周期，又会重新重复上述过程，这样就产生脉宽为一个扫描周期、脉冲周期为1s连续脉冲。如要改变脉冲信号的周期，则改变定时器的定时周期即可。

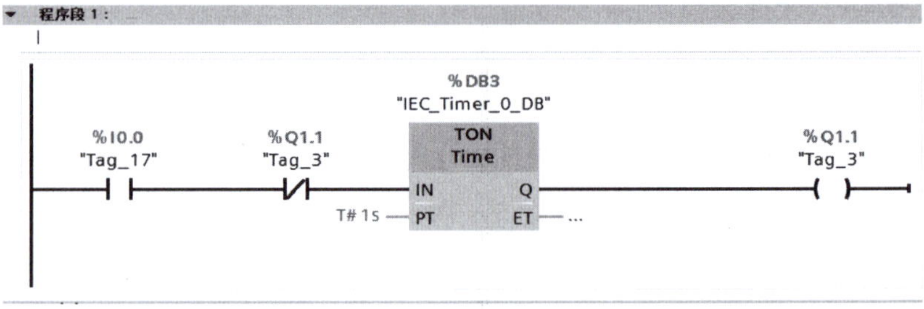

图 3-11 周期可调的脉冲信号发生器

2）占空比可调的振荡电路。采用两个定时器产生连续脉冲信号，脉冲周期为5s，占空比为3∶2（接通时间∶断开时间）。接通时间为3s，由定时器“IEC_Timer_0_DB_2”确定；断开时间为2s，由定时器“IEC_Timer_0_DB_1”设定，用Q1.2作为连续脉冲输出端。需要注意的是，振荡电路的编程方式一般采用两个延时接通定时器，其中定时器B输出的常闭触点连接定时器A的IN输入端，负责设定断开时间；定时器A输出的常开触点连接定时器B的IN输入端，负责设定接通时间，如图3-12所示。

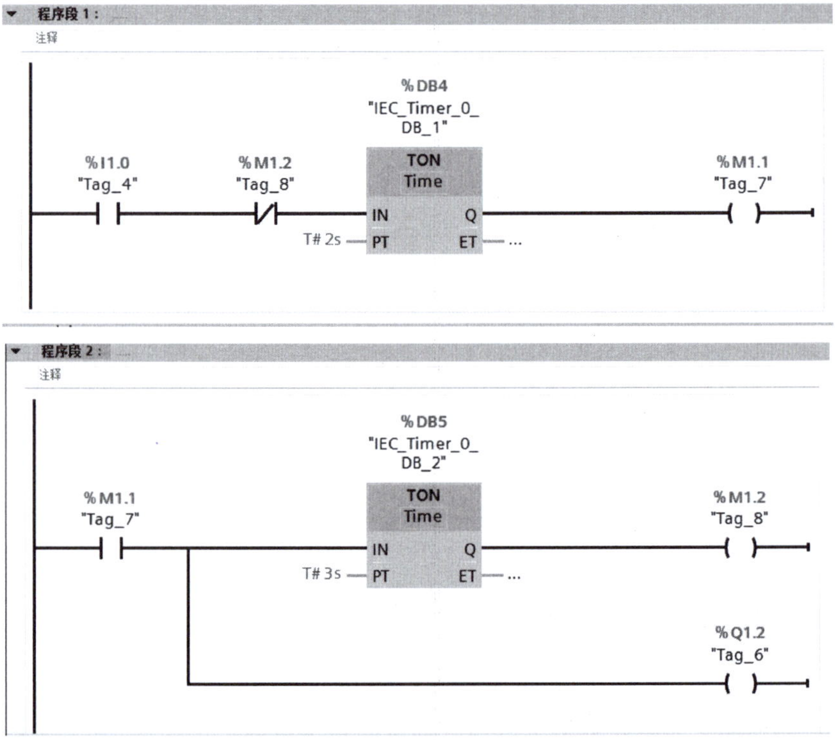

图 3-12 占空比可调的振荡电路

3）顺序脉冲发生器。顺序脉冲发生器一般用于异步电动机的顺序启动过程中。例如电动机1先运行，10s之后电动机1停止，电动机2运行，20s之后，电动机2停止，电动机3开始运行，15s之后重复从电动机1运行。图3-13所示为三个定时器产生一组顺序脉冲的梯形图程序。当I0.4接通时，“IEC_Timer_0_DB_3”定时器开始接通并延时，同时Q2.0接通，定时10s后，“IEC_Timer_0_DB_3”定时器的输出控制的M4.0的常开触点闭合，常闭触点断开，此时Q2.0断开，定时器“IEC_Timer_0_DB_4”开始计时，同时

Q2.1 接通。当定时 20s 时间到，M4.1 接通，Q2.1 断开，定时器“IEC_Timer_0_DB_5”开始计时，同时 Q2.2 接通，15s 后，M4.2 接通，Q2.2 断开，程序重复上述过程。

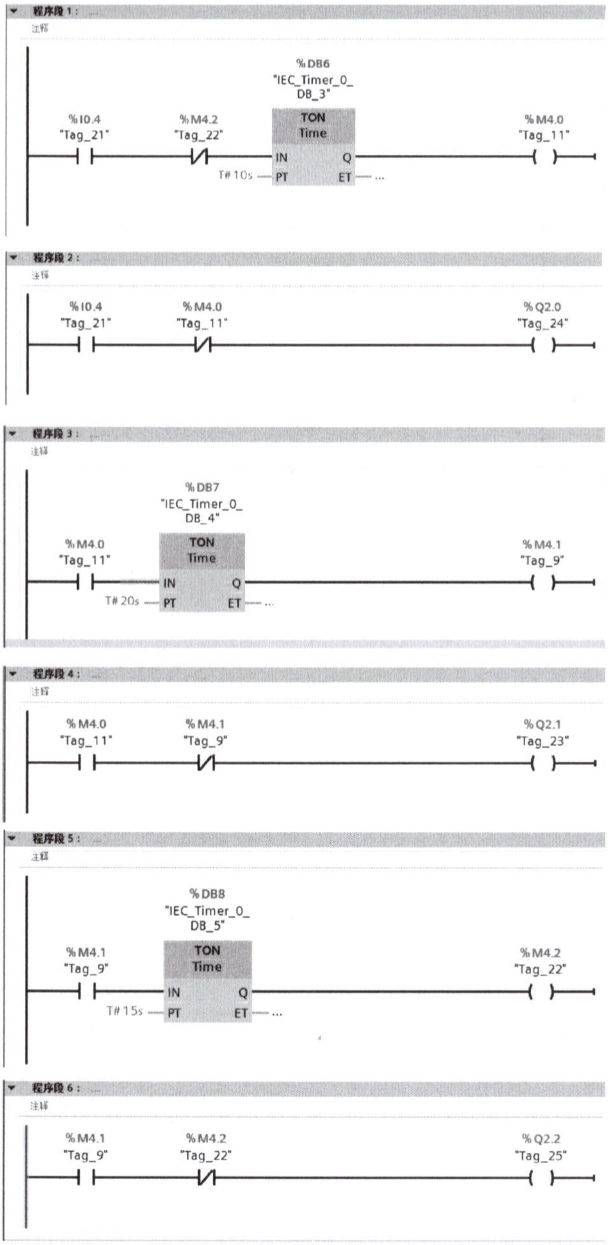

图 3-13　顺序脉冲发生器

4）大多数定时器使用通电延时定时器，但是有些场合在切断电源后，一些设备不能立即停止，需延时一段时间。这种情况下一般采用断电延时定时器。例如有三个彩灯，按下 SB1，三个彩灯立即点亮，松开后，三个彩灯仍然点亮，10s 后橙色彩灯熄灭，再过 20s 黄色彩灯熄灭，在此基础上，又过了 20s 后绿色彩灯自动熄灭，程序如图 3-14 所示。采用三个 TOF 定时器，当按下按钮 I0.0 后，三个定时器的输出端立即置 1。松开按钮 I0.0 之后，定时器输入端断电，但是输出端需要延迟之后才复位，三个定时器时间分别设定为 10s、30s、50s，满足系统要求。

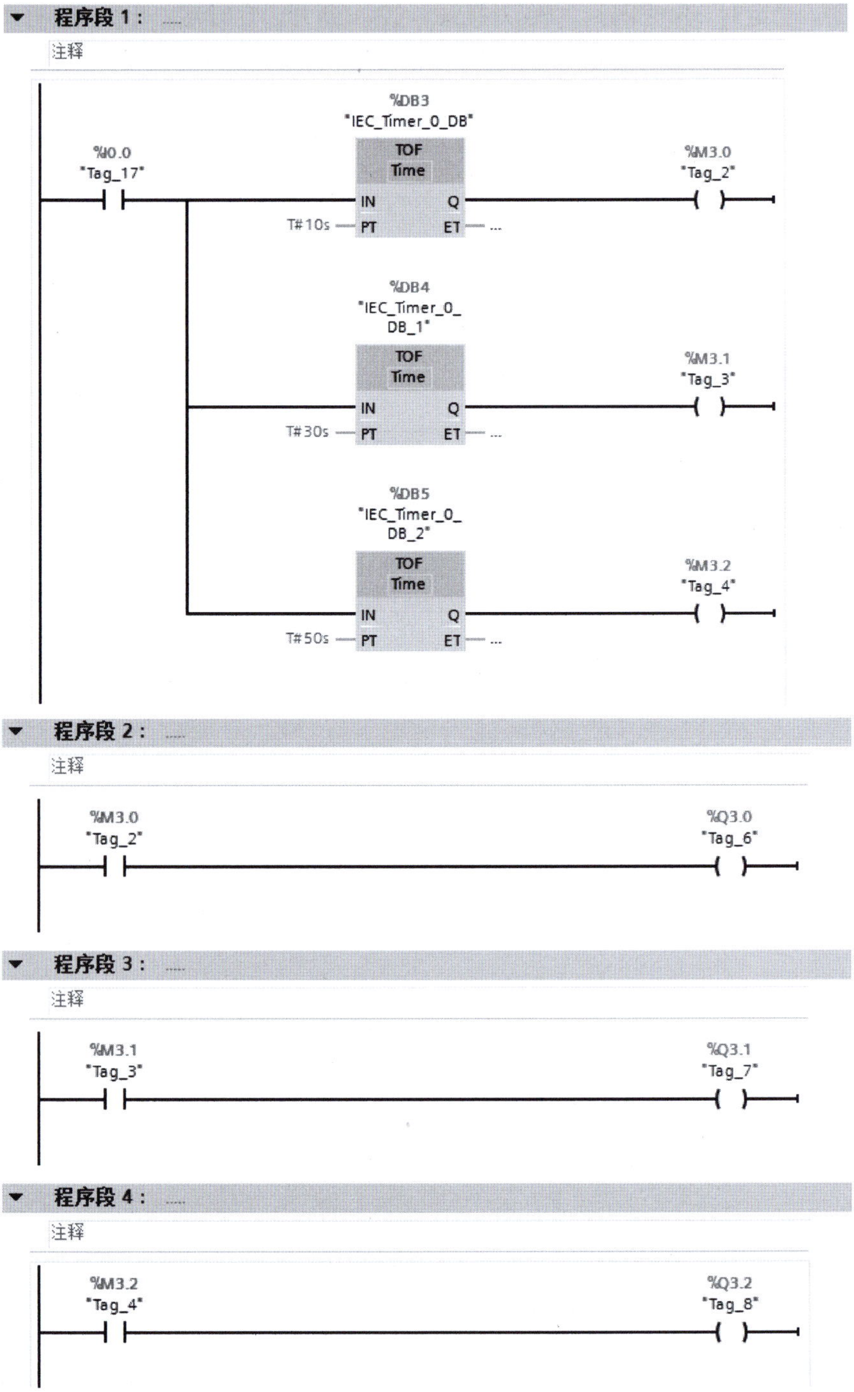

图 3-14 断电延时定时器的使用

2. 拓展知识

经验设计法又称试凑法，是在掌握了一些典型的控制环节和电路设计的基础上，根据被控对象对控制系统的具体要求，凭经验进行选择、组合。有时为了得到一个满意的设计结果，需要进行多次反复地调试和修改，增加一些辅助触点和中间编程环节。这种设计方法没有普遍规律可循，具有一定的试探性和随意性，而与设计所用的时间、设计的质量与设计者经验有关。

经验设计法对一些比较简单的控制系统的设计是比较有效的，可以收到快速、简单的效果。但是，由于这种方法主要是依靠设计人员的经验进行设计，所以对设计人员的要求也比较高，特别是要求设计者有一定的实践经验，对工业控制系统和工业上常用的各种典型环节比较熟悉。对于复杂的系统，经验设计法一般设计周期长、不易掌握，系统交付使用后，维护困难。

经验设计法设计 PLC 控制程序的一般步骤如下：

1）分析控制要求，选择控制方案。可将生产机械的工作过程分成多个独立的简单运动，再分别设计这些简单运动的基本控制程序。

2）设计主令元件和检测元件，确定输入/输出信号。

3）设计基本控制程序，根据制约关系在程序中加入联锁触点。

4）设置必要的保护措施，检查、修改和完善程序。

经验设计法也存在一些缺陷，需引起注意，生搬硬套的设计未必能达到理想的控制结果。另外，设计结果往往因人而异，程序设计不够规范，也会给使用和维护带来不便。所以，经验设计法一般只适合于较简单的或与某些典型系统相似的控制系统的设计。

任务实施

1）根据控制要求，需要熟悉三相异步电动机Y-△减压启动控制的基本原理。如图3-15所示，三相异步电动机启动时，按下 SB1，接触器 KM1 线圈接通，同时 KM1 的常开触点接通，使得线圈 KM2 和 KT 线圈接通，电动机接成星形联结启动。由于 KT 是时间继电器，其线圈接通后，到达预定时间后时间继电器通电延时闭合常开触点闭合，通电延时断开常闭触点断开，KM3 线圈得电，对应的主触点闭合，常闭触点断开，使得 KM2 主触点断开，电动机接成三角形联结全压运行。

本节根据上述Y-△减压启动的原理，设计 S7－1200 PLC 控制的电路图及 PLC 梯形图。

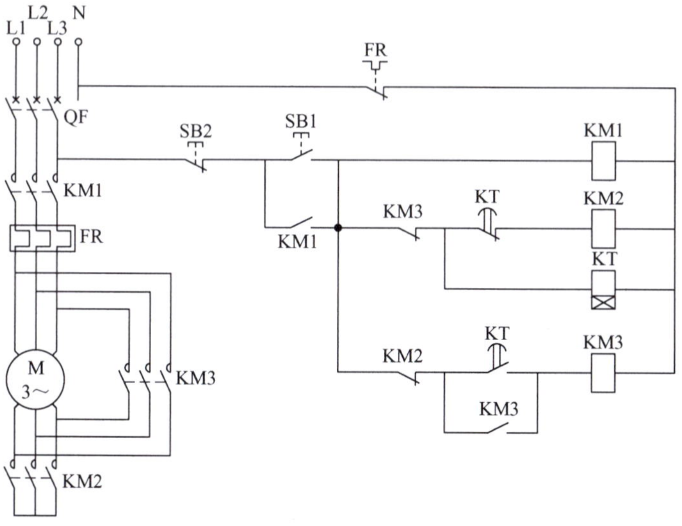

图3-15　Y-△减压启动控制原理图

确定 I/O 个数，进行 I/O 地址分配，输入/输出地址分配见表 3-2，PLC 外部 I/O 接线如图 3-16 所示。

表 3-2　输入/输出地址分配

输入			输出		
符号	地址	功能	符号	地址	功能
SB1	I0. 0	启动按钮	KM1	Q0. 1	主接触器
SB2	I0. 1	停止按钮	KM2	Q0. 2	星形联结接触器
			KM3	Q0. 3	三角形联结接触器
			KT	M2. 1	延时继电器

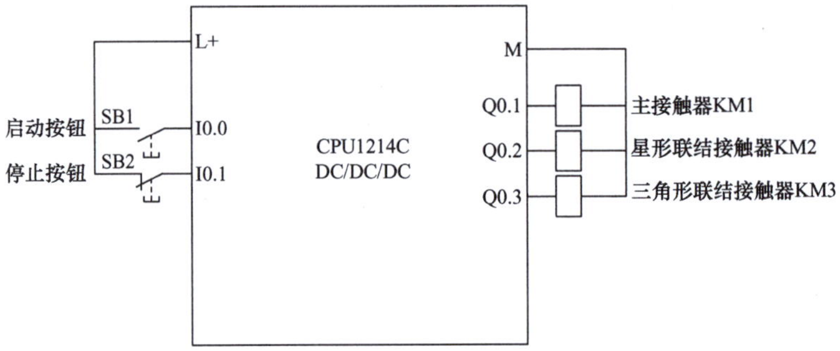

图 3-16　Y-△减压启动 PLC 控制接线图

2）设计程序。根据控制电路的要求，在计算机中编写程序，程序设计如图 3-17 所示。

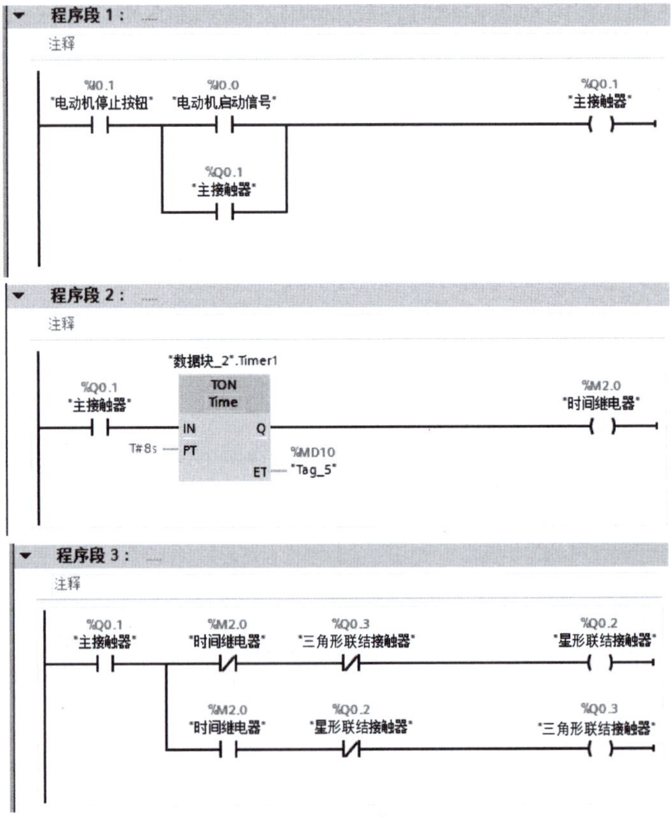

图 3-17　三相异步电动机Y-△减压启动控制程序——梯形图

3）安装配线。

按照图3-16配线，安装方法及要求与接触器-继电器电路相同。

4）运行调试。

① 用户完成硬件配置和程序编写后，即可将硬件配置和程序下载到CPU中。

② 修改安装了TIA博途软件的计算机IP地址，保证安装了TIA博途软件的计算机IP地址与S7-1200 PLC的IP地址在同一网段。

③ 下载之前，要确保S7-1200 PLC与计算机之间已经用网线连接在一起，且S7-1200 PLC已经通电。

④ 在TIA博途软件的项目视图中，单击“下载到设备”按钮，选择“PG/PC接口类型”为“PN/IE”，选择“PG/PN接口”为“Intel(R)Ethernet..”。

⑤ 单击“开始搜索按钮”，TIA博途软件开始搜索可以连接的设备，搜索到设备后单击下载按钮，弹出下载预览界面。

⑥ 在该界面中，把“复位”选项修改为“全部删除”，单击“装载”按钮。

⑦ 将运行模式选择开关拨到“RUN”位置，或者单击工具栏的“RUN（运行）”按钮使PLC进入运行方式。

⑧ 按下电动机启动按钮，观察是否按照系统要求起动运行。

任务拓展

工作任务书 三相交流异步电动机的星-三角减压启动控制

现有两台三相异步电动机，按下按钮SB1，A电动机先以星形联结方式启动，在A电动机运行10s后B电动机才以星形联结方式启动，B电动机运行10s后，自动转换为三角形联结，并以此运行15s后，A电动机自动切换为星形联结。根据控制要求编制PLC控制程序并进行调试。

任务3 两台电动机软启动、软停止顺序控制

任务描述

熟悉程序控制指令使用方法，了解顺序控制的编程方式；熟悉直流电动机的PWM调速方式并结合顺序控制的编程方法，完成两台电动机软启动、软停止的顺序控制。

现有两台电动机，由于具有较大的功率，不能将这两台电动机同时启动，更不能使电动机瞬间达到额定转速。当按下启动按钮后，两台电动机需要按照一定的顺序启动，即第一台电动机从零速启动后逐渐增大到额定转速，延时5s后，第二台电动机启动，并以相同的速度线性增大到额定转速。按下停止按钮，第一台电动机同时从额定转速减速到零转速，5s后，第二台电动机才从额定转速减速到零转速。

任务目标

1）进一步熟悉程序控制指令的应用。

2）掌握顺序控制的编程方法。

3）了解PWM电动机调速的使用方法。

相关知识

程序控制指令

1. 基本知识

（1）程序控制指令　程序控制指令是指程序中跳转指令，执行程序控制指令之前，程序进行线性扫描，按照先后顺序执行。在执行程序控制指令之后，可以跳转到所指定的程序段去执行，并从该程序段的标签入口处继续线性扫描。

程序控制指令没有参数，只有一个地址标号。地址标号是程序跳转的一个转移地址，起始目的地址标号必须从一个网络开始，一般由字母＋数字组成，但是必须以数字0为起点，例如CASE0。

程序控制指令有几种形式，即无条件跳转、多分支跳转指令、与RLO及BR有关的跳转指令、与信号状态有关的跳转指令以及与条件码CC0和CC1有关的跳转指令。常用程序控制指令的LAD格式和功能见表3-3。

表3-3　常用程序控制指令的LAD格式和功能

格式	名称			
	跳转指令	反跳转指令	标签指令	返回指令
LAD	CASE0 —(JMP)—	CASE0 —(JMPN)—	CASE0	TRUE —(RET)—
功能	逻辑运算结果为1，则程序将跳转到指定标签后的第一条指令继续执行	逻辑运算结果为0，则程序将跳转到指定标签后的第一条指令继续执行	JMP或JMPN跳转指令的目标标签	用于终止当前的执行

1）跳转指令（JMP），输入的逻辑运算结果（RLO）的状态为1，则中断程序的顺序执行，并跳转到其他程序段继续执行。跳转的目标程序段必须用跳转标签（LABEL）进行识别，在该跳转执行程序的左上方指定标签名称。

指定的跳转标签必须与执行的指令在同一数据块中，指定的名称在块中只能出现一次，一个程序段只能使用一个跳转线圈。如果指令输入的逻辑结果为1，则将跳转到由指定标签标识的程序段。如果满足RLO＝0，则继续线性扫描，顺序执行下一个程序段。

如图3-18所示，若I0.0状态为1，则RLO＝1，执行跳转指令，程序跳到标签CASE1下程序段执行，输出Q4.1＝1。若I0.0状态为0，执行程序段2，此时输出Q4.0＝1。

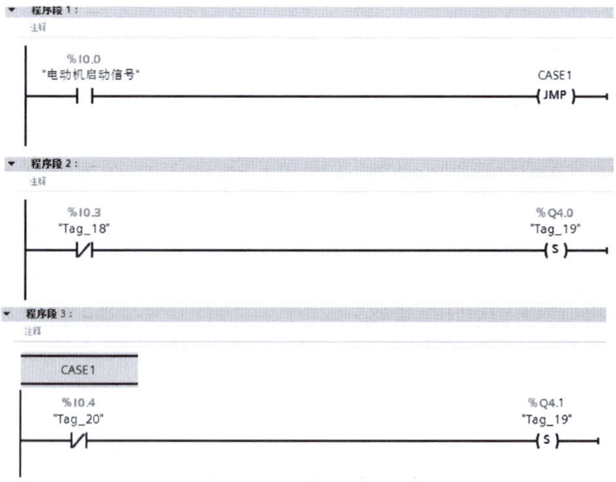

图3-18　跳转指令示意图

反跳转指令（JMPN）与跳转指令的逻辑正好相反，JMPN的输入逻辑运算结果为0的时候，执行跳转指令。

2）定义跳转列表指令（JMP_LIST），可定义多个有条件跳转，根据K参数的值跳转到指定的程序段去执行。

定义跳转列表指令如图3-19所示，当I0.2闭合时，执行定义跳转列表指令，初始状态下，参数K=0，此时K=DEST0，跳到标签LABEL1下的程序段。当接通I0.2的时候，MW8自加2，K=2=DEST2，执行LABEL3下的程序段，使Q3.2置1。

3）跳转分支指令（SWITCH）。

使用跳转分支指令SWITCH，可以根据一个或者多个比较指令的结果定义执行的多个程序跳转。用参数K指定要比较的值，将该值与各个输入提供的值进行比较。满足条件则跳转到对应的标签，不满足上述所有条件将跳转到ELSE指定的标签下，需要时可以增加条件判断的个数。

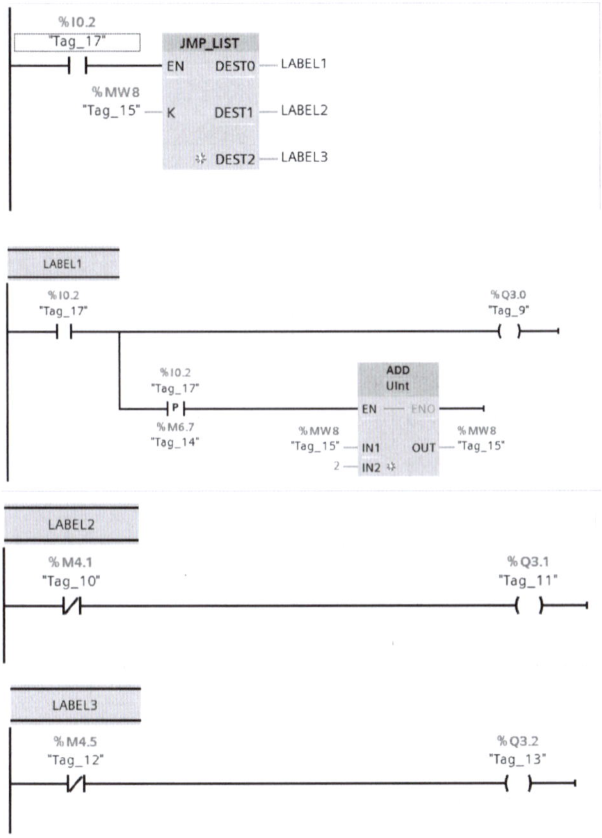

图3-19　定义跳转列表指令

跳转分支指令（SWITCH）也与LABEL指令配合使用，根据比较结果定义要执行的程序跳转。在指令框中为每个输入选择比较类型（==、<>、>=、<=、>、<），该指令从第一个比较条件开始判断，直至满足比较条件为止。如果满足比较条件，则将不考虑后续比较条件，从该条件所对应输出端的标签执行。如果未满足任何指定的比较条件，将在输出ELSE处执行跳转。如果输出ELSE中未定义程序跳转，则程序从下一个程序段继续执行。可在指令框中增加条件输出的数量，输出项从DEST0开始，每次新增输出后以升序继续编号。该指令的输出项中指定跳转标签（CASE1～CASEn）。不能在该指令的输出上指定指令或操作数。跳转分支指令如图3-20所示。

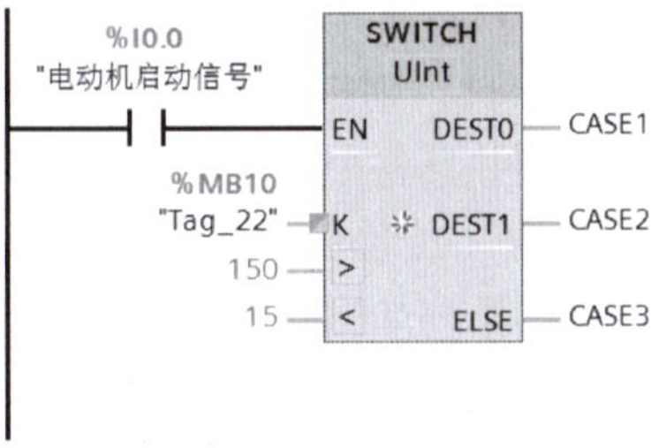

图3-20　跳转分支指令

当I0.0接通之后，SWITCH指令启动，根据K的值依次比较>150与<15的情况，若满足K>150则执行CASE1下的程序段，若K<15则执行CASE2下的程序段，若15≤K≤150执行CASE3标签下的程序段。

（2）顺序控制的编程方法　在实际工控系统中，随着机组容量的增大和参数的提高，辅机数量和热力系统的复杂程度大大增加，因此需要多个机组连续运行和按一定顺序进行启动和停止，所以顺序控制系统涉及面很广，如发电厂、钢铁厂等生产企业。顺序控制可以减少大量繁琐的操作，降低操作人员的劳动强度，同时保护设备安全。

顺序控制是指按一定的条件和先后顺序对大型电动机单元组成的动力系统和辅助单元，

包括电动机、阀门、挡板等动力设备的启停、开关的顺序进行自动控制，也叫程序控制系统。在生产实践过程中，常常需要各运动部件之间或者生产部件之间按顺序工作。

电动机顺序控制的方法有很多，按电路功能可以分为主电路实现顺序控制和控制电路实现顺序控制；按电动机运行顺序可分为顺序启动和顺序停止。编程方式可采用顺序功能图的形式进行，它是描述控制系统控制过程、功能和特性的一种图形，而顺序功能图法就是按照顺序功能图设计 PLC 顺序控制程序的方法。其基本做法是将系统分成若干个顺序相连的阶段，即称之为步。有向线段、转换条件以及动作共同组成顺序功能图。

1）步用矩形方框表示，框内用数字表示步的编号或者动作的内容。每一个编号表示工作过程中若干顺序相连的阶段。在控制过程中，当步处于活动状态时称为活动步，反之，则称为非活动步。开始阶段的活动步与初始状态对应，称为起始步，用双方框表示。

2）有向连接。顺序功能图中，步之间的进展采用有向线段表示，将步连接到转换条件并将其转换到步。步的进展按照有向线段规定的线路进行，习惯的进展方向总是从上到下或从左到右，可加箭头表示具体的进展方向。

3）转换条件。步的跳转根据一个或多个状态转换条件来实现的，并与控制过程的进展相对应。转换的符号由一根或多根短线组成，步与步之间通过转换条件进行分割。当两步之间的转换条件满足时，结束上一步动作并开始下一步动作。

根据实际的控制任务，顺序功能图有单序列、并行序列以及选择序列三种基本结构，如图 3-21 所示。单序列如图 3-21a 所示，各步按顺序执行，上一步执行结束，转换条件成立，执行下一步，并关断上一步。并行序列如图 3-21b 所示，在上一活动步执行完后，若转换条件成立，可以同时执行多个步。若步 3 为活动步且 e = 1，则步 4 和步 5 同时变为活动步并且各个分支的进展是独立进行的，同时步 3 变为非活动步。选择序列如图 3-21c 所示，根据条件进行选择，当上一活动步执行完后，根据转换条件可以选择不同的步，但每次只能执行一步。步 2 执行完后，若 h = 1，则步 3 变为活动步；若 k = 1，则步 4 变为活动步。

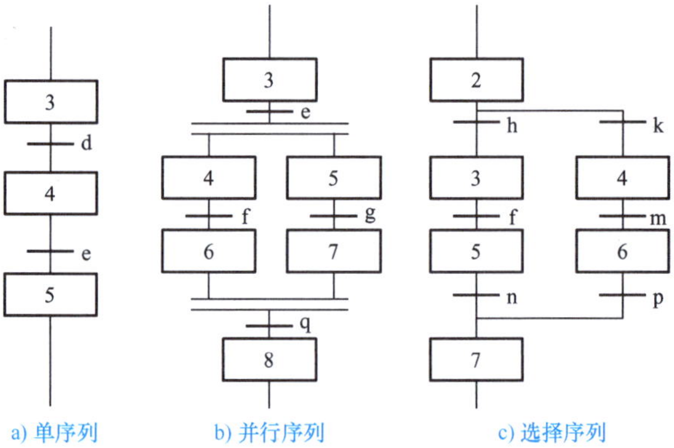

图 3-21　顺序功能图基本结构

在程序设计过程中，为了更加方便地区分各个程序段的作用，使程序更加有条理，可以采用程序控制指令与顺序控制相结合的方式，使系统逻辑结构更加清晰明了。例如存在如下控制任务：某蓄水池有三台电动机，当水位最低时，三台电动机均启动；正常运行时，水位在高水位，仅一台电动机启动运行，但是三台电动机每隔 30min 循环运行一次。其中液位开关 I0.0 为低液位传感器，液位开关 I0.1 为高液位传感器，1 ~3 号电动机的接触器线圈输出控制分别为 Q1.0 ~ Q1.2。程序设计如图 3-22 所示。

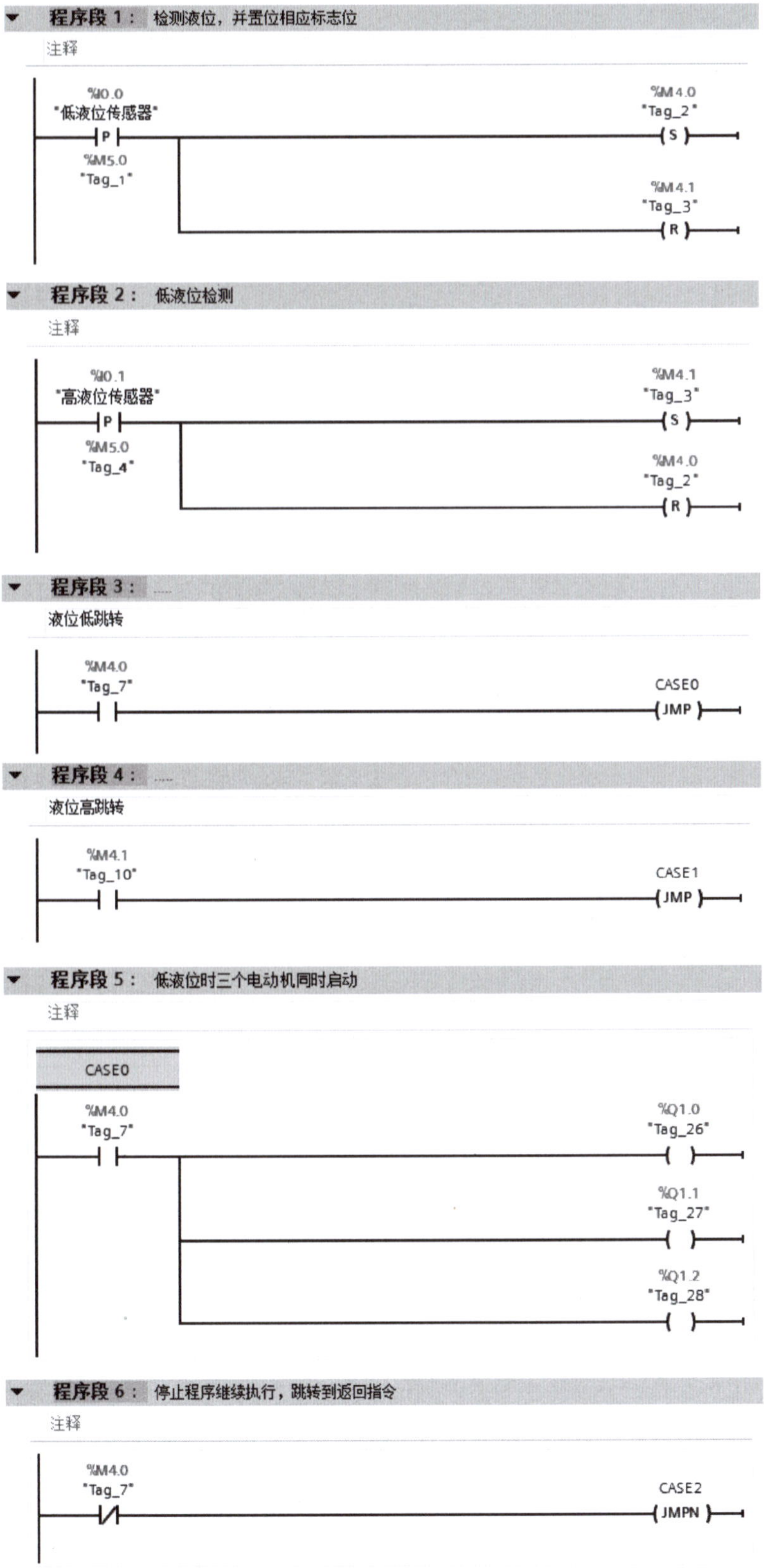

图 3-22 电动机顺序控制程序

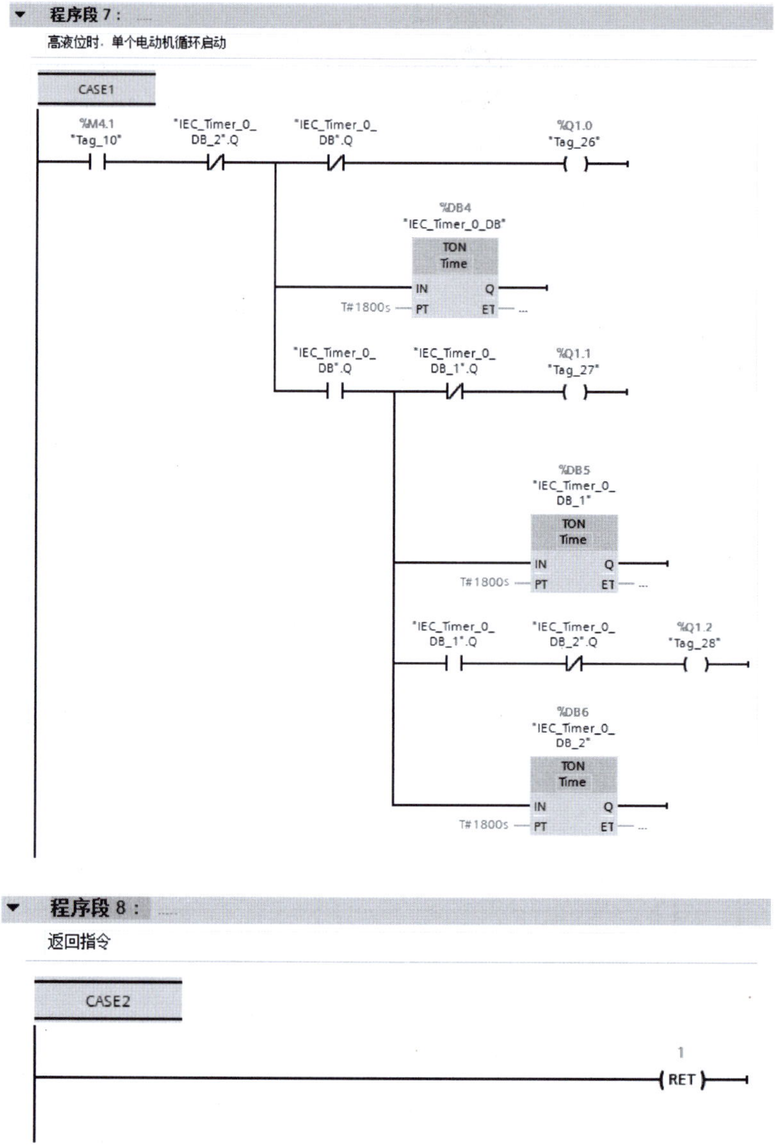

图 3-22 电动机顺序控制程序（续）

使用程序控制指令编写的梯形图，根据条件可以跳转到不同标签下的程序段执行，使逻辑关系更加清晰明了。电动机的顺序控制利用时间继电器的输出作为跳转条件，跳转到不同的程序段去执行，完成电动机的顺序起动和停止。

2. 拓展知识

［PWM 调速控制］ PWM（脉宽调制）是一种周期固定、宽度可调的脉冲输出。PWM 虽然是数字量输出，却类似于模拟量使用，比如控制电动机转速、阀门开度等操作。西门子 S7－1200 PLC 提供了两个通道用于高脉冲输出，可以分别组态为 PTO 和 PWM。PTO 是占空比为 50% 的一种脉冲输出方式，只能由运动控制指令来实现，输出高速脉冲控制伺服电动机、步进电动机等，这在后面的任务中将会介绍。PWM 功能在 TIA 博途软件中使用 CTRL_PWM 来实现，PWM 与 PTO 不能使用同一个通道，只能任选其一。PTO 和 PWM 两种脉冲发生器映射到特定的数字输出，可以使用板载 CPU 输

出，也可以使用信号板输出。脉冲功能输出点占用见表 3-4。

表 3-4 脉冲功能输出点占用

脉冲		默认输出点	
脉冲类型	板载 CPU/信号板	脉冲	方向
PTO1	板载 CPU	Q0.0	Q0.1
	信号板	Q4.0	Q4.1
PWM1	板载 CPU	Q0.0	–
	信号板	Q4.0	–
PTO2	板载 CPU	Q0.2	Q0.3
	信号板	Q4.2	Q4.3
PWM2	板载 CPU	Q0.2	–
	信号板	Q4.2	–

由此可以看出，PTO 脉冲除了脉冲输出点外，还需输出脉冲方向，而 PWM 仅需一个脉冲输出点。

1）硬件配置。在使用 PWM 调速值之前，需启动脉冲发生器。如图 3-23 所示，右击设备中的 CPU 后单击“属性”，再单击“脉冲发生器”，选中“PTO1/PWM1”，勾选启用该脉冲发生器。

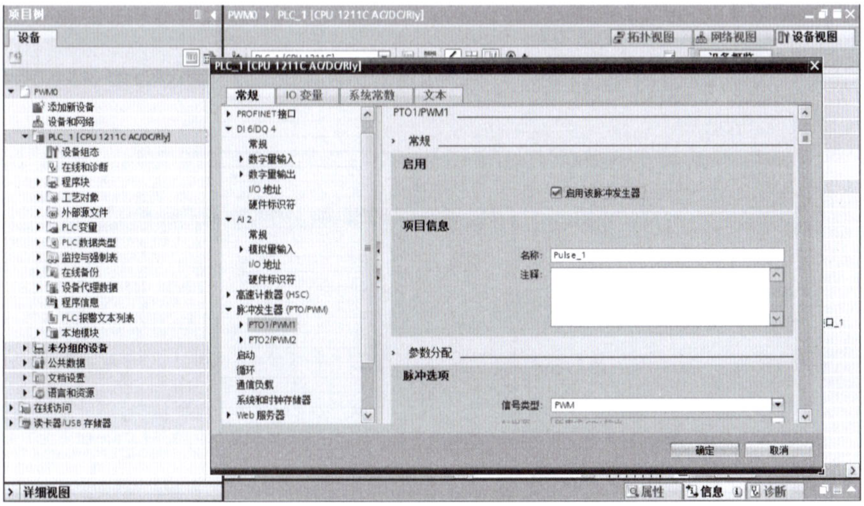

图 3-23 激活 PWM 功能

2）硬件参数配置。脉冲发生器选择“PWM”，不可勾选“PTO”选项；时基为“毫秒”，脉宽格式为“百分之一”；循环时间为“100ms”；初始脉冲宽度为“50”，如图 3-24 所示。

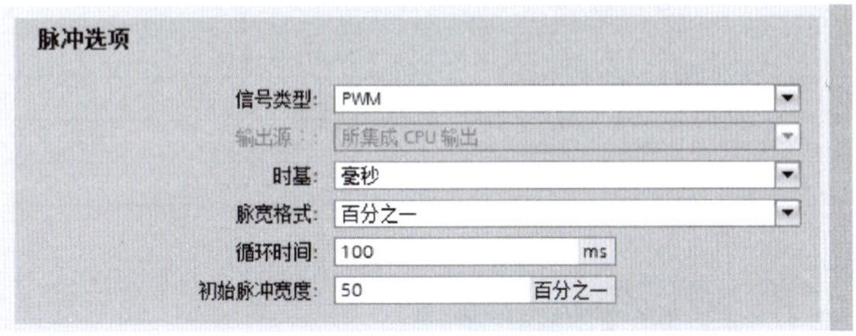

图 3-24 硬件参数组态

3）最后需要配置 I/O 地址和硬件标识符，根据输入输出分配表的描述，此处用于设置 PWM 的输出地址，其中 PWM1 的起始地址设定为 QW1000，如图 3-25 所示。当需要改变 PWM 的占空比时，可以将数值送入 QW1000，例如输出 80% 的占空比，则将 QW1000 写入 80 即可。

4）PWM 输出指令。S7－1200 PLC CPU 使用 CTRL_PWM 指令块实现 PWM 脉冲的输出。该指令可以从“扩展指令”下“脉冲”模块得到，如图 3-26 所示。

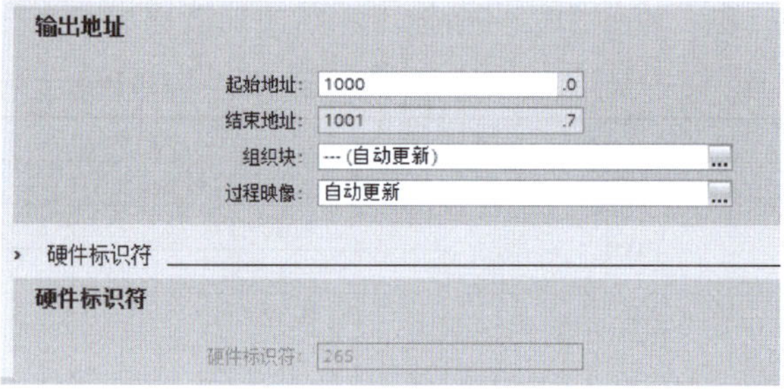

图 3-25 I/O 地址选择

在使用该指令时，需配置必要的背景数据块，用于存储参数信息。如图 3-27 所示，模块中使能端 EN 控制脉冲的输出，脉冲宽度使用组态好的 QW 输出字来调节，BUSY 端是模块运行标志位，当模块运行的时候，该位一直置 0，有错误发生时，ENO 为 0，STATUS 显示错误信息。CTRL_PWM 的参数含义见表 3-5。

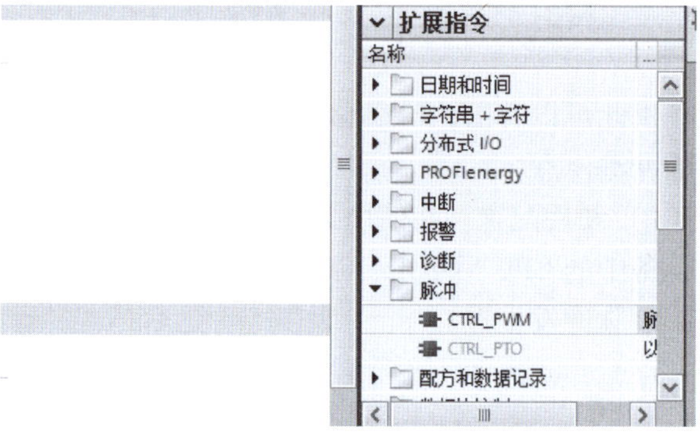

图 3-26 扩展指令位置

注意：在使用 PWM 脉冲输出时，需要保证 Q0.0 或者 Q0.2 没有双重定义，检查端口号匹配正确、硬件配置是否完善。

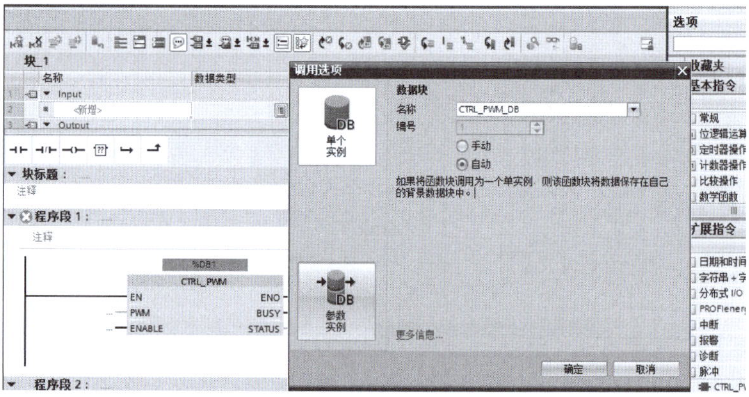

图 3-27 PWM 输出指令 DB 块配置

表 3-5 CTRL_PWM 参数含义

PWM 模块	参　数	含　义
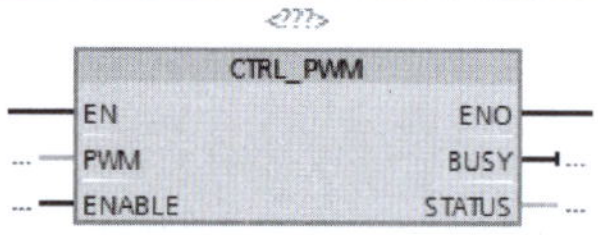	PWM(Word)	硬件的 ID，即组态参数的标识
	ENABLE(Bool)	为 1 使能指令块，为 0 禁止指令块
	BUSY(Bool)	功能应用中
	STATUS(Word)	状态反馈

任务实施

1）根据控制要求确定 I/O 个数，进行 I/O 地址分配，输入/输出地址分配见表 3-6。画出 PWM 调速 PLC 控制接线图，如图 3-28 所示。

表 3-6 输入/输出地址分配

输入			输出		
符号	地址	功能	符号	地址	功能
SB1	I0.0	启动	M1	QW1000	PWM1 输出
SB2	I0.1	停止	M2	QW1002	PWM2 输出
	M0.0	PWM1 故障			
	MW12	PWM1 状态字			
	M0.1	运行状态			
	MW4	脉冲 1 输出宽度			
	MW6	脉冲 2 输出宽度			
	M1.0	PWM2 故障			
	MW14	PWM2 状态字			

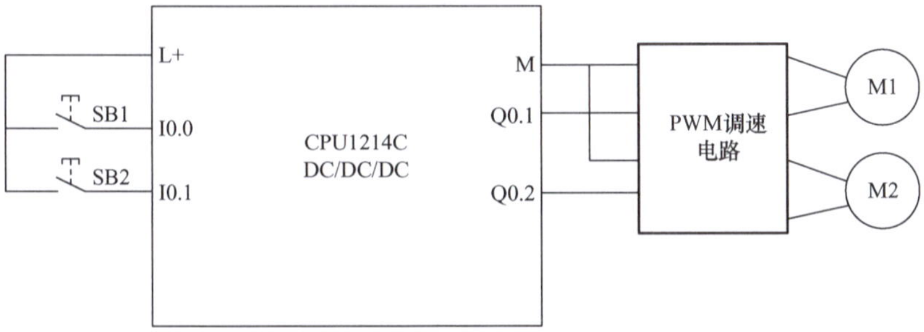

图 3-28 PWM 调速 PLC 控制接线图

2）设计程序。

根据控制电路的要求在计算机中编写程序，程序设计如图 3-29 所示。

3）安装配线。

按照图 3-28 进行配线，安装方法及要求与接触器-继电器电路相同。

4）运行调试。

① 用户完成硬件配置和程序编写后，即可将硬件配置和程序下载到 CPU 中。

② 修改安装了 TIA 博途软件的计算机的 IP 地址，保证其 IP 地址与 S7-1200 PLC 的 IP 地址在同一网段。

③ 下载之前，要确保 S7-1200 PLC 与计算机之间已经用网线连接在一起，且 S7-1200 PLC 已经通电。

④ 在 TIA 博途软件的项目视图中，单击“下载到设备”按钮，选择“PG/PC 接口类型”为“PN/IE”，选择“PG/PN 接口”为“Intel(R) Ethernet..”。

⑤ 单击“开始搜索按钮”，TIA 博途软件开始搜索可以连接的设备，搜索到设备后单击下载按钮，弹出下载预览界面。

⑥ 在该界面中，把“复位”选项修改为“全部删除”，单击“装载”按钮。

⑦ 将运行模式选择开关拨到“RUN”位置，或者单击工具栏的“RUN（运行）”按钮使 PLC 进入运行方式。

⑧ 按下电动机启动按钮，观察系统是否按照要求正常运行。

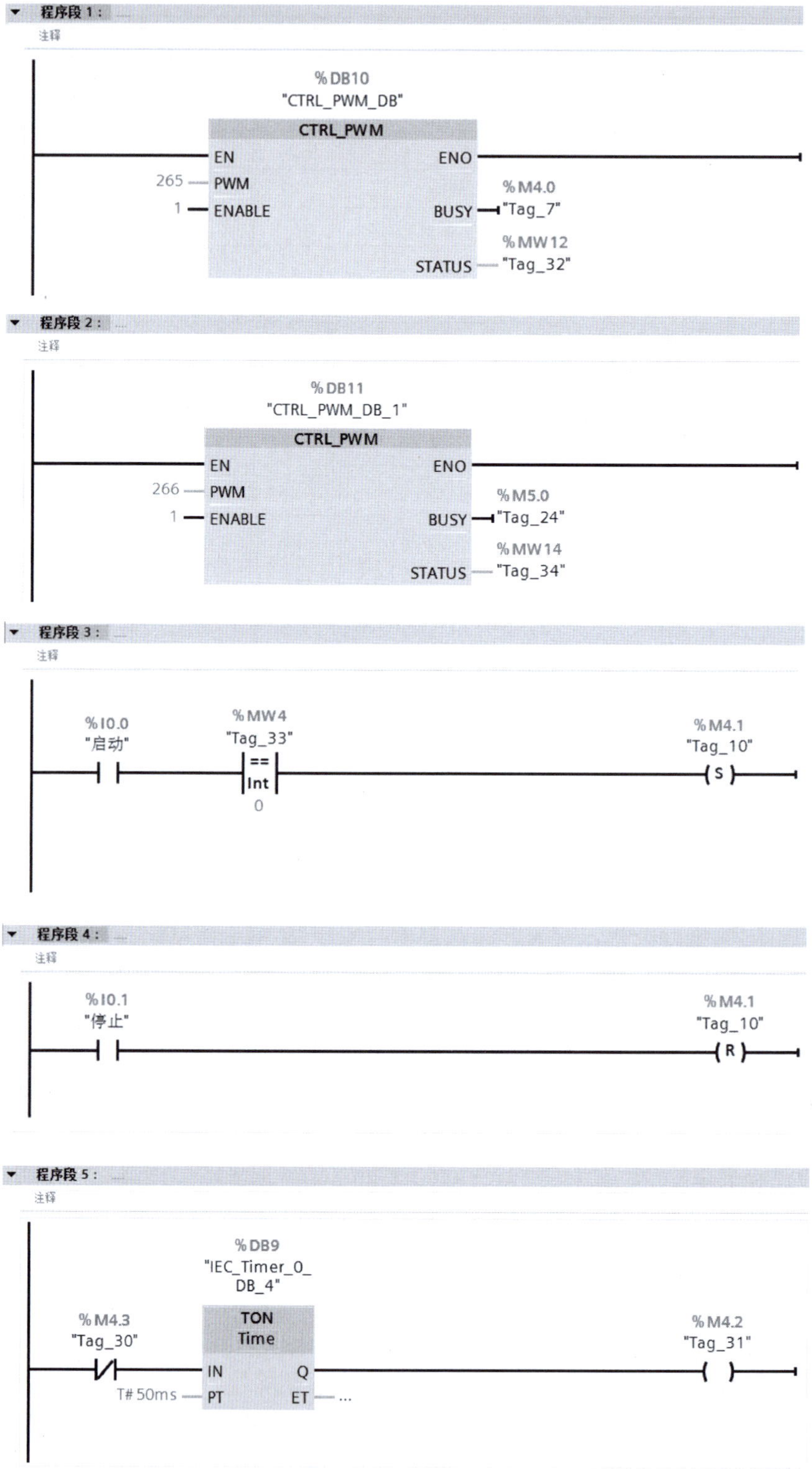

图 3-29　双电动机顺序软启动、

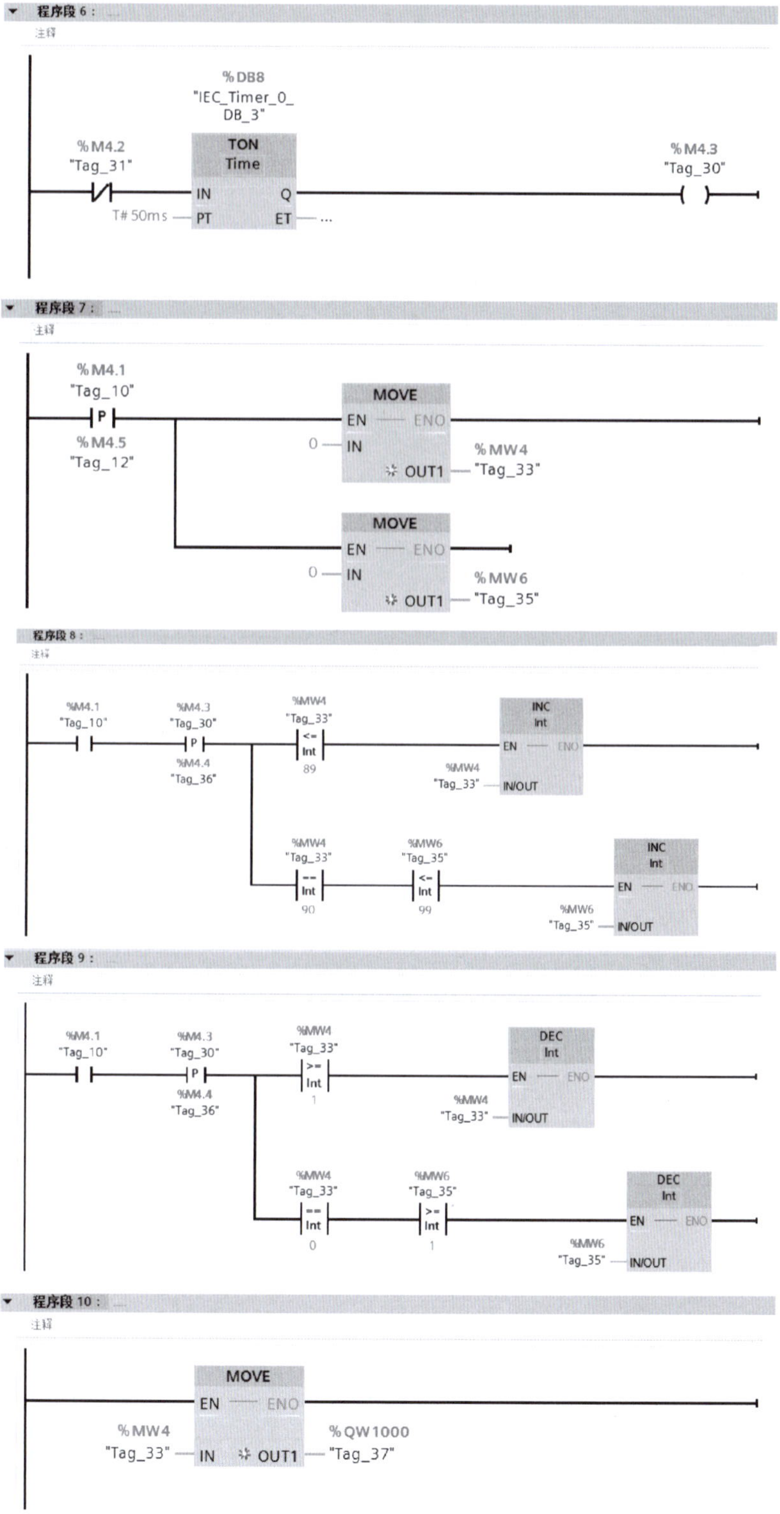

软停止 PLC 控制程序梯形图

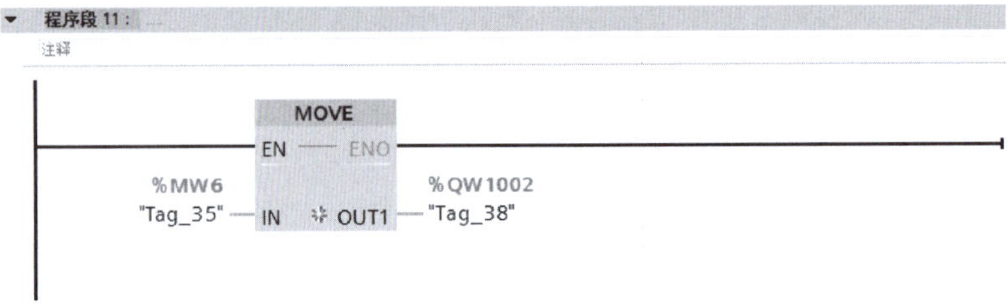

图 3-29　双电动机顺序软启动、软停止 PLC 控制程序梯形图（续）

工作任务书
多台电动机
顺序软启动、
软停止控制

任务拓展

现有三个直流电动机，模拟传送带顺序控制过程，如图 3-30 所示。为了避免传送带上堆积货物，按下启动按钮，电动机 M1 从零速开始线性增速到额定转速，带动 1 号传送带启动，延时 15s 后，电动机 M2 从零速开始线性增速到额定转速，带动 2 号传送带启动，15s 后，电动机 M3 从零速开始线性增速到额定转速，带动 3 号传送带启动。停机的顺序与启动的顺序相反，按下停止按钮，电动机 M3 开始从额定转速线性减小到零转速，10s 后电动机 M2 停止，再过 10s 后电动机 M1 停止。请根据控制要求编制 PLC 控制程序并进行调试。

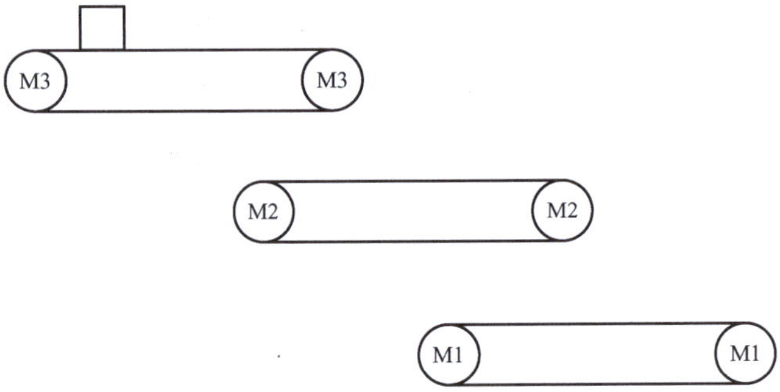

图 3-30　三级传送带顺序控制示意图

思考与练习

1. 小车运行过程示意图如图 3-31 所示，小车原位在后退终端 SQ1，当小车压下左限位开关 SQ1 时，按下按钮 SB1，小车前进，当运行至料斗下方时，右限位开关 SQ2 动作，此时打开料斗给小车加料，延时 7s 后关闭料斗，小车后退返回 SQ1 处，小车停止并打开底门卸料，5s 后结束，至此完成一次运行过程，如此循环四次后，系统停止。

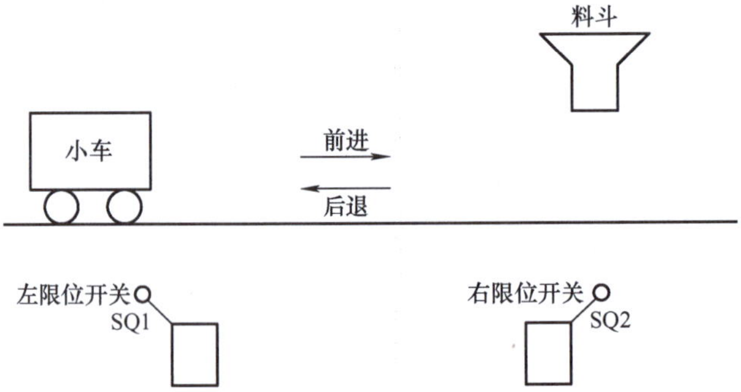

图 3-31　小车运行过程示意图

2. 分析如图 3-32 所示梯形图，简述其实现的基本功能。

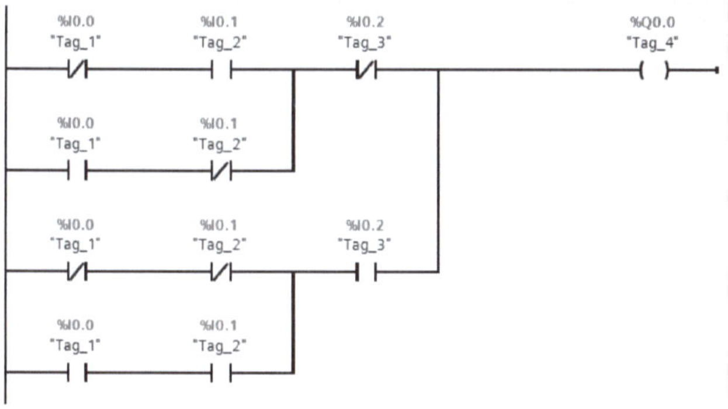

图 3-32　梯形图

3. 利用一个通电延时定时器控制灯点亮 10s 后熄灭，画出梯形图。

4. 设计一个闪烁电路，要求 Q0.0 为 ON 的时间为 5s，Q0.0 为 OFF 的时间为 3s。

5. 生活中，有许多对象是按照预先设定好的动作顺序自动循环运行的，并且每个对象的工作时间事先已经设定好。现有四只彩灯 Q0.2、Q0.3、Q0.4、Q0.5，其工作周期为 4s，四只彩灯一次点亮 1s，并且要求其循环工作。

6. 按下启动按钮 I0.0，Q0.5 控制的电动机运行 30s，然后自动断电，同时 Q0.6 控制的制动电闸开始通电，10s 后自动断电，设计梯形图程序。

7. 三盏灯的开关控制，按下起动按钮 SB1，第一盏灯点亮；按下 SB2，第二盏灯点亮，同时第一盏灯熄灭；按下 SB3，第三盏灯点亮，第二盏灯熄灭；按下 SB4，第一盏灯点亮，第三盏灯熄灭；如此循环。请利用顺序控制的方法编写梯形图。

8. 现有一车床，按下启动按钮 I0.4 后，应先启动冷却电动机，延时 6s 后主电动机起动。按停止按钮 I0.5 后，应先停止主电动机，再停止冷却电动机，试用程序控制指令与顺序控制的编程方法编写程序完成上述任务。

9. 报警控制中，按一次按钮引风机启动，警示灯快速闪烁，5s 后鼓风机启动；再按一次按钮，引风机停止，运行灯点亮。

10. S7－1200 PLC 中哪些输出端子可以输出 PTO 与 PWM？其中 PTO 与 PWM 的主要区别有哪些？在应用上又有哪些不同点？

11. PWM 输出应用哪些指令？在进行 PWM 输出之前需要进行什么操作？

12. 三台电动机顺序启动，按下启动按钮，Q0.0 先置位，第一台电动机先启动，5s 后第二台电动机由零转速线性增大到额定转速，接着 3s 后，第三台电动机启动，4s 后转速为额定转速的 80%，试利用 PWM 输出完成上述问题。

13. 现有两台电动机，按下启动按钮，电动机先从零速线性增大到额定转速的 80%，5s 后从额定转速线性减小到零转速；3s 后电动机再次自动启动，这次电动机从零转速线性增大到额定转速的 90%，4s 后从额定转速减小到零转速；6s 后电动机第三次启动，从零转速线性增大到额定转速，并保持额定转速运行。试编写程序完成上述任务。

项目4

西门子S7-1200 PLC人机界面的监控

随着工业自动化水平的迅速提高和计算机在工业领域的广泛应用，开放式人机界面配合工业自动化组态软件能够灵活组态，满足对控制对象的各种监测和控制要求，提高生产过程的自动化控制水平。西门子公司配套西门子 PLC 开发生产的工业组态设备叫作人机界面（Human Machine Interface，简称 HMI），配合专用软件博途（TIA）集成的 WinCC 软件，可以根据控制对象组态画面，下载至设备中并运行，实现对工业生产的过程监测和控制。本项目通过交通信号灯控制、彩灯循环显示控制和 PLC 计米显示控制三个任务，学习 HMI 编程和设计，从而监控 PLC 的方法。

任务1　交通信号灯控制

任务描述

应用定时器和计数器指令，编写 PLC 程序，实现某处公路的交通信号灯控制。学习西门子组态软件和 HMI 触摸屏编程和使用方法，设计组态界面，建立变量连接，下载至触摸屏运行调试，最终实现触摸屏监控交通信号灯状态变化，并控制交通信号灯工作。工作过程采用顺序控制，循环运行，按下启动按钮或触摸屏上的启动按钮，南北方向绿灯先亮 24s，然后黄灯以 1s 为周期闪烁 3 次，共 6s，然后红灯亮 30s，循环往复，东西方向红绿灯与南北方向红绿灯工作过程刚好相反。按下停止按钮或触摸屏上的停止按钮，程序停止运行。

任务目标

1）掌握 HMI 硬件组态的方法。

2）掌握 HMI 组态软件界面设计和控件使用。

3）掌握变量连接和动画设计方法。

相关知识

1. 基本知识

（1）初识组态软件和触摸屏

1）触摸屏。人机界面又称人机接口。在控制领域，HMI 一般特指用于操作员与控制系统之间进行对话和相互作用的专用设备，中文名称为触摸屏。触摸屏工作时，用手或其他物体触摸触摸屏，然后系统根据手指触摸的图标或文字的位置来定位选择信息输入。触摸屏由触摸检测器件和触摸屏控制器组成。触摸检测器件安装在显示器的屏幕上，用于检测用户触摸的位置，接收后发送至触摸屏控制器；触摸屏控制器将接收到的信息转换成触点对应的屏幕的操作，再发送给 PLC，同时接收 PLC 发来的命令，并加以执行。触摸屏主要有电阻式触摸屏、电容式触摸屏及红外线式触摸屏等。

西门子触摸屏的产品比较丰富，从低端到高端，品种齐全。目前在售的产品有：精彩系列面板（SMART Line）、按键面板、微型面板、移动面板、精简面板（Basic Line）、精智面板（Comfort Line）、多功能面板和瘦客户端。这里对几种使用较为广泛的类型进行简单介绍。

精彩系列面板（SMART Line）是西门子推出的配备标准功能的触摸屏，经济实用，性价比高。这个系列的触摸屏价格较低，部分功能进行了删减，不能直接与 SIMATIC S7－300/400/1200/1500PLC 进行通信，具有 7in（1in＝25.4mm）、10in 两种尺寸；集成以太网口，可与 S7－200 PLC、S7－200 SMART PLC 进行通信（最多可连接四台）；具有隔离串口（RS－422/485 自适应切换），可连接西门子、三菱、施耐德、欧姆龙以及台达部分系列 PLC；支持 Modbus RTU 协议、支持硬件实时时钟功能；集成 USB2.0 host 接口，可连接鼠标、键盘、Hub 以及 USB 存储。

精简面板（Basic Line）适用于中等性能范围任务的 HMI，有 3in、4in、6in、7in、9in、10in、12in 或者 15in 显示屏，可用键盘或触摸控制。根据版本不同可用于 PROFIBUS 或 PROFINET 网络，可以与 SIMATIC S7－1200 PLC 或其他控制器组合使用。这个系列的触摸屏价格适中，部分功能进行了删减，但功能比精彩系列面板完善。

精智面板（Comfort Line）是高端 HMI 设备，用于 PROFIBUS 中高端的 HMI 任务以及 PROFINET 网络。精智面板包括触摸面板和按键面板，有 4in、7in、9in、12in、15in、19in 和 22in 显示屏，可以横向和竖向安装。

本项目中选用了精简面板中 7in 的 KTP700 Basic 触摸屏作为例子进行演示，如图 4-1 所示。

2）SIMATIC WinCC（TIA 博途）。WinCC 是西门子公司开发，适用于西门子触摸屏，进行画面设计、人机交互、生产过程控制的软件，可以运行于各种 Windows 环境。通过 WinCC 软件创建工程文件，进行控件的组态，创建变量与控件动画，和 PLC 变量进行关联，然后将工程编译下载至触摸屏中，实现触摸屏与 PLC 的通信，完成 HMI 对生产过程的实时监控。

图 4-1　触摸屏实物图

本项目选用西门子 SIMATIC S7－1200 PLC 作为系统的控制器，对应选取西门子精简面板 7in 的 KTP700 Basic 触摸屏，配套使用西门子 TIA 博途软件对工程进行编程调试。西门子 TIA 博途软件中集成了 WinCC 软件，在项目中可以实现 HMI 的硬件组态和软件编程。本项目就是采用 TIA 博途软件中集成的 WinCC 软件来实现对于触摸屏的设计、编程与下载调试。TIA 博途软件中的 WinCC 软件如图 4-2 所示。

在 WinCC（TIA 博途）软件中可以通过控件的组态完成画面的设计，通过变量连接和动画配置实现画面中的动画效果，通过通信实现 HMI 变量与 PLC 变量的连接。将

WinCC（TIA 博途）软件中的工程从计算机下载至 HMI 中并调试运行，实现 HMI 对于 PLC 以及生产过程的监视和控制。

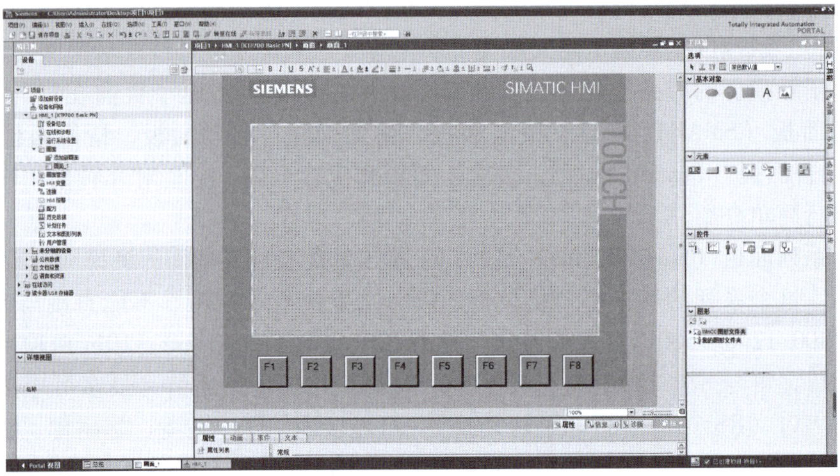

图 4-2　TIA 博途软件中的 WinCC 软件

3）触摸屏的通信连接和配置。西门子触摸屏配有 RS－422/485 接口，个人计算机可以通过这个接口与西门子触摸屏相连进行通信；也可以通过计算机的 USB 接口，配以专门的 PC/Adapter 电缆，连接至触摸屏的 RS－422/485 接口，实现计算机和触摸屏的通信；也可以通过在计算机侧安装专用的通信卡，通过通信卡上的电缆直接实现与触摸屏的连接。此外，如果触摸屏配备以太网口，通过计算机以太网口直接与触摸屏相连是最为便捷的通信方式，目前应用广泛。

西门子触摸屏与西门子 SIMATIC S7－200/300/400 PLC 通信，可以直接通过触摸屏上的 RS－422/485 接口与 PLC 上的编程口连接实现。此外，如果西门子触摸屏和 PLC 上配有以太网口（例如 S7－1200 PLC），两者可以通过以太网直接相连实现通信，此种方式最为便捷，使用广泛。

本项目中计算机、触摸屏与 PLC 之间，均采用了以太网进行通信连接，连接示意图如图 4-3 所示。

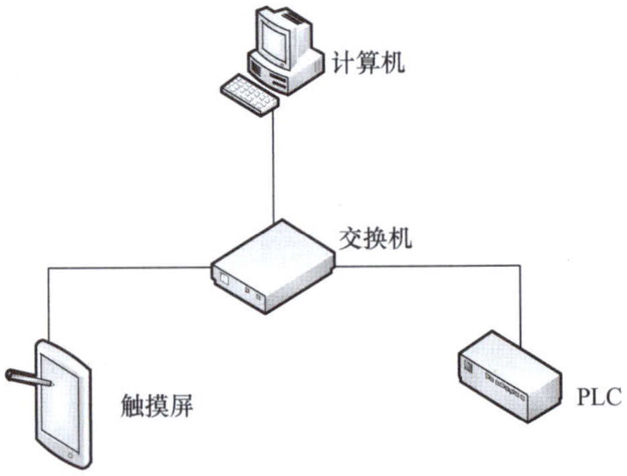

图 4-3　计算机、触摸屏与 PLC 连接示意图

以太网连接完成无误后，需要配置 HMI、PLC 以及计算机的 IP 地址，确保其 IP 地址均在同一号段且不重复。计算机 IP 地址与 PLC 的 IP 地址配置在前文已经讲解，这里主要介绍如何配置 HMI 的 IP 地址。首先，启动西门子 HMI，在主界面中选择控制面板进行配置，如图 4-4 所示，然后选择以太网选项进行配置，如图 4-5 所示。接着在以太网界面设置 IP 地址，如图 4-6 所示。最后重新启动 HMI，新的 IP 地址便生效了，这样就完成了 HMI 的 IP 地址配置。

S7-1200 PLC 和HMI项目的建立

（2）HMI 硬件组态和项目创建　下面利用西门子 KTP700 精简面板触摸屏监控一台西门子 S7－1200PLC，并以此为例介绍西门子 HMI 的使用方法。

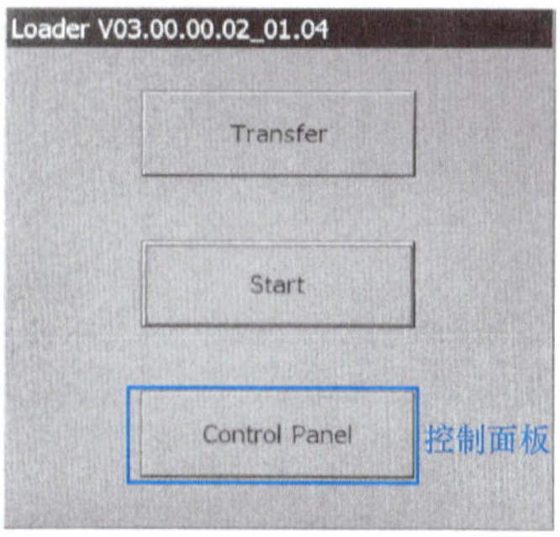

图 4-4 控制面板界面

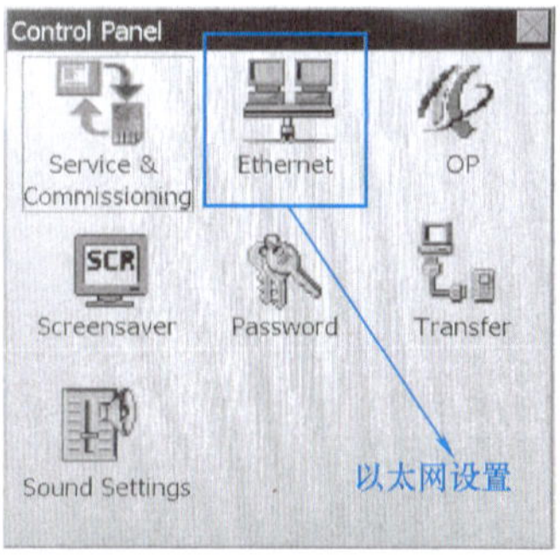

图 4-5 以太网设置

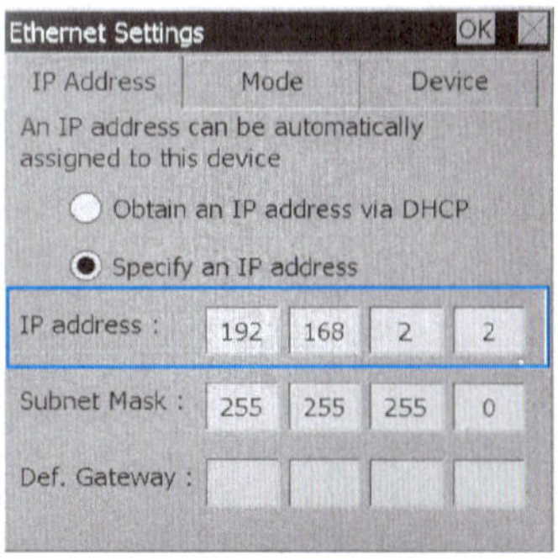

图 4-6 设置 IP 地址

西门子 HMI 运行监控 PLC，需要在 TIA 博途软件中创建完整项目，下载 HMI 程序同时，需要其他设备（例如 PLC、变频器等）相互通信配合，这里只介绍 HMI 一侧的组态、编程和调试运行的内容。另外，想要在实际设备中正常运行，也需要选择与项目配置一致的现场设备。例如，触摸屏 KTP700 Basic 需要在开机后进入系统中进行 IP 地址的配置，并保证此 IP 地址与项目组态中的触摸屏 IP 地址一致。这里重点介绍 TIA 博途软件中的项目创建和组态，关于触摸屏硬件的更多配置，以及 PLC 的选型和配置等内容，请查阅相关手册或本书其他内容。一个简单的带有 HMI 设备的 TIA 博途项目主要由以下几个步骤实现。

1）新建项目和硬件组态。在进行 HMI 配置、编程和操作之前，先新建 TIA 博途项目，并且将西门子对应的 HMI 硬件组态至项目中：

① 启动计算机的 TIA 博途软件，新建项目，命名为“HMI_project”。

② 在项目视图项目树中选中并双击“设备组态”选项，选中“控制器”，选择项目中 PLC 的型号和版本号：S7－1200 CPU 1214C DC/DC/DC、6ES7 214－1AG40－0XB0。

③ 在项目视图项目树中选中并双击“设备组态”选项，在“硬件目录”中添加 PLC 相应的辅助模块，这里不需要其他模块，因此没做其他模块的添加，如图 4-7 所示。

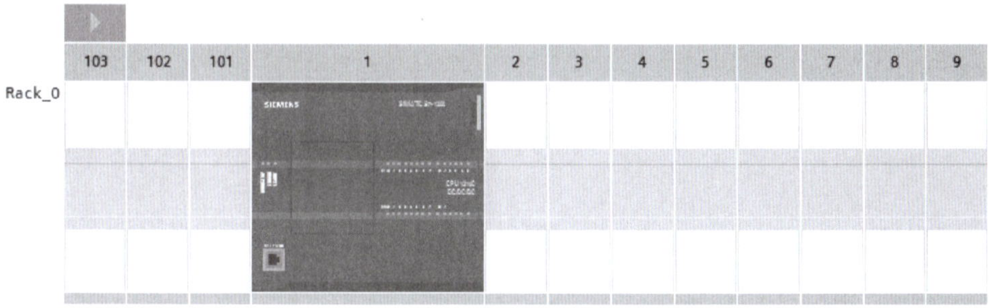

图 4-7 PLC 设备组态

④ 选中 PLC 模块的接口，双击进入“常规”一栏，将项目中设备的 IP 地址修改为与实际设备一致的 IP 地址：192. 168. 10. 1。

⑤ 在项目视图项目树中，选中并双击“添加新设备”选项中的“HMI”，在选项中逐一选择，选中与实际触摸屏对应的 HMI 设备，型号为 KTP700 Basic，如图 4-8 所示。

⑥ 弹出 HMI 设备向导界面后，单击“浏览”按钮，在弹出的界面选择“PLC_1”，单击“√”按钮，最后单击“完成”按钮，PLC 和 HMI 的连接就创建完成了。然后双击 HMI 接口，将 HMI 接口 IP 地址修改为与实际设备一致的 IP 地址：192. 168. 10. 2，如图 4-9 所示。

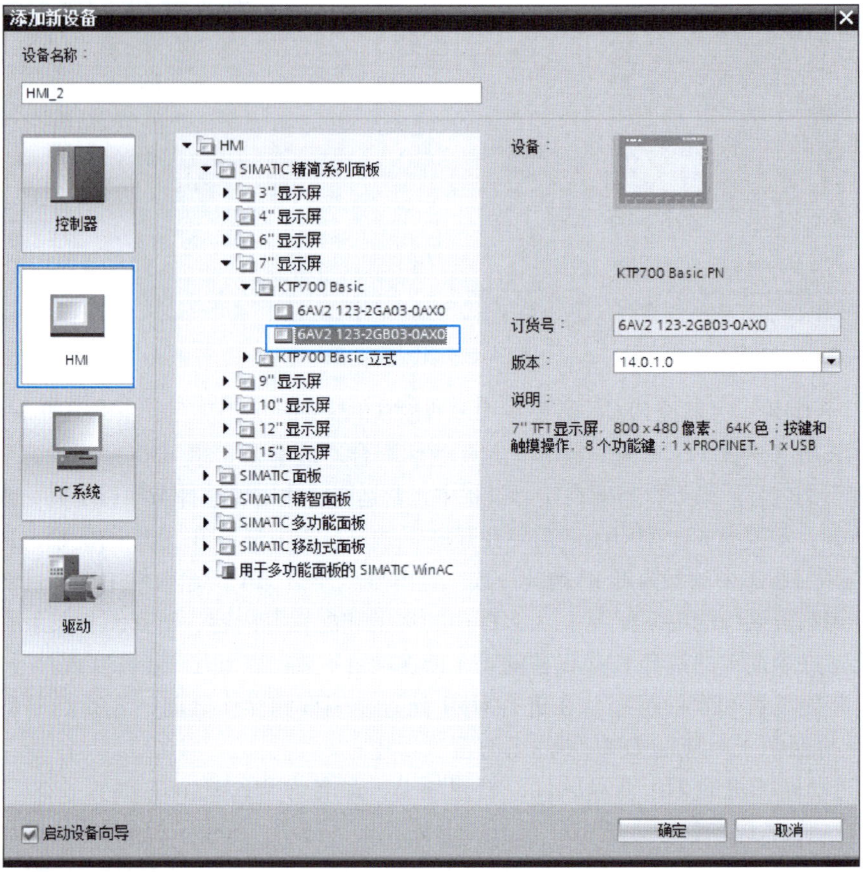

图 4-8　HMI 设备组态

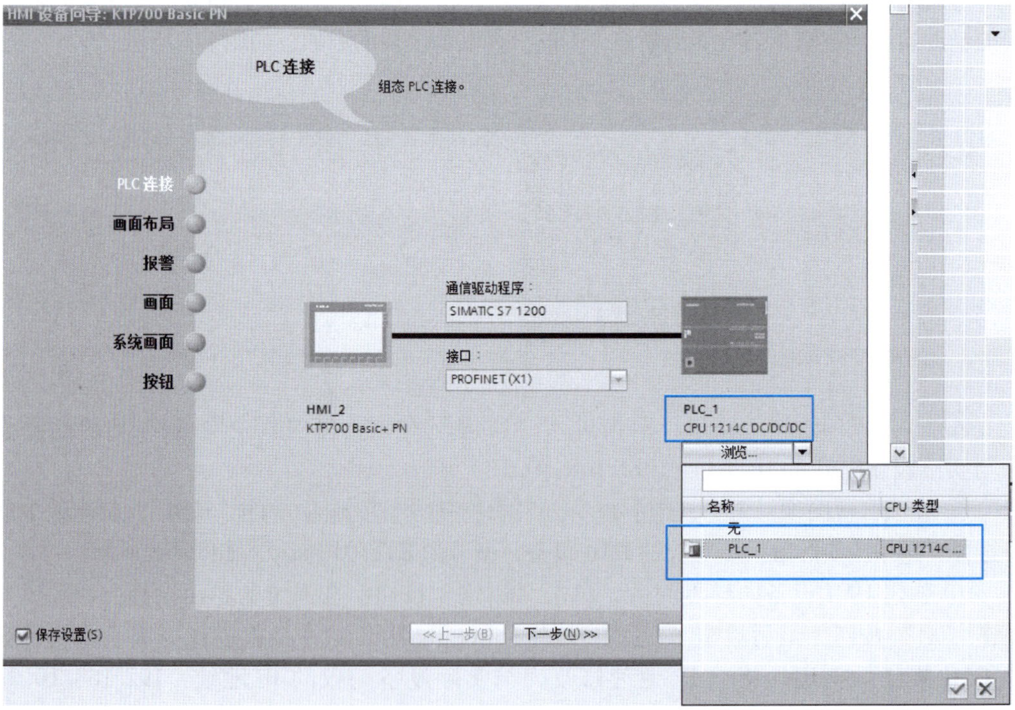

图 4-9　HMI 设备配置

至此，一个简单的带有 HMI 设备的 TIA 博途项目便创建完成，创建完成的项目和设备组态，如图 4-10 所示。

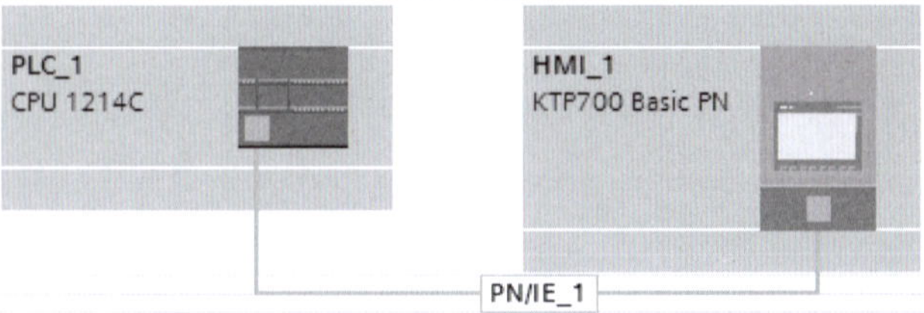

图 4-10 创建完成的项目和设备组态

2）新建变量。在项目视图项目树的 PLC 和 HMI 栏目中，可以找到相应的“PLC 变量”和“HMI 变量”，选中并打开“显示所有变量”，如图 4-11 所示，便可以在此处对项目中的 PLC 变量和 HMI 变量进行操作，具体内容介绍在后续内容中具体展开。

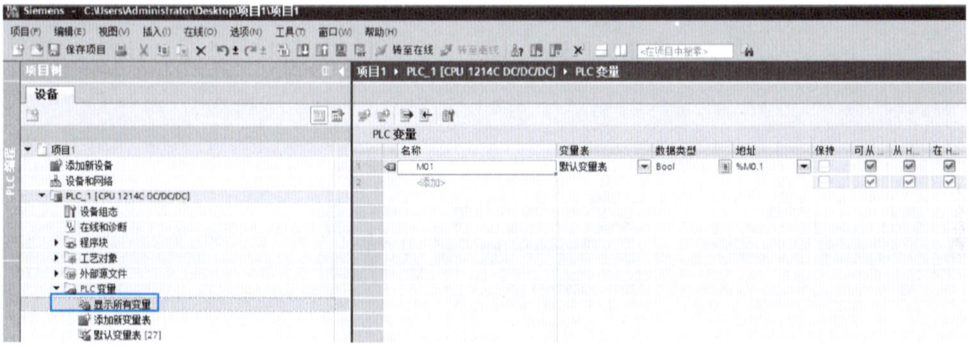

图 4-11 变量视图

3）新建画面。在项目视图项目树的 HMI 栏目中可以找到“画面”一项，在画面一项中可以对画面进行创建、命名以及设置等操作。双击“添加新画面”可以添加画面，从而进入到画面的视图，如图 4-12 所示。

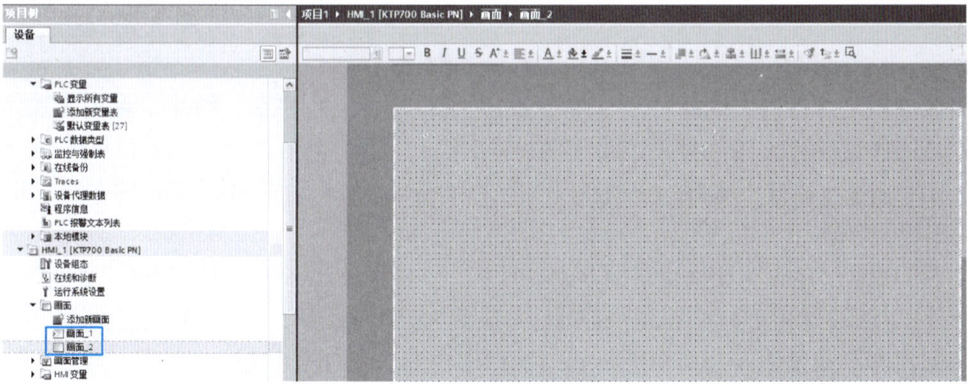

图 4-12 画面视图

4）控件组态。进入画面视图后，可以通过工具箱添加各种组件，然后对控件进行配置、变量关联，并对画面进行设计，对控件进行移动和排列，完成画面的设计和控件功能的设置，如图 4-13 所示。

5）编译下载和仿真运行。设计完成的画面可以通过编译按钮“ ”进行编译并且保存下载至触摸屏中，也可以通过仿真按钮“ ”对项目进行仿真调试，如图 4-14 所示。

（3）创建画面和变量 创建完成 TIA 博途项目之后，接下来介绍变量和画面的创建。

1）变量。西门子触摸屏中所用到的变量类型与西门子 PLC 用到的变量类型一致，

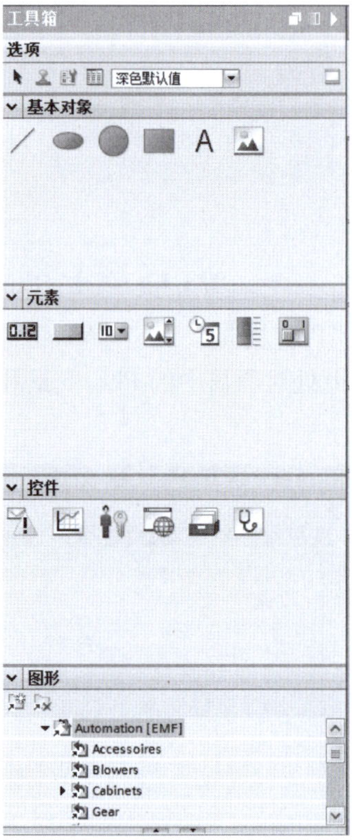

图 4-13 画面中的组件

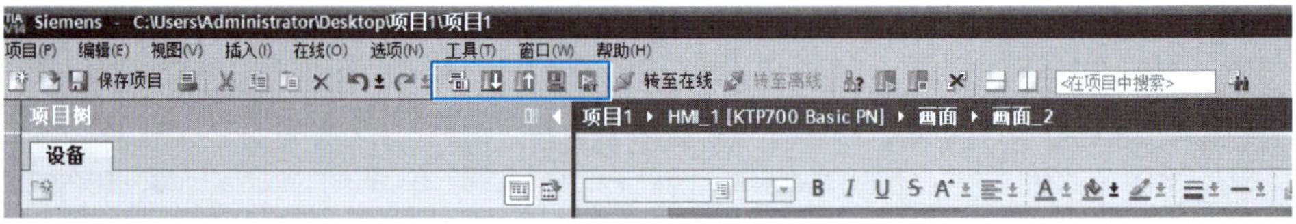

图 4-14 编译、下载和仿真按钮

从而保证触摸屏可以以同一种变量类型直接访问 PLC 中的变量，简化了触摸屏监控过程，给操作和编程人员都带来了极大的方便。

HMI 变量主要分为两类，分别是内部变量和外部变量，均存储在 HMI 的存储空间中，为画面提供数据。

内部变量仅存储于 HMI 设备的存储空间中，与 PLC 没有联系，只有 HMI 设备能访问内部变量。内部变量用于 HMI 设备内部的计算或者执行其他任务。内部变量用名称进行区分。

创建内部变量的方法：在项目视图项目树中选中“HMI 变量”，单击“显示所有变量”打开 HMI 的变量表。在表中进行添加，创建内部变量，取名为“X”，如图 4-15 所示。在“连接”一列选择“内部变量”，其余选项无需进行选择，这样一个名称为 X 的内部变量就新建完成了。

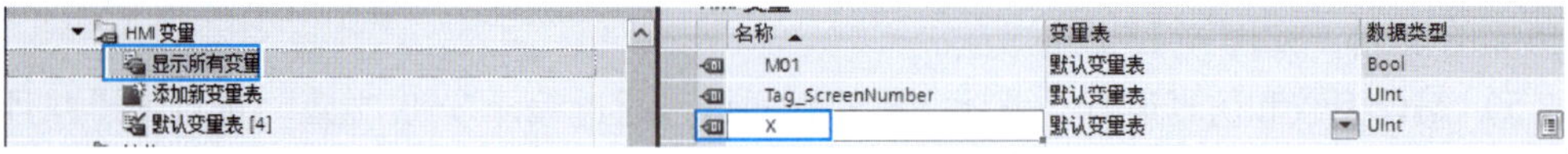

图 4-15 创建 HMI 内部变量

外部变量是人机界面和 PLC 进行数据交换的桥梁，是 PLC 中定义的存储单元的映像，其值随着 PLC 中相应存储单元的值的变化而变化，可以帮助 HMI 设备和 PLC 之间实现数据的交换。

创建外部变量方法：在项目视图项目树中选中“HMI 变量”，单击“显示所有变量”打开 HMI 的变量列表。在表中进行添加，创建外部变量，取名为“M01”，如图 4-15 所示。在“连接”一列单击“...”按钮，选择与 HMI 通信的 PLC 设备；再单击“PLC 变量”一列中的“...”按钮，在其中可以逐级选择 PLC 变量，也可以直接在此栏中输入“M01”。HMI 中的外部变量 M01 就与 PLC 中地址为 M0.1 的变量“M01”关联在一起了。这样一个名称为 M01 的外部变量便创建完成了，如图 4-16 所示。

按照上述方法便可以创建 HMI 的内部变量和外部变量。在完成项目之前，应该预先按照项目生产的工艺要求列出 HMI 中用到的所有变量，按照预先列出的变量表进行变量的创建。

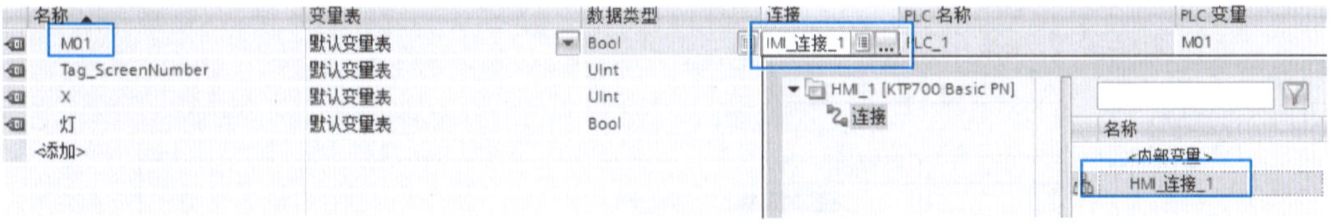

图 4-16　创建 HMI 外部变量

2）画面。变量创建完成后，接下来介绍对 HMI 画面的操作。HMI 设备运行时，由操作人员触摸设备屏幕，通过屏幕感知触摸的位置信息再结合画面的设置判断操作的信息和数据的变化。因此，需要对画面进行操作和设置。

在 TIA 博途软件项目视图 HMI 栏目中选中“画面”，可以打开画面列表。双击“添加新画面”可以在画面列表中添加新的画面。用鼠标右击画面，可以对画面进行删除、打开、复制以及设置为“起始画面”等操作。画面左侧带有绿色箭头的画面便为起始画面，触摸屏运行后会首先打开起始画面，双击任意画面便可以打开画面界面，如图 4-17 所示。

（4）控件和动画创建　HMI 通过识别屏幕上画面内操纵人员触控的控件，实现对 PLC 变量的监控。控件对应着 HMI 中的内部变量和外部变量，触控控件可以改变控件的状态，读取 PLC 变量或者改变 PLC 变量，从而实现人机交互的目的。因此接下来的步骤是，按照工艺要求设计画面，添加控件，并设置控件的变量和动画，这是 HMI 能发挥作用的重要一步。西门子 HMI 软件 WinCC 中设置的控件类型有很多，下面对一些常用的控件进行介绍。

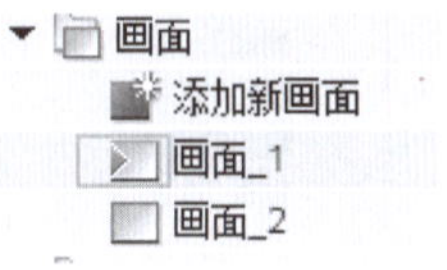

图 4-17　HMI 画面界面

1）按钮。按钮的主要功能是在单击它时执行事先配置好的系统函数，使用按钮可以完成很多任务。接下来，以一个按钮为例来介绍按钮的使用方法。

在新建项目的项目视图下，找到 HMI 一栏，首先创建一个 HMI 内部变量“灯”，类型为布尔型（Bool）。进入 HMI 画面，在“工具箱”中找到“元素”，将其中的“按钮”拖曳到画面的工作区域。双击选中按钮，打开按钮的属性视图，在“常规”一栏中，设置按钮模式为“文本”。设置按钮“未按下”时显示的图形为“开”，如图 4-18 所示。如果未选中“按钮‘按下’时显示的文本”复选框，按钮在按下时和弹起时的文本相同；如果选中它，按钮在按下时和弹起时，文本的设置可以不同。

打开按钮的“事件”视图，选中其中的“单击”项，在其中设置单击按钮时的操

图 4-18 设置按钮文本属性

作。除此之外，还可以设置按钮按下、释放、激活等操作。在“单击”一栏中，选择“添加函数”，在列表中选择“置位位”，变量选择“灯”，如图 4-19 所示。这样按下按钮时，HMI 变量“灯”便置位为 1。

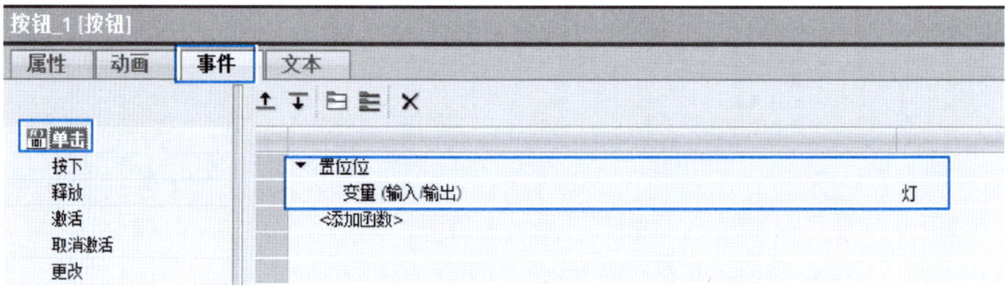

图 4-19 按钮的“事件”配置

按照同样的方法，可以再添加一个按钮，文本属性设置为“关”，在“事件”视图中“单击”一栏中，在列表中选择“复位位”，对应的变量选择“灯”。这样按下“开”按钮，变量“灯”置位为 1，按下“关”按钮变量“灯”复位为 0，如图 4-20 所示。

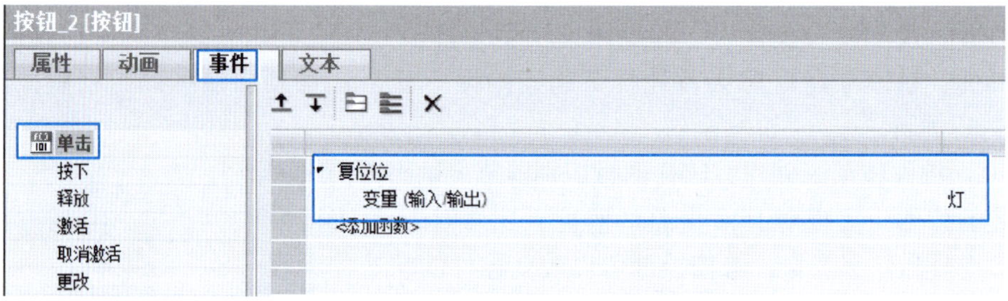

图 4-20 “开”和“关”按钮控件的组态

2）图形。在博途软件中可以添加一些基本图形，通过事件和变量来改变这些图形的形状、颜色、显示与隐藏等，以此达到监控某些变量、显示工程运行状态的目的。下面以一个圆为例，制作一盏指示灯。

在 HMI 画面的工具箱中找到“基本对象”，将其中的“圆”拖曳到画面中。选中圆，双击进入其属性对话框。在“显示”一栏中，单击“添加新动画”，在弹出的对话框中选择“外观”。将之前创建的“灯”变量添加进变量一栏。然后将“0”与红色背景色关联，将“1”与绿色背景色关联，如图 4-21 所示。

当变量“灯”为 0 时，指示灯为红色；当变量“灯”为 1 时，指示灯为绿色。按下工具栏“”按钮，HMI 仿真器开始运行。按下开按钮，指示灯变为绿色，按下关按钮，指示灯变为红色。

3）I/O 域。I 是输入（Input）的简称，O 是输出（Output）的简称，输入域和输出域统称 I/O 域。I/O 域是触摸屏中进行数据写入或者数据显示输出的区域，应用十分广

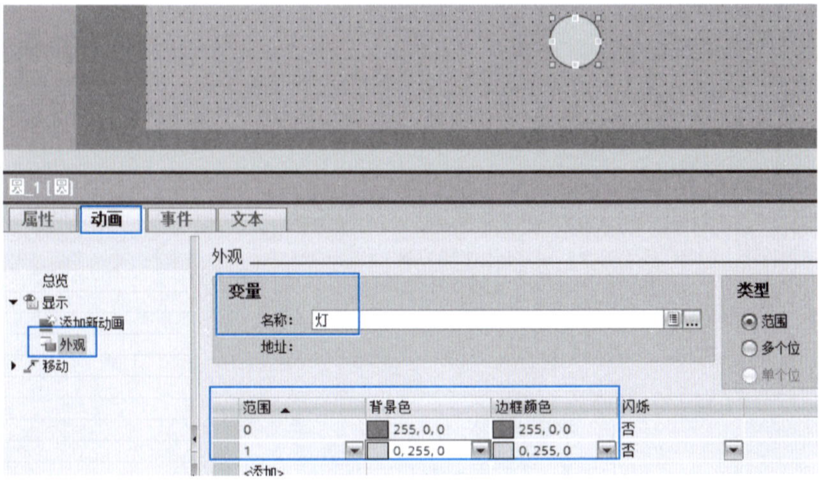

图 4-21　圆的动画组态

泛。I/O 域主要分为三类：

① 输入域：用于数字、字母或符号的输入。

操作员：将数据通过输入域输入 HMI，保存在 HMI 变量中，再由 HMI 传送到 PLC。

② 输出域：只显示变量数据。

③ 输入输出域：同时具有输入和输出的功能，操作员可以用它来修改变量的数值，并将修改后的数值显示出来。

打开 HMI 画面，在工具箱的元素中添加“I/O 域”，将“I/O 域”拖曳到画面的工作区域中。在画面上创建三个 I/O 域，分别在三个 I/O 域的属性视图的“常规”对话框中，设置模式为“输入”“输出”“输入/输出”。三个 I/O 域均关联至变量“灯”，如图 4-22 所示。这里，变量“灯”为前面所用的 HMI 内部变量，因此不与 PLC 发生关系。如果此处关联一个 HMI 外部变量，那么 I/O 域将能改变或者反映 PLC 的变量值。

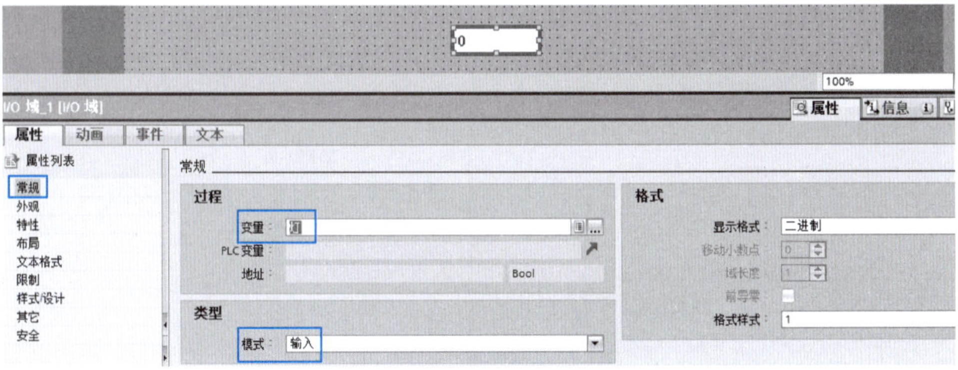

图 4-22　三个 I/O 域的常规属性组态

这样三个 I/O 域就与变量“灯”关联在一起了，分别为输入、输出和输入输出。单击“”按钮仿真运行 HMI，可以通过 I/O 域改变和显示变量“灯”的值，如图 4-23 所示。

4）开关。开关是一种用于布尔（Bool）变量输入、输出的对象，它有两项基本功能：一是用图形或者文本显示布尔量的值（0 或 1）；二是单击开关时，切换连接的布尔变量的状态。如果原来是 1 则变为 0，如果原来是 0 则变为 1，这一功能集成在对象

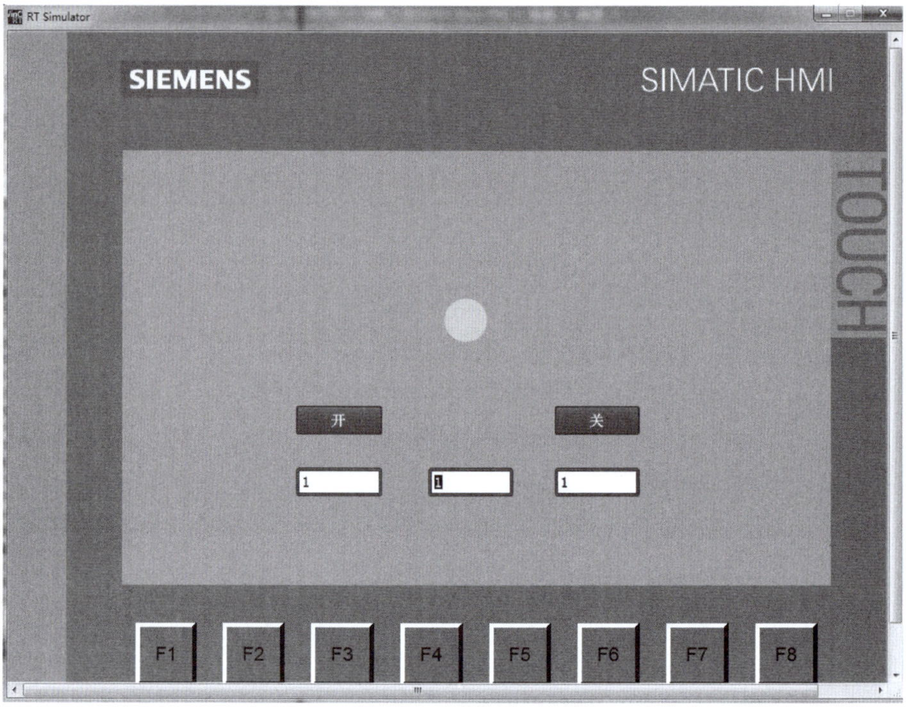

图 4-23 I/O 域仿真运行

中，无需进行动画的配置，只需要单击控件即可。以下介绍三种类型开关的使用方法。首先在 HMI 变量中创建一个布尔型变量“启停”，并通过圆制作一个关联变量“启停”的指示灯，方便查看变量“启停”的值。

① 切换模式的开关组态：在 HMI 画面中“工具箱”的“元素”中找到“开关”，拖曳到画面的工作区域中，如图 4-24 所示。切换模式开关上部是文字标签，下部是带滑块的推拉式开关，中间是打开和关闭对应的文本。双击开关打开其属性对话框，在“常规”一栏中选择开关模式为“开关”，变量选择“启停”，将标签“Switch”改为“电机”，ON 和 OFF 状态的文本改为“开”和“关”，如图 4-25 所示。

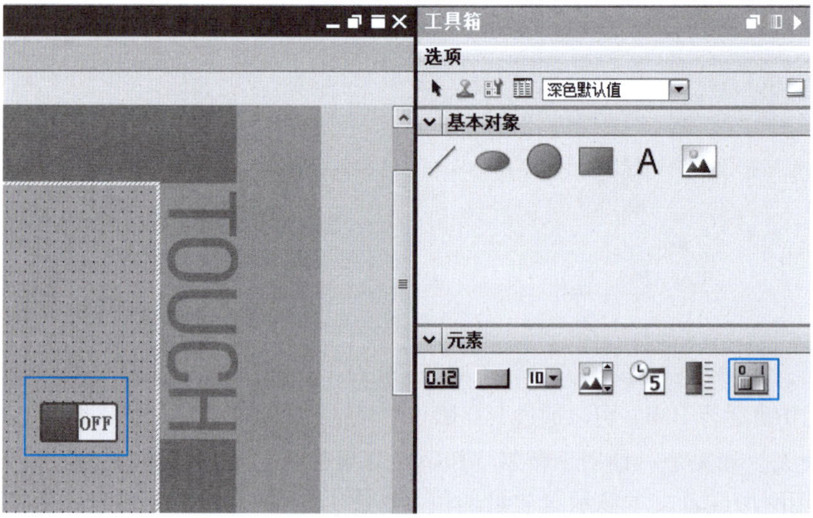

图 4-24 切换模式开关组态

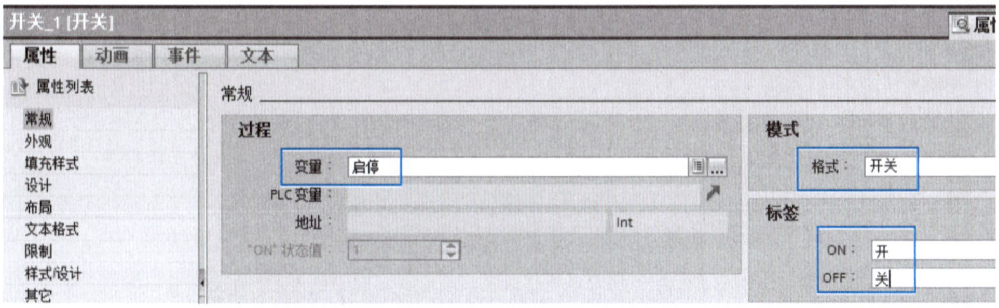

图 4-25　开关“常规”属性配置

这样开关就可以改变变量“启停”的值，从而控制指示灯的亮灭。按下“ ”按钮仿真运行，验证结果。

② 通过图形切换模式的开关组态：TIA 博途软件的图形库中有大量的控件提供给用户使用。在项目视图右侧的库中，找到“全局库”，然后选中“Buttons-and-Switches”，然后选中“主模板”，再选择“RotarySwitches”，然后选择“Rotary_N”，如图 4-26 所示。将 Rotary_N 拖曳到画面中的工作区域，如图 4-27 所示。

双击添加的开关，在属性中“常规”一栏里将开关的模式设置为“通过图形切换”，过程变量设置为“启停”。这样此开关就与变量“启停”关联在一起，按下“ ”按钮仿真运行，就可以通过开关控制指示灯亮灭。

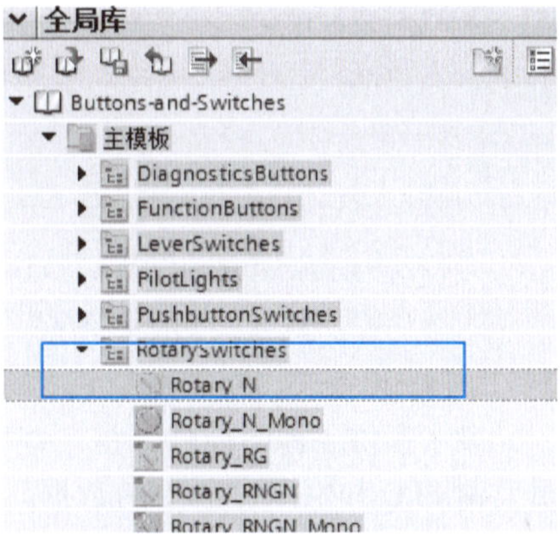

图 4-26　图形库路径

③ 通过文本切换模式的开关组态：在 HMI 画面中“工具箱”的“元素”中找到“开关”，将开关拖曳到画面的工作区域中。双击开关进入“常规”视图，在属性中“常规”一栏里将开关模式设置为“通过文本切换”，过程变量选择“启停”。将 ON 和 OFF 状态分别设置为“启”和“停”，如图 4-28 所示。这样此开关便和变量“启停”关联起来。按下“ ”按钮仿真运行，便可以通过开关控制指示灯的亮灭，如图 4-29 所示。

图 4-27　图形切换模式开关组态

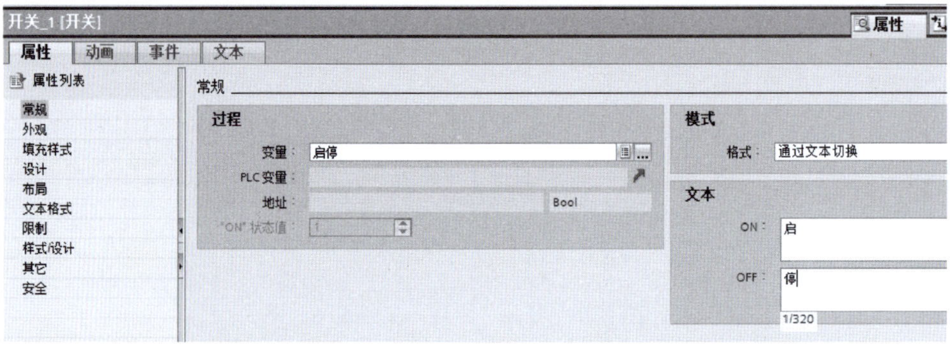

图 4-28 通过文本切换开关的属性配置

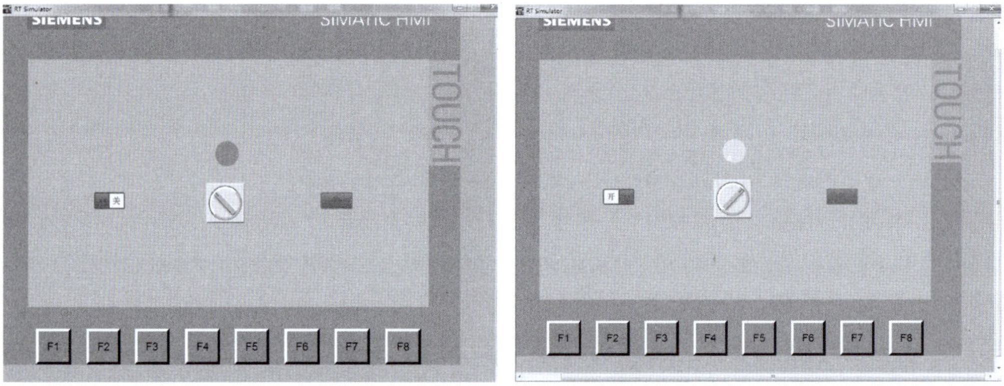

a) 灯处于"0"时的运行结果　　b) 灯处于"1"时的运行结果

图 4-29 文本切换开关仿真运行

5）棒图和量表。棒图以带刻度的棒图形式表示控制器的值。在西门子的组态软件中，元素中提供了棒图控件，将一些变量的数值通过棒图的形式展示出来，方便操作人员监测 PLC 和生产过程中的数据。在工程项目中，棒图常常用来显示一些填充量，例如水池的水量、温度等。下面以一个例子来介绍棒图的使用。

首先在 TIA 博途软件项目视图里打开 HMI，在 HMI 变量表中创建整型（Int）变量"温度"。然后打开 HMI 画面，将工具栏中元素中的"棒图"拖曳到画面中的工作显示区域。双击打开棒图，在属性对话框中的"常规"一栏中，将过程变量设置为整型变量"温度"，温度的最大值和最小值分别是 100 和 0，两个数值也可以进行修改。这样当温度发生变化时，棒图画面中填充的颜色也会随着温度而变化，就像温度计一样。组态完成的棒图如图 4-30 所示。

量表与棒图类似，也是一种动态显示的控件。量表可以通过指针指示，从而显示模拟量的数值。在 HMI 设备中组态量表，可以用量表来显示类似锅炉压力的数据，方便监控人员实时检测锅炉的压力值是否处于正常工作状态。接下来以一个例子介绍量表的使用方法。

首先在 TIA 博途软件的项目视图中打开 HMI，在 HMI 变量表中创建整型变量"速度"以备使用。打开 HMI 画面，在工具箱的元素中找到"量表"控件，拖曳到画面的显示工作区域。双击打开"量表"的属性对话框的"常规"一栏，将物理量单位设置为速度单位"km/h"，标题设置为"速度表"，过程变量设置为"速度"。其中，也可以对量表的最大值和最小值进行设定。在标签一栏中还可以选择是否显示峰值和分度

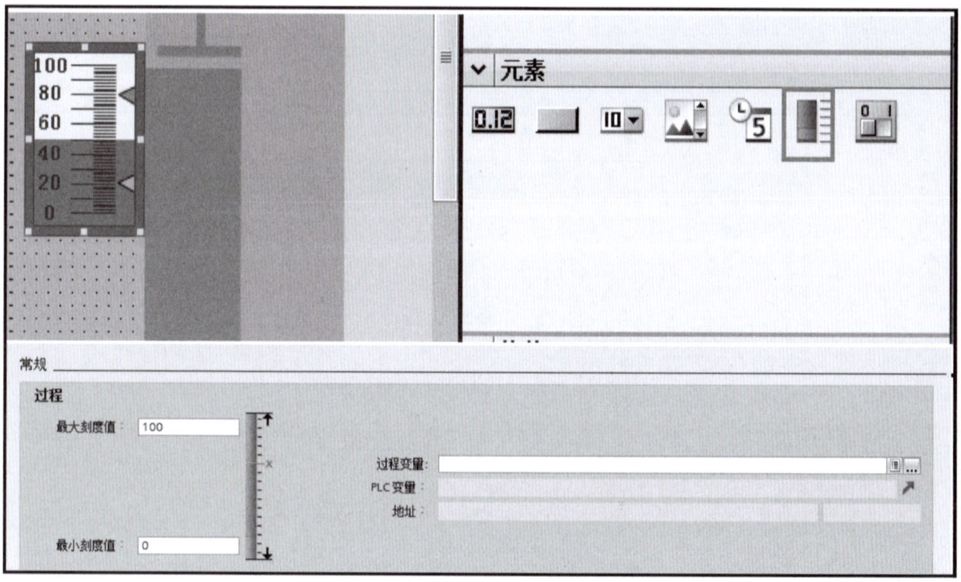

图 4-30 棒图组态画面

数。这样，量表就会随着速度数值的变化而发生变化。

量表除了有“常规”属性和“刻度”属性外，还有“外观”属性，可以在其中设置背景颜色、钟表颜色和表盘样式等；在“文本格式”属性中可以设置字体的大小和颜色等；在“布局”属性中可以设置表盘画面的位置和尺寸等其他属性。

6）符号 I/O 域。符号 I/O 域是一种类似菜单的控件，可以通过设定不同的选项来改变变量的值。实际工程项目中，编程人员可以根据实际需求组态符号 I/O 域的选项，去修改一些参数的数值。接下来，通过一个例子，使用符号 I/O 域来控制指示灯的亮灭，从而介绍符号 I/O 域的使用方法。

首先，在 TIA 博途软件的项目视图中找到 HMI，在 HMI 变量表中创建布尔型变量“启停”以备使用。然后，在项目视图项目树中单击打开“文本和图形列表”，单击“添加”，添加一个“Text_list_1”文本。在文本列表中添加两个条目，其中数值“0”对应“停止”，数值“1”对应“启动”，如图 4-31 所示。

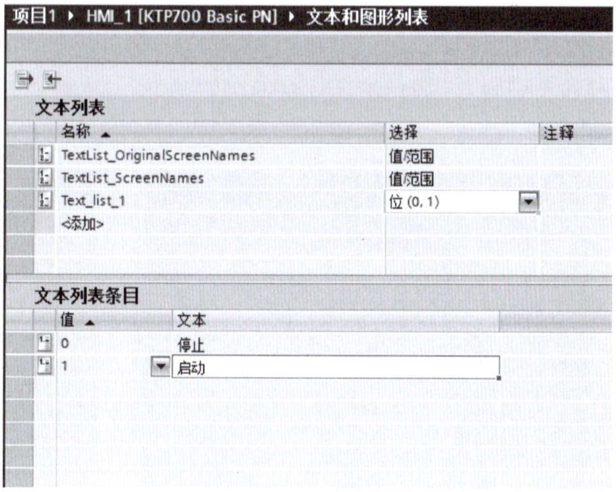

图 4-31 符号 I/O 域的文本列表

然后，将符号 I/O 域过程变量与变量“启停”关联，文本列表设置为新创建的“Text_list_1”，如图 4-32 所示。

然后创建一个圆形的图形控件，按照前面介绍的方法设置指示灯，在圆的“动画”一栏中添加新动画“外观”，将“0”与红色背景对应，“1”与绿色背景对应。然后，将过程变量关联变量“启停”，如图 4-33 所示。

至此整个画面就组态完成了。按下工具栏的“”按钮进行仿真运行。操作人员

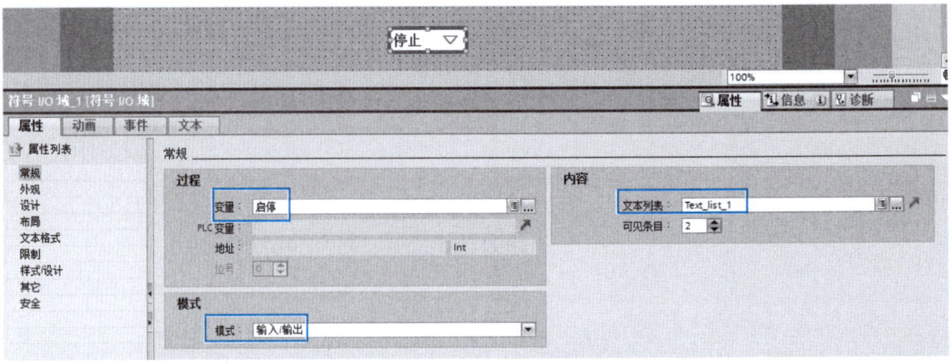

图 4-32　符号 I/O 域的常规组态

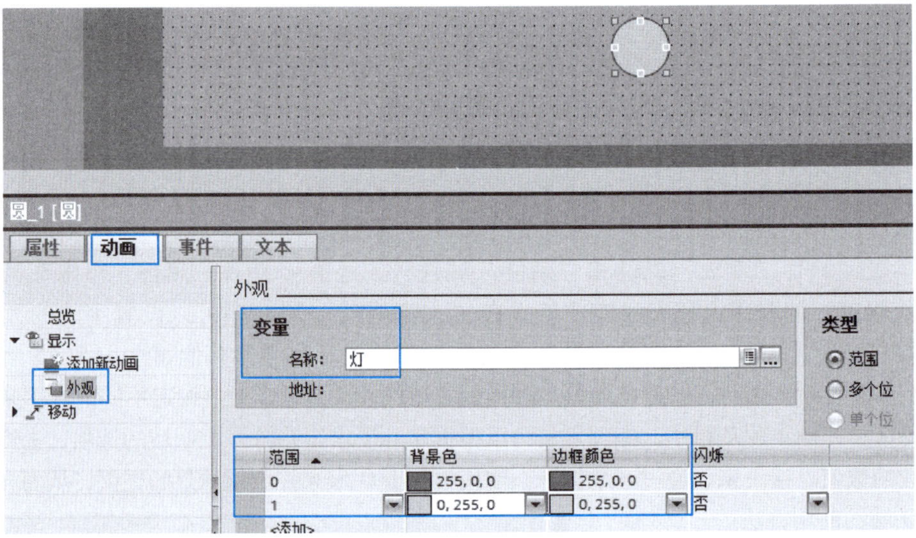

图 4-33　圆的动画组态

可以通过对符号 I/O 域中的列表进行操作，改变变量“启停”的数值，从而控制指示灯的亮灭，如图 4-34 所示。

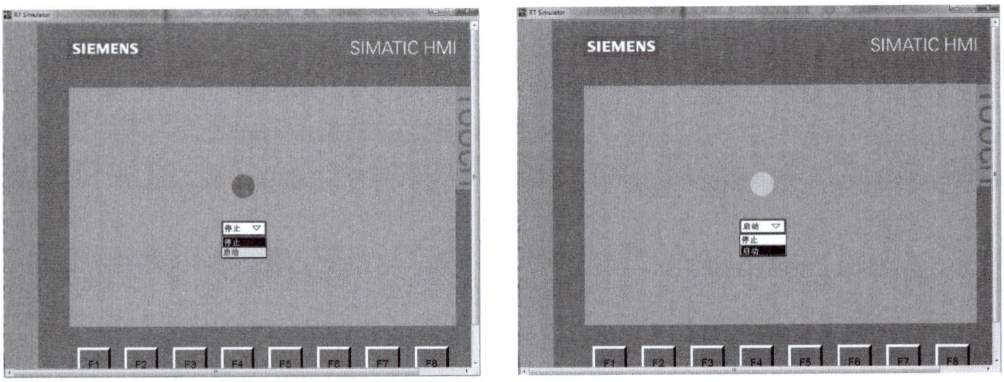

a) 停止状态运行结果　　　　b) 启动状态运行结果

图 4-34　符号 I/O 域仿真运行

7）系统函数。控件在设置动画或操作时，可以调用西门子触摸屏自带的很多函数对数值进行操作。西门子精简面板有丰富的系统函数供使用，例如有报警函数、编辑位函数、打印函数、画面函数、键盘操作函数、计算脚本函数、历史数据函数、用户管理函数等很多种类型。下面介绍其中部分常用的函数。

① 编辑位函数。

InvertBit（对位取反）函数，其作用是对给定的布尔型变量进行取反操作，如果原来值为1，执行后为0；如果原来值为0，执行后值为1。使用时直接在函数列表中选择该函数，并选择取反的变量即可。

ResetBit（复位）函数，其作用是对给定的布尔型变量进行复位置0。不论之前变量取值为什么，执行后，变量数值为0。使用时直接在函数列表中选择该函数，然后选择清零的变量即可。

SetBit（置位）函数，其作用是对给定的布尔型变量进行置位为1。不论之前变量取值为什么，执行后，变量数值为1。使用时直接在函数列表中选择该函数，然后选择置位的变量即可。

② 计算脚本函数。

IncreaseTag（增加变量）函数，其作用是在给定的变量上添加相应的数值。需要注意的是，这里直接将运算的结果代替了初始的给定值。例如使用该函数时，设定给定变量为“x”，而增加值为“a”，那么执行该函数后，将会用“x＋a”的值代替原来的“x”变量。

SetTag（设置变量）函数，其作用是将给定的变量的值设定为某个值。使用时在函数列表中选择该函数，然后选择给定的变量以及需要设定的值即可。

③ 画面函数。

ActivateScreen（激活画面）函数，其作用是将画面切换至指定的画面。使用时只需要在函数列表中选择该函数，然后设置需要打开的画面名称和编号。

ActivatePreviousScreen（激活前一画面）函数，其作用是将画面切换至当前画面之前激活的画面。如果先前没有激活任何画面，则画面不做切换。系统最多可以保存10个被激活的画面。当切换到保存的10个画面之外的画面时，系统会提示报警。使用时只需要在函数列表中选择该函数即可。

④ 用户管理函数。

Logoff（注销）函数，其作用是在HMI设备上注销当前用户，使用时直接在函数列表中选择该函数即可。与之对应的是Logon（登录）函数，其作用是在HMI设备上登录当前用户，使用时直接在函数列表中选择该函数，然后输入登录的用户名和密码即可。

GetUserName（获取用户名）函数，其作用是在给定的变量中写入当前登录到HMI设备的用户名称，使用时在函数列表中选择该函数，然后选择对应类型的变量即可。与之类似的还有GetPassword（获取密码）函数，其作用是在给定变量中写入登录到HMI设备的用户密码，使用时在函数列表中选择该函数，然后选择对应类型的变量即可。

（5）项目编译和下载　完成带有HMI设备的项目后，可以通过仿真运行或者下载到实际设备中运行两种方式，来调试运行程序和画面，确保项目能够实现其应有的功能。不论是仿真还是下载，都需要先对项目进行保存和编译。在项目树中选中整个项目，然后单击“”按钮，对整个项目进行保存。之后可以单击“”按钮，对整个项目进行编译。编译可以对整个项目中的变量、程序、画面、控件等项目中的所有内容进行验证，初步判断项目中是否存在错误，并提示错误信息，帮助编程人员改进项目。

编译无误的项目便可以进行下载和验证。PLC程序与HMI画面要分别进行下载。

如果使用仿真软件，需要按下工具栏的“”按钮，打开 PLC 的仿真软件。然后单击工具栏的“”按钮，将 PLC 程序下载至虚拟 PLC 中，然后运行虚拟 PLC。在 HMI 项目中，单击“”按钮，进入 HMI 模拟运行状态，仿真模拟 PLC 和 HMI 运行的结果。如果使用实际设备，需要选中 PLC 项目，然后按下工具栏“”按钮，将 PLC 程序下载至实际 PLC 设备中。选择 HMI 项目，再次单击工具栏的“”按钮，将 HMI 画面下载至 HMI 设备中，然后便可以在实际设备中调试运行。

2. 拓展知识

WinCC（TIA 博途）软件和西门子 PLC 为西门子公司开发的组态软件和设备。西门子 PLC 除了可以与西门子自主开发的 WinCC 和 HMI 通信，实现对生产过程的控制和监测外，也可以通过多种通信方式与其他组态软件和触摸屏设备配合，实现自动化生产过程中的过程控制和数据监测。

目前市面上的组态软件种类繁多，但应用过程大同小异。在实际项目中，开发者可以选用不同的组态软件和设备，配合 PLC 完成实际生产任务。当然西门子的 PLC 也可以与其他品牌的触摸屏配合使用，但是如果选用其他品牌的组态设备，除了需要在 TIA 博途软件中进行 PLC 一侧的配置和程序编写外，还需要在组态设备相应的组态软件中进行画面的编辑。

组态软件技术发展迅猛，其功能已经扩展到企业信息管理系统、管理和控制一体化、远程诊断和维护及在互联网上的一系列数据整合，包括 WinCC、组态王 KingView、昆仑通态 MCGS、力控、IFix、InTouch、开物、RsView、紫金桥等众多品牌。虽然组态软件和设备品牌众多，但使用方法大同小异，用户掌握了一个品牌触摸屏设计使用方法后，其他品牌的触摸屏使用起来会容易很多。前文已经介绍了 WinCC 的使用方法，接下来介绍两款组态软件，组态王 KingView 和昆仑通态 MCGS。

（1）组态王 KingView　组态王 KingView 是一款运行在 Windows 系统中的中文人机界面软件，在运行过程中直接使用计算机处理器，以显示器为屏幕对生产过程进行监控。组态王支持多种通信方式，可以与多品牌 PLC 进行通信，通用性强。组态王主要由工程管理器、工程浏览器及开发系统三部分组成。

工程管理器用于用户对工程的管理，可以对工程实施创建、删除、加载等管理操作，如图 4-35 所示。列表中为当前加载的功能，其中 Kingdemo1、Kingdemo2、Kingdemo3 为组态王的示例工程。接下来新建一个工程，以此来介绍组态王软件。界面中前面的“”标志表示当前选中的待操作的工程。

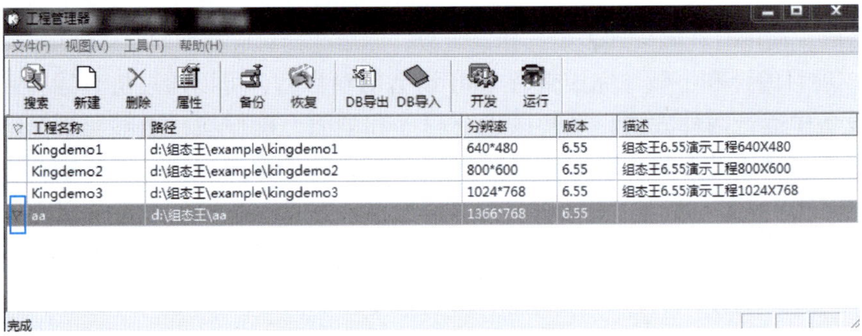

图 4-35　工程管理器界面

工程浏览器用于用户对工程中的画面、通信、数据进行操作，完成对于组态画面的设计和配置，如图 4-36 所示。工程管理器中包含“MAKE”按钮和“VIEW”按钮。“MAKE”按钮用于画面制作时使用，当按下“VIEW”按钮时，便进入画面运行系统，组态王开始进行监控和运行。

图 4-36　工程浏览器界面

工程浏览器的详细功能列在左侧一栏的目录里。其中“画面”功能便和之前介绍的 WinCC 软件中“画面”相同，使用方法也类似。单击左侧“画面”可以新建画面，双击进入开发系统界面中，如图 4-37 所示。在界面中可以打开工具箱，在工具箱中也可以使用各种控件。双击控件打开其属性，可以对控件的动画效果和关联的变量进行配置，从而实现控件的动作变化和对数据的监测和控制，方法与 WinCC 中类似，如图 4-38 所示。

图 4-37　开发系统界面

“数据库”一栏用于用户对组态王中的数据进行操作。组态王中的数据概念类似 WinCC 中 HMI 变量的概念。单击打开组态王的数据库里的“数据词典”，打开列表，可以在其中进行数据的新建、删除等操作，创建的数据可以在画面的控件中进行关联使用，如图 4-39 所示。

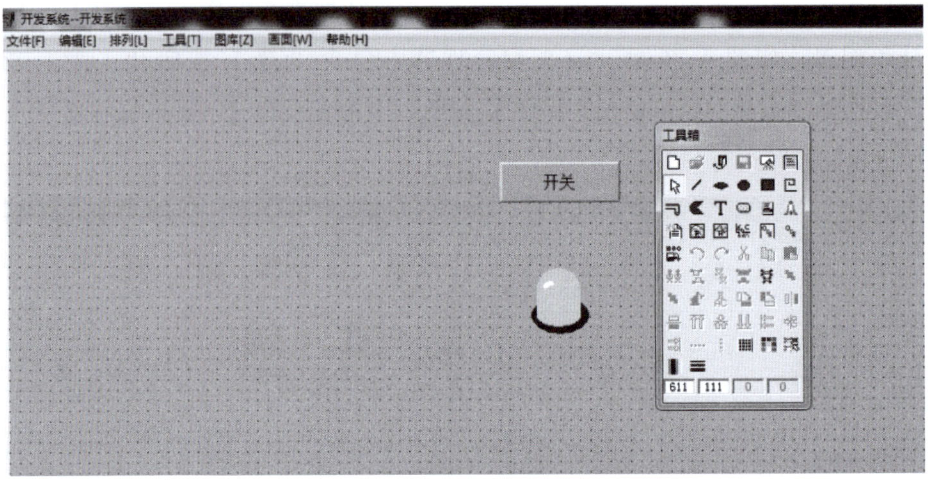

图 4-38　使用工具箱中的控件

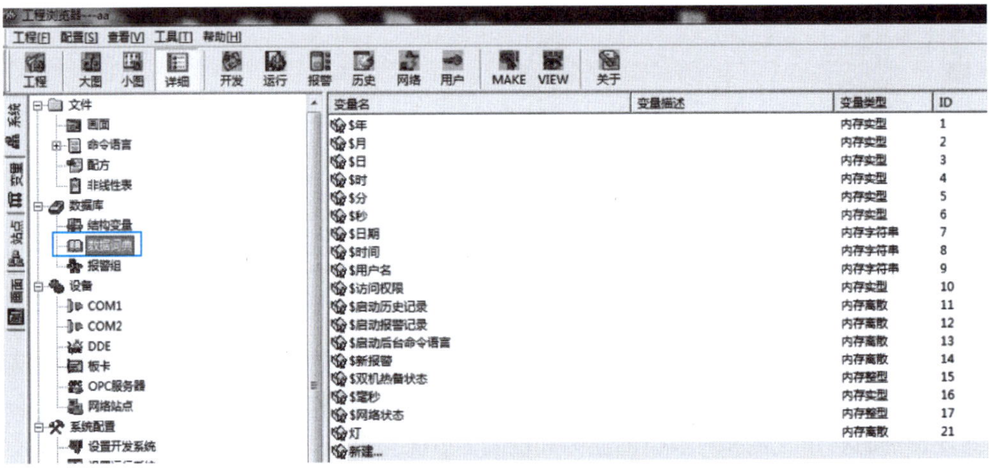

图 4-39　“数据词典”里的数据

“设备”一栏用于用户设置组态王与外部设备（例如 PLC）的通信。组态王的通信方式有很多种，例如 COM1、COM2、DDE、板卡、OPC 服务器、网络站点等，如图 4-36 所示。这里以西门子 S7－1200 PLC 为例，介绍组态王一侧通信配置的方法。在右侧进行新建，在弹出的“设备配置向导”中找到“S7－1200 PLC”，选择“TCP”，如图4-40 所示。给 PLC 分配一个名称“西门子 1200 PLC”。单击“下一步”按钮，配置 PLC 的 IP 地址，与实际 PLC 的 IP 地址一致，如图 4-41 所示。这样，组态王一侧的配置便完成了。

之后，还需要在 TIA 博途软件中对 PLC 进行相应的配置。首先需要将组态王中 PLC 的 IP 地址配置给 TIA 博途软件项目中的 PLC，另外，在设备组态中的“连接机制”属性里，需要勾选“允许来自远程对象的 PUT/GET 通信访问”，如图 4-42 所示。然后将项目下载至 PLC，PLC 一侧的配置便完成了。最后，要保证计算机的 IP 地址与 PLC 的 IP 地址在同一号段且不重复。这样就完成了组态王与西门子 PLC 的通信配置。

画面设计完成、通信配置正确后，便可以单击“VIEW”按钮，进入画面运行系统中，实现对生产过程的监控了，如图 4-43 所示。

（2）昆仑通态 MCGS　MCGS（Monitor and Control Generated System，监视与控制通用系统）是由北京昆仑通态公司开发的监控组态软件及人机交互设备。MCGS 软件是基于

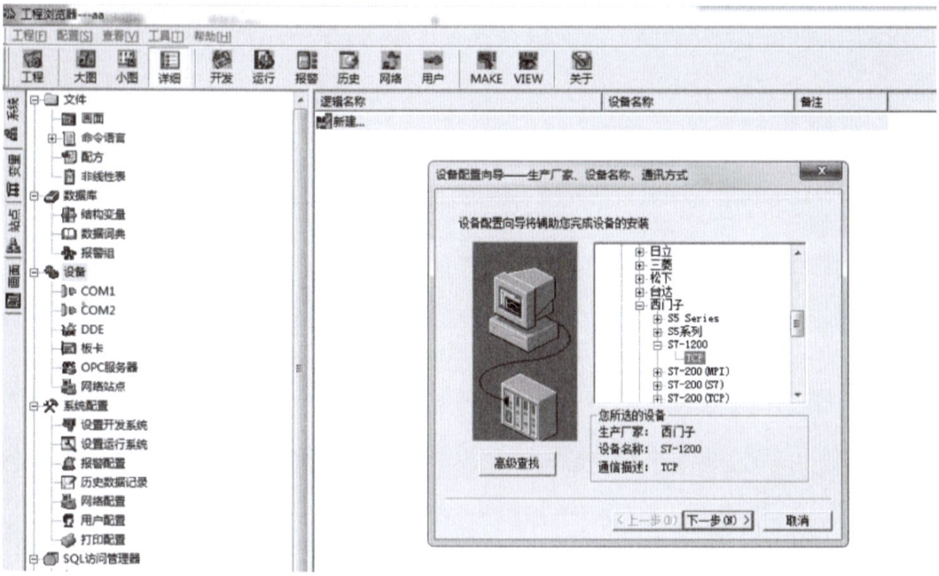

图 4-40　“设备配置向导”对话框

Windows 平台，实现对昆仑通态触摸屏画面设计、下载和运行的软件。MCGS 软件具有三个版本，分别是网络版、通用版和嵌入版。嵌入版直接与硬件结合，操作简便快捷；通用版可扩充性好，功能完善；网络版增加了网络功能，能够更好地与企业层监控通信，丰富的版本适应各种需求。

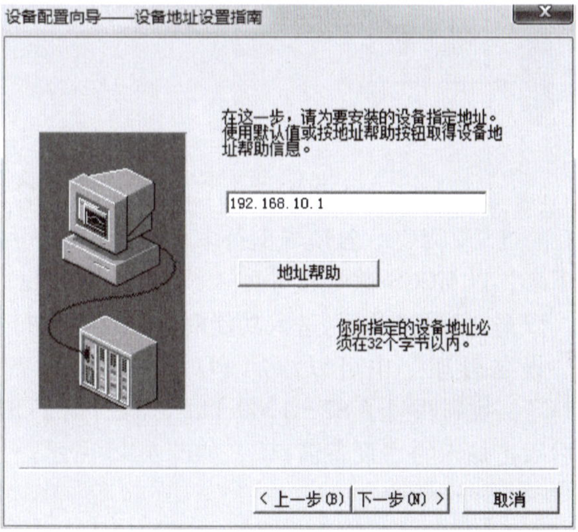

图 4-41　设置通信地址

MCGS 与昆仑通态触摸屏配套使用，通过在软件里配置通信、画面设计、数据连接、下载运行，实现触摸屏与 PLC 的通信，实现对于生产过程的监控。MCGS 与其他组态软件使用方法和思路类似，主要由五部分组成，分别是主控窗口、设备窗口、用户窗口、实时数据库以及运行策略，接下来简单介绍这五部分内容。

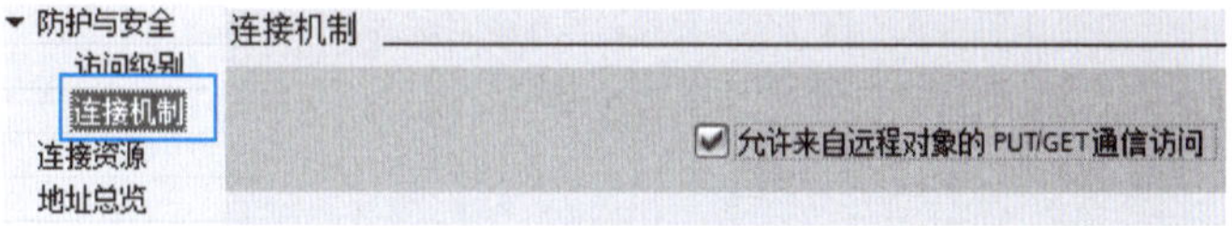

图 4-42　设置连接机制

1）主控窗口。首先进入 MCGS 软件，创建工程文件。在创建工程文件时，需要选择触摸屏的型号。这里需要查看想要编辑的触摸屏的型号，选择与之匹配的型号创建工程，否则软件工程在下载至设备时可能会出现问题。这里确定下来触摸屏型号后，画面尺寸和分辨率也一并确定完成，不能再更改。创建完成工程后，对话框的第一栏就是“主控窗口”，其中显示了创建工程的一些系统信息。此外，也有一些系统配置可以在这里进行调整，如图 4-44 所示。

图 4-43　画面运行系统

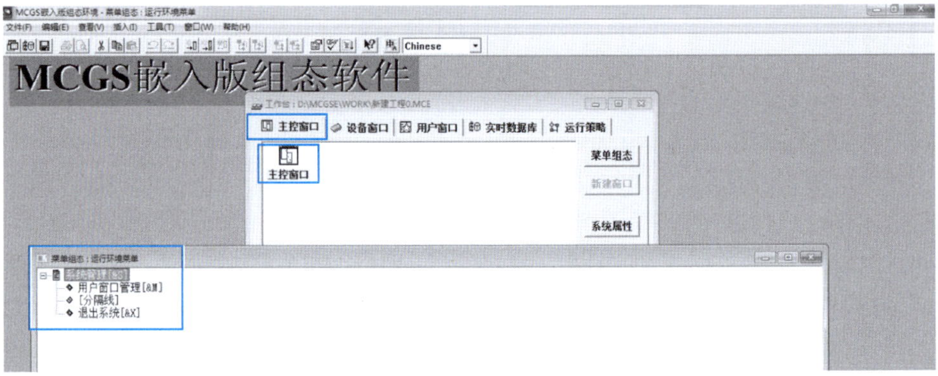

图 4-44　主控窗口

2）设备窗口。“设备窗口”功能栏用于配置触摸屏与其他设备的通信，例如与PLC的通信。MCGS触摸屏支持多种通信方式，可以与各种品牌的PLC实现数据交换。接下来，以MCGS触摸屏与西门子S7－1200 PLC通信为例简单介绍通信建立的方法。

双击“设备窗口”进入功能对话框，然后打开“设备工具箱”。在“设备工具箱”的“设备管理”中可以添加PLC。打开“设备管理”，单击“所有设备”，再单击“PLC”，找到西门子S7－1200 PLC，将西门子S7－1200 PLC添加至“设备工具箱”，然后双击加入的“设备窗口”，如图4-45所示。

图 4-45　在设备窗口中添加西门子 S7－1200 PLC

然后，双击“Siemens 1200”进入通信设置界面，在左侧“本地 IP 地址”一栏里输入触摸屏的 IP 地址，在“远端 IP 地址”一栏输入 PLC 的 IP 地址，就可以实现触摸屏和西门子 S7 - 1200 PLC 的以太网通信。在右侧就可以调试通信并且设置通信的通道了，如图 4-46 所示。

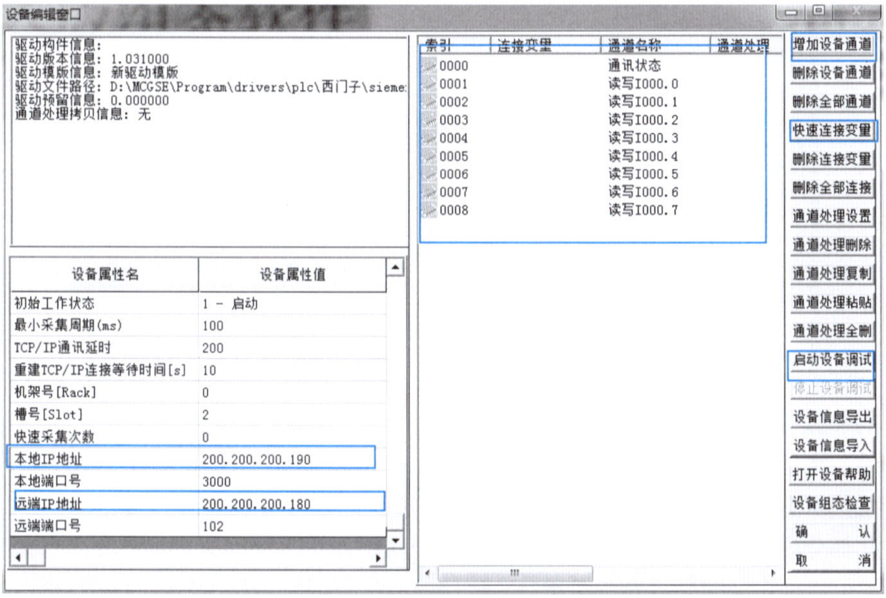

图 4-46　以太网通信的配置

3）用户窗口。“用户窗口”一栏的功能与其他组态软件的画面一样，用户可以在这一栏中创建画面，对画面进行配置。双击进入画面后，也可以通过工具箱选择各种控件来设计触摸屏的画面。同样地，双击控件也可以配置控件的动画效果，关联对应的数据。如图 4-47 所示，在画面中组态了一个指示灯，可以在指示灯控件中组态灯的颜色和关联的变量。

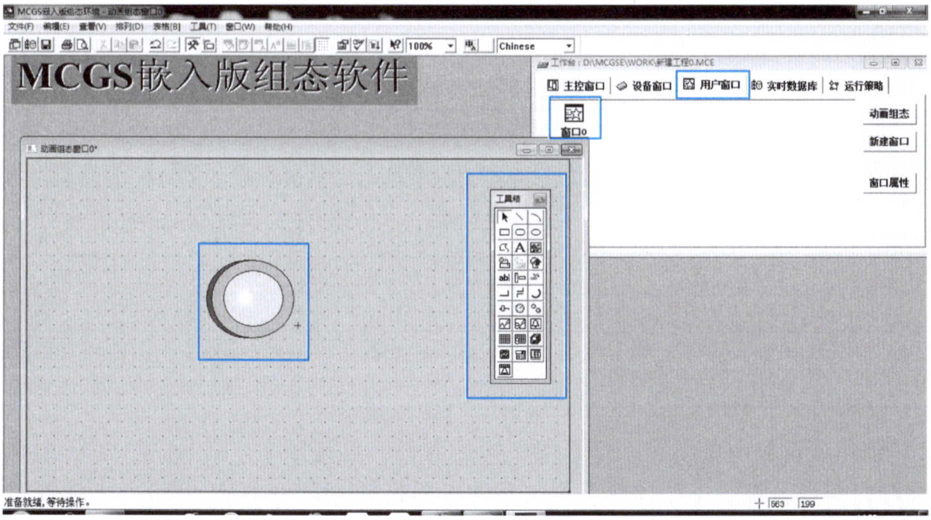

图 4-47　画面组态

4）实时数据库。“实时数据库”一栏的功能是对组态软件中的各种变量进行管理和配置。在这一栏中可以创建组态软件中的各种变量，给控件的使用提供数据基础。

例如创建一个开关类型的变量“灯”，如图 4-48 所示。

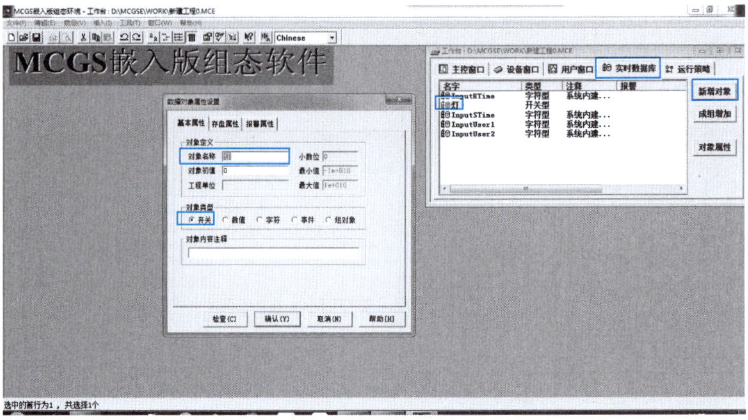

图 4-48　创建开关变量

5）运行策略。“运行策略”一栏的功能是提供给用户自行编辑一些软件运行的逻辑。它的配置方法类似于 PLC 的梯形图编程，当条件事件触发后，便开始执行后面的结果事件。当监控系统比较复杂、逻辑关系比较多的情况下，在策略一栏中将一些逻辑交给触摸屏来判断，可以大大简化程序设计或者画面设计的繁琐程度。

这几部分内容完成以后，便可以通过 MCGS 软件将工程下载至触摸屏运行，实现触摸屏对于生产过程的监控。首先单击“”按钮保存项目，然后单击“”按钮进行项目下载。进入下载界面后，输入需要下载的触摸屏设备的 IP 地址，然后下载即可。

任务实施

1）根据控制要求，首先确定 I/O 个数，进行 I/O 地址分配，输入/输出地址分配见表 4-1。交通信号灯的时序图如图 4-49 所示，画出交通信号灯 PLC 控制接线图，如图 4-50 所示。

表 4-1　输入/输出地址分配

输　入			输　出		
符　号	地　址	功　能	符　号	地　址	功　能
SB1	I0. 0	启动按钮	HL1	Q0. 0	南北绿灯
SB2	I0. 1	停止按钮	HL2	Q0. 1	南北黄灯
			HL3	Q0. 2	南北红灯
			HL4	Q0. 3	东西红灯
			HL5	Q0. 4	东西黄灯
			HL6	Q0. 5	东西绿灯

2）创建项目和设备组态。打开 TIA 博途软件，创建项目“交通灯”，打开项目视图。在项目树设备组态中添加新设备，添加本项目的 PLC 和 HMI 设备。在设备中找到 S7－1200 PLC“CPU1214C DC/DC/DC”和 HMI“KTP700 Basic”，添加至设备组态中，并配置相应的 IP 地址和设置，将两个设备连接在同一个子网中，如图 4-51 所示。

3）编写 PLC 程序。按照控制要求在 TIA 博途软件中编写 PLC 程序。

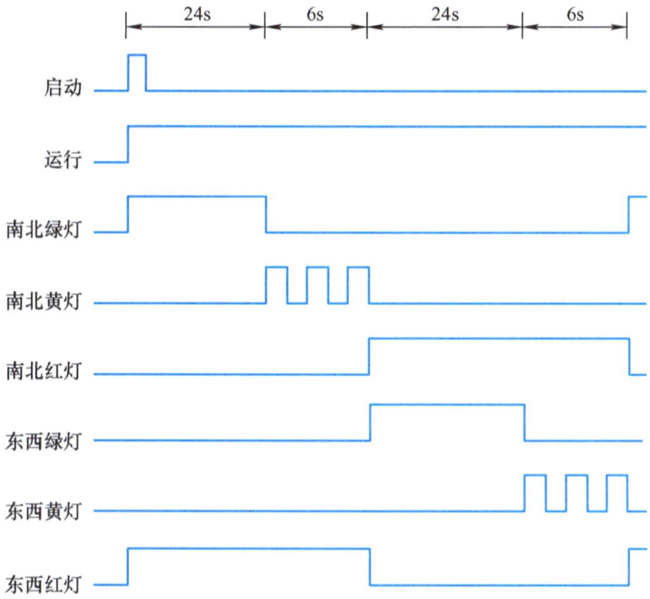

图 4-49 交通信号灯的时序图

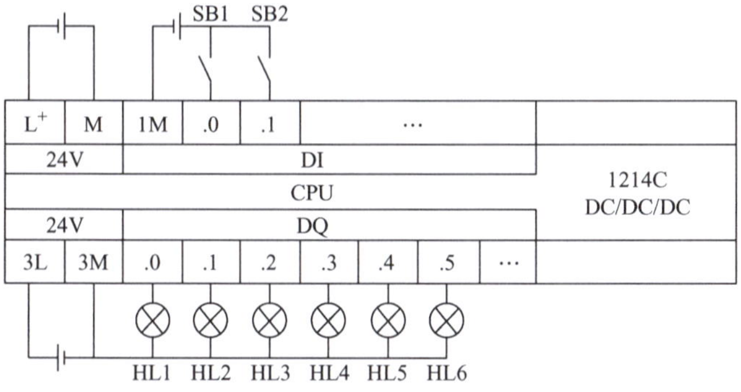

图 4-50 交通信号灯 PLC 控制接线图

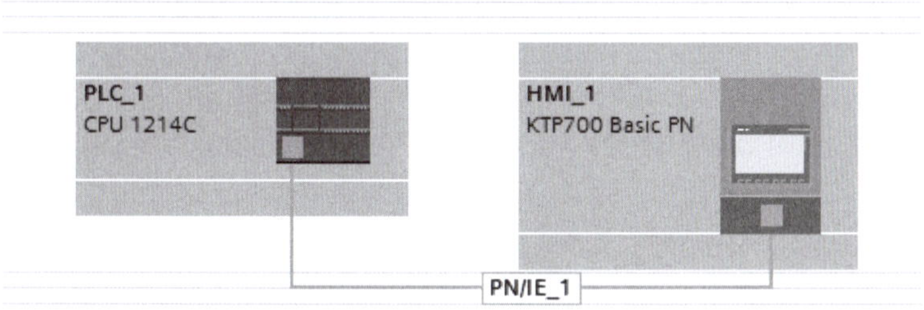

图 4-51 设备组态

第一段程序控制红绿灯的启动停止，按钮和触摸屏的按钮都可以控制交通灯的启动和停止。具体程序如图 4-52 所示。

第二段程序是启动交通灯的定时程序，如图 4-53 所示。

第三段程序为南北交通灯控制程序，如图 4-54 所示。

第四段程序为东西交通灯控制程序，如图 4-55 所示。

最后一段是循环控制程序，如图 4-56 所示。

4）设计组态画面。按照控制要求在 HMI 中进行画面组态。其中，HMI 变量、控件和 PLC 变量之间的对应关系见表 4-2。HMI 画面设计如图 4-57 所示。

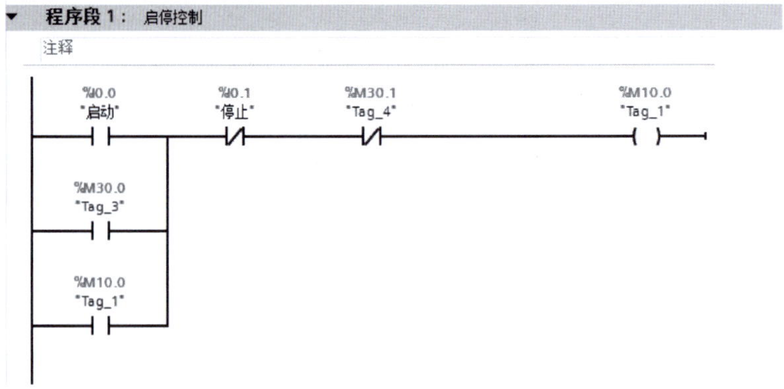

图 4-52　启停控制程序

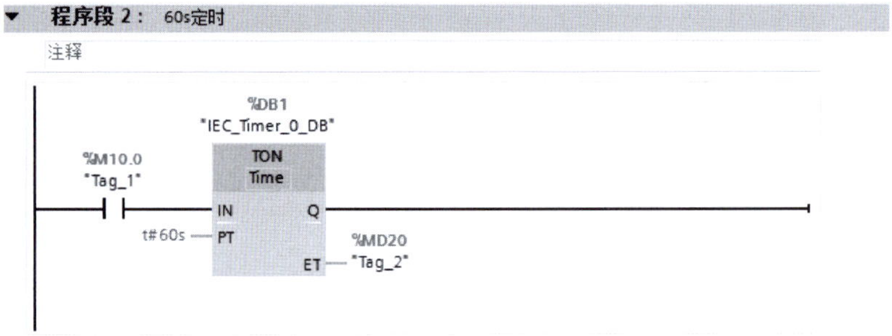

图 4-53　启动 60s 定时程序

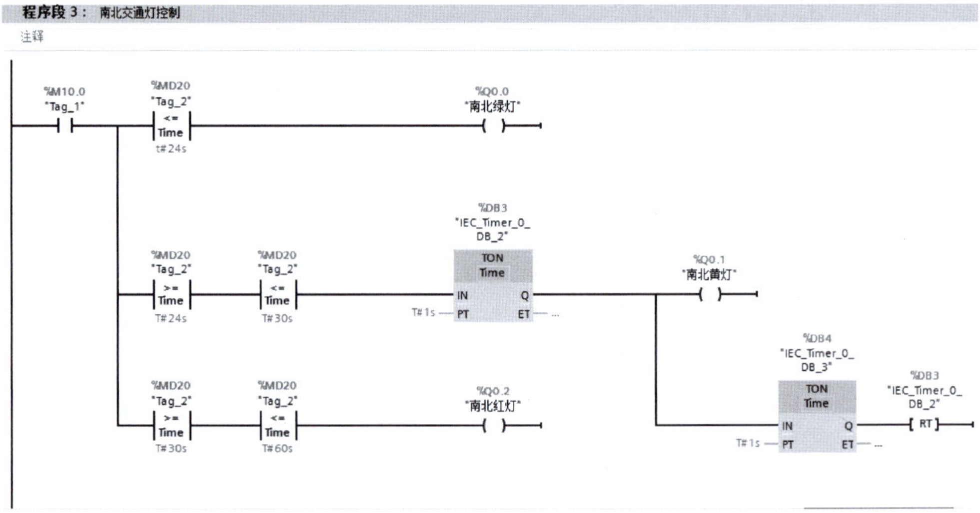

图 4-54　南北交通灯控制程序

表 4-2　HMI 变量、控件和 PLC 变量之间的对应关系表

HMI 变量	组　　件	PLC 变量	PLC 地址
软启动	启动按钮	软启动	M30. 0
软停止	停止按钮	软停止	M30. 1
南北红灯	圆形 1	南北红灯	Q0. 2
南北绿灯	圆形 2	南北绿灯	Q0. 0
南北黄灯	圆形 3	南北黄灯	Q0. 1
东西红灯	圆形 4	东西红灯	Q0. 5
东西绿灯	圆形 5	东西绿灯	Q0. 3
东西黄灯	圆形 6	东西黄灯	Q0. 4

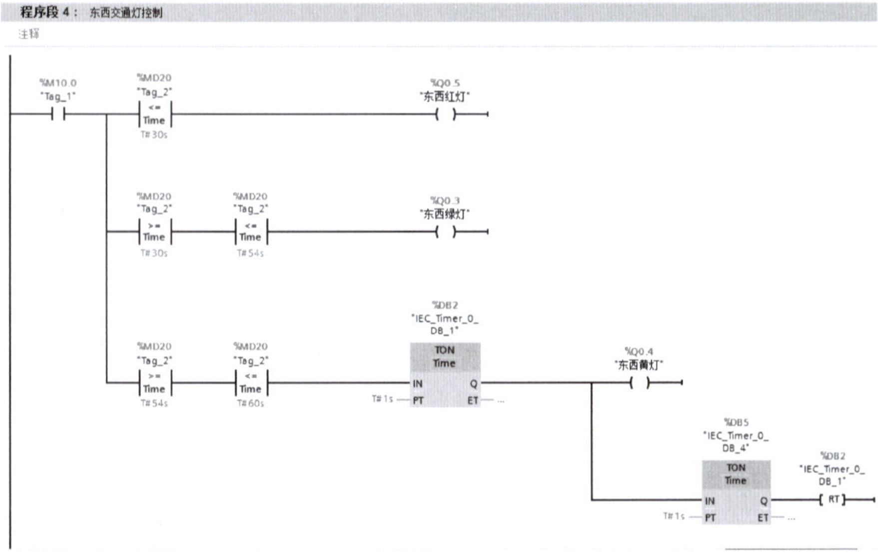

图 4-55　东西交通灯控制程序

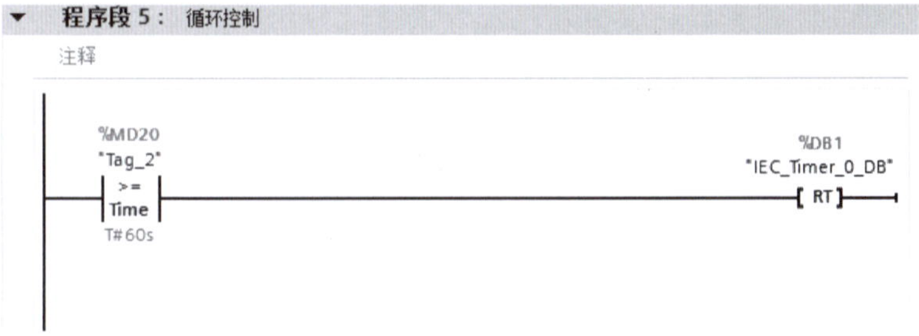

图 4-56　循环控制程序

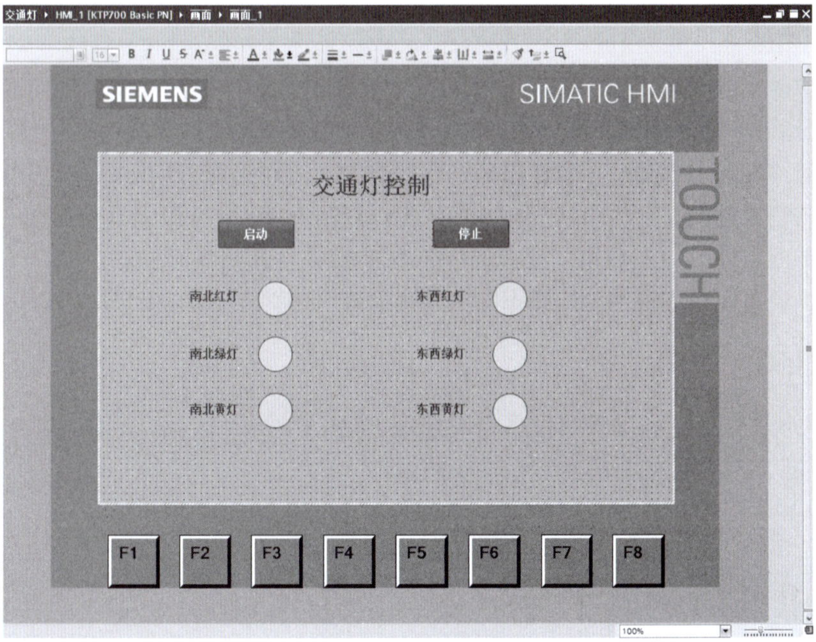

图 4-57　HMI 画面设计

5）安装配线。依据配线要求，按照图 4-50 进行 PLC 与周边电气元件的接线。将计算机、触摸屏与 PLC 以网线连接至交换机上，组成通信网络。

6）调试运行。

① 使用万用表检查接线是否正常无误。

② 在 TIA 博途软件中在线访问 PLC 和 HMI，检验通信网络是否正常。

③ 编译已经编写完成的 PLC 程序和 HMI 画面。

④ 保存项目，并分别选中 PLC 和 HMI，单击“ ”按钮，分别下载 PLC 程序和 HMI 画面。

⑤ 单击“ ”按钮启动 PLC，还可以通过“ ”按钮在线访问 PLC，查看 PLC 运行的情况。

⑥ 按下 SB1 观察红绿灯运行情况，按下 SB2 观察红绿灯运行情况。

任务拓展

工作任务书 人行道的交通信号灯控制

在原有的交通灯控制基础上，添加人行道的红绿灯控制。要求人行道只有红灯和绿灯。东西方向人行道绿灯与东西方向交通灯绿灯同时点亮。人行道绿灯先亮 18s，最后以 1s 为周期亮灭各 3 次，总共 24s。当东西方向交通灯黄灯点亮时，东西方向人行道红灯亮起，直到东西方向交通灯绿灯再次亮起时，东西方向人行道红灯熄灭，人行道绿灯亮起，依此循环运行，南北方向人行道与东西方向人行道红绿灯工作过程刚好相反。

任务 2 彩灯循环显示控制

任务描述

应用定时器和移位指令，编写 PLC 程序实现彩灯循环点亮的控制。利用西门子 PLC 的移位指令和循环移位指令，配以组态界面，通过画面可以启动和停止、选择彩灯点亮的频率，最终实现触摸屏监控彩灯循环点亮的控制。工作过程采用顺序控制、循环运行，按下启动按钮或触摸屏上的启动按钮，默认彩灯以第一种频率 1Hz 逐个点亮和熄灭。6 盏灯首先第 1 盏点亮 1s，然后第 2 盏点亮，依此类推，直到 6 盏灯依次点亮，然后循环往复。另外，还可以在触摸屏上选择不同的频率模式，分别是 1Hz、0.5Hz 和 2Hz。

任务目标

1）掌握移位指令和循环移位指令的使用方法。

2）掌握定时器的使用方法。

3）掌握彩灯循环显示控制的 PLC 程序设计和组态画面设计方法。

相关知识

1. 基本知识

本任务中要实现彩灯的循环显示控制，使用的指令是西门子 PLC 的移位指令。工作原理是，首先将外部指示灯一端接 PLC，另一端接低电平，这样 PLC 输出为 1 时，指示灯就会点亮。我们将 PLC 输出 QB0 设为 1，那么除 QB0.0 外，QB0.1 ~ QB0.7 均为 0，此时第 1 个灯点亮。然后每隔一段时间，PLC 输出 QB0 的下一位置 1，其余位为 0，依此类推，直到所有连接了指示灯的位均置 1 一遍后，再从第一位开始循环。这一过程中，其实每次都是将 PLC 的 QB0 的输出 1 进行向左的移位。如果第一次 QB0 输出的二进制数是“2#00000001”，点亮第 1 盏灯，那么下次左移一位，QB0 输出二进制数“2#00000010”，点亮第 2 盏灯，依此类推，整个过程的状态如图 4-58 所示。接下来介绍西门子 PLC 的移位指令和循环移位指令。

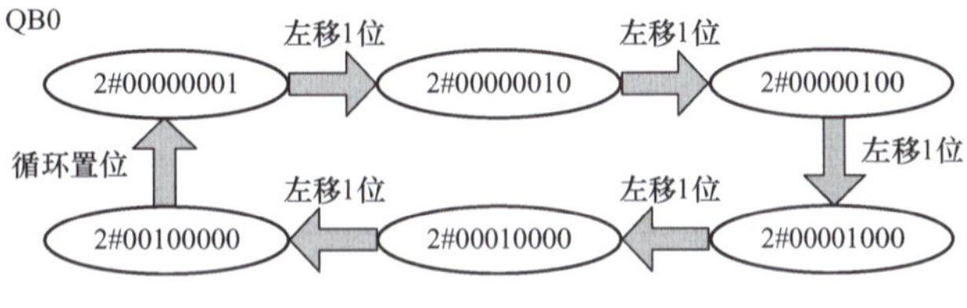

图 4-58　彩灯循环显示控制状态转换图

（1）移位指令　移位指令的功能是，将目标值向某个方向移动给定的 *N* 位，得到移位后的结果。移位指令实际上是对目标值进行乘法和除法运算。例如，要将一个变量 *X* 的数值向左移动 N 位，相当于计算 $X \times 2^N$，向右移动相当于 $X \div 2^N$。移位指令除了分为向左移位和向右移位外，还分为循环移位和普通移位。这里先介绍普通移位指令。

移位指令

左移指令（SHL）的功能是将输入值向左移动给定的位数，然后输出移位的结果。当“EN”为高电平 1 时，将执行移位指令，将“IN”端指定的内容送入累加器中，然后左移“N”端指定的位数，移位后，不足位以 0 补足，多余位直接移除，然后写入“OUT”端指定的目的地址。左移指令和参数见表 4-3。在指令中“<???>”下拉列表中选择该指令移位的数据类型。

表 4-3　左移指令（SHL）和参数

LAD/FBD	SCL	参数	数据类型	说　明
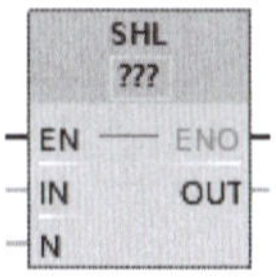	OUT：= SHL(IN：= _variant_in_, N：= _uint_in)；	EN	Bool	使能输入
		ENO	Bool	使能输出
		IN	Byte，Word，DWord	移位对象
		N	Uint	移动的位数
		OUT	Byte，Word，DWord	移位后的结果

接下来以移位一个数值为例，以 LAD 编程方式来介绍左移指令的使用方法和功能。在 TIA 博途软件项目视图中，打开创建的程序，在右侧指令一栏里找到移位和循环移位指令一栏，找到“SHL”并拖曳到程序栏中，便将左移指令添加到程序中了，之后将端口全部填写完成即可，如图 4-59 所示。激活左移指令后，IN 中输入将要移位的数值，若数值为“2#1001 1011 1111 1101”，向左移动 4 位后，OUT 端的 MW10 中的数是“2#1011 1111 1101 0000”，左移指令示意图如图 4-60 所示。

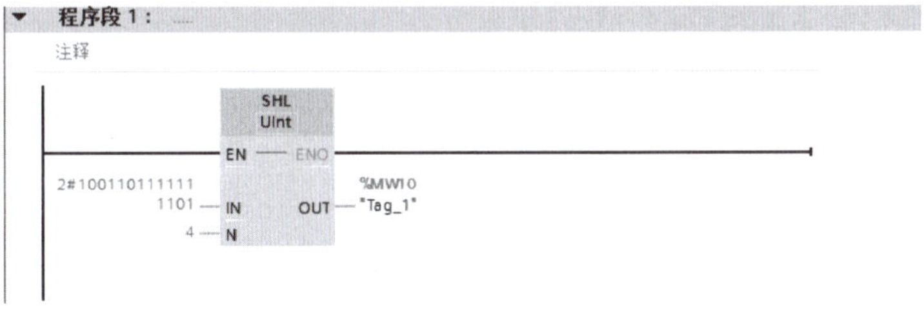

图 4-59　左移指令示例

右移指令（SHR）的功能是将输入值向右移动给定的位数，然后输出移位后的结果。当“EN”为高电平1时，将执行移位指令，将“IN”端指定的内容送入累加器中，然后右移“N”端指定的位数，不足位以0补足，多余位直接移除，然后写入“OUT”端指定的目的地址。右移指令和参数见表4-4。在指令中“<???>”下拉列表中选择该指令移位的数据类型。

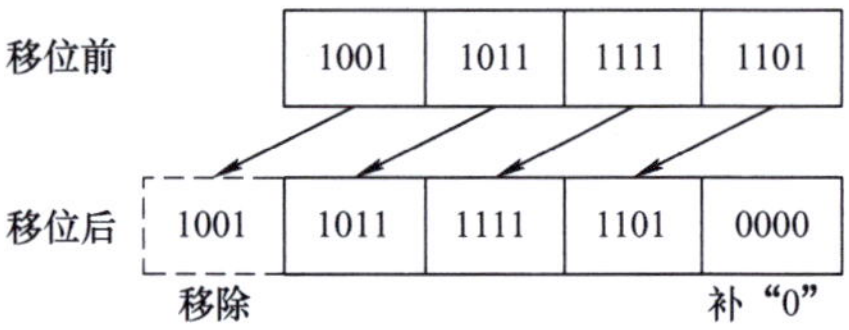

图4-60 左移指令示意图

表4-4 右移指令（SHR）和参数

LAD/FBD	SCL	参数	数据类型	说明
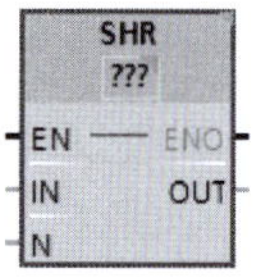	OUT: = SHR(IN: = _variant_in_, N: = _uint_in);	EN	Bool	使能输入
		ENO	Bool	使能输出
		IN	Byte，Word，DWord	移位对象
		N	Uint	移动的位数
		OUT	Byte，Word，DWord	移位后的结果

接下来以移位一个数值为例，以LAD编程方式来介绍右移指令的使用方法和功能。在TIA博途软件项目视图中，打开创建的程序，在右侧指令一栏里找到移位和循环移位指令一栏，找到“SHR”并拖曳到程序栏中，便将右移指令添加到程序中了，之后将端口全部填写完成即可，如图4-61所示。激活右移指令后，IN中输入将要移位的数值，若数值为“2#1001 1011 1111 1101”，向右移动4位后，OUT端的MW10中的数是“2#0000 1001 1011 1111”，右移指令示意图如图4-62所示。

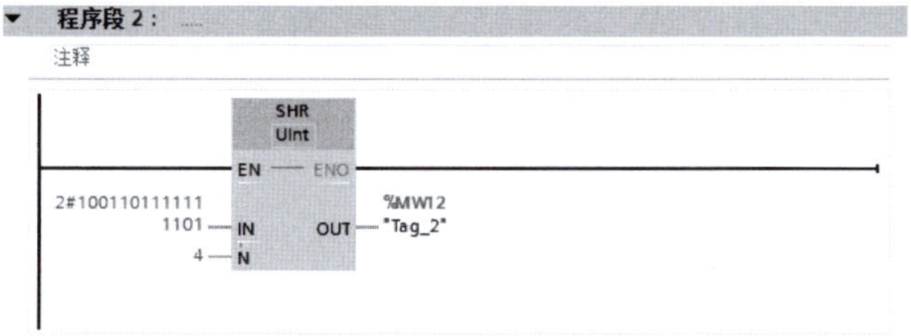

图4-61 右移指令示例

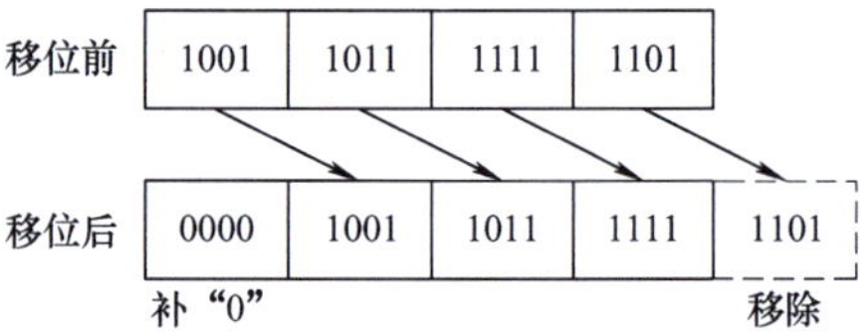

图4-62 右移指令示意图

（2）循环移位指令 循环左移指令（ROL）的功能是将输入值向左移动给定的位数，然后输出移位后的结果。当“EN”位为高电平1时，将执行移位指令，将“IN”端指定的内容送入累加器中，然后左移“N”端指定的位数，左侧溢出的位循环移至右侧不足的位，然后写入“OUT”端指定的目的地址。循环左移指令和参数见表4-5。在指令中“<???>”下拉列表中选择该指令移位的数据类型。

循环移位指令

表4-5 循环左移指令（ROL）和参数

LAD/FBD	SCL	参数	数据类型	说明
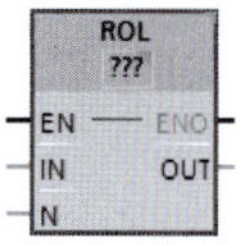	OUT: = ROL(IN: = _variant_in_, N: = _uint_in);	EN	Bool	使能输入
		ENO	Bool	使能输出
		IN	Byte，Word，DWord	循环移位对象
		N	Uint	循环移动的位数
		OUT	Byte，Word，DWord	循环移位后的结果

接下来以移位一个数值为例，以LAD编程方式来介绍循环左移指令的使用方法和功能。在TIA博途软件项目视图中，打开创建的程序，在右侧指令一栏里找到移位和

循环移位指令一栏，找到“ROL”并拖曳到程序栏中，便将循环左移指令添加到程序中了，之后将端口全部填写完成即可，如图4-63所示。激活循环左移指令后，IN中输入将要移位的数值，若数值为“2#1001 1011 1111 1101”，除高4位外，其余位向左移动4位，高4位循环移动至低4位，OUT端的MW10中的数是“2#1011 1111 1101 1001”，循环左移指令示意图如图4-64所示。

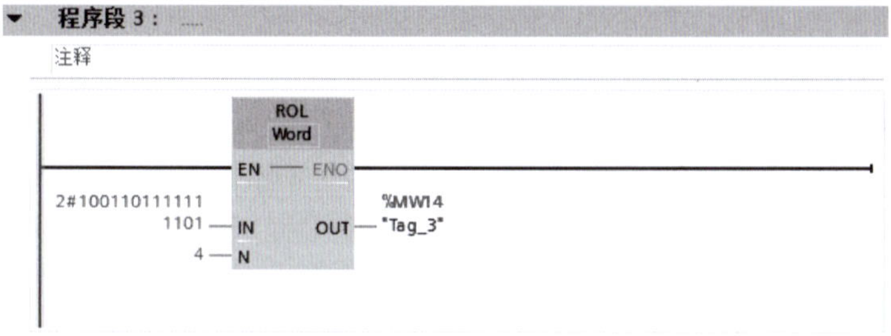

图4-63　循环左移指令示例

循环右移指令（ROR）的功能是将输入值向右移动给定的位数，然后输出移位后的结果。当“EN”为高电平1时，将执行移位指令将“IN”端指定的内容送入累加器中，然后右移“N”端指定的位数，右侧溢出的位循环移动至左侧不足的位，然后写入“OUT”端指定的目的地址。循环右移指令和参数见表4-6。在指令中“<???>”下拉列表中选择该指令移位的数据类型。

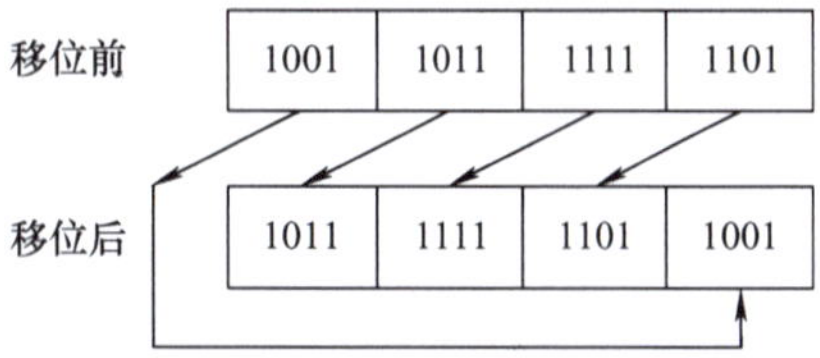

图4-64　循环左移指令示意图

表4-6　循环右移指令（ROR）和参数

LAD/FBD	SCL	参数	数据类型	说　明
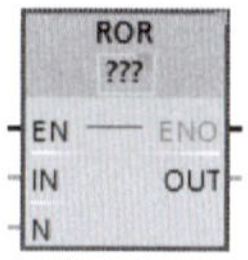	OUT：=ROR(IN：=_variant_in_, N：=_uint_in)；	EN	Bool	使能输入
		ENO	Bool	使能输出
		IN	Byte，Word，DWord	循环移位对象
		N	Uint	循环移动的位数
		OUT	Byte，Word，DWord	循环移位后的结果

接下来以移位一个数值为例，以LAD编程方式来介绍循环右移指令的使用方法和功能。在TIA博途软件项目视图中，打开创建的程序，在右侧指令一栏里找到移位和循环移位指令一栏，找到“ROR”并拖曳到程序栏中，便将循环右移指令添加到程序中了，之后将端口全部填写完成即可，如图4-65所示。当激活循环右移指令时，IN中输入将要移位的数值，若数值为“2#1001 1011 1111 1101”，除低4位外，其余位向右移动4位，低4位循环移动至高4位，OUT端的MW10中的数是“2#1101 1001 1011 1111”，循环右移指令示意图如图4-66所示。

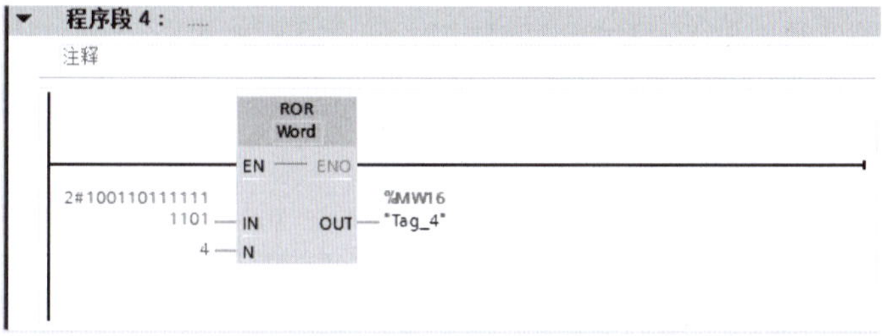

图4-65　循环右移指令示例

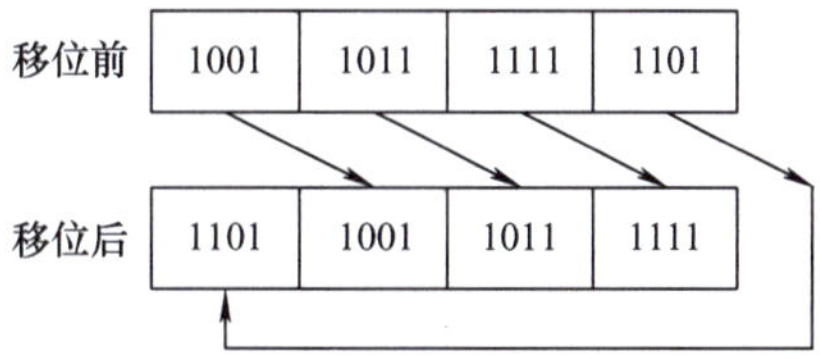

图4-66　循环右移指令示意图

2. 拓展知识

除了示例中控制彩灯循环点亮显示外，日常

生产工程中还常会用到单独控制一盏灯按照要求亮灭的情况，例如报警红灯需要循环闪烁提示报警，例如复位黄灯需要循环闪烁提醒系统未复位等应用场合。不论是本示例中控制彩灯循环点亮还是控制单个灯的循环闪烁，都需要用到周期变化的信号，下面介绍一下几种常用的制造周期变化时钟信号的方法。

（1）系统和时钟存储器　西门子 S7－1200 PLC 内部可以提供固定频率的时钟信号，需要在设备组态过程中将此项功能打开。在 TIA 博途软件的项目视图中打开设备组态，双击 PLC 设备打开“常规”属性栏。在“常规”一栏中找到“系统和时钟存储器”一栏，单击进入。其中，“时钟存储器位”功能便是西门子 PLC 内部提供的时钟信号。勾选“时钟存储器位”中的“启用时钟存储器字节”，便可以直接使用系统的时钟信号。系统默认的时钟存储器存储字节为“MB0”，一共 8 位对应 8 个不同频率的时钟信号，用户也可以自己定义地址。但是需要注意的是，一旦被时钟存储器占用，该位寄存器便不能再作为普通寄存器使用，具体频率与位地址的对应关系如图 4-67 所示。

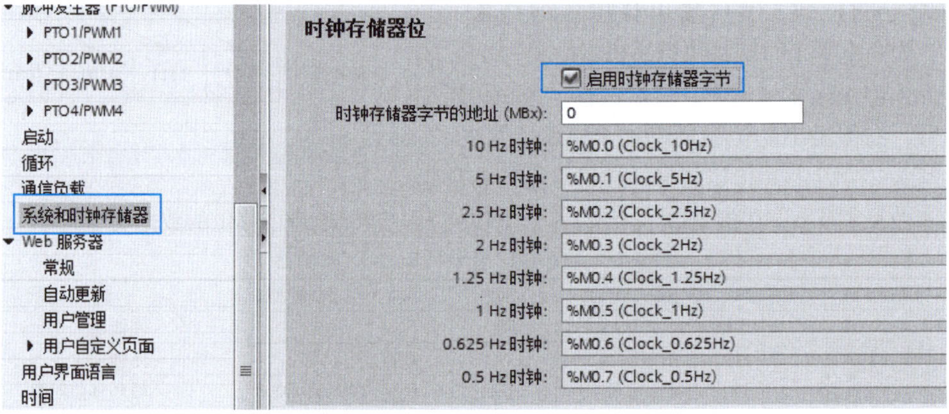

图 4-67　系统和时钟存储器

使用时只需要将对应频率的时钟信号直接与输出信号串联即可，如图 4-68 所示，此处灯 Q0.0 便会以 1Hz 的频率闪烁。需要注意的是，时钟存储器的时钟信号是 PLC 内部提供的，因此一旦 PLC 上电工作，时钟信号便开始工作，无法控制其启停时间，因此在对时钟信号要求不高的情况下使用方便，在对时钟信号要求较高的时候一般不这样使用。

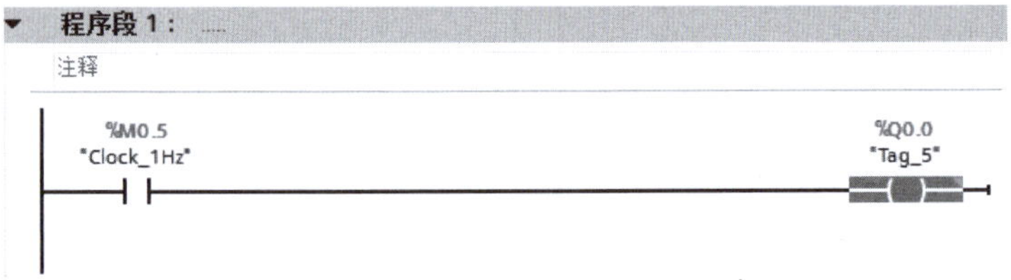

图 4-68　时钟存储器控制灯闪烁

（2）通过比较指令制作时钟信号　运用定时器指令和比较指令，可以得到任意周期变化的时钟信号。这里通过一个例子来介绍这种时钟信号制作的方法。例如，用 PLC 的 Q0.0 控制一个指示灯亮 3s、灭 2s 循环运行，可以通过定时器指令和比较指令实现，如图 4-69 所示。首先当中间寄存器 M20.0 为 1 时，启动计时器。计时器计时 5s，并将计时器的时间读取至“MD10”中，用“MD10”与 3s 比较，小于 3s 时，Q0.0 输出点亮指示灯；再用“MD10”与 3s 和 5s 比较，大于 3s 小于 5s 时，熄灭指示灯；最后用“MD10”与 5s 比较，大于 5s 时，复位计时器，循环执行。这样便实现了指示灯亮 3s、灭 2s 的循环闪烁。

（3）通过定时器串联制作时钟信号　运用定时器指令的串联，同样可以得到任意

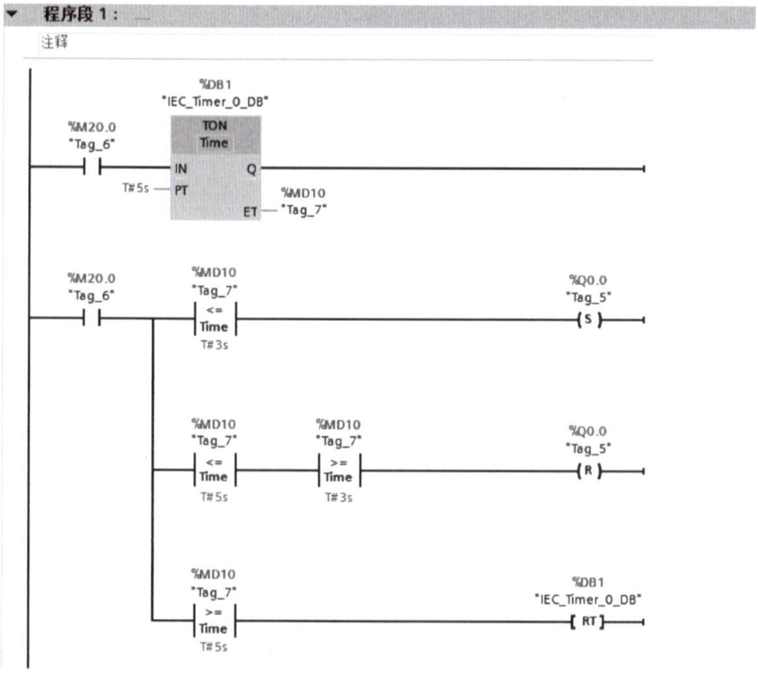

图 4-69　定时器指令和比较指令控制指示灯闪烁的程序

周期变化的时钟信号。这里仍然通过相同的例子——PLC 控制指示灯亮 3s、灭 2s 循环运行，来介绍通过这种方法得到时钟信号。程序如图 4-70 所示，首先通过中间寄存器 M20.0 控制程序启动运行，启动第 1 个定时器，定时 3s。定时器输出取反，导通 Q0.0，点亮指示灯 3s。当 3s 计时完成后，小灯熄灭，第 2 个计时器开始计时，计时 2s。此时指示灯处于熄灭状态，2s 计时结束后，复位计时器 1，计时器重新开始计时 3s，指示灯再开始亮 3s，循环运行。这样一来，也实现了小灯亮 3s、灭 2s 的循环闪烁。

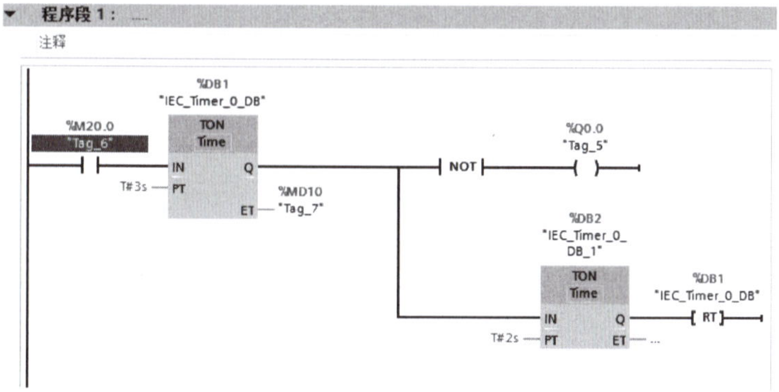

图 4-70　定时器串联控制灯闪烁的程序

控制指示灯按照要求闪烁的工况非常多，控制方法也有很多，这里只介绍这三种简单的实现方法，如果感兴趣，大家可以自行开发尝试更多其他的方法实现这一过程。

任务实施

1）根据控制要求确定 I/O 个数，进行 I/O 地址分配，输入/输出地址分配见表 4-7。画出指示灯 PLC 控制接线图，如图 4-71 所示。

表 4-7　输入/输出地址分配

输入			输出		
符　号	地　址	功　能	符　号	地　址	功　能
SB1	I0.0	启动按钮	HL1	Q0.0	指示灯 1
SB2	I0.1	停止按钮	HL2	Q0.1	指示灯 2
			HL3	Q0.2	指示灯 3
			HL4	Q0.3	指示灯 4
			HL5	Q0.4	指示灯 5
			HL6	Q0.5	指示灯 6

2）创建项目和设备组态。打开 TIA 博途软件，创建“彩灯循环显示控制”项目，打开项目视图。在项目树设备组态中添加新设备，添加本项目的 PLC 和 HMI 设备。在设备中找到“CPU 1214C DC/DC/DC”PLC 和“KTP700 Basic”HMI，添加至设备组态中，并配置相应的 IP 地址和设置，将两个设备连接在同一个子网中，如图 4-72 所示。

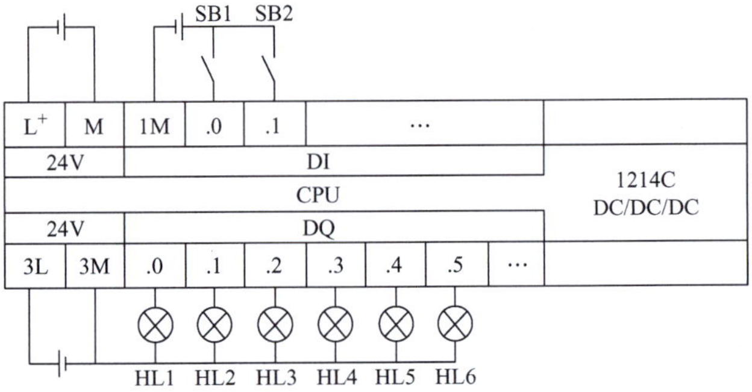

图 4-71　指示灯 PLC 控制接线图

3）编写 PLC 程序。按照控制要求，在 TIA 博途软件中编写 PLC 程序。第一段程序为启停控制程序，通过按钮或触摸屏的按钮都可以控制程序启动停止，如图 4-73 所示。

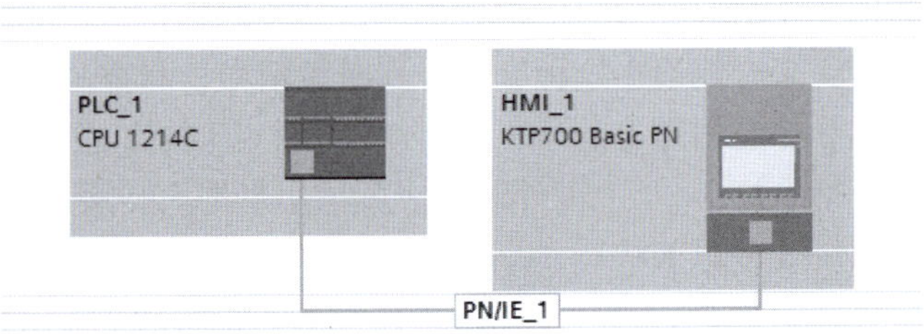

图 4-72　设备组态

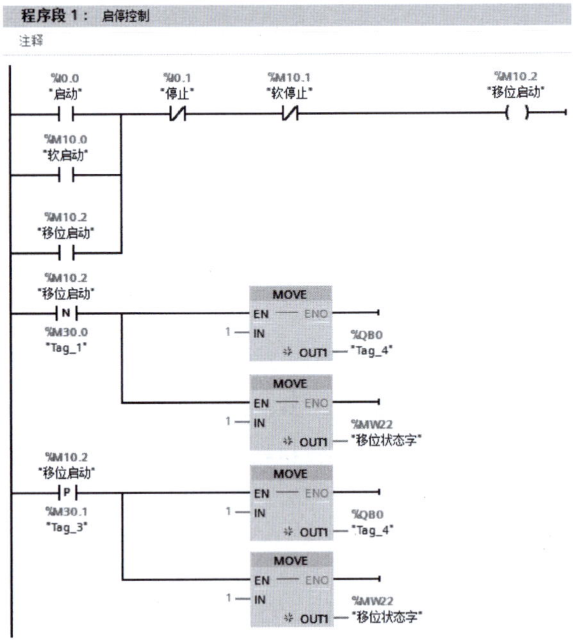

图 4-73　启停控制程序

第二段程序是移位控制程序，QB0 初始为 1，点亮第一盏灯，每次左移 1 位，点亮下一盏灯，如图 4-74 所示。

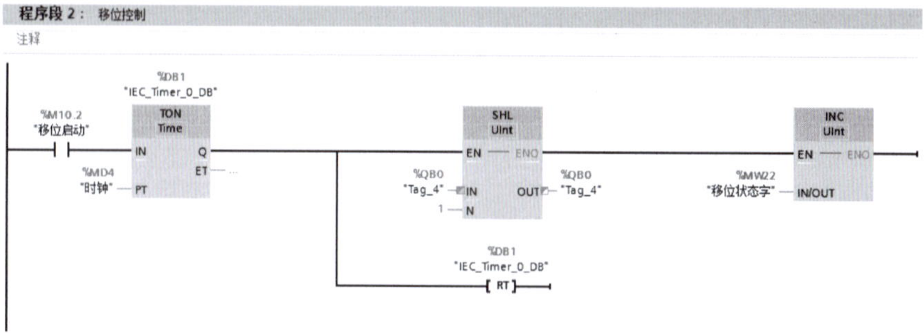

图 4-74　移位控制程序

第三段程序是循环控制程序，移动 6 次以后将 QB0 置为 1，然后再重新开始执行，如图 4-75 所示。

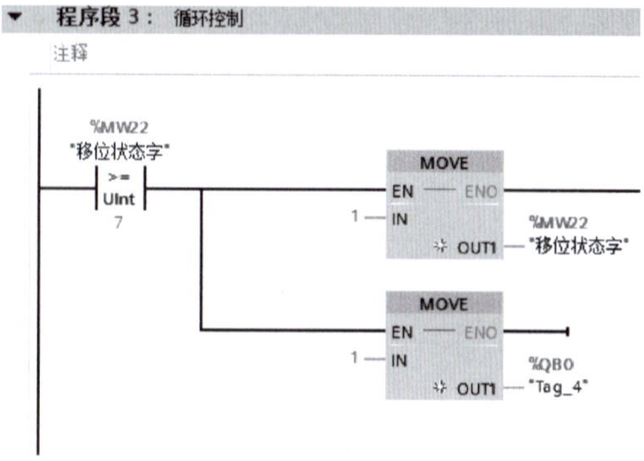

图 4-75　循环控制程序

第四段程序是频率控制程序，通过触摸屏选择三种频率，分别是 1Hz、2Hz 和 0.5Hz。初始默认状态为 1Hz，如图 4-76 所示。

4）设计组态画面。按照控制要求在 HMI 中进行画面组态。其中，HMI 变量、控件和 PLC 变量之间的对应关系见表 4-8。设计完成的 HMI 画面如图 4-77 所示。

5）安装配线。依据配线要求，按照图 4-71 进行 PLC 与周边电气元件的接线。将计算机、触摸屏与 PLC 以网线连接至交换机上，组成通信网络。

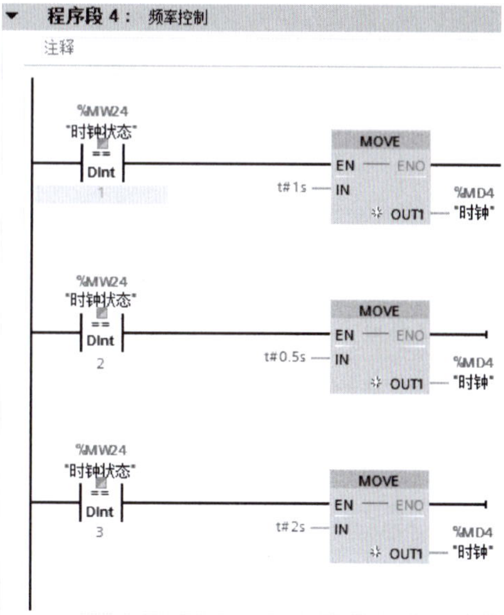

图 4-76　频率控制程序

6）调试运行。

① 使用万用表检查接线是否正常无误。

② 在 TIA 博途软件中在线访问 PLC 和 HMI，检验通信网络是否正常。

③ 编译已经编写完成的 PLC 程序和 HMI 画面。

④ 保存项目，并分别选中 PLC 和 HMI，单击“”按钮，分别下载 PLC 程序和 HMI 画面。

⑤ 单击“”按钮起动 PLC，还可以通过“”按钮在线访问 PLC，查看 PLC 运行的情况。

⑥ 按下 SB1 观察彩灯循环显示运行情况，按下 SB2 观察运行情况。

表 4-8　HMI 变量、控件和 PLC 变量之间的对应关系表

HMI 变量	控　　件	PLC 变量	PLC 地址
软启动	启动按钮	软启动	M10.0
软停止	停止按钮	软停止	M10.1
灯 1	圆形 1	灯 1	Q0.0
灯 2	圆形 2	灯 2	Q0.1
灯 3	圆形 3	灯 3	Q0.2
灯 4	圆形 4	灯 4	Q0.3
灯 5	圆形 5	灯 5	Q0.4
灯 6	圆形 6	灯 6	Q0.5
时钟状态	符号 I/O 域	时钟状态	MW24

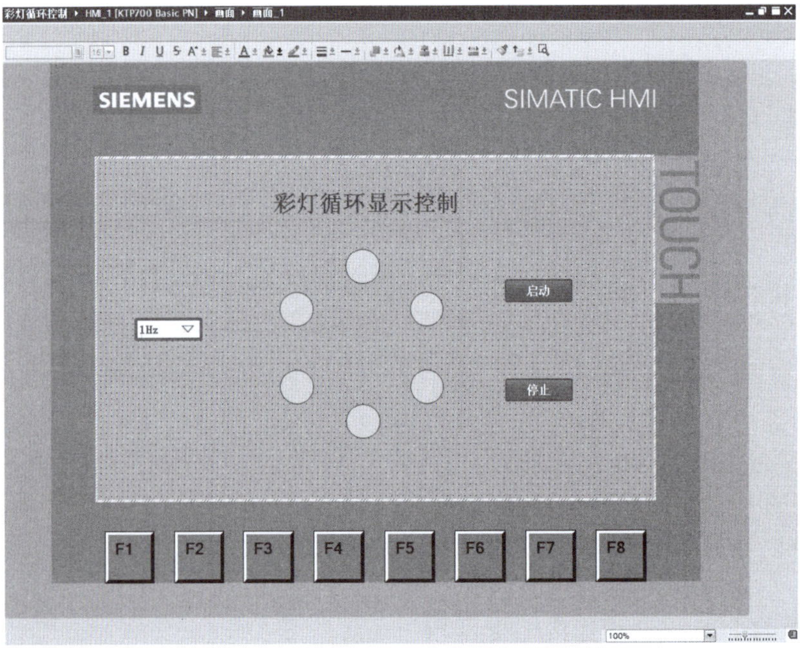

图 4-77　HMI 画面

任务拓展

工作任务书
任意位频率可选的彩灯循环显示控制

在原有的彩灯控制要求基础上，添加一次点亮指示灯数控制。例如，在画面中加入一个 I/O 域，可以在其中设置一次点亮的指示灯数。默认点亮一盏灯，逐一点亮循环。如果将点亮灯数设为 2，一次点亮两盏灯，下次点亮后面两盏灯，依此类推。相同方法，可以选择一次点亮一盏灯、两盏灯或三盏灯。

任务 3　PLC 计米显示控制

任务描述

应用光电编码器和 PLC 的高速计数器，记录光电编码器转过的圈数。再根据与光电编码器同轴的旋转轮旋转一圈的周长，乘以旋转的圈数，从而计算出旋转轮旋转的

距离，之后将计算的结果显示在触摸屏的画面中。类似的方法常常使用在工程中的距离测算中。工作过程要求触摸屏能够实时显示旋转轮转过的距离，能够有按钮启动、停止测量的过程，有 I/O 域可以显示测量的距离。

任务目标

1）掌握光电编码器的工作原理和使用方法。

2）掌握 PLC 高速计数器的使用方法。

3）通过光电编码器配合 PLC 高速计数器，实现计米显示的功能。

相关知识

1. 基本知识

本任务中要实现 PLC 计米显示，需要用到三部分的内容，分别是西门子 HMI 画面设计和组态、光电编码记录旋转轮旋转的角度或圈数以及 PLC 高速计数器读取光电编码器输入的脉冲信号。与旋转轮同轴的光电编码器测量旋转轮转动的角度和圈数，并输出脉冲信号至 PLC。由于光电编码器输出的脉冲信号频率较高，因此必须由 PLC 的高速计数器来接收。之后，PLC 将接收的频率和圈数信息进行计算，得出旋转轮旋转的距离，再传送至 HMI 显示出来。这样整个计米显示过程便完成了。西门子 HMI 内容之前已经做过介绍，接下来介绍光电编码器和高速计数器相关的内容。

光电编码器

（1）光电编码器　本任务中用到的是旋转式光电编码器，通过同轴旋转的方式，用编码器测量旋转轮转动的角度。该光电编码器是一种通过光电转换，将输出轴上的机械几何位移量转换成脉冲数或数字量的传感器。光电编码器与转动轴同轴安装了一个光栅盘，光栅盘随轴转动。光栅盘一侧设置发光光源，另一侧随着光栅盘转动，检测光源通过光栅盘后的光信号，从而输出脉冲信号。通过脉冲信号个数，再进行进一步计算，便可以得知转动的速度和行进的距离。此外，为判断旋转方向，光栅盘还可提供相位相差 90°的两路脉冲信号。根据输出信号的不同，光电编码器分为三类：

1）增量式编码器。增量式编码器直接利用光电转换原理输出三组方波脉冲 A、B 和 Z 相，A、B 两组脉冲相位差 90°，从而可方便地判断出旋转方向，而 Z 相为每转一个脉冲，用于基准点定位。编码器每转动一个预先设定的角度将输出一个脉冲信号，通过统计脉冲信号来计算旋转角度，因此测算的旋转量是相对量。它的优点是原理构造简单、机械平均寿命可在几万小时以上、抗干扰能力强、可靠性高，适合于长距离传输。但是由于采取相对编码，因此掉电后旋转角度会丢失，并且无法给出绝对位置信息。

2）绝对式编码器。绝对式编码器是直接输出数字量的传感器，在它的圆形码盘上沿径向有若干同心码道，每条码道由透光和不透光的扇形区相间组成，相邻码道的扇区数目是双倍关系，码盘上的码道数就是它的二进制数码的位数，在码盘的一侧是光源，另一侧对应每一码道有一光敏元件；当码盘处于不同位置时，各光敏元件根据受光照与否转换出相应的电平信号，形成二进制数。这种编码器的特点是不需要计数器，在转轴的任意位置都可读出一个固定的与位置相对应的数字码。显然，码道越多，分辨率就越高，对于一个具有 N 位二进制分辨率的编码器，其码盘必须有 N 条码道。绝对式编码器对应不同角度有唯一对应的编码值，因此不同位置输出的编码值是唯一绝对的。它一上电就可以读出当前的位置信息，电源切断后信息不丢失，而且不存在累积误差。但是，其精确度受码道数影响，结构复杂，成本较高。

3）混合式编码器。混合式编码器具有绝对式编码器的旋转角度编码的唯一性和增量式编码器的应用灵活性。它输出两组信息：一组信息用于检测磁极位置，带有绝对信息功能；另一组则与增量式编码器的输出信息完全相同。本任务使用的是增量式光电编码器，如图 4-78 所示。它的供电电压为 24V，一共有 5 根接线。其中“24V”直接接外部电源，“0V”接公共端“COM”，A 相、B 相和 Z 相连接到 PLC 相应的输入端即可。

图 4-78 光电编码器

（2）高速计数器　西门子 PLC 的普通计数器按照顺序扫描的方式进行工作，在每个扫描周期中，对计数脉冲进行一次累加，根据 PLC 扫描周期的不同，频率也不同，但一般较低。而本任务中的光电传感器输出的脉冲信号频率较高，因此需要使用 PLC 中的高速计数器来实现对脉冲信号的接收。

高速计数器指令

PLC 的高速计数器能对超出 CPU 普通计数器能力的脉冲信号进行测量。S7－1200 PLC 提供了最多 6 个高速计数器（HSC1～HSC6）以响应快速脉冲输入信号。高速计数器独立于 CPU 的扫描周期进行计数，用户通过相关指令和硬件组态来控制高速计数器。高速计数器的运行速度比 CPU 的扫描周期快得多，可测量的单相脉冲频率最高为 100kHz，双相或 A/B 相最高为 30kHz。高速计数器连接光电编码器测量距离、转速，是高速计数器的一种典型应用场景。

1）高速计数器的工作模式。高速计数器有五种工作模式，每个计数器都有时钟、方向控制和复位等特定输入。接下来，分别来介绍这五种工作模式。

① 单相计数，内部方向控制。单相计数的工作时序图如图 4-79 所示。计数器采集并记录时钟信号的个数，当内部方向信号为高电平时，计数器的当前值增加；当内部方向信号为低电平时，计数器的当前值减小。

② 单相计数，外部方向控制。单相计数的工作过程如图 4-79 所示。计数器采集并记录时钟信号的个数，当外部方向信号（例如外部按钮信号）为高电平时，计数器的当前值增加；当外部方向信号为低电平时，计数器的当前值减小。

③ 两相计数，两路时钟脉冲输入。加减两相计数的工作过程如图 4-80 所示。计数器采集并记录时钟信号的个数，加计数信号端子和减计数信号端子分开。当加计数有效时，计数器的当前值增加；当减计数有效时，计数器的当前值减小。

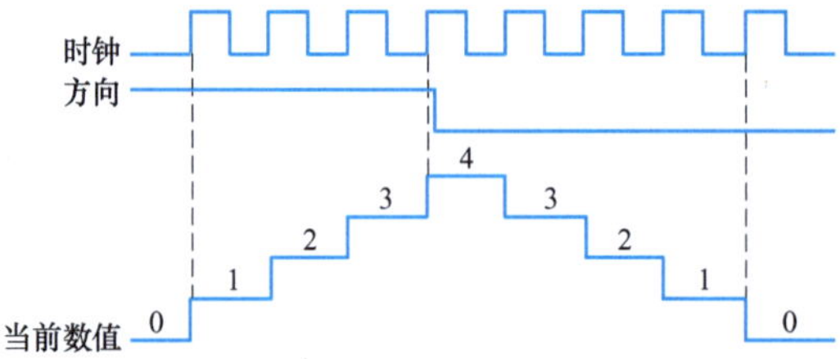

图 4-79 单相计数工作时序图

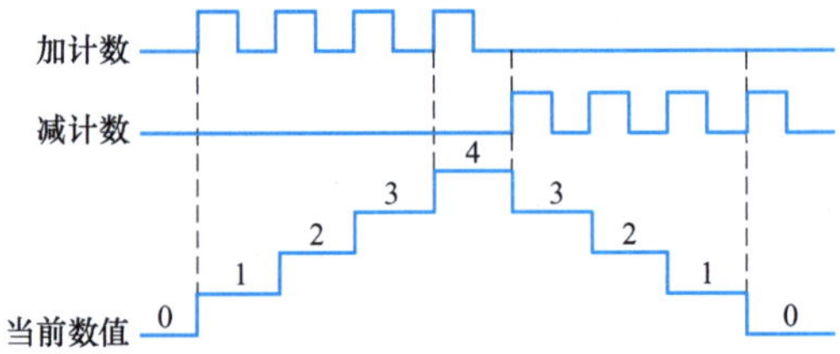

图 4-80 加减两相计数工作过程

④ A/B 相正交计数。A/B 相正交计数的工作过程如图 4-81 所示。计数器采集并记录时钟信号的个数。A 相计数信号端子和 B 相计数信号端子分开。当 A 相计数信号超前时，计数器的当前数值增加；当 B 相计数信号超前时，计数器的当前数值减小。利用光电编码器测量位移和速度时，通常采用这种模式。

⑤ 监控 PTO 输出。HSC1 和 HSC2 支持此工作模式。在此工作模式下，不需要外部接线，即可用于检测 PTO 功能发出的脉冲。如用 PTO 功能控制步进驱动系统或者伺服驱动系统，可利用此模式监控步进电动机或者伺服电动机的位置和速度。

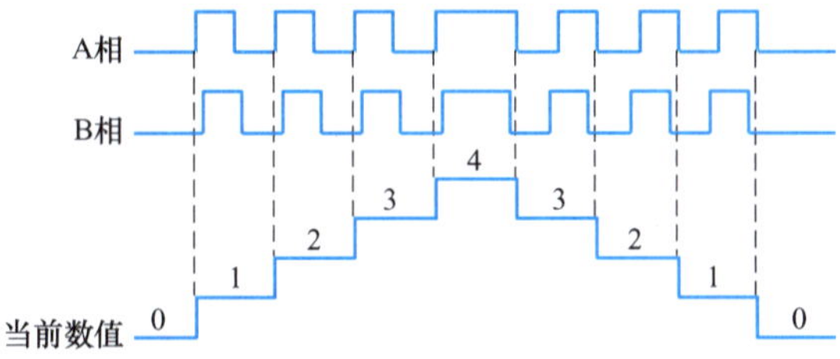

图 4-81 A/B 相正交计数工作过程

所有计数器无需启动条件设置，在硬件向导中设置完成后下载至 CPU 中，即可启动高速计数器。高速计数器的硬件输入定义和工作模式见表 4-9。

表 4-9 S7-1200 CPU 高速计数器的硬件输入定义和工作模式

项目	描述		输入点			功能
HSC	HSC1	使用 CPU 上集成 I/O 或信号板或 PTO0	I0.0 I0.4 PTO0	I0.1 I4.1 PTO0 方向	I0.3	
	HSC2	使用 CPU 上集成 I/O 或信号板或 PTO1	I0.2 PTO1	I0.3 PTO1 方向	I0.1	
	HSC3	使用 CPU 上集成 I/O	I0.4	I0.5	I0.7	
	HSC4	使用 CPU 上集成 I/O	I0.6	I0.7	I0.5	
	HSC5	使用 CPU 上集成 I/O 或信号板	I1.0 I4.0	I1.1 I4.1	I1.2	
	HSC6	使用 CPU 上集成 I/O	I1.3	I1.4	I1.5	
模式	单相计数，内部方向控制		时钟			计数或频率
					复位	计数
	单相计数，外部方向控制		时钟	方向		计数或频率
					复位	计数
	两相计数，两路时钟脉冲输入		增时钟	减时钟		计数或频率
					复位	计数
	A/B 相正交计数		A 相	B 相		计数或频率
					Z	计数
	监控 PTO 输出		时钟	方向		计数

由于不同计数器在不同的模式下同一个物理点会有不同的定义，在使用多个计数器时需要注意。

高速计数器的输入使用与普通数字量输入相同的地址，当某个输入点已定义为高速计数器的输入点时，就不能再应用于其他功能，但在某个模式下没有用到的输入点还可以用于其他功能的输入。

2）高速计数器寻址。S7-1200 CPU 将每个高速计数器的测量值存储在输入过程映像区内，数据类型为 32 位双整形有符号数（Dint），用户可以在设备组态中修改这些存储地址，在程序中可直接访问这些地址。但由于过程映像区受扫描周期影响，在一个扫描周期内此数值不会发生变化。但高速计数器中的实际值有可能会在一个周期内变化，用户可通过读取外设地址的方式读取到当前时刻的实际值。以 ID1000 为例，其外设地址为“ID1000：P”。高速计数器的默认寻址见表4-10。

表4-10　高速计数器默认寻址

高速计数器号	默认地址	高速计数器号	默认地址
HSC1	ID1000	HSC4	ID1012
HSC2	ID1004	HSC5	ID1016
HSC3	ID1008	HSC6	ID1020

3）高速计数器指令。高速计数器指令需要使用指定背景数据块存储参数。高速计数指令CTRL_HSC的参数见表4-11。

表4-11　高速计数指令CTRL_HSC参数

LAD	参数	数据类型	说明
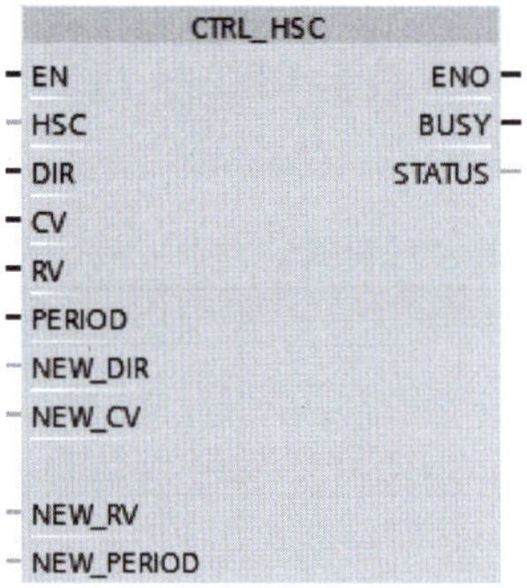	HSC	HW_HSC	HSC标识符
	DIR	Bool	1：使能新方向
	CV	Bool	1：使能新初值
	RV	Bool	1：使能新参考值
	PERIOD	Bool	1：使能新频率测量周期（仅限频率测量模式）
	NEW_DIR	Int	方向选择，1：正向；0：反向
	NEW_CV	Dint	新初始值
	NEW_RV	Dint	新参考值
	NEW_PERIOD	Int	新频率周期（仅限频率测量模式），1000：1s；100：0.1s；10：0.01s
	BUSY	Bool	处理状态
	STATUS	Bool	运行状态

S7-1200 CPU除了提供计数功能外，还提供了频率测量功能，有三种不同的频率测量周期：1.0s、0.1s和0.01s。频率测量周期定义为：计算并返回新的频率值的时间间隔。返回的频率值为上一个测量周期中所有测量值的平均值，无论测量周期如何选择，测量出的频率值总是以Hz（每秒脉冲数）为单位。

4）应用举例。为了便于理解，接下来通过一个例子来学习高速计数器的组态和应用。假设在旋转机械上有单相增量编码器做反馈，接入到S7-1200 CPU，要求在计数25个脉冲时，计数器复位，并重新开始计数，周而复始执行此功能。

①在TIA博途软件中新建项目，取名“HSC”。打开项目视图，在项目树中单击“添加新设备”选项，添加CPU“1214C DC/DC/DC”。

②在设备视图中双击PLC进入属性一栏中找到“常规”中的“高速计数器(HSC)”，选中“HSC1”并启用它，在“功能”一栏中进行配置，如图4-82所示。

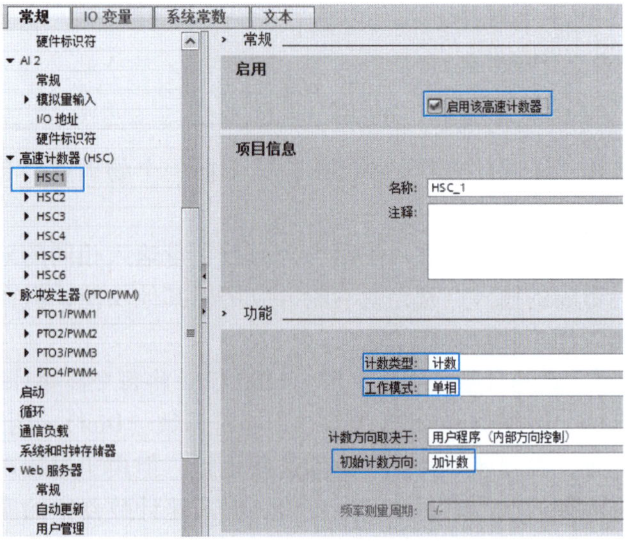

图4-82　配置高速计数器功能

计数类型分为计数、时间段、频率和运动控制四种，这里选择计数。工作模式分为单相、两相、A/B 相和 A/B 相四倍分频，这里选择单相。计数方向的选项与工作模式相关。当选择单相计数模式时，计数方向取决于用户程序（内部方向控制）和外部物理输入点控制；当选择 A/B 相或两相模式时，没有此选项。初始计数方向分为加计数和减计数，这里选择加计数。

③ 在高速计数器 HSC1 中的“恢复为初始值”一栏中进行配置，具体参数如图 4-83 所示。初始计数器值是当复位后，计数器重新计数的初始数值，本例中为 0。初始参考值是当计数数值到达此值时，可以激发一个硬件中断。

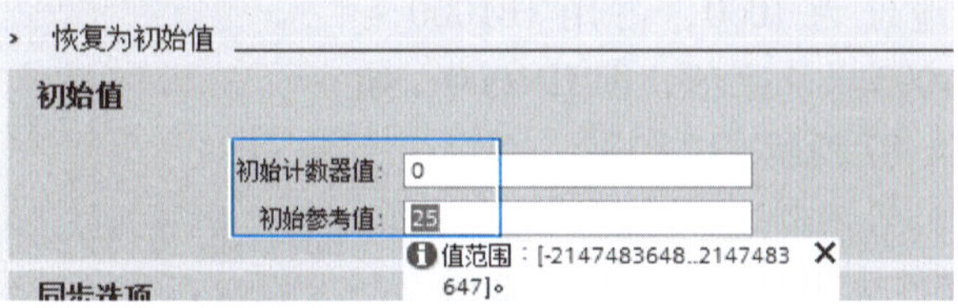

图 4-83 高速计数器的参考值和初始值配置

④ 在高速计数器 HSC1 中的“事件组态”一栏中进行配置，如图 4-84 所示。单击“”按钮创建一个新的中断事件，然后添加一个硬件中断，如图 4-85 所示。

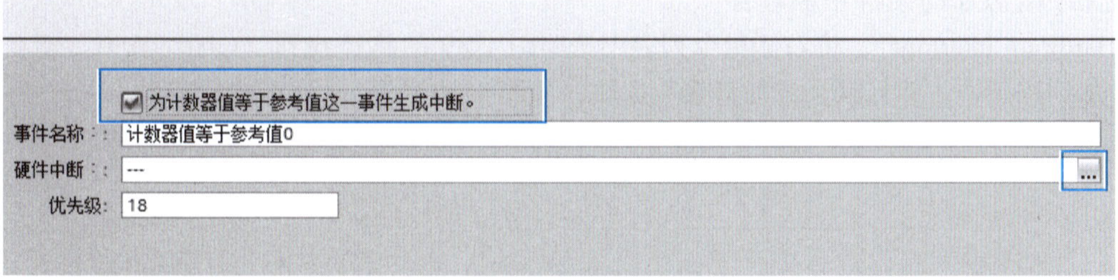

图 4-84 添加硬件中断

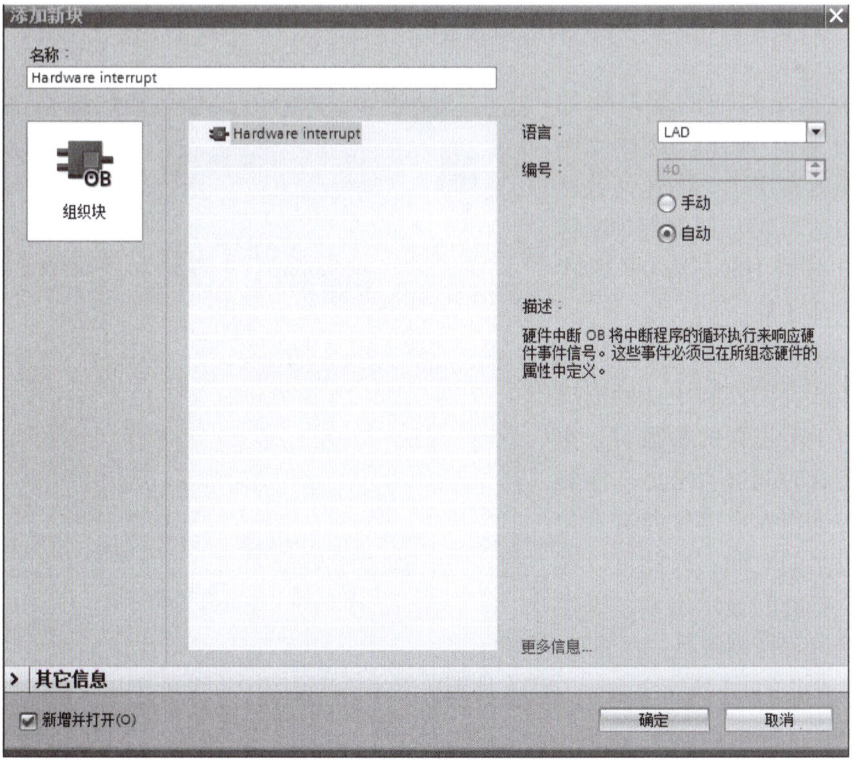

图 4-85 硬件中断组态

⑤ 在高速计数器HSC1的“硬件输入”一栏中，默认选择了硬件输入地址，如图4-86所示。

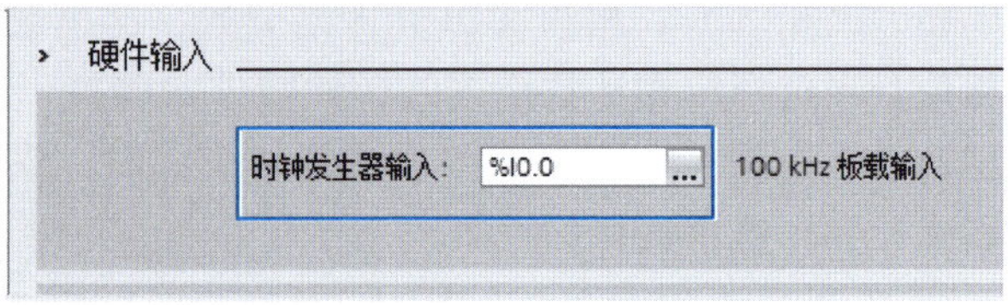

图4-86　高速计数器硬件输入配置

⑥ 在高速计数器HSC1中的“I/O地址”一栏中，默认的起始地址为1000，占用IB1000 ~ IB1003共4字节，即ID1000，如图4-87所示。

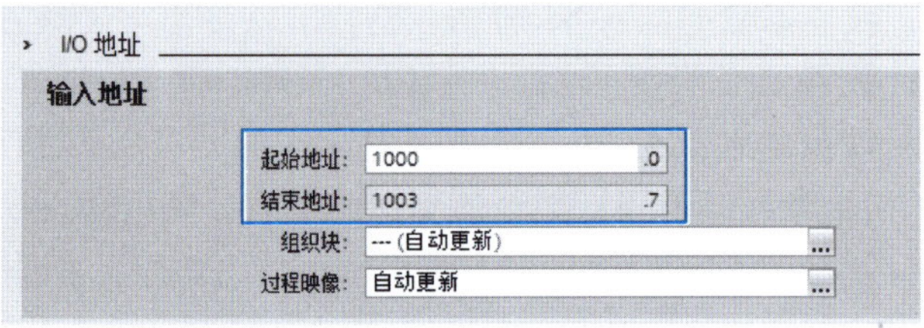

图4-87　高速计数器I/O地址配置

⑦ 在高速计数器HSC1的“硬件标识符”一栏中，查看高速计数器的硬件标识符，此栏不能修改，在后续指令块中需要用到此参数，如图4-88所示。

⑧ 打开TIA博途软件项目视图中刚添加的硬件中断程序“Hardware interrupt”，将右侧指令列表中按照图4-89的路径找到“CTRL_HSC”指令，添加到程序中，并且默认添加背景数据块，如图4-90所示。

图4-88　高速计数器硬件标识符

图4-89　指令的路径

⑨ 然后给对应的端口添加值，如图4-91所示。这样此例子的功能就实现了。高速计数器每次计数达到25，便触发中断程序，将计数器HSC1清0，再次计数，循环往复。

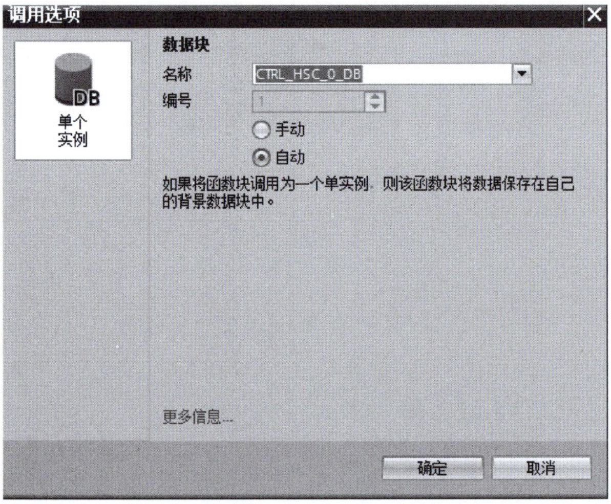

图4-90　生成背景数据块

2. 拓展知识

在生产过程控制中，触摸屏监控系统生产过程的参数时，常常需要配合时间进行考虑，能够帮助监控操作人员得知参数变化或事件发生的时间。因此可以在触摸屏上将时间显示出来，这在有些生产过程控制中是一项重要的功能。

(1) HMI的时间显示控件　在TIA博图软件的项目视图中，找到HMI一栏，打开画面。在画面中的工具箱中找到“元素”一栏，在“元素”一栏中找到控件“时钟”，将它拖曳到画面中，如图4-92所示。下载运行画面后，该时钟就会显示当前HMI中的系统时间。

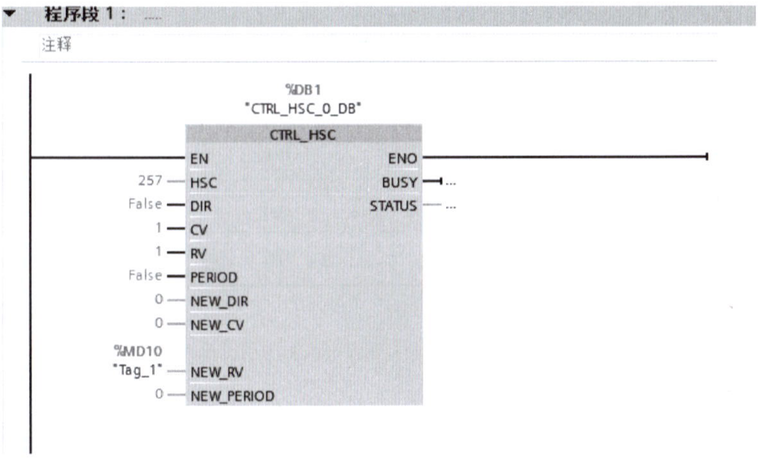

图 4-91　中断程序

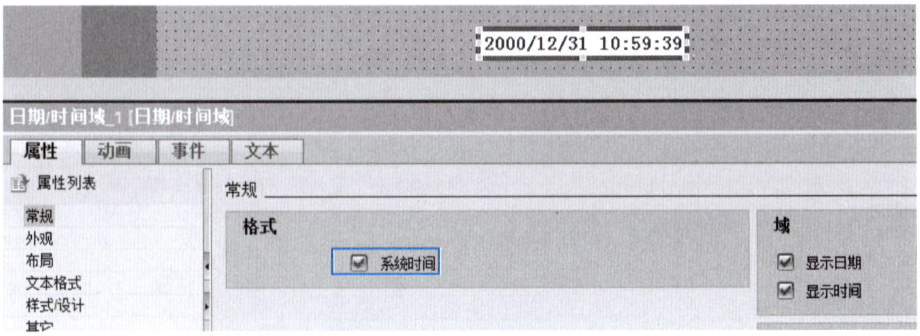

图 4-92　时钟的画面组态

（2）PLC 日期时间指令　上述方法在画面中可以显示生产时的时间，但是需要注意的是，在 HMI 中组态时间调用的参数均来自 HMI 中的系统时间。在生产过程中，HMI 监控的对象是 PLC 以及 PLC 控制的生产过程中的变量，因此在对于时钟要求较高的情况下，HMI 中监控的时间应该与 PLC 时间同步，也就是说，HMI 中应该显示的是 PLC 系统中的时间。此时，再使用 HMI 时间就不合适了，需要通过指令读取 PLC 的时间，并将此时间发送到 HMI 显示出来。

在西门子 PLC 的扩展指令中，有对 PLC 的系统时间进行操作的指令，通过这些指令可以实现系统时间的读取、写入、转换、时差计算等功能。此处只介绍其中的系统时间读取指令 RD_SYS_T，此指令用于读取 CPU 当前的系统时间。然后将其通过触摸屏的 I/O 域显示出来。系统时间读取指令 RD_SYS_T 的格式见表 4-12。该条指令的路径如图 4-93 所示，添加进程序中，如图 4-94 所示，当 M10.0 置位时，将 CPU 系统时间存储在系统时间变量中，之后在 HMI 显示 DTL 类型的系统时间参数即可。需要注意的是系统时间变量需要在数据块（DB）中进行创建，因此还需要新建一个 DB 块，在其中创建 DTL 型变量“系统时间”。

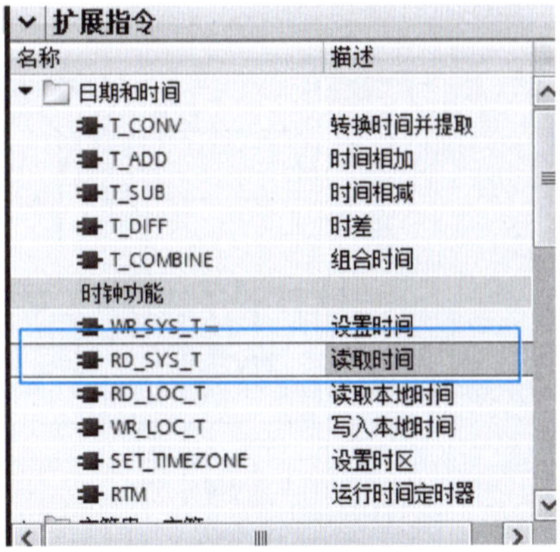

图 4-93　系统时间读取指令
RD_SYS_T 路径

表 4-12 系统时间读取指令 RD_SYS_T

LAD	参 数	数据类型	说 明
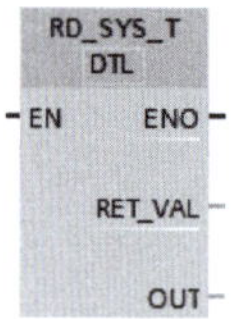	EN	Bool	使能输入
	ENO	Bool	使能输出
	RET_VAL	Int	执行条件代码
	OUT	DTL	当前 CPU 系统时间

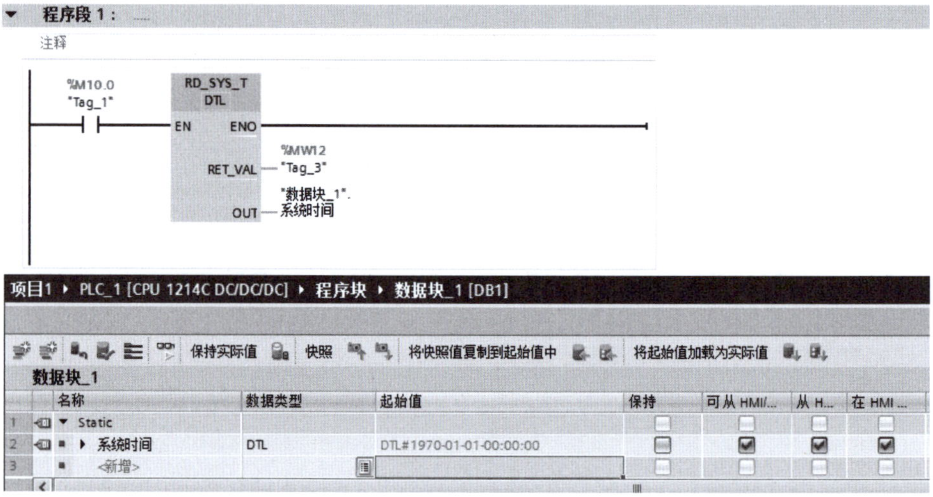

图 4-94 系统时间读取指令 RD_SYS_T

任务实施

1）根据控制要求确定 I/O 个数，进行 I/O 地址分配。经分析，本系统仅使用一个输入 I0.0 连接光电传感器。画出 PLC 计米显示控制系统接线图，如图 4-95 所示。

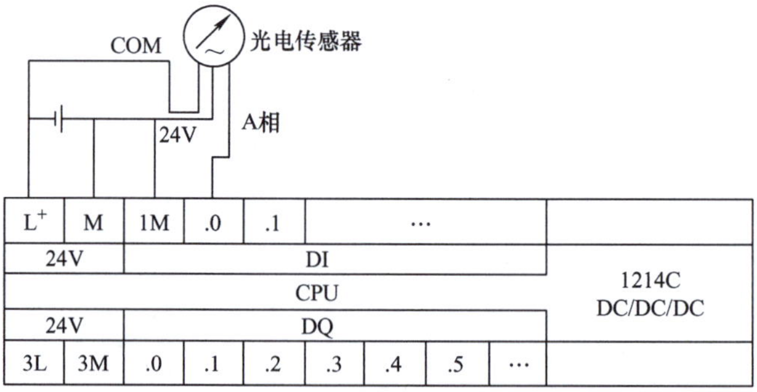

图 4-95 PLC 计米显示控制系统接线图

2）创建项目和设备组态。打开 TIA 博途软件，创建项目“HSC”，打开项目视图。在项目树设备组态中添加新设备，添加本项目的 PLC 和 HMI 设备。在设备中找到“1214C DC/DC/DC” PLC 和“KTP700 Basic” HMI，添加至设备组态中，并配置相应的 IP 地址和设置，将两个设备连接在同一个子网中，如图 4-96 所示。并且在 PLC 属性中打开高速计数器 HSC1，完成相应的高速计数器配置。

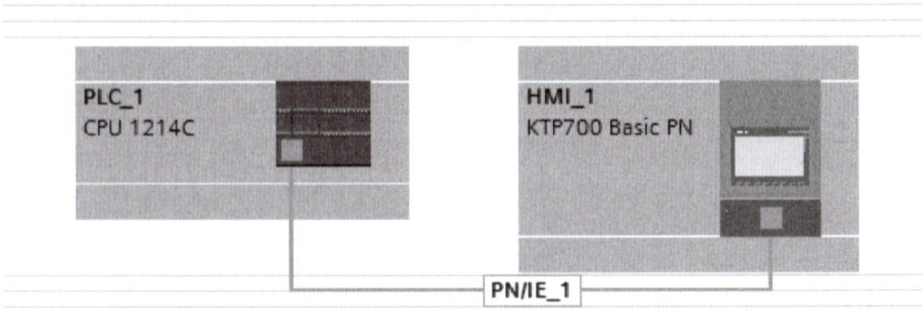

图 4-96　设备组态

3）编写 PLC 程序。按照控制要求在 TIA 博途软件中编写 PLC 程序。第一段程序是启停控制程序，用触摸屏来控制 PLC 程序的启动和停止，如图 4-97 所示。

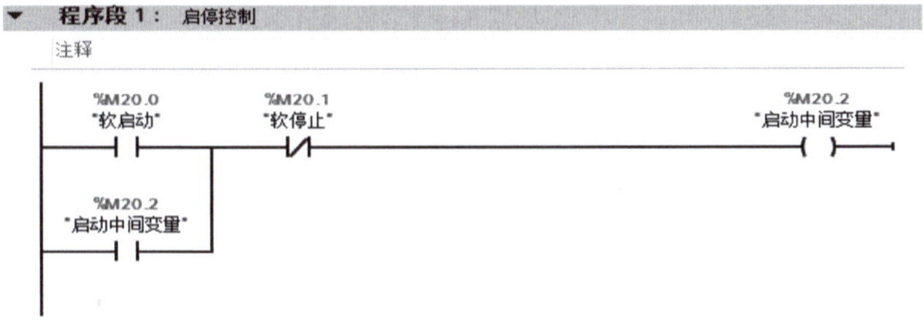

图 4-97　启停控制程序

第二段程序是计数控制程序，用于打开高速计数器 HSC1 并开始计数，将计数的结果存储在 MD18 中，如图 4-98 所示。

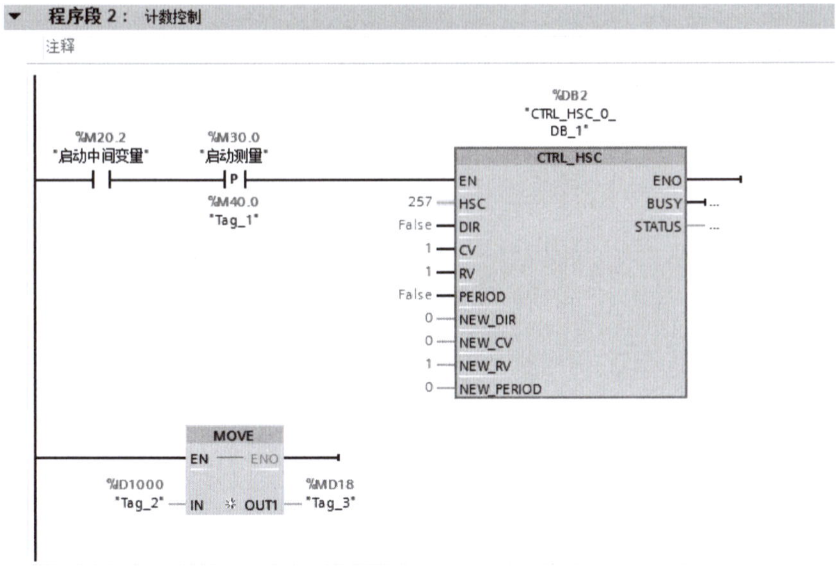

图 4-98　计数控制程序

第三段程序是距离换算程序，将 MD18 中所得数字通过计算得到距离。这里光电编码器旋转一周会发送 600 个脉冲，每周对应的距离是 80cm，因此这里用脉冲数除以

600 得到旋转周数，再乘以每周的距离 80cm，得到最终的距离，完成换算，并将结果保存在 MD14 中，最终显示在触摸屏上，如图 4-99 所示。

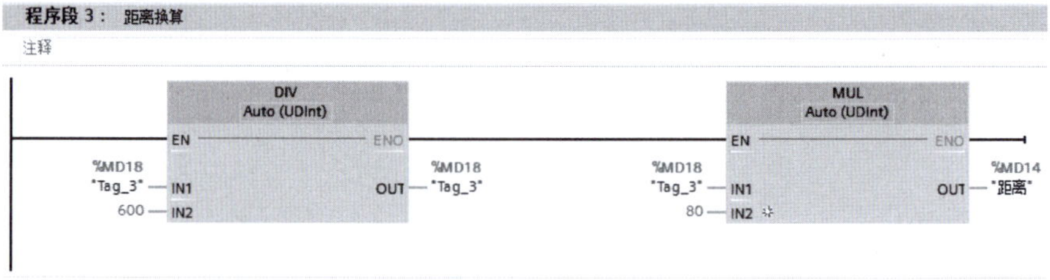

图 4-99 距离换算程序

4）设计组态画面。按照控制要求在 HMI 中进行画面组态。其中，HMI 变量、控件和 PLC 变量之间的对应关系见表 4-13。设计完成的 HMI 画面如图 4-100 所示。

表 4-13 HMI 变量、控件和 PLC 变量之间的对应关系表

HMI 变量	控　　件	PLC 变量	PLC 地址
软启动	启动按钮	软启动	M20.0
软停止	停止按钮	软停止	M20.1
启动测量	测量按钮	启动测量	M30.0
距离	I/O 域	距离	MD14

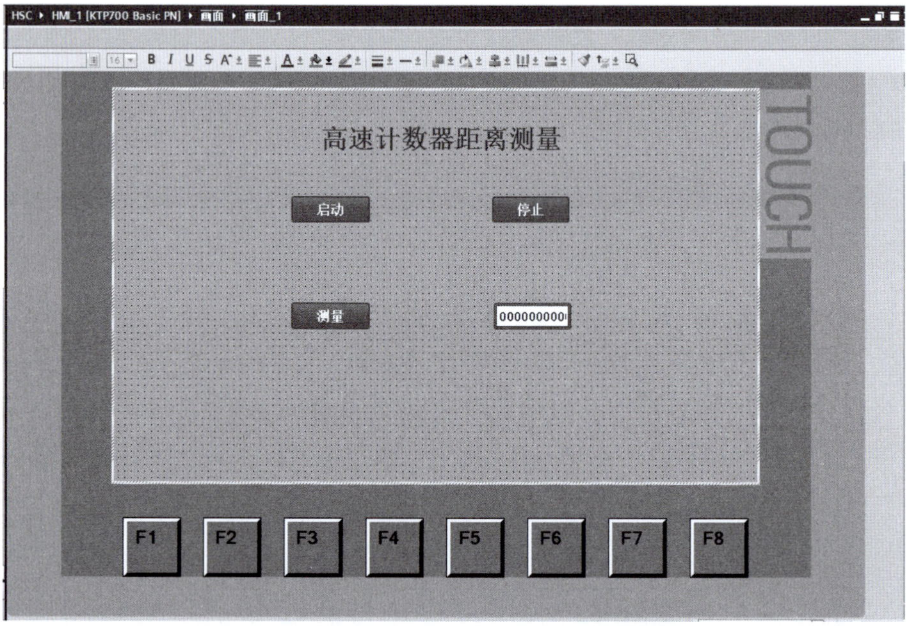

图 4-100 设计完成的 HMI 画面

5）安装配线。依据配线要求按照图 4-95 进行 PLC 与周边电气元件的接线。将计算机、触摸屏与 PLC 以网线连接至交换机上，组成通信网络。

6）调试运行。

① 使用万用表检查接线是否正常无误。

② 在 TIA 博途软件中在线访问 PLC 和 HMI，检验通信网络是否正常。

③ 编译已经编写完成的 PLC 程序和 HMI 画面。

④ 保存项目，并分别选中 PLC 和 HMI，单击“ ”按钮，分别下载 PLC 程序和 HMI 画面。

⑤ 单击“ ”按钮，启动 PLC，还可以通过“ ”按钮在线访问 PLC，查看 PLC 运行的情况。

⑥ 按下启动按钮，然后拨动转轮，观察触摸屏上显示的距离的变化。

任务拓展

工作任务书 基于平均值计算的PLC距离测量显示控制

设计一个减少测量误差的计米显示控制系统。画面上有三个按钮，按下第一个按钮，转动轮盘，记录一段距离，显示在触摸屏中。然后，按下第二个按钮，转动转轮，记录一段距离。然后按下第三个按钮，转动转轮，记录一段距离。之后按下完成按钮，将自动计算三次距离测量的平均值，显示在画面中。

思考与练习

1. 列举西门子触摸屏（HMI）三个系列的产品及其特点，另外当 CPU 为 S7－1500 PLC 系列时，应该选择哪个系列的 HMI，为什么？

2. 使用画面里的开关控制布尔量的方式有几种，分别是什么？通过改变控件的哪个属性可以切换控制模式？

3. 一条长走廊，走廊中有照明灯，现在需要通过触摸屏的按钮对照明灯进行双控，即两个按钮控制一个照明灯，按下任意一个按钮照明灯状态取反，请问应该如何在触摸屏中配置按钮控件并关联变量？

4. 请列举几种除西门子 HMI 之外的触摸屏种类及其配套的组态软件。

5. 已知 PLC 的 Q0.0 ~ Q0.7 连接了八个彩灯，请分析图 4-101 中的程序运行的结果。

6. 六盏彩灯连接在 PLC 的 Q0.0 ~ Q0.5 上，试编写程序能够控制彩灯每 2s 交叉点亮，即前 2s 灯 1、灯 3、灯 5 点亮，后 2s 灯 2、灯 4、灯 6 点亮。

7. 程序如图 4-102 所示，请分析程序执行后 MW20 的结果。

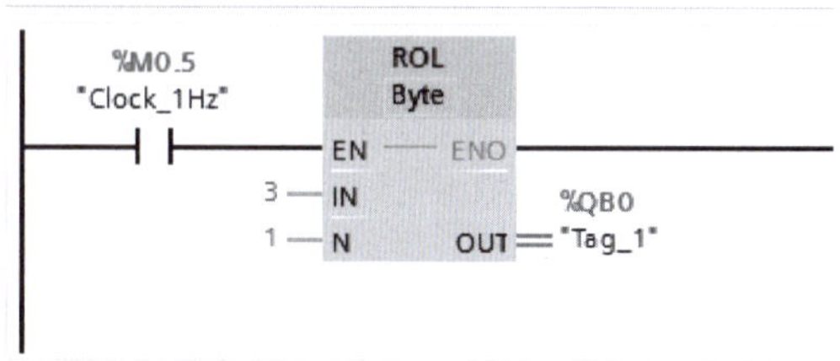

图 4-101　PLC 程序图

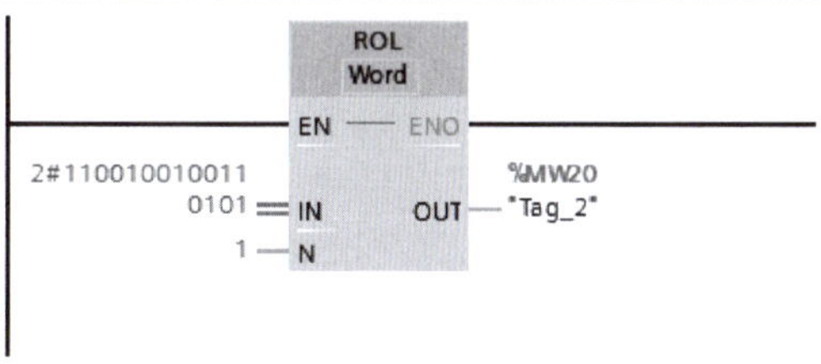

图 4-102　PLC 程序图

8. 请简述西门子 PLC 的高速计数器 HSC1 允许的几种工作模式，以及每种工作模式支持的最高频率。

9. 已知 PLC 的 I0.0 连接了光电编码器的输入，通过记录光电编码器的脉冲计算外部齿轮的转速。已知齿轮每转过一圈，光电编码器输入 600 个脉冲。请通过配置西门子的 PLC 启用相应的高速计数器，编写程序实现，当齿轮转速超过 10r/s（转/秒）时，触摸屏显示“齿轮已超速”。

10. 已知一个系统中配有西门子触摸屏和 PLC，要求在运行时，在主控窗口上显示触摸屏的系统时间。主控窗口可以通过按钮进入生产窗口，生产窗口可以显示 PLC 的系统时间和 PLC 的运行时间，试通过编写程序和画面组态实现这一要求。

项目5

西门子S7-1200 PLC运动控制

运动控制（Motion Control，MC）是自动化的一个分支，其主要特点在于协调多个电动机，完成指定的轨迹规划、速度合成规划等。初学者所说的运动控制主要指电动机控制（这里指步进电动机和伺服电动机），它是运动控制的一个基础环节，着重于对单轴伺服电动机的控制，一般包括位置控制、速度控制及转矩控制三个控制环。本项目运动控制的驱动对象是步进电动机和伺服电动机。

任务1　电动阀门自动控制

任务描述

现有一套电动蝶阀开度自动控制系统，电动蝶阀由步进电动机通过蜗轮蜗杆带动阀片旋转，完成阀门的开与关，并且可以控制阀门的开口度。电动蝶阀安装于管道上，通过控制其开口度可以进行管道流量的控制，在工业控制中作为一个执行元件广泛应用。它的驱动方式可以采用步进电动机，可以精确控制其开口度，步进电动机每转一圈，通过机械传动折算后，阀体旋转2°，即2°/r，阀门完全打开为90°（工位二），与水流方向一致，完全闭合为0°（工位一），与水流方向垂直，阀体分别在工位一、工位二来回运行，阀门关闭状态的工位一（0°）为原点，安装原点接近开关SQ0，分别在全开和全关位置外侧安装极限保护机械限位SQ1和SQ2作为超程保护，结构示意图如图5-1所示。

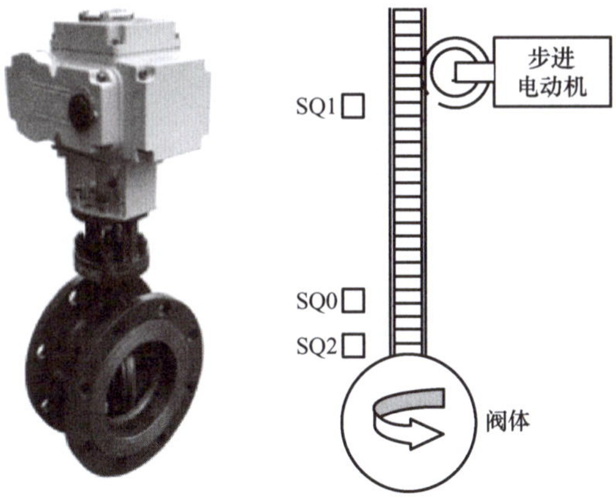

图5-1　电动蝶阀结构示意图

1）按下关闭按钮SB1，系统回原点，阀门运行到完全关闭位置停止，即工位一（0°）。

2）阀门在关的位置，按下开启按钮SB2，阀门运行到开度60%位置时，停5s后，然后运行到开工位二（90°）停止，阀门完全打开。

3）阀门在开的位置，按下关闭按钮SB1，阀门以一定速度运行到关的位置，即工位一（0°），阀门完全关闭。

4）在阀门运行过程中，按下停止按钮SB3，阀门停止工作；当出现超程时，阀门运行停止，并且红色报警灯HL1常亮；阀门在运行过程中，绿色运行指示灯HL2以1s周期闪烁。

任务目标

1）掌握 S7－1200 PLC 运动控制的三种控制方法。

2）掌握 PTO 控制方式的硬件接线与组态方法。

3）掌握工艺对象“轴”的配置方法。

4）掌握 S7－1200 PLC 运动控制指令的应用。

S7-1200运动控制指令

脉冲串输出PTO控制方式

相关知识

1. 基本知识

（1）S7－1200 PLC 运动控制的控制方式　S7－1200 PLC 运动控制根据连接驱动方式不同，分成三种控制方式，如图 5-2 所示。

1）通信控制方式：S7－1200 PLC 通过基于 PROFIBUS/PROFINET 的 PROFIdrive 方式与支持 PROFIdrive 的驱动器连接，并通过标准的 PROFIdrive 报文进行通信，传输控制字、状态字、设定值和实际值，完成运动控制。

2）脉冲串输出 PTO 方式：S7－1200 PLC 通过发送 PTO 脉冲的方式控制驱动器，可以是脉冲＋方向、A/B 正交或者是正/反脉冲的方式。

3）模拟量输出方式：S7－1200 PLC 通过输出模拟量来控制驱动器。

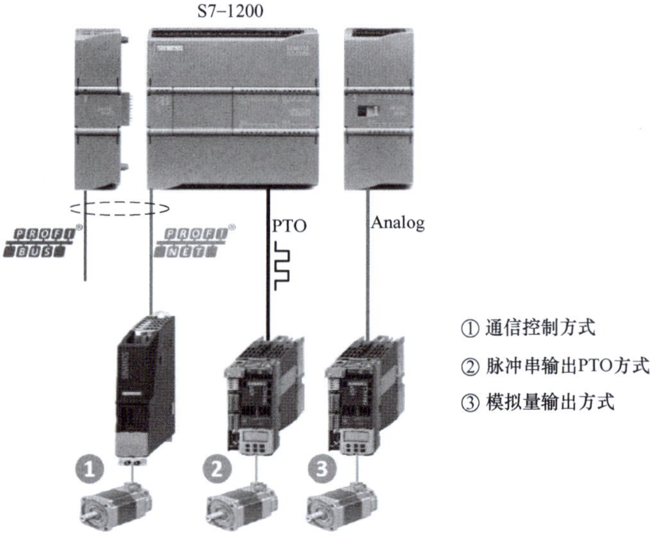

图 5-2　S7－1200 PLC 运动控制的三种控制方式

（2）S7－1200 PLC 的 PTO 控制方式　S7－1200 CPU 提供两种脉冲发生器可用于控制高速脉冲输出功能。

1）脉宽调制（PWM）：内置 CPU 中，用于速度、位置或占空比控制。

2）脉冲串输出（PTO）：内置 CPU 中，用于速度和位置控制。

脉冲串输出 PTO 的信号类型有多种，本任务用的是脉冲 A 和方向 B，一个输出（P0）控制脉冲，另一输出（P1）控制方向，如果脉冲处于正向，则 P1 为高电平（正转），如果脉冲处于负向，则 P1 为低电平（反转），如图 5-3 所示。

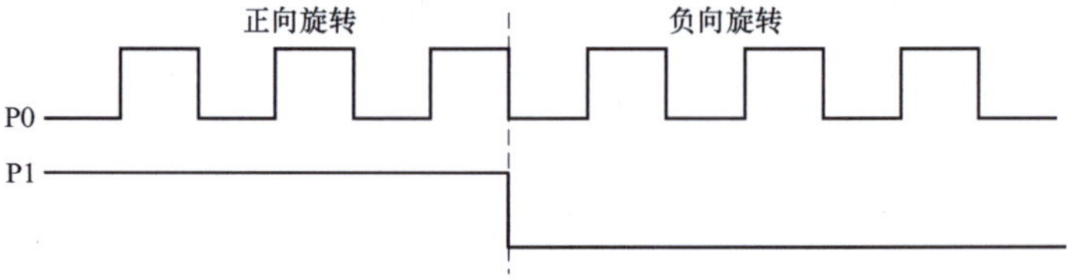

图 5-3　脉冲＋方向的 PTO 方式的时序图

S7－1200 PLC 以 PTO 方式连接驱动器时，PLC 的选型主要考虑的是脉冲输出通道数和脉冲输出频率，S7－1200 PLC 集成了两个 100kHz 的高速脉冲输出，当组态成 PTO 时，它们将提供最高频率为 100kHz 的 50% 占空比高速脉冲输出，可以对步进电动机或伺服驱动器进行开环速度控制和定位控制。不论是使用主机 CPU 自身的高速 I/O、信号板 I/O 还是两者的组合，最多可以控制 4 个 PTO 输出通道，脉冲发生器具有默认的 I/O 分配，可以组态为 CPU 模块或信号板（SB）上的任意数字量输出，见表 5-1。

表 5-1　PTO/PWM 控制方式输出地址分配表

CPU/信号板	PTO1		PTO2		PWM1		PWM2		高速通道	脉冲频率
	脉冲	方向	脉冲	方向	脉冲	方向	脉冲	方向		
CPU1211C	Q0. 0	Q0. 1	Q0. 2	Q0. 3	Q0. 0	—	Q0. 2	—	2	100kHz
CPU1212C	Q0. 0	Q0. 1	Q0. 2	Q0. 3	Q0. 0	—	Q0. 2	—	2	100kHz
CPU1214C	Q0. 0	Q0. 1	Q0. 2	Q0. 3	Q0. 0	—	Q0. 2	—	2	100kHz
CPU1215C	Q0. 0	Q0. 1	Q0. 2	Q0. 3	Q0. 0	—	Q0. 2	—	2	100kHz
CPU1217C	Q0. 0	Q0. 1	Q0. 2	Q0. 3	Q0. 0	—	Q0. 2	—	2	1MHz
SB1222	Q4. 0	Q4. 1	Q4. 2	Q4. 3	Q4. 0	—	Q4. 2	—	2	200kHz
SB1223	Q4. 0	Q4. 1	—	—	Q4. 0	—	—	—	1	200kHz

注：1. 不能将 CPU 上的脉冲发生器分配到信号模块（SM）或是分布式 I/O。
2. 要选用晶体管输出的 CPU。
3. 硬件版本 v2. 2 以上 CPU 本体可以直接组态四个轴——两个 100kHz、两个 20kHz。

（3）S7－1200 PLC 运动控制指令　在用户程序编制中，可以使用运动控制指令控制轴，这些指令能启动执行所需功能的运动控制任务，也可以从运动控制指令的输出参数中获取运动控制任务中的状态以及执行期间发生的任何错误，S7－1200 PLC 运动控制指令见表 5-2。

表 5-2　S7－1200 PLC 运动控制指令表

序　号	指 令 名 称	功　能
1	MC_Power	轴启用、禁用
2	MC_Reset	轴错误确认、复位
3	MC_Home	设置轴回参考点
4	MC_Halt	轴停止
5	MC_MoveAbsolute	轴的绝对定位
6	MC_MoveRelative	轴的相对定位
7	MC_MoveVelocity	轴以预设的速度运动
8	MC_MoveJog	轴在手动模式下点动

注：1. 点动功能至少需要 MC_Power、MC_Reset 和 MC_MoveJog 指令。
2. 相对距离运行需要 MC_Power、MC_Reset 和 MC_MoveRelative 指令。
3. 绝对运动功能需要 MC_Power、MC_Reset、MC_Home 以及 MC_MoveAbsolute 指令，在触发 MC_MoveAbsolute 指令前需要轴有回原点完成信号。
4. 以预定的速度运动控制功能需要 MC_Power、MC_Reset、MC_MoveVelocity 以及 MC_Halt 指令。

1）启动/禁用轴指令 MC_Power。

功能：使能轴或禁止轴。

使用要点：在程序里一直调用，并且在其他运动控制指令之前调用并使能，轴在运动之前，必须使能指令块，当 Enable 置 1 后，轴使能，才可以用后面其他的控制指令控制轴的运动，启动/禁用轴指令具体参数说明见表 5-3。

表 5-3 启动/禁用轴指令 MC_Power 具体参数

LAD 符号	名称与 I/O 类型	参数说明
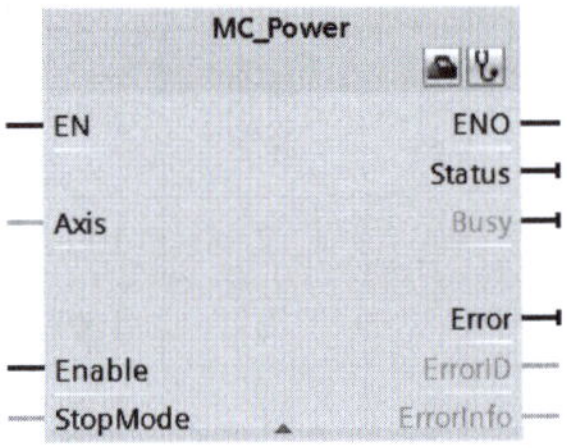	EN	能流使能
	Axis	已配置好的工艺对象名称
	StopMode：= _int_in_，	停止模式：0 为按照配置好的急停曲线停止；1 为立即停止，输出脉冲封死
	Enable：= _bool_in_，	轴使能：1 为轴使能；0 为轴禁用
	Status：bool_out_，	轴使能状态：0 为轴禁用；1 为轴使能
	Busy = > _bool_out_，	轴的状态：1 为激活；0 为未激活
	Error = > _bool_out_，	错误状态：1 为出错，0 为无错，信息在 ErrorID 与 ErrorInfo 参数
	ErrorID = > _word_out_，	错误 ID 码
	ErrorInfo = > _word_out_，	错误信息

2）轴故障确认指令 MC_Reset。

功能：用来确认“伴随轴停止出现的运行错误”和“组态错误”。

使用要点：Execute 用上升沿触发。

如果在使用轴的运行控制指令运行过程中发生错误，必须调用轴故障确认指令块进行复位，例如轴的超程，故障处理完毕后，必须进行轴的复位，当上升沿使能 Execute 后，复位错误信息，具体参数说明见表 5-4。

表 5-4 轴故障确认指令 MC_Reset 的具体参数

LAD 符号	名称与 I/O 类型	参数说明
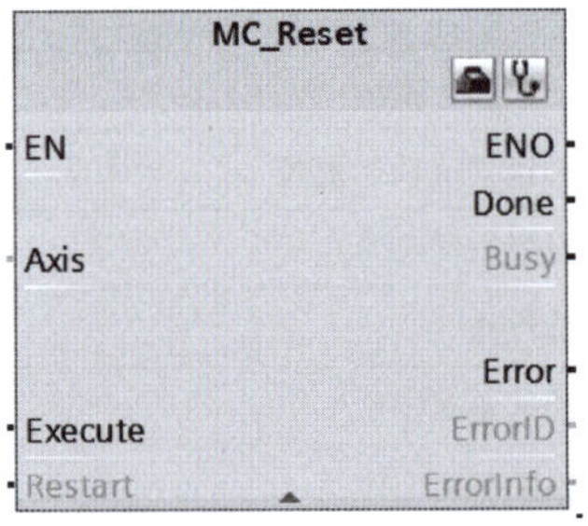	EN	能流使能
	Axis	已配置好的工艺对象名称
	Execute：= _bool_in_，	轴复位执行：上升沿使能
	Busy = > _bool_out_，	轴的状态：1 为激活；0 为未激活
	Error = > _bool_out_，	错误状态：1 为出错；0 为无错，信息在 ErrorID 与 ErrorInfo 参数
	ErrorID = > _word_out_，	错误 ID 码
	ErrorInfo = > _word_out_，	错误信息

3）回原点指令 MC_Home。

功能：使轴归位，设置参考点，用来将轴坐标与实际的物理驱动器位置进行匹配。

使用要点：轴做绝对位置定位前一定要触发 MC_Home 指令。

参考点在系统中有时作为坐标原点，在运动控制系统中回原点是非常重要的，当上升沿使能 Execute 后，按照设定的回参考模式回原点，运行中存在超驰响应，可以被另一个运动指令块中止任务，回原点指令具体参数说明见表 5-5。

表 5-5 回原点指令 MC_Home 的具体参数

LAD 符号	名称与 I/O 类型	参 数 说 明
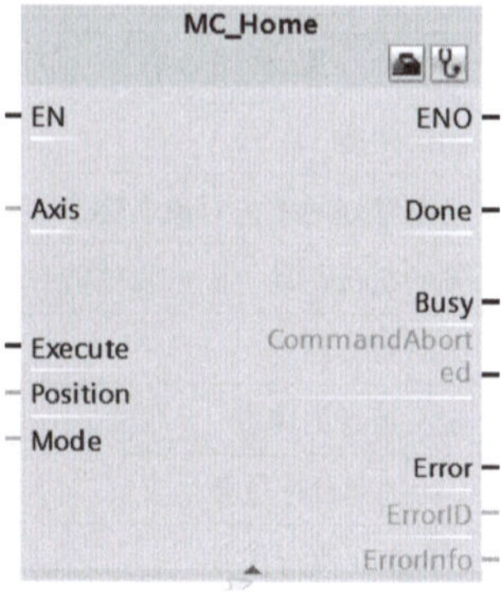	EN	能流使能
	Axis	已配置好的工艺对象名称
	Execute：= _bool_in_,	轴复位执行，上升沿使能
	Position：= _real_in_,	模式 0、2、3 原点位置，1 为轴相对原点位置值
	Mode：= _int_in_,	0、1 为直接绝对回零，2 为被动回零，3 为主动回零
	Done = > _bool_out_,	1 为任务完成
	Busy = > _bool_out_,	1 为正在执行任务
	CommandAborted = > _bool_out_	超驰响应，任务在执行期间被另一个任务中止
	Error = > _bool_out_,	错误状态：1 为出错，0 为无错，信息在 ErrorID 与 ErrorInfo 参数
	ErrorID = > _word_out_,	错误 ID 码
	ErrorInfo = > _word_out_,	错误信息

注：超驰响应：简单地说，即当前执行的运动控制指令被后面触发的指令替代。

4）停止轴运行指令 MC_Halt。

功能：停止所有运动并以组态的减速度使轴停止。

使用要点：常用 MC_Halt 指令来停止通过 MC_MoveVelocity 指令触发的轴的运行。

MC_Halt 指令用于停止轴的运动，当上升沿使能 Execute 后，会按照已配置的减速曲线停车，运行中存在超驰响应，可以被另一个运动指令块中止任务，轴的停止指令具体参数说明见表 5-6。

表 5-6 停止轴运行指令 MC_Halt 的具体参数

LAD 符号	名称与 I/O 类型	参 数 说 明
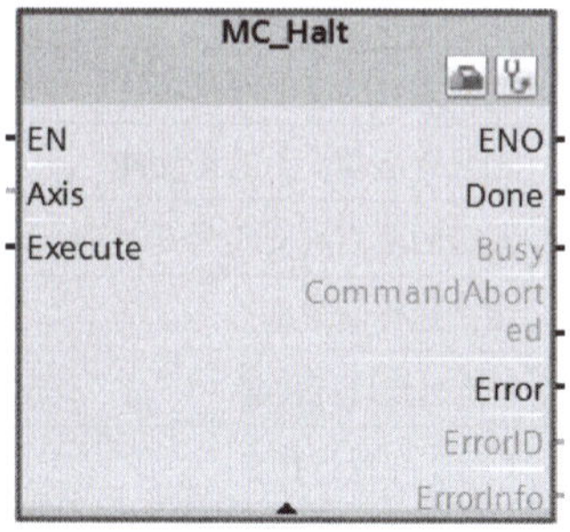	EN	能流使能
	Axis	已配置好的工艺对象名称
	Execute：= _bool_in_,	轴的执行停止，上升沿使能
	Done = > _bool_out_,	1 为速度达到零
	Busy = > _bool_out_,	1 为正在执行任务
	CommandAborted = > _bool_out_	超驰响应，任务在执行期间被另一个任务中止
	Error = > _bool_out_,	错误状态：1 为出错，0 为无错，信息在 ErrorID 与 ErrorInfo 参数
	ErrorID = > _word_out_,	错误 ID 码
	ErrorInfo = > _word_out_,	错误信息

5）轴绝对定位指令 MC_MoveAbsolute。

功能：使轴以某一速度进行绝对位置定位。

使用要点：在使能该指令之前，轴必须回原点，因此 MC_MoveAbsolute 指令之前必须有 MC_Home 指令。

轴绝对定位指令 MC_MoveAbsolute 的执行需要建立参考点，通过定义速度、距离和方向，当上升沿使能 Execute 后，轴按照设定的速度和方向运行到定义好的绝对位置处，运行中存在超驰响应，可以被另一个运动指令块中止任务，轴绝对定位指令的具体参数说明见表 5-7。

表 5-7 轴绝对定位指令 MC_MoveAbsolute 的具体参数

LAD 符号	名称与 I/O 类型	参 数 说 明
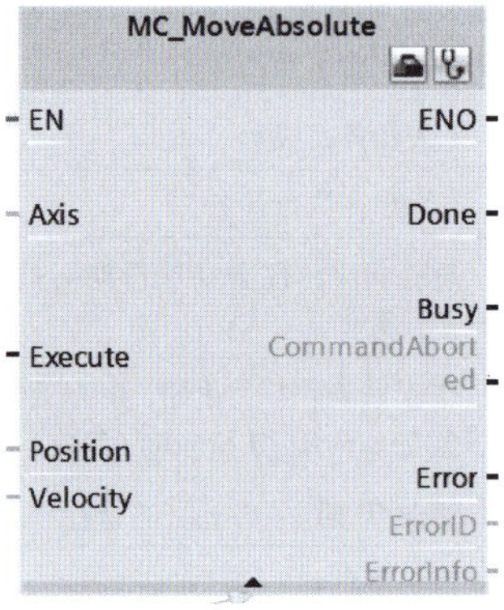	EN	能流使能
	Axis	已配置好的工艺对象名称
	Execute：=_bool_in_,	轴的执行运动，上升沿使能
	Position：=_real_in_,	绝对目标位置
	Velocity：=_real_in_,	定义运行的速度
	Done =>_bool_out_,	1 为达到目标位置
	Busy =>_bool_out_,	1 为正在执行任务
	CommandAborted =>_bool_out_	超驰响应，任务在执行期间被另一个任务中止
	Error =>_bool_out_,	错误状态：1 为出错，0 为无错，信息在 ErrorID 与 ErrorInfo 参数

6）轴相对定位指令 MC_MoveRelative。

功能：使轴以某一速度在轴当前位置的基础上移动一个相对距离。

使用要点：不需要轴执行回原点命令。

轴相对定位指令 MC_MoveRelative 的执行不需要建立参考点，通过定义速度、距离和方向，当上升沿使能 Execute 后，轴按照设定的速度和方向运行，其方向由距离中的正负号（+/-）决定，运行到设定的距离后停止，运行中存在超驰响应，可以被另一个运动指令块中止任务，轴相对定位指令具体参数说明见表 5-8。

表 5-8 轴相对定位指令 MC_MoveRelative 的具体参数

LAD 符号	名称与 I/O 类型	参 数 说 明
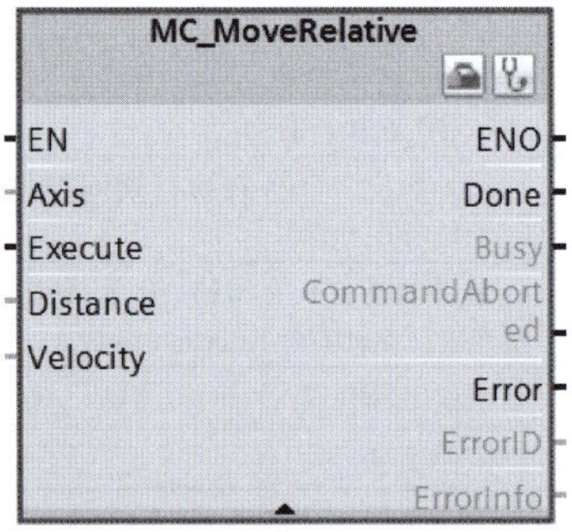	EN	能流使能
	Axis	已配置好的工艺对象名称
	Execute：=_bool_in_,	轴执行运动，上升沿使能
	Distance：=_real_in_,	运行的距离（正负号是方向）
	Velocity：=_real_in_,	定义运行的速度
	Done =>_bool_out_,	1 为达到目标位置
	Busy =>_bool_out_,	1 为正在执行任务
	CommandAborted =>_bool_out_	超驰响应，任务在执行期间被另一个任务中止
	Error =>_bool_out_,	错误状态：1 为出错，0 为无错，信息在 ErrorID 与 ErrorInfo 参数

7）轴预设速度指令 MC_MoveVelocity。

功能：使轴以预设的速度运行。

使用要点：只能用 MC_Halt 指令来停止，如果设定“Velocity”数值为 0.0，触发指令后轴会以组态的减速度停止运行，相当于 MC_Halt 指令。

MC_MoveVelocity 是轴以预设速度运行的指令块，在指令块能流接通并且组态了工艺轴，使能指令块后，按照设定的速度和方向运行，直到 MC_Halt 轴停止指令使能，或是超驰响应，任务被另一个任务中止，轴预设速度运行指令具体参数说明见表 5-9。

表 5-9　轴预设速度运行指令 MC_MoveVelocity 的参数

LAD 符号	名称与 I/O 类型	参 数 说 明
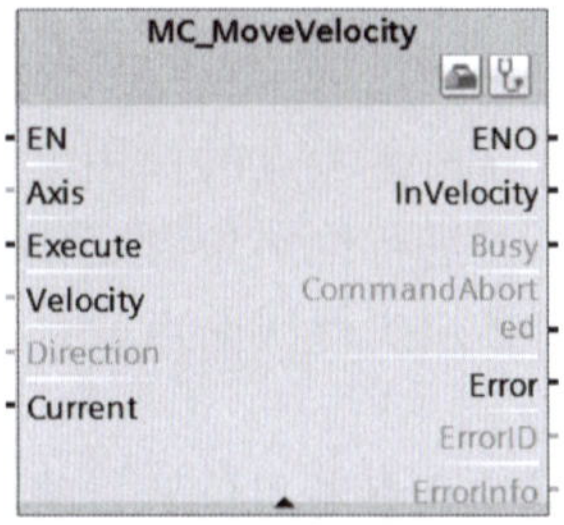	EN	能流使能
	Axis	已配置好的工艺对象名称
	Execute：=_bool_in_,	轴执行运动：上升沿使能
	Velocity：=_real_in_,	轴的运行速度，默认值为 10.0
	Direction：=_int_in_,	见表注
	Current：=bool_in_	见表注
	Busy =>_bool_out_,	1 为正在执行任务
	CommandAborted =>_bool_out_	超驰响应，任务在执行期间被另一个任务中止
	Error =>_bool_out_,	错误状态：1 为出错，0 为无错，信息在 ErrorID 与 ErrorInf 参数

注：1. Direction：方向数值，Direction=0，旋转方向取决于参数“Velocity”值的符号；Direction=1，正方向旋转，忽略参数“Velocity”值的符号；Direction=2，负方向旋转，忽略参数“Velocity”值的符号。

2. Current=0，轴按照参数“Velocity”和“Direction”值运行；Current=1，忽略参数“Velocity”和“Direction”值，轴以当前速度运行。

8）轴点动运行指令 MC_MoveJog。

功能：在点动模式下以指定的速度连续移动轴。

使用技巧：正向点动和反向点动不能同时触发，在执行点动指令时，用互锁逻辑。

MC_MoveJog 是轴在手动模式下点动运行指令块，在正向点动置 1 后，轴以设定的速度运行，直到正向点动置 0，轴运行停止，反转同理。轴点动运行指令具体参数说明见表 5-10。

表 5-10　轴点动运行指令 MC_MoveJog 的具体参数

LAD 符号	名称与 I/O 类型	参 数 说 明
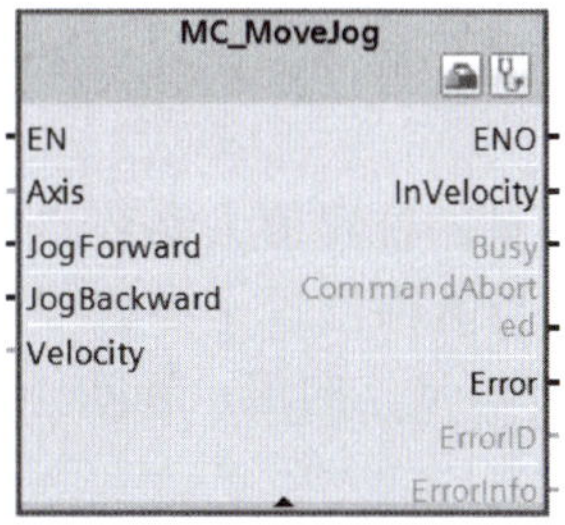	EN	能流使能
	Axis	已配置好的工艺对象名称
	JogForward：=_bool_in_,	见表后说明
	JogBackward：=_bool_in_,	1 为反向点动，参考 JogForward
	Velocity：=_real_in_,	点动预设速度，实时修改，实时生效
	Busy =>_bool_out_,	1 为正在执行任务
	CommandAborted =>_bool_out_	超驰响应，任务在执行期间被另一个任务中止
	Error =>_bool_out_,	错误状态：1 为出错，0 为无错，信息在 ErrorID 与 ErrorInfo 参数

注：1. JogForward：正向点动，不是用上升沿触发，JogForward 为 1 时，轴运行。

2. JogForward 为 0 时，轴停止。类似于按钮功能，按下按钮，轴就运行，松开按钮，轴停止运行。

2. 拓展知识

(1) 运动控制系统回原点　在运动控制系统中，可以对位置或距离进行精确定位，在实际使用中主要存在以下两种方式：一是在运动控制系统中设置原点和左右极限开关，这种方式通过回原点能够完成精确的定位和距离控制功能，主要应用在雕刻机、线切割、数控加工系统中，主要使用的运动控制指令是 MC_MoveAbsolute、MC_MoveRelative 指令；二是在运动控制系统中不设置原点，只在不同位置设置检测开关，轴在运动过程中通过检测开关状态完成各项功能，这种方式不能完成精确的定位和距离控制功能，但在实际使用系统中由于机械减速结构存在，也能实现准确的停车，由于这种方式简便、灵活，广泛应用于实际系统中，例如各种阀门的位置、开度控制，以及过程控制系统中液位控制等。这种方式主要使用运动控制指令中的 MC_MoveVelocity、MC_MoveJog 指令。

运动控制系统中的原点也可以叫作参考点，回原点或是寻找参考点的作用是：轴的实际的机械位置和 S7－1200 PLC 程序中轴的位置坐标统一，进行绝对位置定位。一般情况下，西门子 PLC 的运动控制在使能绝对位置定位之前必须执行回原点或是寻找参考点。

回原点指令 MC_Home 的功能是系统设置参考点，使轴运动到参考点位置，将轴的坐标与实际的物理位置相统一，轴做绝对位置定位前一定要触发 MC_Home 指令，回原点后用户可以通过对变量 <轴名称>. StatusBits. HomingDone = TRUE 与运动控制指令“MC_Home”的输出参数 Done = TRUE 进行与运算，来检查轴是否已回原点。回原点指令 MC_Home 功能如图 5-4 所示。

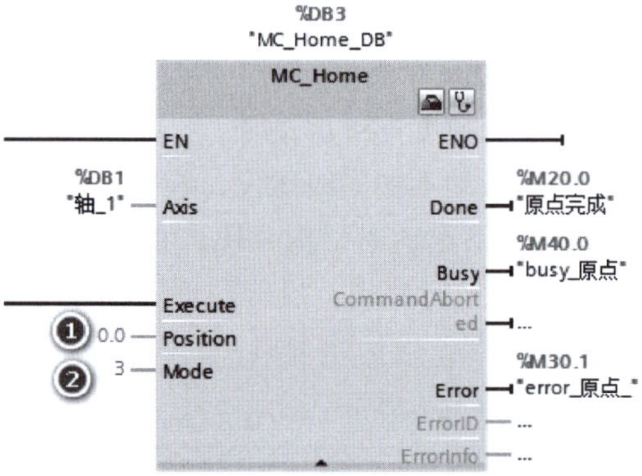

图 5-4　回原点指令功能图

1) Position：位置值。Mode = 1 时，为对当前轴位置的修正值；Mode = 0、2、3 时，为轴的绝对位置值。

2) Mode：回原点模式值。Mode = 0，绝对式直接回原点，轴的位置值为参数“Position”的值；Mode = 1，相对式直接回原点，轴的位置值等于当前轴位置 + 参数“Position”的值；Mode = 2，被动回原点，轴的位置值为参数“Position”的值；Mode = 3，主动回原点，轴的位置值为参数“Position”的值。

Mode 四种模式功能介绍如下。

① Mode = 0 绝对式直接回原点。

以图 5-5 为例进行说明。该模式下的 MC_Home 指令触发后轴并不运行，也不会去寻找原点开关。指令执行后的结果是：轴的坐标值直接更新成新的坐标，新的坐标值就是 MC_Home 指令的“Position”管脚的数值。

“Position” =0. 0mm，则轴的当前坐标值也就更新成了 0. 0mm，该坐标值属于绝对坐标值，也就是相当于轴已经建立了绝对坐标系，可以进行绝对运动。该模式可以让用户在没有原点开关的情况下，进行绝对运动操作。

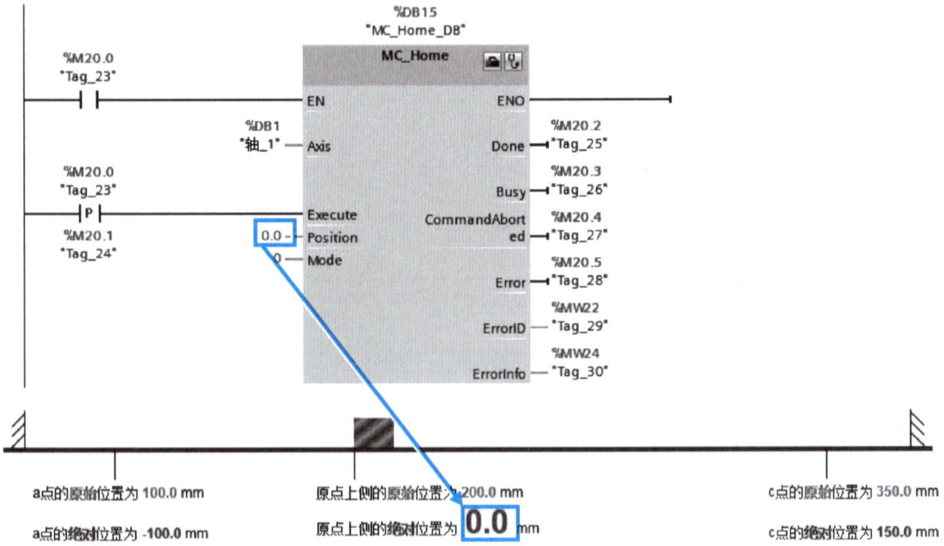

图 5-5　模式 0 示意图

② Mode =1 相对式直接回原点。

与 Mode =0 相同，以该模式触发 MC_Home 指令后轴并不运行，只是更新轴的当前位置值。更新的方式与 Mode =0 不同，而是将在轴原来坐标值的基础上加上“Position”值后得到的坐标值作为轴当前位置的新值。如图 5-6 所示，执行 MC_Home 指令后，轴的位置值变成了 210mm，相应地 a 和 c 点的坐标位置值也更新成新值。

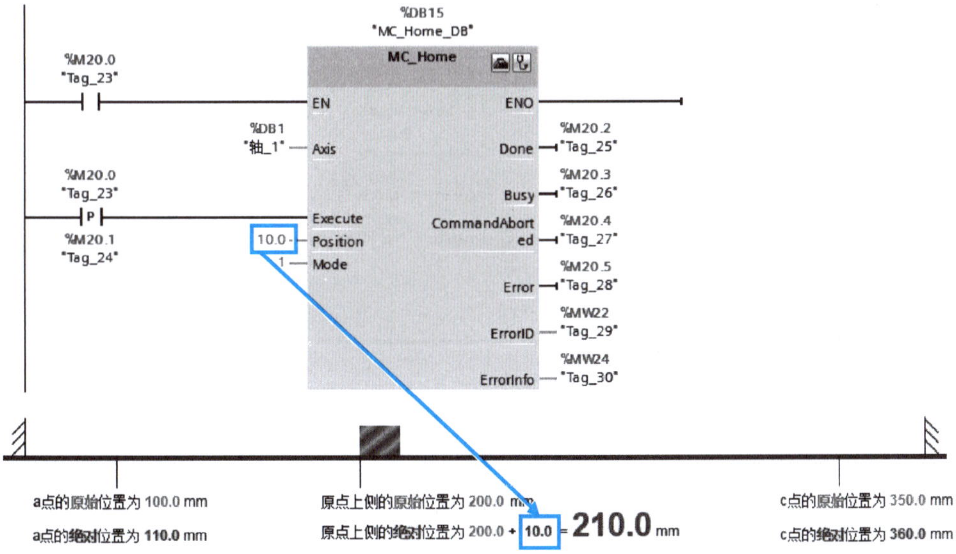

图 5-6　模式 1 示意图

③ Mode =2 被动回原点。

被动回原点指的是轴在运行过程中碰到原点开关，轴的当前位置将设置为回原点位置值，如图 5-7 所示。

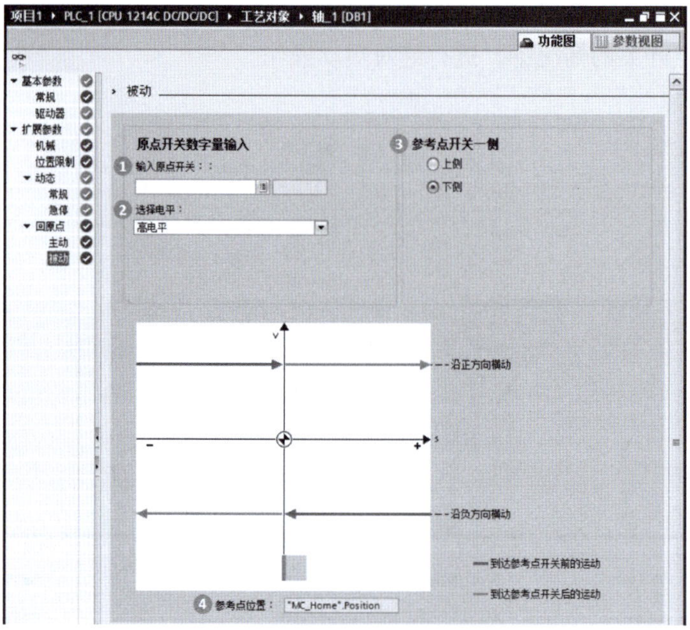

图 5-7 被动回原点参数配置

如图 5-8 所示，实现一个被动回原点的功能，选择“参考点开关一侧”为“上侧”；先让轴执行一个相对运动指令，该指令设定的路径能让轴经过原点开关；在该指令执行过程中，触发 MC_Home 指令，设置模式为 Mode =2。

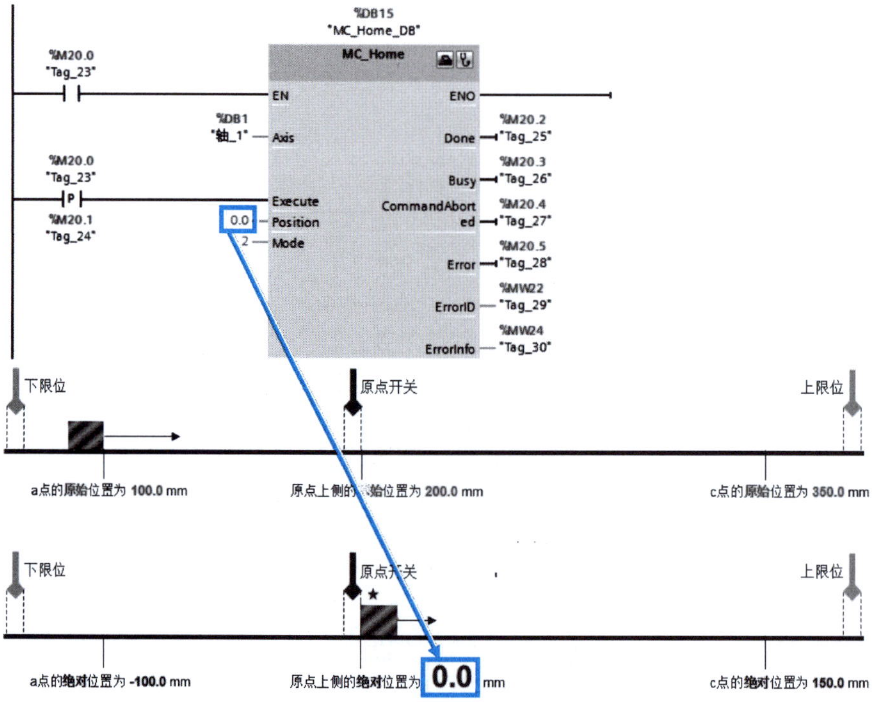

图 5-8 被动回原点

当轴以 MC_MoveRelative 指令指定的速度运行过程中碰到原点开关的有效边沿时，轴立即更新坐标位置为 MC_Home 指令上的“Position”值，在这个过程中轴并不停止运行，也不会更改运行速度，直到达到 MC_MoveRelative 指令的距离值，轴停止运行。

被动回原点功能的实现需要 MC_Home 指令与 MC_MoveRelative 指令、MC_MoveAbsolute 指令、MC_MoveVelocity 指令或是 MC_MoveJog 指令联合使用。被动回原点也需要原点开关，被动回原点不需要轴专门执行主动回原点功能，而是轴在执行其他运动的过程中完成回原点的功能。

④ Mode＝3 主动回原点。

在轴工艺配置“扩展参数-回原点-主动”中的“主动”是传统意义上的回原点或是寻找参考点。当轴触发了主动回参考点操作，就会按照组态的速度去寻找原点开关信号，并完成回原点命令。轴工艺主动回原点参数设置如图 5-9 所示。

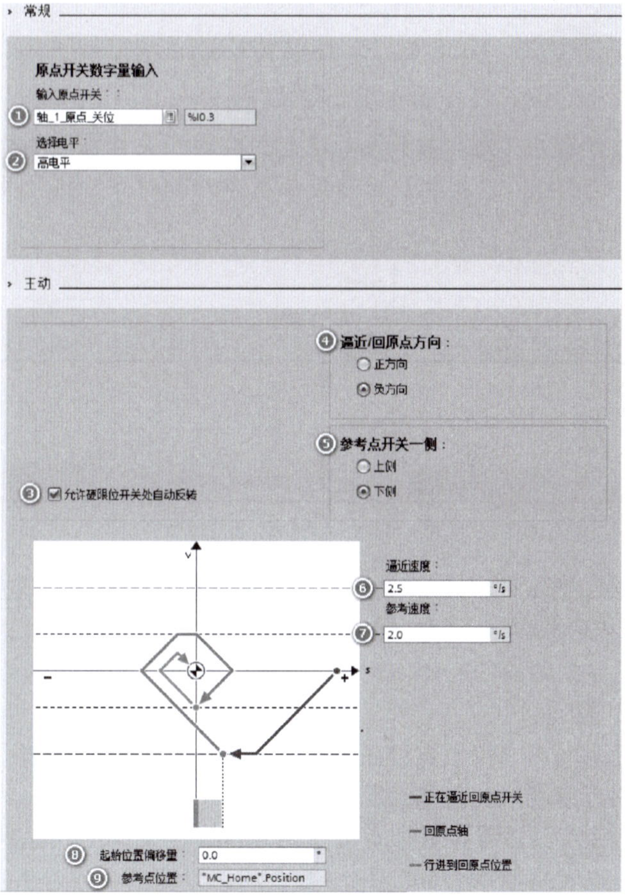

图 5-9　主动回原点参数设置

图中①是输入原点开关：设置原点开关的 DI 输入点。

图中②是选择电平：选择原点开关的有效电平，也就是当轴碰到原点开关时，该原点开关对应的 DI 点是高电平还是低电平（注意：原点如果是 PNP 输入接法，接常开触点，则“高电平”有效，反之，如果接常闭触点，则“低电平”有效；如果是 NPN

输入接法，接常开触点，则“低电平”有效，接常闭触点，则“高电平”有效）。

图中③是允许硬限位开关处自动反转：轴在回原点的一个方向上没有碰到原点，则需要使能该选项，可以自动调头，向反方向寻找原点。

图中④是逼近/回原点方向：寻找原点的起始方向，在触发了寻找原点功能后，轴向“正方向”或“负方向”开始寻找原点。如果知道轴和参考点的相对位置，就可以合理设置“逼近/回原点方向”减少回原点的路径。如图5-10所示，已经知道了轴处的位置，选择负方向逼近，触发了回原点指令后，先要运行到左边的限位开关，掉头后继续向正方向寻找原点开关。

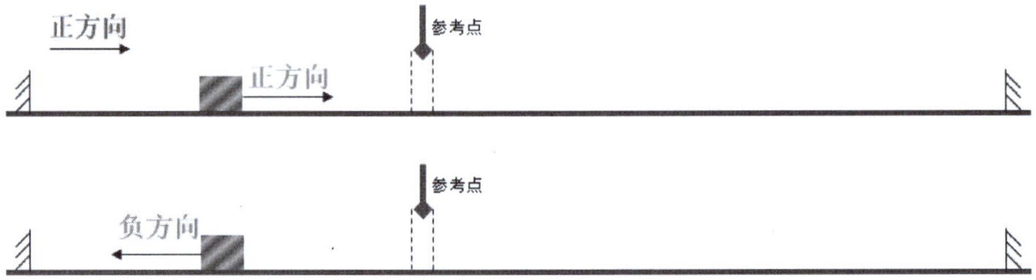

图5-10 逼近原点方向

图中⑤是参考点开关一侧：由于参考点上的检测开关和轴上的检测块不可能面积为零，也就是有一定面积。这就涉及轴逼近参考点时以对齐检测开关左右哪个边沿为原点位置，如图5-11所示。

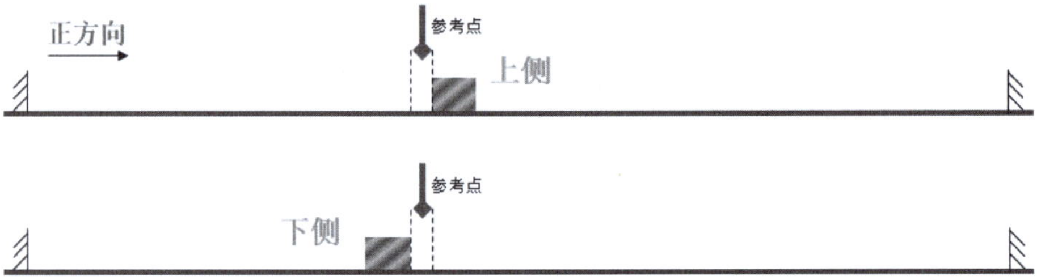

图5-11 参考点边沿对齐方式

“上侧”指完成回原点指令后，轴的左边沿停在参考点开关右侧边沿。

“下侧”指完成回原点指令后，轴的右边沿停在参考点开关左侧边沿。

无论用户设置寻找原点的起始方向为正方向，还是负方向，最终停止的位置取决于“上侧”或“下侧”。

图中⑥是逼近速度：寻找原点开关的起始速度，当程序中触发了MC_Home指令后，轴立即以“逼近速度”运行寻找原点开关。

图中⑦是参考速度：最终接近原点开关的速度，当轴第一次碰到原点开关有效边沿后运行的速度，也就是触发了MC_Home指令后，立即以“逼近速度”运行来寻找原点开关，当轴碰到原点开关的有效边沿后轴从“逼近速度”切换到“参考速度”来最终完成原点定位。“参考速度”要小于“逼近速度”，“参考速度”和“逼近速度”都不宜设置得过快。在可接受的范围内，应设置较慢的速度值。

图中⑧是起始位置偏移量：该值不为零时，轴会在距离原点开关一段距离（该距离值就是偏移量）停下来，把该位置标记为原点位置值。该值为零时，轴会停在原点开关边沿处。

图中⑨是参考点位置：该值就是⑧中的原点位置值。

轴主动回原点的执行过程，根据轴与原点开关的相对位置，分成四种情况：轴在原点开关的负方向侧、轴在原点开关的正方向侧、轴在原点位置（轴刚执行过回原点指令）及轴在原点开关的正下方。

设逼近速度 =10.0mm/s，参考速度 =2.0mm/s，正向逼近，上侧对齐。

轴在原点开关负方向：如图5-12所示，当程序以 Mode =3 触发 MC_Home 指令时，轴立即以逼近速度向右（正方向）运行寻找原点开关；当轴碰到参考点的有效边沿时，切换运行速度为参考速度继续运行；当轴的左边沿与原点开关有效边沿重合时，轴完成回原点动作。

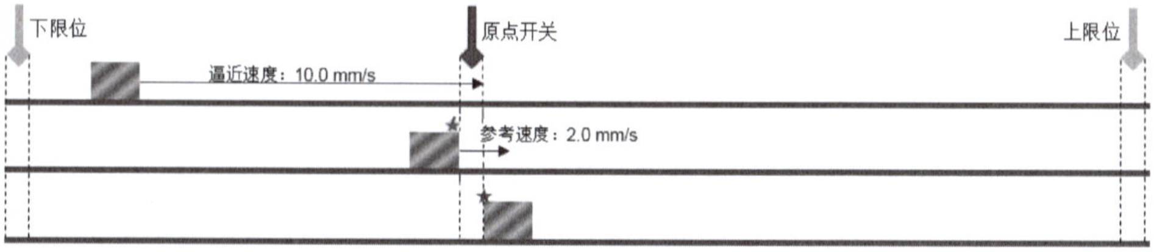

图5-12　轴在开关负方向回原点

轴在原点开关正方向：如图5-13所示，当轴在原点开关的正方向（右侧）时，触发主动回原点指令，轴会以“逼近速度”运行直到碰到右限位开关，如果在这种情况下，用户没有使能“允许硬件限位开关处自动反转”选项，则轴因错误取消回原点动作并按急停速度使轴制动；如果用户使能了该选项，则轴将以组态的减速度减速（不是以紧急减速度）运行，然后反向运行，继续寻找原点开关；当轴掉头后继续以“逼近速度”向负方向寻找原点开关的有效边沿，原点开关的有效边沿是右侧边沿，当轴碰到原点开关的右侧有效边沿后，将速度切换成“参考速度”减速换向最终完成上侧对齐。

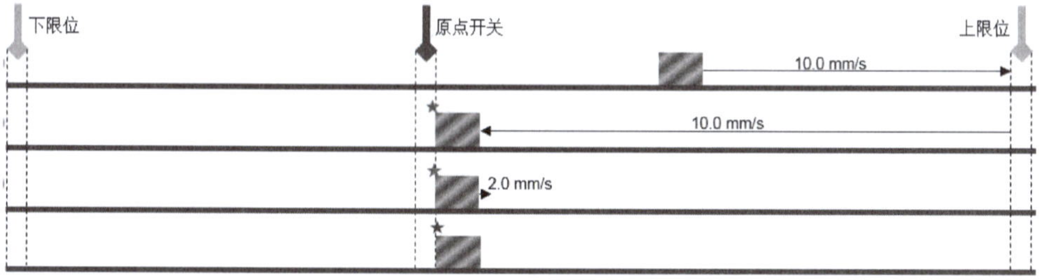

图5-13　轴在开关正方向回原点

轴在原点位置：如图5-14所示，当轴在原点上时，触发主动回原点指令，会和轴处在开关正方向的情况一样，在原点开关和上限位之间往返一次重新返回原点。

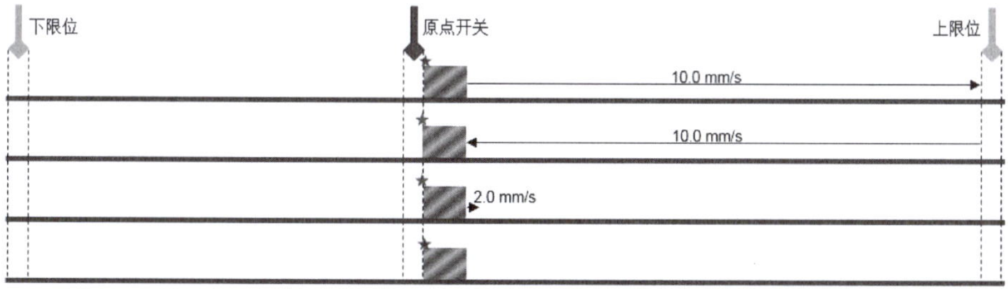

图5-14　轴在原点上回原点

轴在原点开关下方：如图5-15所示，当轴在原点开关下方，触发主动回原点指令，以“参考速度”向正方向运行寻找原点开关的有效边沿，当触发原点开关的右侧有效边沿后，减速换向负方向运行，再次触发原点开关的右侧有效边沿后，减速换向向正方向运行，最终完成上侧对齐。

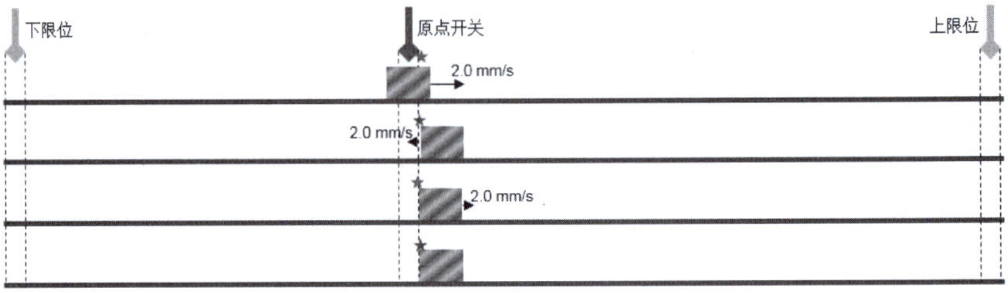

图5-15 轴在原点开关下方回原点

在S7－1200 PLC运动控制中用回原点指令的注意事项：

硬件上限开关输入点对应运动控制系统的正方向，硬件下限开关输入点对应运动控制系统的负方向。如果接反，在发生超程时系统不会减速停车，易造成设备损坏，可以在TIA博途软件的轴控制面板测试是否接反。

在定义了原点后，轴在回原点时，直观上会看到轴在原点附近来回小范围运行几下，证明已经回到原点位置了。

原点如果是PNP输入接法，接常开触点，则“高电平”有效，反之，如果接常闭触点，则“低电平”有效；如果是NPN输入接法，接常开触点，则“低电平”有效，接常闭触点，则“高电平”有效。西门子PLC系统在应用的时候往往选用PNP接法，原点开关选用常开型，因此在轴工艺参数配置时选用“高电平”有效。

运动控制系统中硬件上下限开关一般使用机械式开关常闭触点输入，在轴工艺参数配置时上下限位开关输入“低电平”有效，如果选用常开触点输入，那么就应该是“高电平”有效。

如果按照上面四个方面正确配置了轴工艺参数，都能正常完成回原点功能。

（2）步进电动机驱动控制系统简介　步进电动机驱动系统通常构成开环控制系统，在精度要求不高的经济型运动控制系统中比较常见。步进电动机和步进电动机驱动器构成了步进电动机驱动系统，通过机械传动结构连接被控对象，完成位置与速度控制，由于开环控制系统没有反馈检测环节，其位置精度主要由步进电动机来决定，速度也受步进电动机性能的限制，如图5-16所示为步进电动机驱动的开环控制框图。

1）步进电动机与驱动器。步进电动机是一种把电脉冲信号转换成角位移的执行元件，其转子的转角与输入的脉冲数成正比，转子的转速与脉冲的频率成正比，转向取决于步进电动机的各相通电顺序。保持电动机各相通电状态就能使电动机使能，轴为抱紧状态。

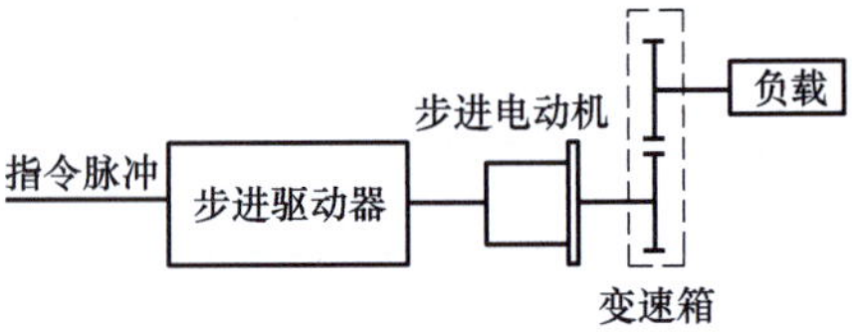

图5-16 步进电动机驱动开环控制框图

步进电动机不能直接接到直流或交流电源上工作，必须使用专用的驱动电源——步进电动机驱动器。当步进电动机驱动器接收到一个来自控制器的脉冲信号，它就驱动步进电动机按设定的方向转动一个固定的角度，这个角度称为“步距角”，所以步进电动机的旋转是以固定的角度一步一步运行的，因此发给步进驱动器固定数量的脉冲，步进电动机就会走对应固定的步数，通过机械传动比例折算出固定的距离，从而达到准确定位的目的；同理 PLC 在单位时间内发送脉冲的个数会使步进电动机单位时间内转动对应的角度，通过控制脉冲频率来控制电动机转动的速度，从而达到调速的目的。

选取两相四线制混合式步进电动机和步进电动机驱动器。

步进电动机型号：57BYG250B，电流为 3A，输出转矩为 1.2N · m。

驱动器型号：TB6600；输入电压：DC 9 ~ 42V；电流：1 ~ 4A 可调，自适应电路，电流自动寻优；细分数：64000 细分可调，具有使能控制功能，具有过电流、过电压、欠电压、短路保护功能。步进驱动器功能与接线示意图如图 5-17 所示。

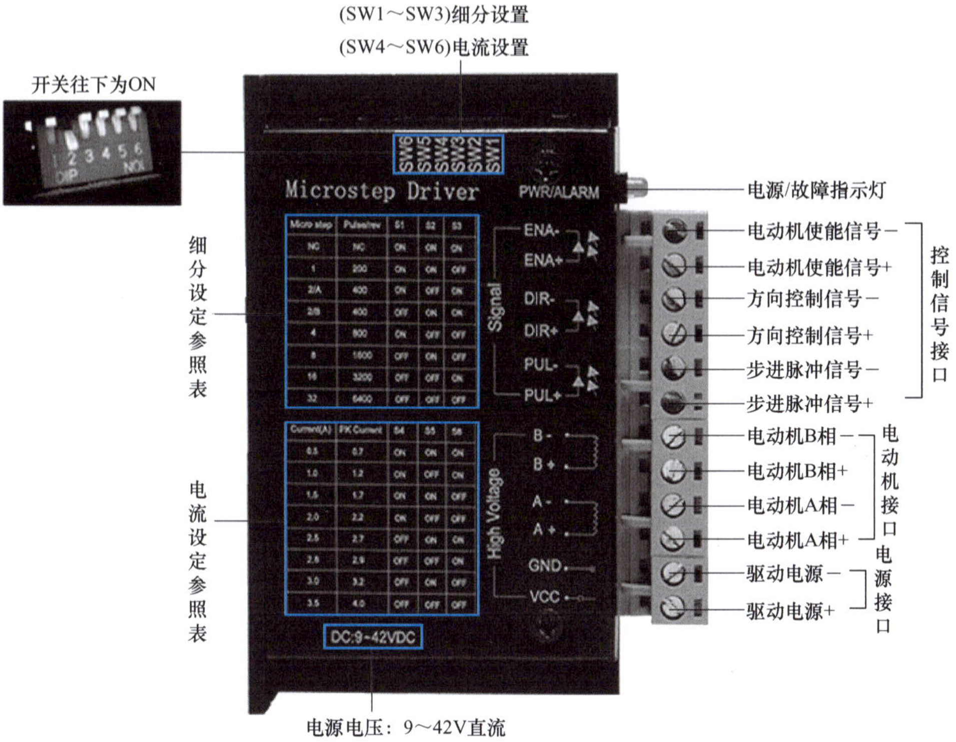

图 5-17　步进驱动器的功能与接线示意图

2）工程单位计算。工程单位就是电动机每转的负载位移，表示电动机每旋转一周机械装置移动的距离。比如某个直线工作台，电动机每转一周，机械装置前进 1mm，工程单位为 1.0mm。驱动器驱动步进电动机通过蜗轮蜗杆带动电动蝶阀阀体运转，蜗杆与步进电动机直连，蜗轮与阀体相连，蜗轮蜗杆减速比 $k=180:1$（蜗轮运行 180 圈蜗杆运行 1 圈）。步进电动机旋转一圈，对应的阀体旋转的角度为

$$\frac{1}{180}\times 360^\circ = 2^\circ$$

如果驱动器细分数设为 1000（步进电动机旋转 1 周需要 1000 个脉冲），那么若让阀体旋转 1°，控制器 PLC 就需要通过 PTO 方式发送 500 个脉冲给步进电动机驱动器。

任务实施

1. I/O 地址分配和控制原理图

根据控制要求确定I/O表，进行I/O地址分配，输入/输出地址分配见表5-11。

表5-11 I/O地址分配表

输入			输出		
符 号	地 址	功 能	符 号	地 址	功 能
SB1	I0.0	关闭按钮	PULSE	Q0.0	脉冲
SB2	I0.1	开启按钮	SIGN	Q0.1	方向
SB3	I0.5	停止按钮	HL1	Q0.2	故障灯
SQ0	I0.2	原点开关	HL2	Q0.3	运行灯
SQ1	I0.3	开方向限位			
SQ2	I0.4	关方向限位			
SB4	I0.6	故障复位			

根据任务要求，列写软硬件配置，并且画出电动阀门PLC控制原理图，如图5-18所示。

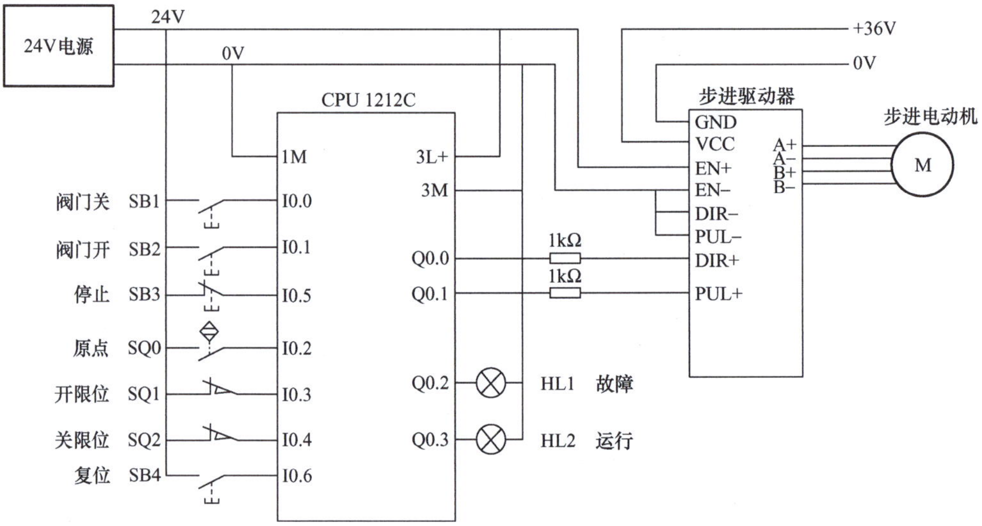

图5-18 电动阀门PLC控制原理图

主要软硬件配置：

1）西门子TIA博途V14 SP1 1套。

2）步进电动机一台，型号为57BYG250B，两相四线制。

3）步进电动机驱动器一台，型号为TB6600，输入电压为DC 9～42V，电流为1～4A可调。

4）西门子S7－1200 PLC CPU模块一台，型号为CPU 1212C DC/DC/DC，24V供电，晶体管输出型。

2. TIA博途软件组态配置编程

根据控制电路的要求，按照S7－1200 PLC运动控制在TIA博途中应用流程，分别按照下面步骤实现任务要求。

（1）硬件组态

1）创建 S7－1200 PLC 项目，添加硬件配置。打开 TIA 博途软件，创建项目“MC_PTO”，单击项目树的“添加新设备”选项，添加“CPU 1212C”。

2）启用脉冲发生器。在设备视图中，选中“属性”→“常规”→“脉冲发生器（PTO/PWM）”→“PTO1/PWM1”→“常规”，勾选“启用该脉冲发生器”，如图 5-19 所示。

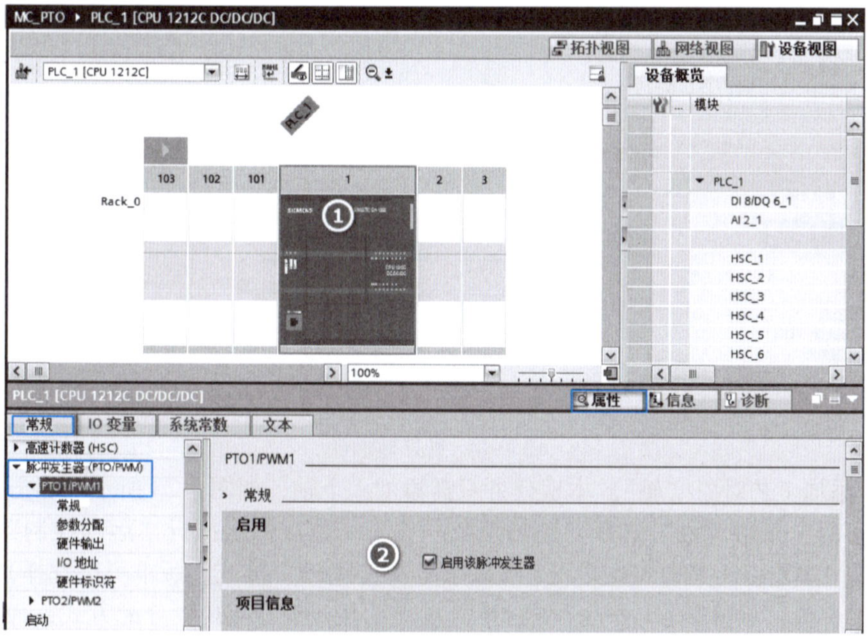

图 5-19　添加 CPU 启用脉冲发生器

3）设置脉冲发生器类型。选中“参数分配”，选择信号类型为“PTO”，如图 5-20 所示。

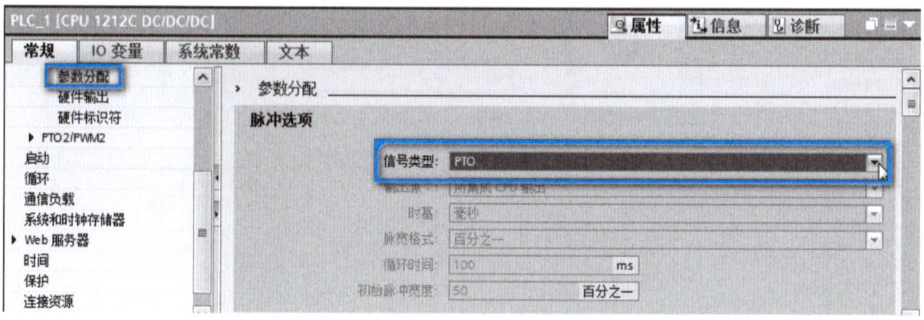

图 5-20　脉冲发生器类型

4）硬件配置输出。脉冲输出为 Q0.0，方向输出为 Q0.1，PTO 通道的硬件配置输出由添加的 CPU 类型软件自动生成，不能修改，如图 5-21 所示。

5）查看硬件标识符。硬件标识符为 265，PTO 通道的硬件标识符由软件自动生成，不能修改，如图 5-22 所示。

（2）工艺对象配置　工艺对象“轴”的配置是硬件配置的一部分，“轴”表示驱动的工艺对象，“轴”工艺对象是用户程序与驱动的接口，每一个轴都需要添加一个“工艺对象”，在 S7－1200 PLC 运动控制系统中，必须对工艺对象进行配置才能够应用到控制指令块。

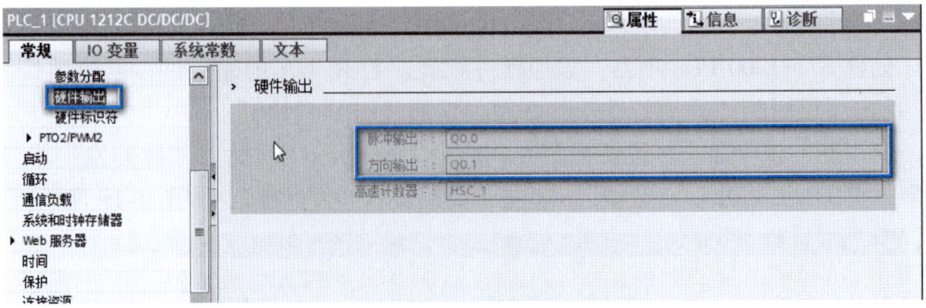

图 5-21 硬件配置输出

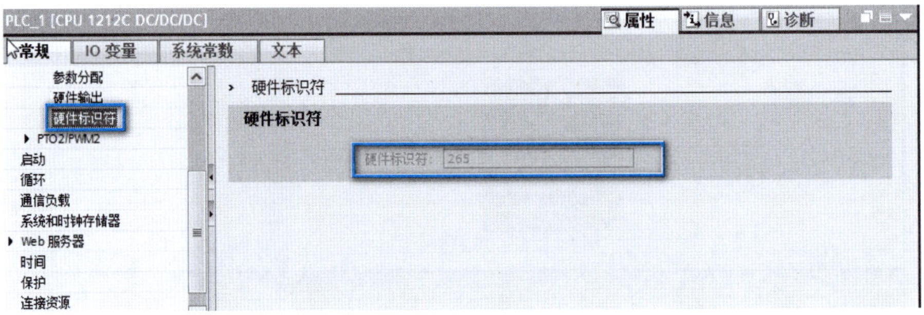

图 5-22 硬件标识符

1）添加工艺对象“轴”。本次任务只需添加一个轴，如图 5-23 所示。双击“工艺对象”下的“新增对象”打开“新增对象”窗口，然后依次执行“运动控制”→添加工艺对象“TO_Axis_PTO V3.0”（3.0 以下版本支持 PTO 方式，版本可以选择）→自动生成轴名称为“轴_1”（可修改）→编号“自动”用于背景 DB 块分配方式，最后单击“确定”按钮，生成名称为“轴_1”的工艺对象。

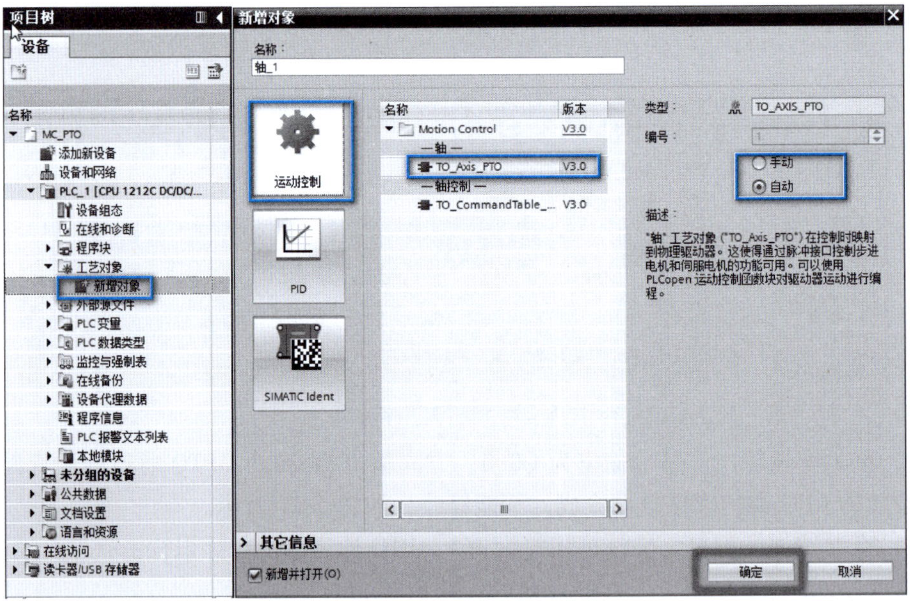

图 5-23 添加一个轴

新增加的名称为“轴_1”的工艺对象如图 5-24 所示，每个参数旁边都有状态标记，提示用户轴参数设置状态。

✔ 参数配置正确，为系统默认配置，用户没有做修改。

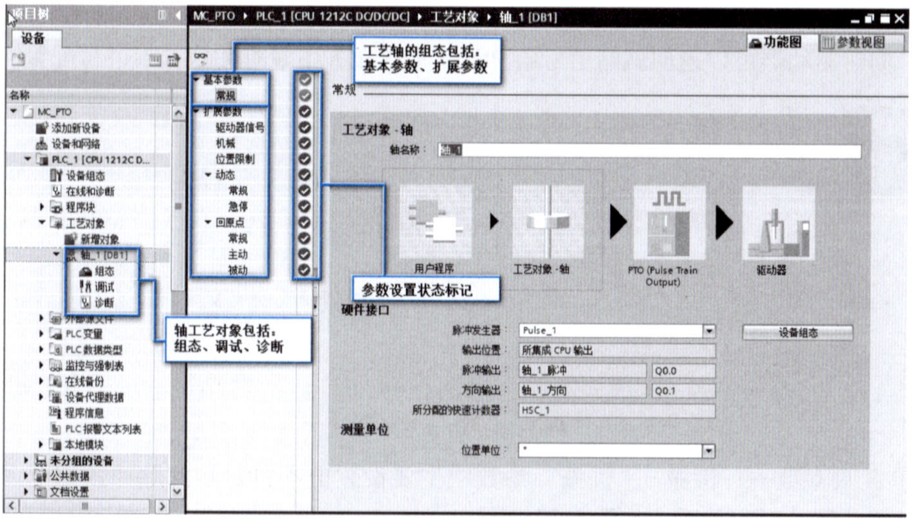

图 5-24 “轴_1”的工艺对象窗口

✔ 参数配置正确，不是系统默认配置，用户做过修改。

✖ 参数配置没有完成或是有错误。

⚠ 参数组态正确，但是有报警，比如只组态了一侧的限位开关。

2）轴工艺对象参数组态。

① 常规基本参数。如图 5-25 所示，工艺对象轴的名称为“轴_1”，可以采用系统默认值，也可以自行定义；硬件接口脉冲发生器选择“Pulse_1”，这是在前面脉冲发生器硬件配置中的名称；测量单位选择“°”，TIA 博途软件中提供了几种轴的测量单位，包括脉冲、距离和角度。距离有 mm（毫米）、m（米）、in（英寸）、ft（英尺），角度是°（度）。如果是线性工作台，一般都选择距离单位 mm、m、in、ft 为单位；旋转工作台可以选择度。测量单位是一个很重要的参数，后面轴的参数和指令中的参数都是基于该单位进行设定的。

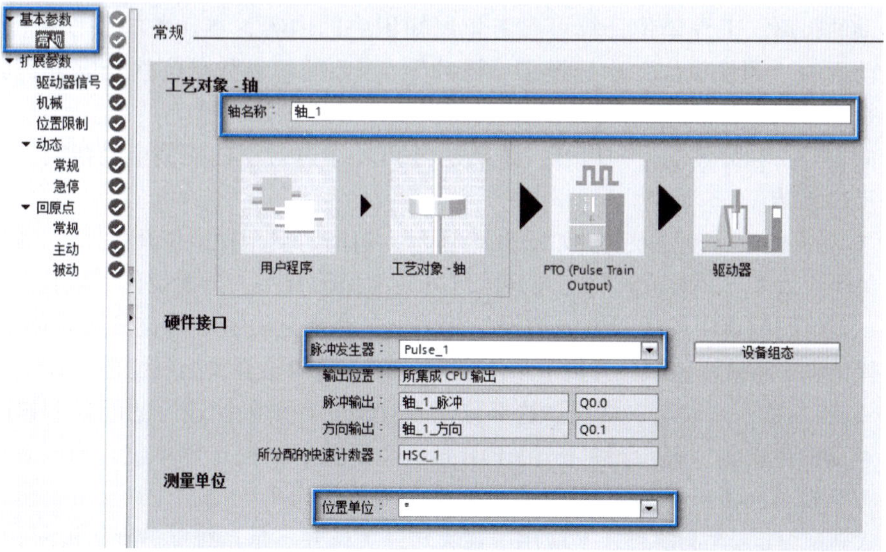

图 5-25 常规基本参数

② 扩展参数——驱动器信号。如图5-26所示，软件可以通过I/O点给驱动器使能信号，同时驱动器可以返回就绪信号给PLC，本次任务中没有用到，不进行配置。

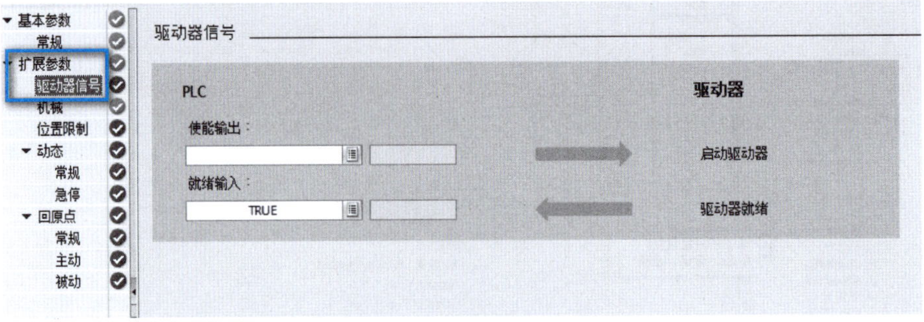

图5-26　驱动器使能

③ 扩展参数——机械。“机械”参数中主要设置电动机每转的脉冲数与电动机每转的负载位移的对应关系，如图5-27所示。

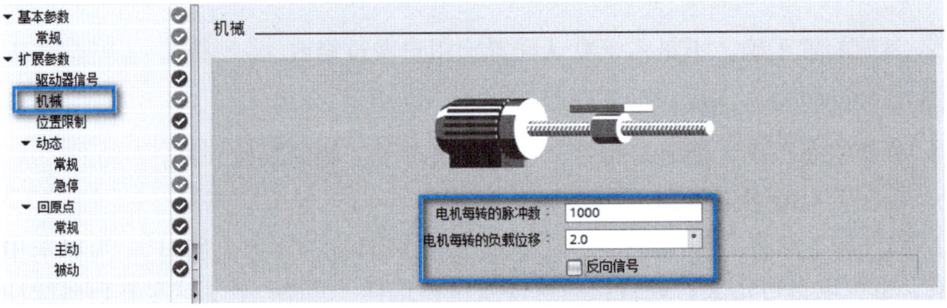

图5-27　电动机每转的脉冲数与负载位移的对应关系

电动机（图中为“电机”）每转的脉冲数：这是非常重要的一个参数，表示电动机旋转一周需要接收多少个脉冲，这里选择步进驱动器细分为1000，也就是电动机每转需要的脉冲数是1000。

电动机每转的负载位移：这也是一个很重要的参数，表示电动机每旋转一周机械装置移动的距离。工程单位计算可参考拓展知识中的内容，本任务的工程单位为2°。如果在前面的“测量单位”中选择了“脉冲”，则此处的参数单位就变成了“脉冲”，表示的是电动机每转的脉冲个数，在这种情况下两者的参数一样。

反向信号：如果使能反向信号，效果是当PLC端进行正向控制电动机时，电动机实际是反向旋转。

④ 扩展参数——位置限制。如图5-28所示，勾选“启用硬限位开关”，分配硬件上限位开关输入为I0.3，对应阀门正向开运行方向的保护开关，分配硬件下限位开关输入为I0.4，对应阀门负向关运行方向的保护开关，二者都是机械式限位开关常闭点输入，所以选择低电平有效。软限位开关下限位置为-10°，软限位开关上限位置为100°。

⑤ 扩展参数——动态→常规。这部分完成对轴的各种限制速度的配置，如图5-29所示，速度的单位为“转/分钟”，由于前面已经设置了工程计算单位，当设置了最大转速为120转/分钟（r/min），软件自动转换工程单位为4.0°/s。

最大转速设定比实际系统工艺应用中最大转速大，并不是系统能达到的极限转速，启动/停止速度要小于最大速度；设置启动/停止时的加减速时间，软件转换为加速度的值。

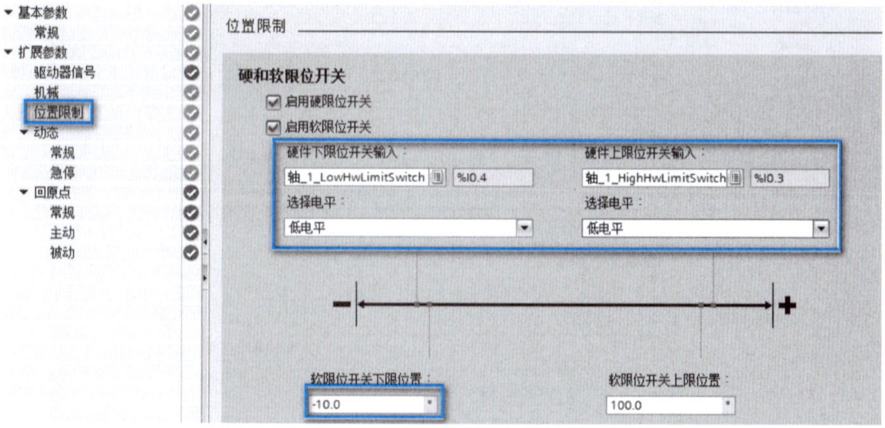

图 5-28　轴的位置限制

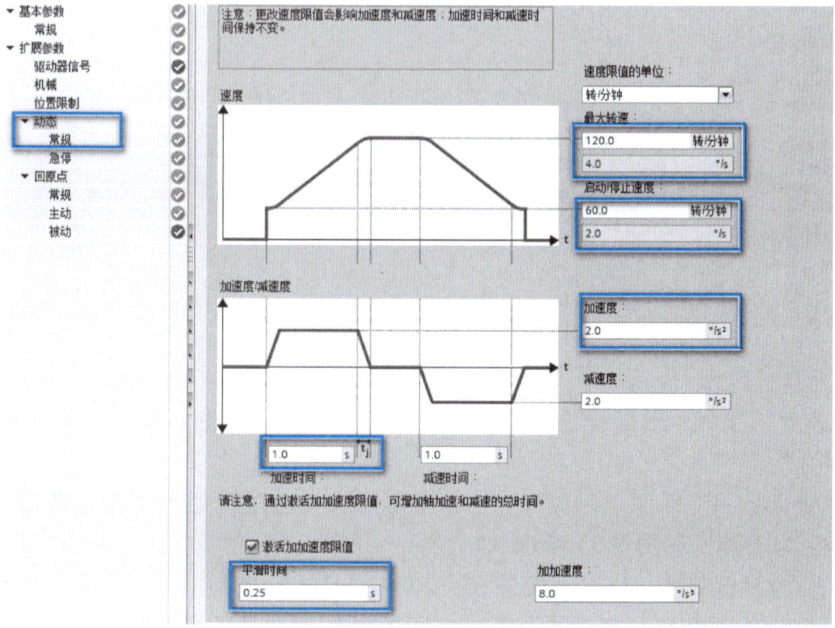

图 5-29　动态中“常规”参数配置

勾选“激活加加速度限值”，可以降低在加速和减速斜坡运行期间施加到机械上的应力，不会突然停止轴加速和轴减速，而是根据设置的平滑时间逐渐调整，只设平滑时间，加速度值自动生成。

⑥ 扩展参数——动态→急停。当轴出现错误时，或使用 MC_Power 指令禁用轴时（StopMode =0 或是 StopMode =2），采用急停速度停止轴。如图 5-30 所示，在“急停”参数配置中，速度设定跟“常规”参数中设定相同，主要是设定“急停减速时间”，此时间设定比启动/停止加减速时间要小，这里设定为 0.5s，“紧急减速度”自动生成。

⑦ 扩展参数——回原点→常规。如图 5-31 所示，对应 I/O 表，分配“输入原点开关”为 I0.2，由于是 PNP 型接近开关常开输入，所以选择高电平有效。

⑧ 扩展参数——回原点→主动。参考拓展知识中的运动控制系统回原点内容，电动蝶阀工作在原点与上限位中间区域，因此选择“逼近/回原点方向”为负方向，“参考点开关一侧”为下侧，勾选“允许硬限位开关处自动反转”，“起始位置偏移量”为

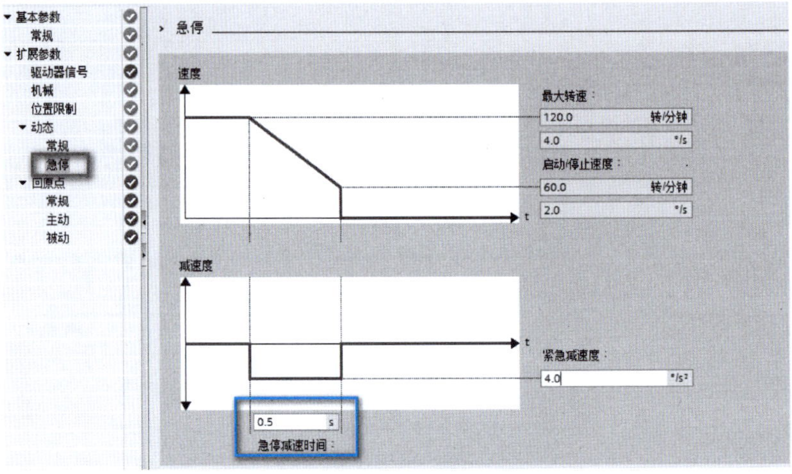

图 5-30　动态中“急停”参数配置

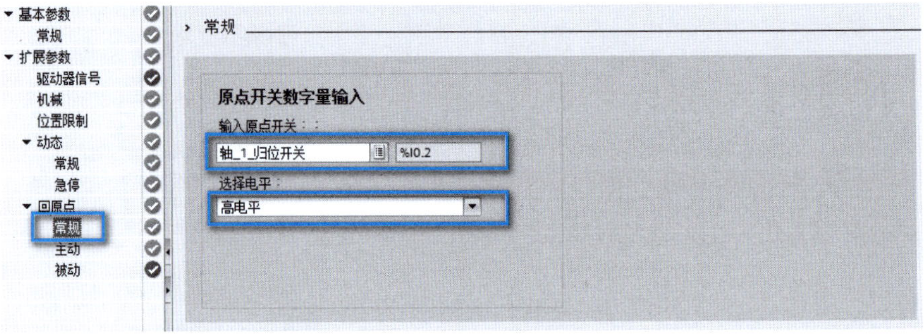

图 5-31　回原点中“常规”配置

0，“逼近速度”要大于前面设置的“启动/停止速度”，同时也要大于“参考速度”，如图 5-32 所示。

⑨ 扩展参数——回原点→被动。被动回原点选择分配的原点不变，选择“参考点开关一侧”为下侧，如图 5-33 所示。

（3）轴的面板调试　调试面板是 S7 - 1200 PLC 运动控制中一个很重要的工具，用户在组态了 S7 - 1200 PLC 运动控制并把实际的机械硬件设备搭建好之后，先不要调用运动控制指令编写程序，而是先用“轴控制面板”来测试 TIA 博途软件中关于轴的参数和实际硬件设备接线等安装是否正确。如图 5-34 所示，单击“调试”选项可以打开“轴控制面板”，激活“轴控制面板”，并且正确连接到 S7 - 1200 PLC CPU 后，用户就可以用控制面板对轴进行测试了。

如图 5-35 所示，轴控制面板的主要区域介绍如下：

1）轴的启用和禁用：相当于 MC_Power 指令的“Enable”端。

2）命令分成三类：点动、定位和回原点。定位包括绝对定位和相对移动功能。回原点可以实现 Mode = 0（绝对式回原点）和 Mode = 3（主动回原点）功能。

3）根据不同运动命令，设置运行速度、加/减速度、距离等参数。

4）每种运动命令的正/反方向设置、停止等操作。

5）轴的状态位包括是否有回原点完成位。

6）错误确认按钮，相当于 MC_Reset 指令的功能。

7）轴的当前值包括轴的实时位置和速度值。

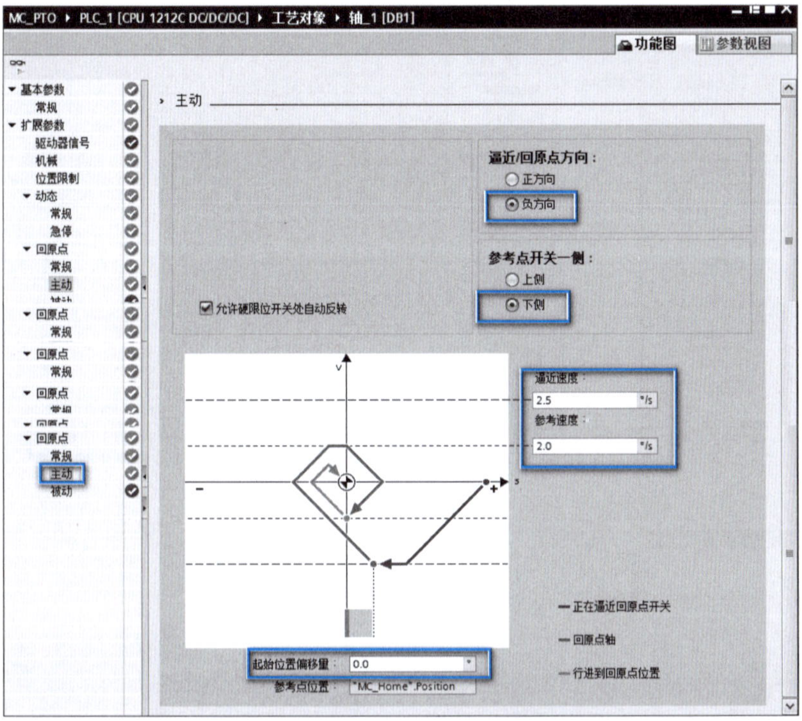

图 5-32 回原点中“主动”参数配置

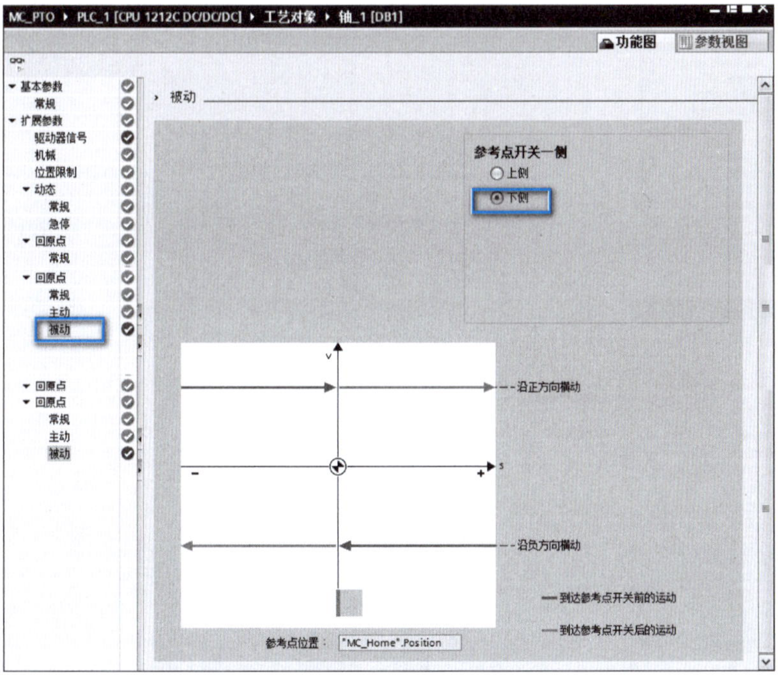

图 5-33 回原点中“被动”参数配置

（4）轴的诊断 如图 5-36 所示，单击“诊断”选项，打开“诊断面板”，从轴的诊断面板可以直观地看到轴在运动过程中的一些状态信息和错误信息。

3. 程序编制

根据任务要求编制梯形图，如图 5-37 所示。

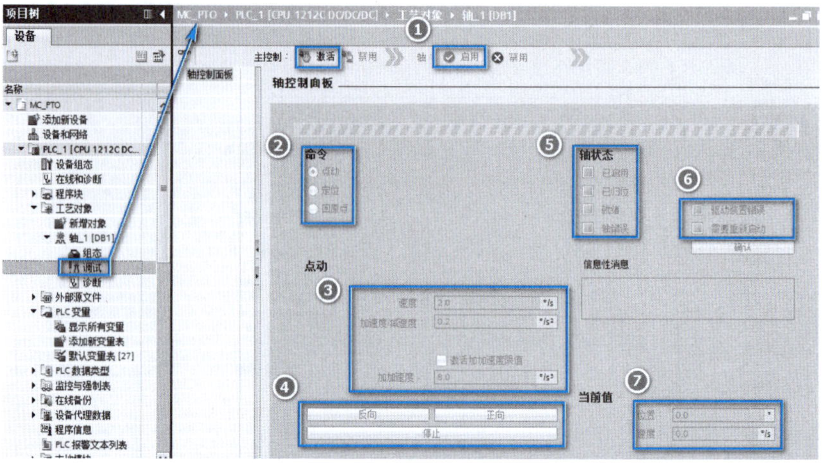

图 5-34　调试面板

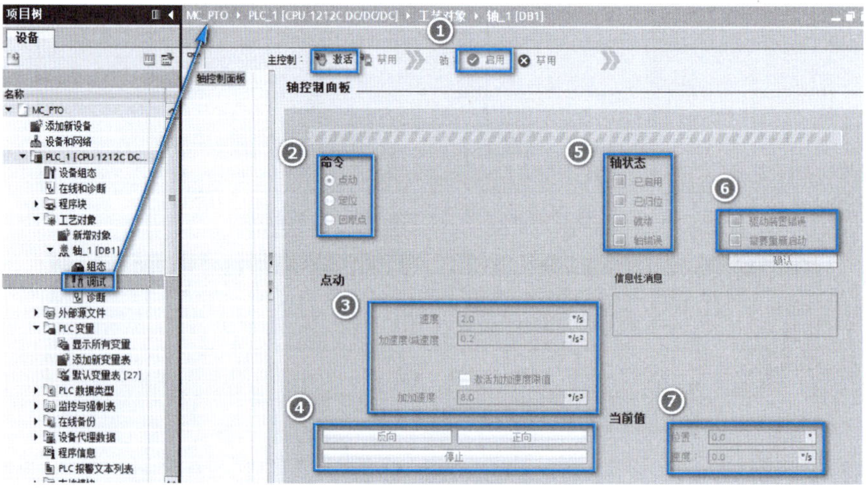

图 5-35　轴控制面板

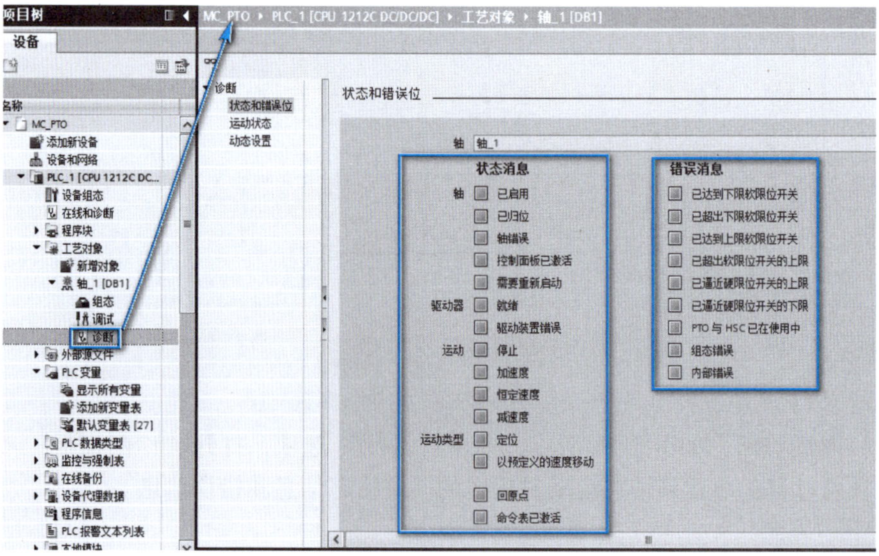

图 5-36　轴的诊断面板

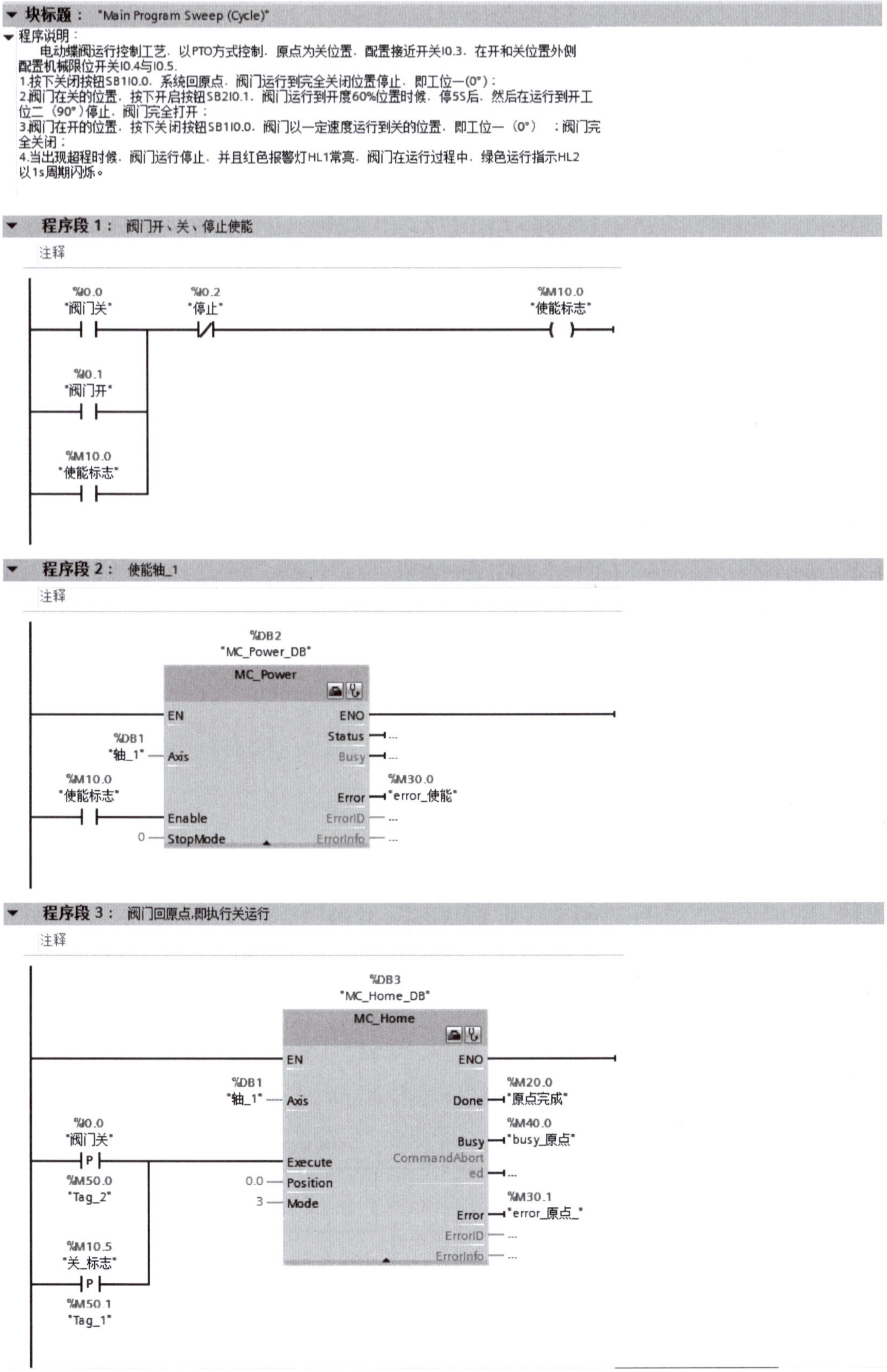

图 5-37 主程序 Main(OB1)

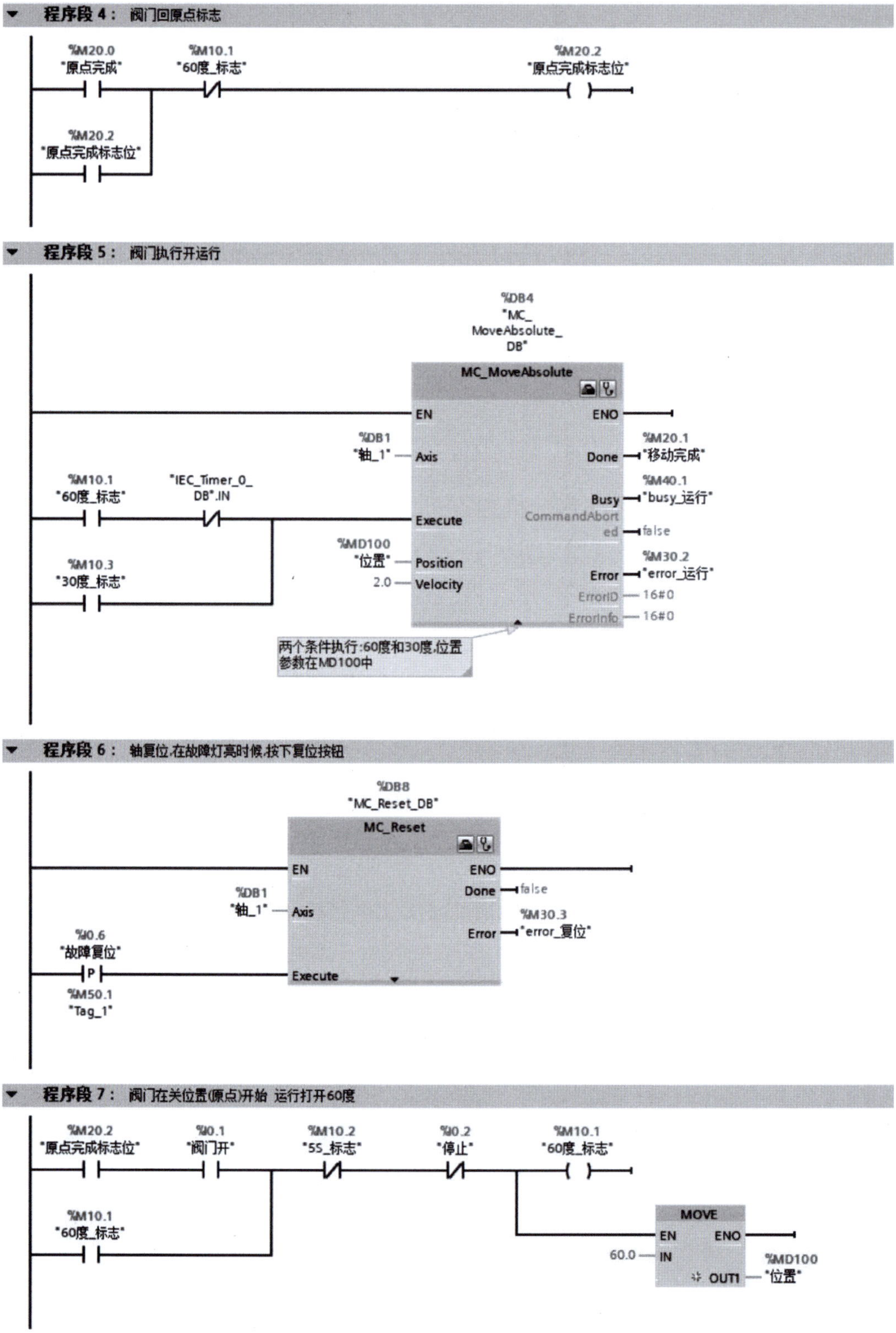
程序段 4： 阀门回原点标志
%M20.0
"原点完成"
%M10.1
"60度_标志"
%M20.2
"原点完成标志位"
%M20.2
"原点完成标志位"
程序段 5： 阀门执行开运行
%DB4
"MC_
MoveAbsolute_
DB"
MC_MoveAbsolute
EN
ENO
%DB1
"轴_1"
Axis
Done
%M20.1
"移动完成"
%M10.1
"60度_标志"
"IEC_Timer_0_
DB".IN
Busy
%M40.1
"busy_运行"
Execute
CommandAbort
ed
false
%MD100
"位置"
Position
%M10.3
"30度_标志"
2.0
Velocity
Error
%M30.2
"error_运行"
ErrorID
16#0
ErrorInfo
16#0
两个条件执行:60度和30度,位置
参数在MD100中
程序段 6： 轴复位,在故障灯亮时候,按下复位按钮
%DB8
"MC_Reset_DB"
MC_Reset
EN
ENO
Done
false
%DB1
"轴_1"
Axis
Error
%M30.3
"error_复位"
%I0.6
"故障复位"
P
%M50.1
"Tag_1"
Execute
程序段 7： 阀门在关位置(原点)开始 运行打开60度
%M20.2
"原点完成标志位"
%I0.1
"阀门开"
%M10.2
"5S_标志"
%I0.2
"停止"
%M10.1
"60度_标志"
%M10.1
"60度_标志"
MOVE
EN
ENO
60.0
IN
OUT1
%MD100
"位置"

图 5-37　主程序

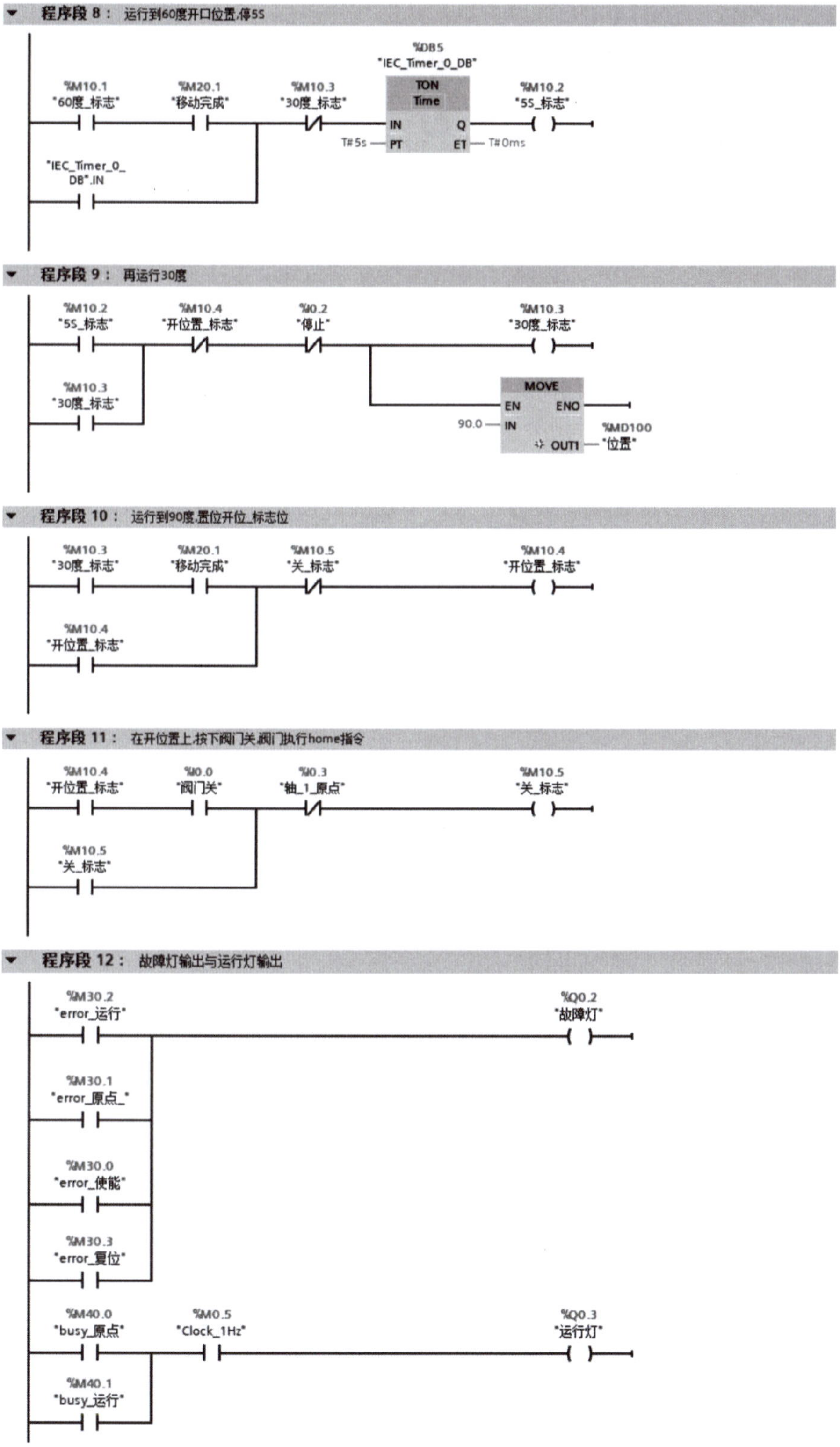
程序段 8： 运行到60度开口位置,停5S
%DB5
"IEC_Timer_0_DB"
TON
Time
%M10.1
"60度_标志"
%M20.1
"移动完成"
%M10.3
"30度_标志"
%M10.2
"5S_标志"
IN
Q
T#5s
PT
ET
T#0ms
"IEC_Timer_0_DB".IN
程序段 9： 再运行30度
%M10.2
"5S_标志"
%M10.4
"开位置_标志"
%I0.2
"停止"
%M10.3
"30度_标志"
%M10.3
"30度_标志"
MOVE
EN
ENO
90.0
IN
%MD100
OUT1
"位置"
程序段 10： 运行到90度,置位开位_标志位
%M10.3
"30度_标志"
%M20.1
"移动完成"
%M10.5
"关_标志"
%M10.4
"开位置_标志"
%M10.4
"开位置_标志"
程序段 11： 在开位置上,按下阀门关,阀门执行home指令
%M10.4
"开位置_标志"
%I0.0
"阀门关"
%I0.3
"轴_1_原点"
%M10.5
"关_标志"
%M10.5
"关_标志"
程序段 12： 故障灯输出与运行灯输出
%M30.2
"error_运行"
%Q0.2
"故障灯"
%M30.1
"error_原点_"
%M30.0
"error_使能"
%M30.3
"error_复位"
%M40.0
"busy_原点"
%M0.5
"Clock_1Hz"
%Q0.3
"运行灯"
%M40.1
"busy_运行"

Main（OB1）（续）

任务拓展

工作任务书 电动阀门自动控制

电动蝶阀自动控制系统有两个工作模式——手动和自动，通过转换开关 SA1（两位）实现。在工位一（0°）全关和工位二（90°）全开分别安装了两个接近传感器 SQ1/SQ2，检测关和开的到位信号。

电动阀门控制系统的控制要求：

1）在手动模式下，SB1 为正向（阀门关）点动按钮、SB2 为反向（阀门开）点动按钮，阀门在中间位置可以进行正反转点动操作，在关的位置只能进行反向点动，在开的位置只能进行正向点动。

2）在自动模式下，不论阀门处在什么位置，按下关闭按钮 SB1 后阀门运行到关闭状态停止，如果在关闭状态，则不执行动作；按下开启按钮 SB2，阀门运行到全开状态停止，如果在全开状态，则不执行动作。

3）当出现超程时候，阀门运行停止，并且红色报警灯 HL1 以 1s 周期闪烁，阀门在运行过程中，绿色运行指示灯 HL2 以亮 2s、灭 1s 周期闪烁。

根据控制要求编制控制程序并进行调试。

任务 2　西门子 S120 机械手分拣工件伺服运动控制

任务描述

现有一套传送带搬运自动控制系统，分别由传送带和搬运机械手构成，传送带由伺服电动机驱动（为速度轴），搬运机械手由伺服电动机驱动（为定位轴），传送带把工件输送到 A 点，机械手把工件从 A 位抓取到 B 位，在 A 点安装光电检测开关，作为传送带上工件到位检测信号，如图 5-38 所示。

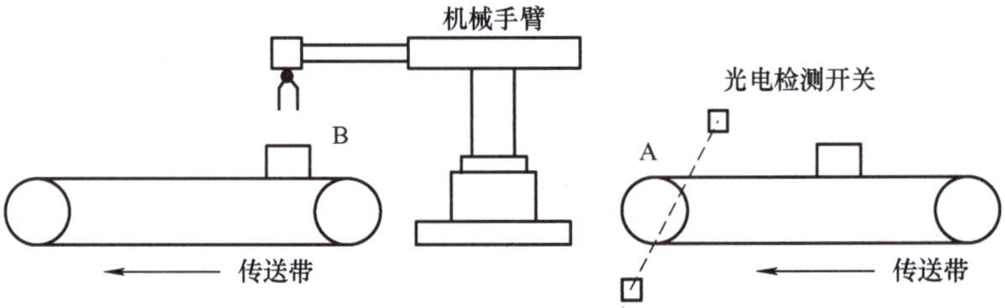

图 5-38　传送带搬运工件示意图

任务要求

1）通过定位轴的正反向点动按钮 SB3、SB4 控制机械手臂移动到 A 点抓取位置。

2）按下系统启动按钮 SB1，传送带运行，把工件输送到 A 点停止，等待 5s 后，传送带再次启动运行。

3）在这 5s 内机械手从 A 点抓取工件放到 B 点，并且从 B 点返回 A 点，等待下次抓取。

4）按下系统停止按钮 SB2，系统停止。

任务目标

1）掌握 PROFIdrive 通信控制方式与组态。

2）掌握 S120 作为伺服驱动的应用方法。

3）掌握 CU320－2PN 控制器的功能。

4）掌握两个工艺对象“轴”的配置方法。

5）掌握定位轴与速度轴配合的运动控制指令编程方法。

相关知识

S120运动控制系统

1. 基本知识

（1）SINAMICS S120 运动控制系统 SINAMICS S120 是集 V/F 控制、矢量控制、伺服控制为一体的多轴驱动系统，具有模块化的设计。各模块间（包括控制单元模块、整流/回馈模块、电动机模块、传感器模块和电动机编码器等）通过高速驱动接口 Drive-CLiQ 相互连接。

S120 分为 DC-AC 与 AC-AC 两种类型：所谓 DC-AC，是指控制单元、整流单元、逆变单元都为独立模块，目前 DC-AC 类型功率范围为 0.9～1200kW；AC-AC 模块由控制单元和功率模块组成，功率范围为 0.12～250kW。

在 DC-AC 类型的 S120 驱动器中，中心控制单元为 CU320 模块，控制单元的 Firmware 存储在其 CF 卡内，可以通过 CF 卡里的软件版本对整个 S120 进行 Firmware 升级。例如一个版本号为 V2.6.2 带扩展性能卡的 CU320 可以驱动 6 个伺服轴或者 4 个矢量轴、8 个 V/F 轴，但是矢量与伺服不能混合。

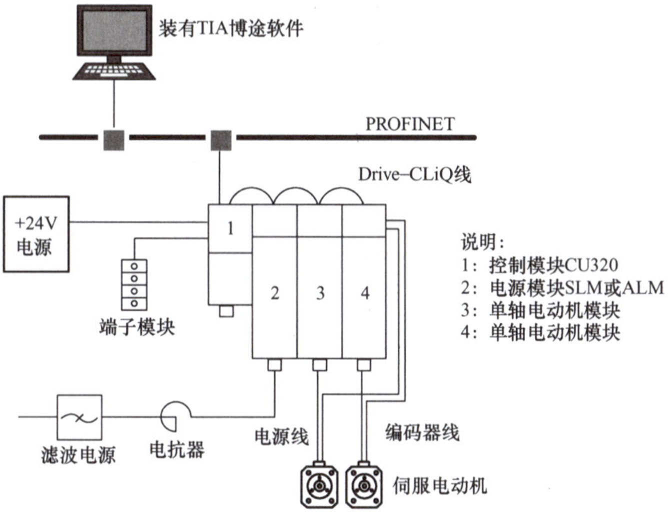

图 5-39 DC-AC 类型多轴驱动 S120 系统

图 5-39 所示为多轴驱动器（DC-AC）的 S120 系统，SINAMICS S120 主要硬件包括以下几部分：

1）CU320：控制单元。

2）BLM/SLM/ALM：电源模块，整流单元。

① BLM：Basic Line Module，基本整流单元，只能整流。

② SLM：Smart Line Module，可进行能量回馈，但不可控。

③ ALM：Active Line Module，能进行能量回馈，且可控。

3）MOMO：Motor Module，逆变单元。

4）传感器模块：将编码器信号转换成 Drive-CLiQ 可识别的信号，若电动机含有

Drive-CLiQ 接口，则不需要此模块。

5）直流 +24V 电源模块，用于系统控制部分的供电。

6）其他组件：端子模块和选件板，根据需要可连接或插入 I/O 板和通信板。另外还有熔断丝、接触器、电抗器和电源滤波器等。

S120 接线相对比较简单，控制单元除了 24V 供电外，靠 CF 卡内的 Firmware 就可以正常运行了，对于小功率的 SLM 整流模块，它的控制可以不通过 Drive-CLiQ 接口，而通过外接线方式把母排上的直流 24V 供电连接 X120 端子上的使能信号（3 +，4 -），完成对整流模块的控制，电动机模块上的使能信号在不启用 Safety 功能时无需连接，而对于大功率的 SLM、BLM、ALM 都需要通过 Drive-CLiQ 对其进行控制，才能启动。

（2）S7 - 1200 PLC 运动控制的 PROFIdrive 通信控制方式　S7 - 1200 PLC 可以连接具有 PROFIdrive 通信的驱动接口，实现运动控制。在 S7 - 1200 PLC 运动控制系统中，PLC 通过数字通信接口 PROFINET 连接 PROFIdrive 驱动装置接口，以标准的 PROFIdrive 报文进行通信。

PROFINET IO 系统包括 IO 控制器（IO Controller）和分配给它的 IO 设备（IO Device 或 I - Device），在这里自带 PROFINET 接口的 S7 - 1200 PLC 的 CPU 是一个 IO 控制器，它可以与分配给它的 IO 设备（SINAMICS S120）以 PROFIdrive 协议使用标准报文周期性地交换数据。

PLC 与驱动器进行通信的基础为 PROFIdrive 协议，通信内容的定义依赖于选择的报文类型，PROFIdrive 不依赖于具体的网络和硬件形式，只要驱动器支持 PROFIdrive 功能，就可以进行通信组态，既可以使用 PROFINET IO，也可以使用 PROFIBUS DP。

PROFIdrive 可以理解为是通过 PROFIBUS DP 和 PROFINET IO 连接驱动装置和编码器的标准化驱动技术配置文件，支持 PROFIdrive 配置文件的驱动装置都可根据 PROFIdrive 标准进行连接。控制器和驱动装置/编码器之间通过各种 PROFIdrive 消息帧进行通信。每个消息帧都有一个标准结构，可根据具体应用选择相应的消息帧。通过 PROFIdrive 消息帧，可传输控制字、状态字、设定值和实际值。PROFIdrive 控制方式如图 5-40 所示。

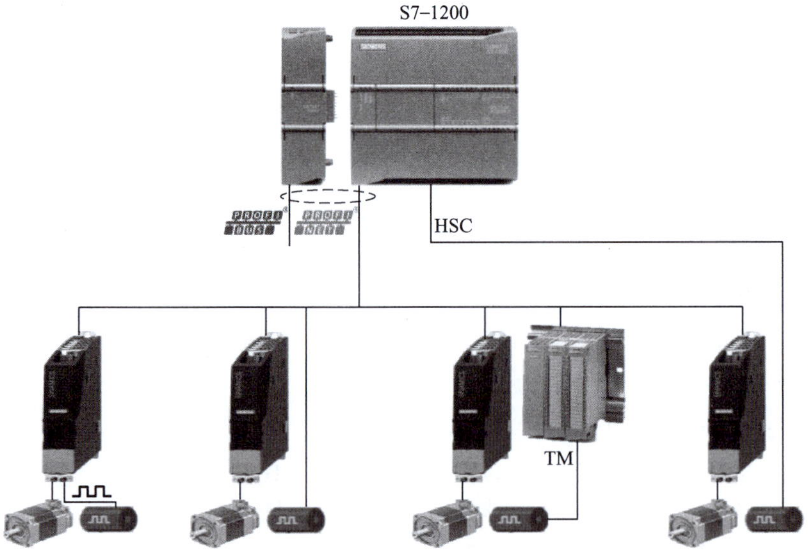

图 5-40　PROFIdrive 控制方式

（3）S120与S7－1200 PLC组态配置应用步骤　S120驱动器与S7－1200控制器进行通信组态配置时，应该先对S120驱动器配置和调试，可以利用Starter/Scout软件，TIA博途V15中集成了startdrive，在TIA博途软件中可以提高项目的集成度并且降低调试的难度。

由于S120有两种工作模式，即伺服运动控制、变频矢量控制。这两种模式在与S7－1200 PLC以PROFINET方式通信连接时，都用PROFINET IO系统完成，即S120作为S7－1200 PLC的IO设备实现的，但在选用标准报文和编程实现方式上是不同的。

不同点如下：

1）伺服运动控制模式：通过PROFIdrive协议选用标准报文进行周期数据交换。在对“轴”工艺对象进行配置时，选用了PROFIdrive协议自动分配组态的标准报文3和IO地址相对应，并且在PLC数据类型中自动生成“PD_TEL3_IN/ PD_TEL3_OUT”类型数据结构，这种数据结构与标准报文3内容相同，但是控制字STW1与状态字ZSW1从上到下对应的16位与标准报文3的STW1与ZSW1的高低8位互换后一一对应。在用运动控制指令编程时，不用指令再读写S120驱动器的数据，可通过报文“格式”以及运动控制指令库内部自动完成双方的数据交换，如图5-41所示。

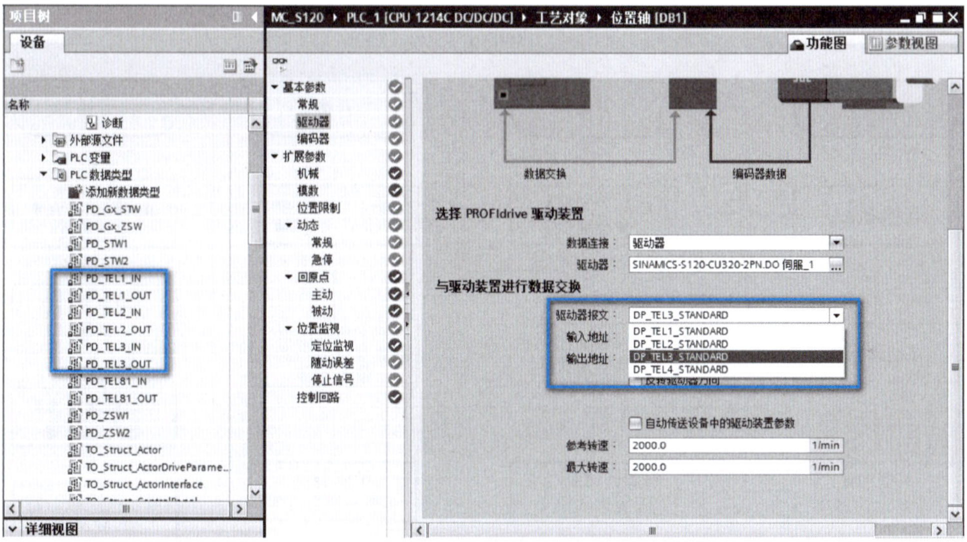

图5-41　标准报文数据类型

2）变频矢量控制模式：这种模式下，不需要在“工艺对象”中配置轴工艺，在TIA博途软件中S120控制器CU320组态标准报文后，软件内部会自动分配给IO控制器对应的IO地址，需要借助指令DPWR_DAT和DPRD_DAT完成周期数据的交换，这是在数据交换量小时的读写周期数据交换，如果数据量大则需要通过对应的数据块来完成非周期的数据交换，如图5-42所示。

S7－1200 PLC在组态配置S120通信时，S120配置的控制模式不同，组态通信配置步骤也不同，如图5-43和图5-44所示。

2. 拓展知识

（1）西门子PROFIdrive报文　PROFIdrive行规定义了多种类型的报文，这些报文用于循环数据交换，在固定的周期间隔内发送控制字、速度设定值或者实际值等数据。可以根据实际的应用或者工艺对象进行报文的选择，运动控制系统常用报文见表5-12。

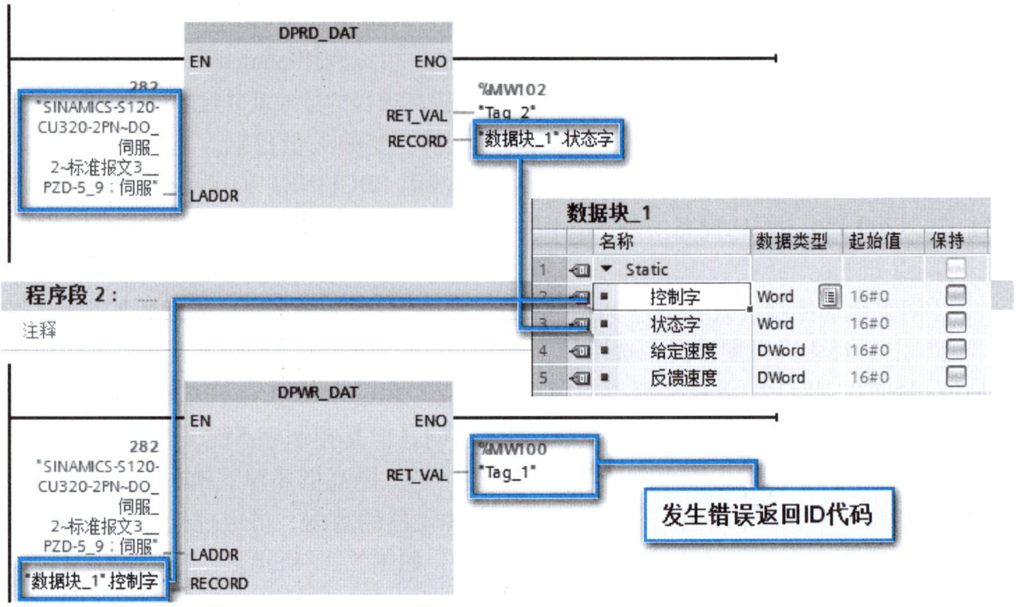

图 5-42　标准报文读写指令

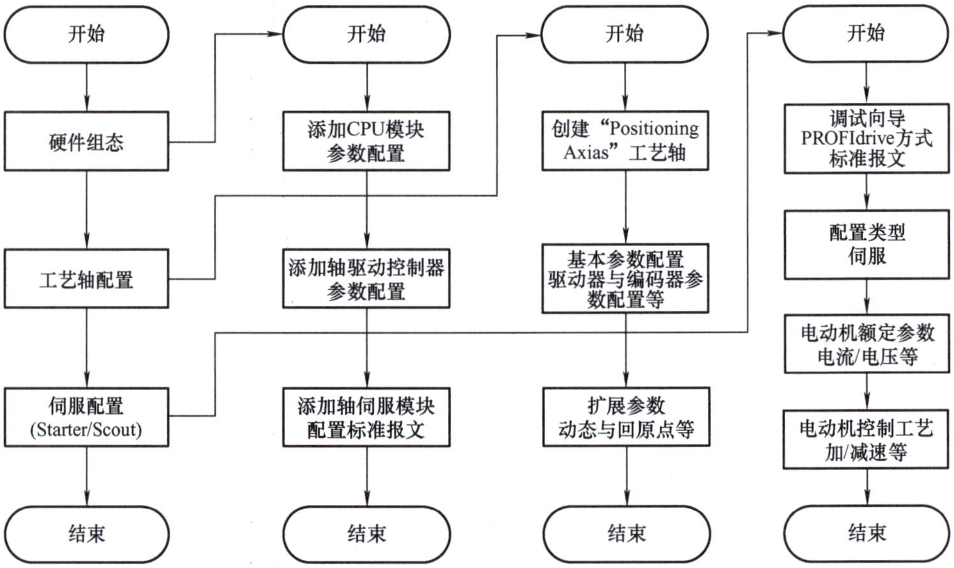

图 5-43　S7－1200 PLC 与 S120 组态配置伺服运动控制流程图

表 5-12　标准报文类型

<table>
<tr><th colspan="3">工 艺 对 象</th><th>可能的 PROFIdrive 报文</th></tr>
<tr><td colspan="3">速度轴</td><td>1、2、3、4、5、6、102、103、105</td></tr>
<tr><td rowspan="3">定位轴/同步轴</td><td colspan="2">驱动装置报文中的设定值和实际编码器值</td><td>3、4、5、6、102、103、105、106</td></tr>
<tr><td rowspan="2">单独的设定值和实际编码器值</td><td>驱动装置报文中的设定值</td><td>1、2、3、4、5、6、102、103、105、106</td></tr>
<tr><td>报文的实际值</td><td>81、83</td></tr>
<tr><td colspan="3">外部编码器</td><td>81、83</td></tr>
<tr><td colspan="3">速度轴/定位轴/同步轴进行转矩控制</td><td>750</td></tr>
</table>

西门子标准报文的状态字 ZSW 和控制字 STW 每位的含义见表 5-13。

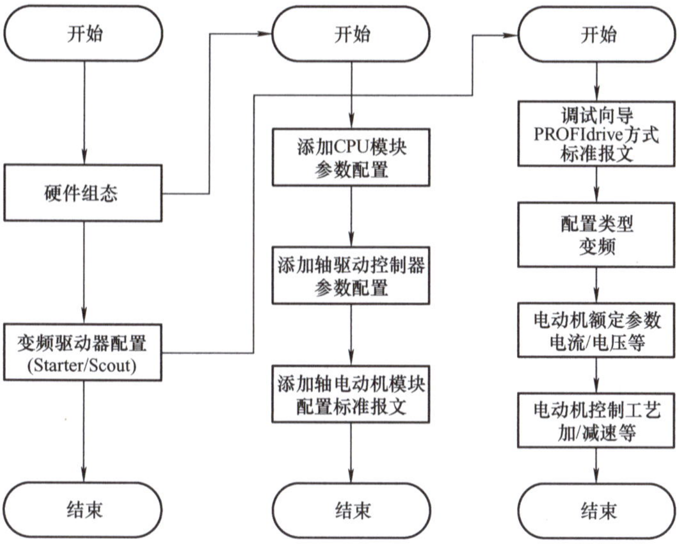

图 5-44 S7-1200 PLC 与 S120 组态配置变频矢量控制流程图

表 5-13 STW 与 ZSW 含义

控制字 STW1			状态字 ZSW1		
符号	位	含义	符号	位	含义
STW11.0	0	0/1（启动用脉冲）	ZSW11.0	0	接通就绪
STW11.1	1	0/1（可以启动）	ZSW11.1	1	就绪
STW11.2	2	0/1（可以启动）	ZSW11.2	2	运行已使能
STW11.3	3	启动/禁止运行	ZSW11.3	3	存在故障
STW11.4	4	使能斜坡函数发生器	ZSW11.4	4	无滑行停止激活，OFF2 激活
STW11.5	5	继续斜坡函数发生器	ZSW11.5	5	无滑行停止激活，OFF3 未激活
STW11.6	6	转速设定使能	ZSW11.6	6	接通禁止激活
STW11.7	7	应答故障	ZSW11.7	7	存在报警
STW10.0	8	已接收	ZSW10.0	8	公差范围内随动误差
STW10.1	9	已接收	ZSW10.1	9	达到 PZD 报文设定
STW10.2	10	PLC 控制	ZSW10.2	10	目标位置已到达
STW10.3	11	旋转方向	ZSW10.3	11	打开抱闸
STW10.4	12	抱闸必须打开	ZSW10.4	12	激活运行程序段应答
STW10.5	13	提高电位器设定值	ZSW10.5	13	无过温电动机报警
STW10.6	14	降低电位器设定值	ZSW10.6	14	旋转方向
STW10.7	15	已接收	ZSW10.7	15	功率单元无过热报警
控制字 STW2			状态字 ZSW2		
STW2	16～32 位	转速设定值	ZSW2	16～32 位	转速实际值

例如：STW1 = #047F（其中 04 对应 STW10，7F 对应 STW11），正向启动；STW1 = #0C7F，反向启动；STW1 = #047E 正向停止。变频器基准值 P2000 = 1500r/min 对应 100%，字最大值 65535 对应的是 ±200%，100% 的给定则为 16384，如果 STW2 = #500，转速设定十进制为 117.2r/min。

（2）报文的不同点说明

1）报文 1 和报文 2 均用于速度控制，但是报文 1 速度值为 16 位长度的字，只能是整数，报文 2 的速度值长度为 32 位，是浮点数。

2）报文 3 和报文 4 的区别在于报文 3 支持一个编码器，报文 4 支持两个编码器。

3）报文 102 和报文 103 与报文 3 和报文 4 相比，增加了转矩降低功能，报文 103

支持两个编码器。

4）报文5和报文6与报文3和报文4相比，增加了DSC功能，报文6支持两个编码器。

5）报文105和报文106与报文5和报文6相比，增加了转矩降低功能，报文106支持两个编码器。

6）报文3、4、5、6、102、103、105和106均用于速度轴、定位轴和同步轴控制。

7）报文81和83的区别在于报文83的速度实际值长度是32位，而报文81的速度实际值长度是16位，这两种报文用于编码器通信。

8）报文750适用于转矩控制，可以发送电动机的转矩设定值和限幅值，并且接收实时的电动机转矩值。

对于S7-1200 PLC，由于其运动控制不支持同步轴的功能，因此SINAMICS S120、V90PN驱动器均优先推荐使用报文3与PLC进行通信。

任务实施

1. I/O地址分配和控制原理图

根据控制要求，首先确定I/O表，进行I/O地址分配，见表5-14。

表5-14 I/O地址分配表

输入			输出		
符号	地址	功能	符号	地址	功能
SB1	I0.0	启动按钮			
SB2	I0.1	停止按钮			
SQ0	I0.2	A点光电检测开关			
SB3	I0.3	正向点动			
SB4	I0.4	反向点动			
SB5	I0.5	复位			

根据任务要求，列写软硬件配置，配置见表5-15。画出PLC控制原理图，如图5-45所示。

表5-15 软硬件配置

名称	数量	备注
软件	1	TIA Portal V14 SP1
PLC	1	CPU1214C DC/DC/DC，固件V4.2以上
存储卡	1	SIMATIC MC 4MB
S120控制单元	1	CU320-2 PN
S120控制单元CF卡	2	双轴不带性能扩展固件V4.8
控制单元隔离片	1	将CU320-2控制单元的深度增加到270mm
伺服电源模块	1	16kW
单轴电动机模块	2	1.6kW
伺服操作面板	2	BOP-2
伺服电动机	2	AC380V 0.8kW，光轴不带键槽，无抱闸
伺服电动机电缆	2	2m，不带抱闸线
编码器电缆	2	2m

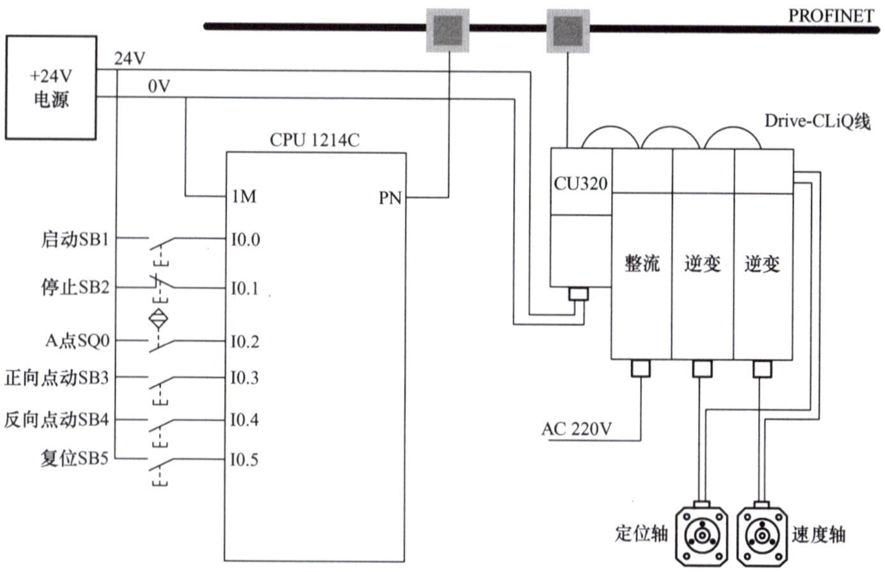

图 5-45 传送带搬运工件 PLC 控制原理图

2. TIA 博途软件组态配置编程

根据控制电路的要求，定位轴和速度轴都要配置，按照 S7-1200 PLC 与 S120 组态配置伺服运动控制流程图，先配置定位轴，速度轴可以参考定位轴进行配置。

（1）硬件组态

1）组态配置 CPU：创建 S7-1200 项目，添加硬件配置。打开 TIA 博途软件，创建项目“MC_S120”，单击项目树的“添加新设备”选项，添加“CPU1214C”，选择 V4.2 以上版本。在图 5-46 中单击“在线访问”，可以更新显示在 PROFINET 网络上连接的所有设备，图中刷新出三台设备“PC”“CPU1214”与“CU320-2PN”，说明硬件组网连接正确。

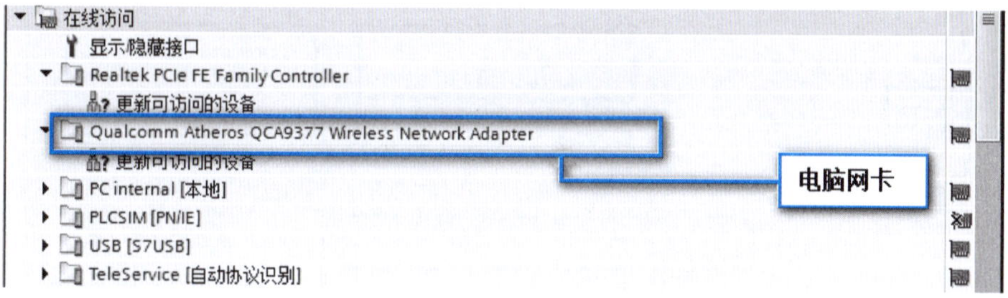

图 5-46 在线访问搜索设备

如图 5-47 所示，在“常规”→“项目信息”中设定 PLC 的名称为“PLC_1”，在“以太网地址”中设置子网名称为“PN/IE_1”，并设置 IP 地址，与 PC 设置在同一个网段内，IP 地址不能相同。

2）添加 S120 设备：在“网络视图”中添加 S120 设备，在“硬件目录”中“其他现场设备”目录中逐级找到“SINAMICS”目录，选择“SINAMICS S120/S150 CU320-2PN V4.8”拖至“网络设备”中，如图 5-48 所示，在“常规”设置中与 PLC 连接的子网名称为“PN/IE_1”，设置 IP 地址，它在 PROFINET 网络中的设备名称为“cu320-2pn”，这个名称必须与 Starter/Scout 软件中配置的 S120 设备同名。单击两台设备的 PROFINET 通信口，建立 PROFINET IO 系统，系统的 IO 控制器的名称为“PLC_1”。

在 PROFINET 网络系统中，所连接的各种设备通过下面三种方式识别：

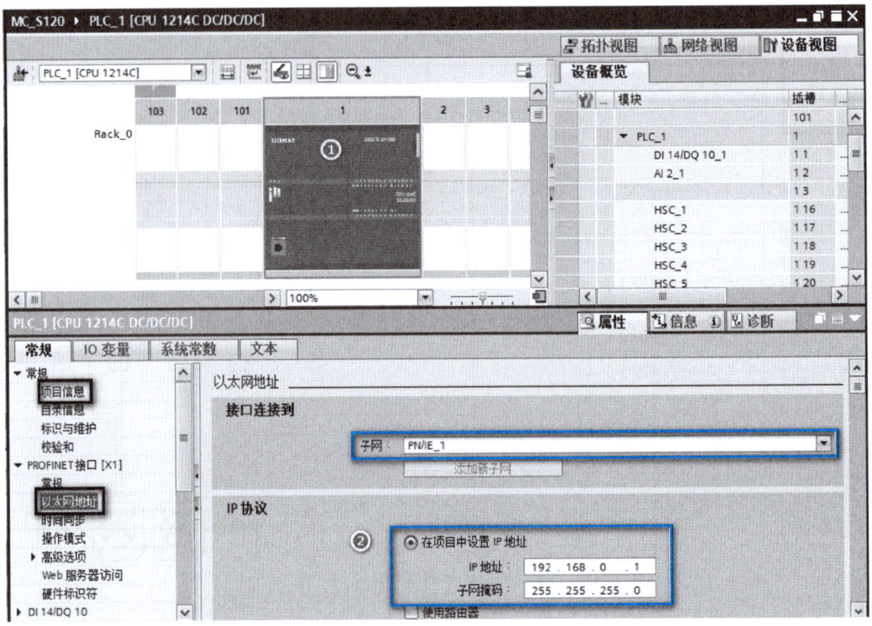

图 5-47　CPU 常规配置

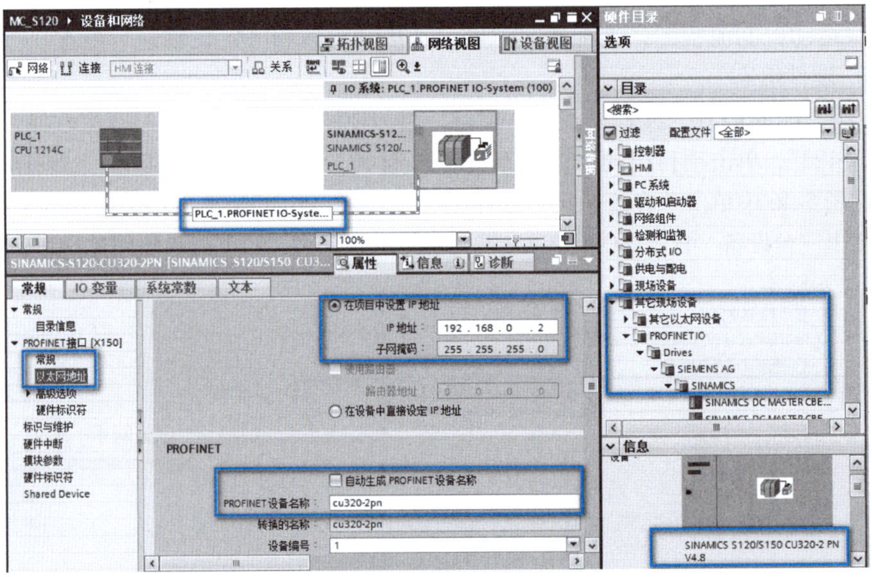

图 5-48　添加 cu320－2pn 组态配置

① 通过“在线访问”方式刷新设备：这是通过软件内部特种搜索方式自动查找在线设备，它不是通过 IP 地址或设备名称搜索。

② 搜索出的设备分别设置相同网段下的不同 IP 地址，并且分配设备名称，PG/PC 通过 IP 地址分别更新每个设备的程序和配置，建立子网连接。

③ 网络通信配置完成后编制程序，设备之间的数据交换的识别是通过分配的设备名称来完成的，不是通过 IP 地址。

3）添加伺服模块和报文：在“网络视图”双击 S120 设备，打开对应的“设备视图”，打开“设备概览”窗口，在硬件目录中添加“DO 伺服”→“标准报文 3，PZD－5/9：伺服”，可以在“常规”配置中的“I/O 地址”中看到，输入地址是 68～85 共 18 个字，输出地址是 64～73 共 10 个字，如图 5-49 所示。

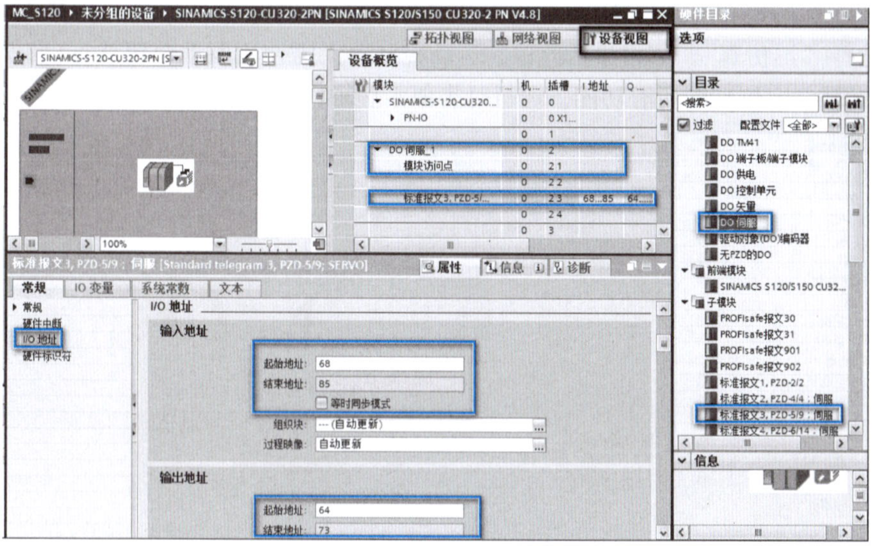

图 5-49　添加伺服模块和报文

（2）S120 驱动器配置　在 TIA 博途 V14 软件中，需要使用 Starter/Scout 软件完成对 S120 驱动的硬件组态配置和参数设置，以及通信报文设定。按照任务中给出的硬件清单配置，主要配置通信报文为西门子 PROFIdrive 的标准报文 3，设置的 IP 地址与设备名称要与 TIA 博途软件组态的一样，这里不再详细讲解。

（3）工艺对象轴配置　配置定位轴，如图 5-50 所示，轴名称为“定位轴”，编号自动生成，运动控制指令集合选择“TO_PositioningAxis ”，V6.0 版本。

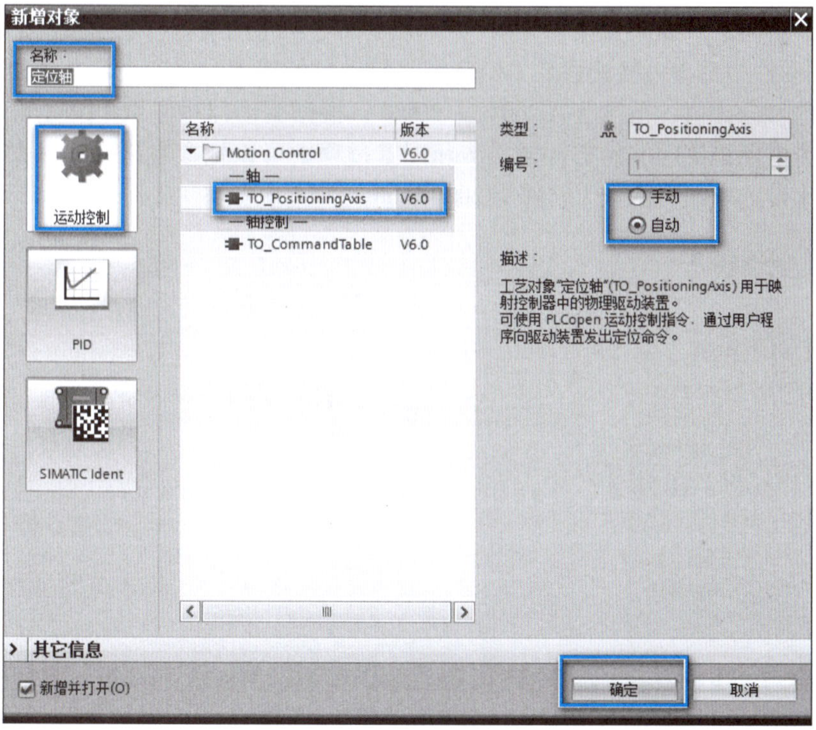

图 5-50　添加定位轴工艺对象

1）在基本参数“常规”中驱动器配置“PROFIdrive”连接，驱动装置通过PROFINET通信连接到控制器，通过PROFIdrive报文进行驱动控制。测量单位为度(°)。选择“不仿真”，如果激活此项，运动控制器无需使用驱动装置就可以在PLC中使用速度轴、定位轴的所有功能，运行时类似于虚轴，如图5-51所示。

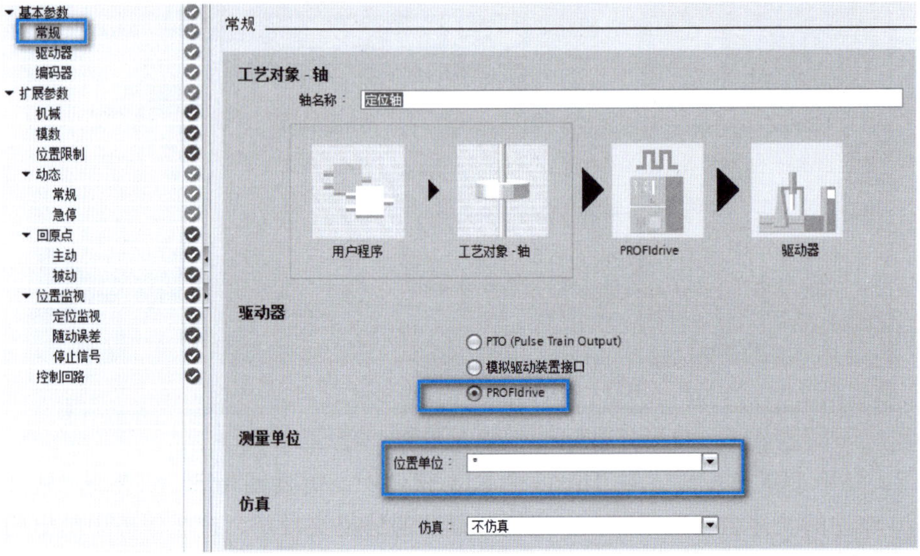

图5-51　创建轴工艺

2）驱动器：如图5-52所示，数据连接选择“驱动器”，则编码器数据和速度给定直接通过驱动装置报文交互获取，对所选的“驱动器”进行设备组态，组态驱动器的模块为“DO伺服_1”，选择后自动生成图5-53中的与驱动装置进行数据交换的报文格式和地址。若勾选“反转驱动器方向”，则控制器输入正向指令时电动机反向旋转。根据S120驱动器中的参考转速参数P2000填写驱动器的速度，实际设定发送的速度值为参考速度的百分比值，范围为-200%~200%；根据驱动器中参数P1082设定最大速度，一般为电动机铭牌的额定转速，实际配置过程中可以把参考速度和最大转速设置相同，这里设置驱动器的最大转速为2000r/min。

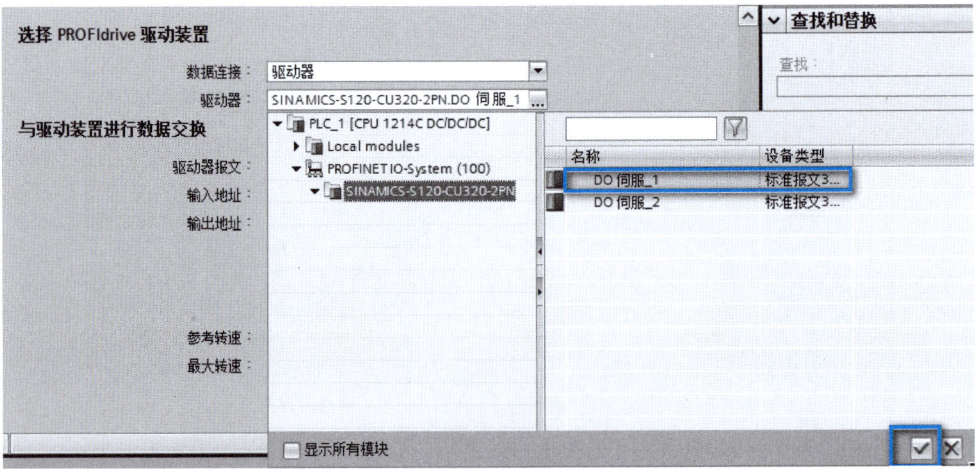

图5-52　选择驱动器的伺服模块

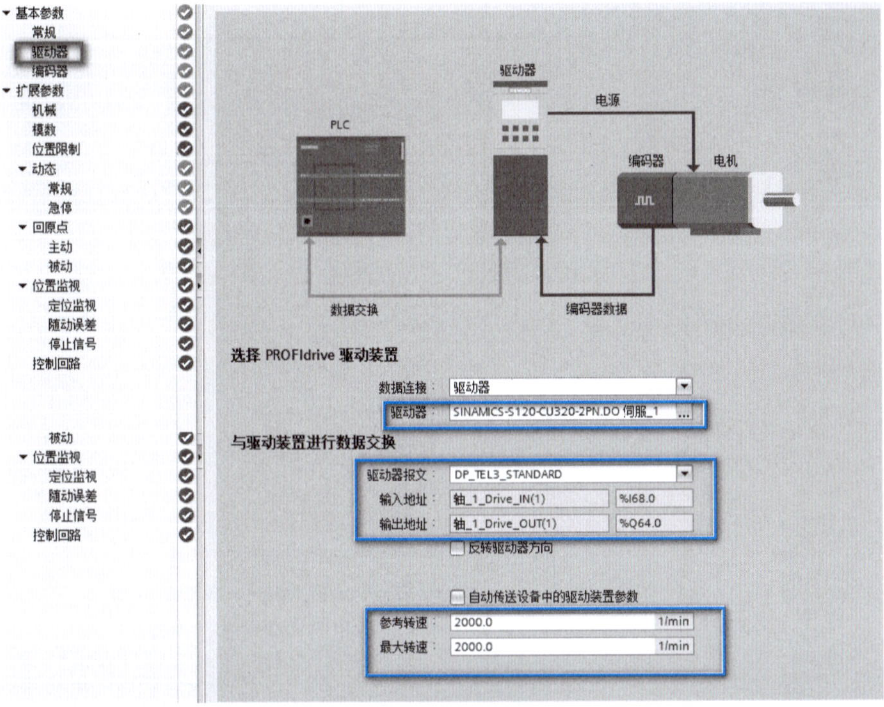

图 5-53　驱动器配置

3）编码器：伺服电动机轴上的编码器通过 PROFIdrive 接口与 S120 驱动器连接，驱动器与伺服电动机形成闭环，没有接入 PLC，如图 5-54 所示。编码器的“数据连接”项选择“编码器”，单击下拉菜单选择组态好的“DO 伺服_1”，自动把组态好的标准报文 3 分配给编码器，生成 I/O 地址，勾选“自动传送设备中的编码器参数”，系统可以自动从 SINAMICS 驱动器中读取编码器的组态信息。在 S120 驱动器中的 Starter 配置好后，不需要在这里再设置。注意：只有使用 SINAMICS 驱动器才支持此功能。TIA 博途 V15 软件中集成了 Starter 功能，支持从 Startdrive 组态的驱动器中离线传送数据功能。

编码器类型有线性增量、线性绝对值、旋转增量、旋转绝对值，这里配置的是“旋转增量”式。

4）扩展参数：机械参数配置如图 5-55 所示，本任务中伺服电动机机械减速比为 2∶1，“电机每转的负载位移”为 10°。

5）模数：如果要使轴的位置在一个区间内循环更新（例如，对于负载为一个旋转圆盘，位置值在 0～360°之间循环），则需选择复选框“启动模数”，本任务不启用。

6）位置限制：本任务的定位轴只在固定点 A 点与 B 点运行，简单起见，不设置硬限位开关，启用软限位开关作为保护即可。

7）动态常规项：最大速度为 2000r/min，加减速时间为 1s。

8）动态急停：急停的加减速时间为 0.5s。

9）回原点：任务中只是涉及固定的两个位置点的往返控制，可用相对运行指令实现，简单起见不设置原点。

10）位置监视：在运动控制的闭环控制中，可以监视位置、随动、停止运动过程中设定值与实际值误差的容差，如图 5-56 所示，设定位置容差为 1°。在图 5-57 所示的停止误差设置中，设置振荡范围为 1°。

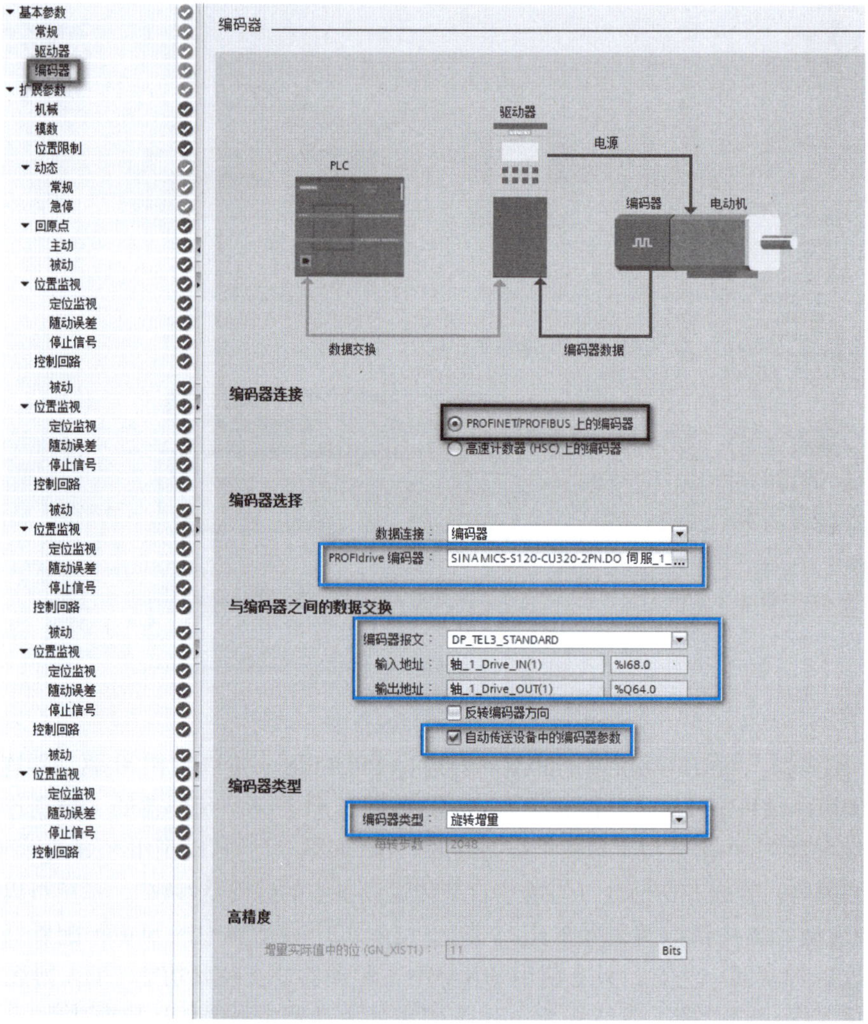

图 5-54 编码器参数配置

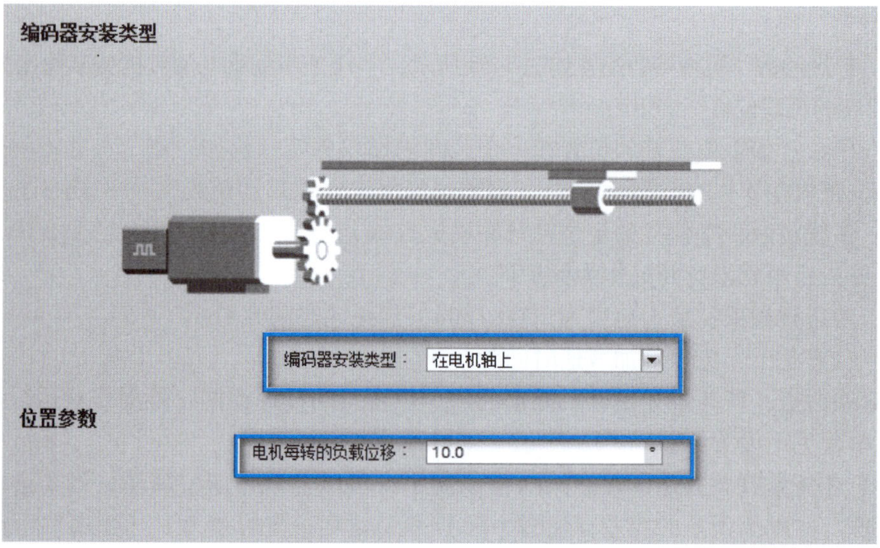

图 5-55 机械参数配置

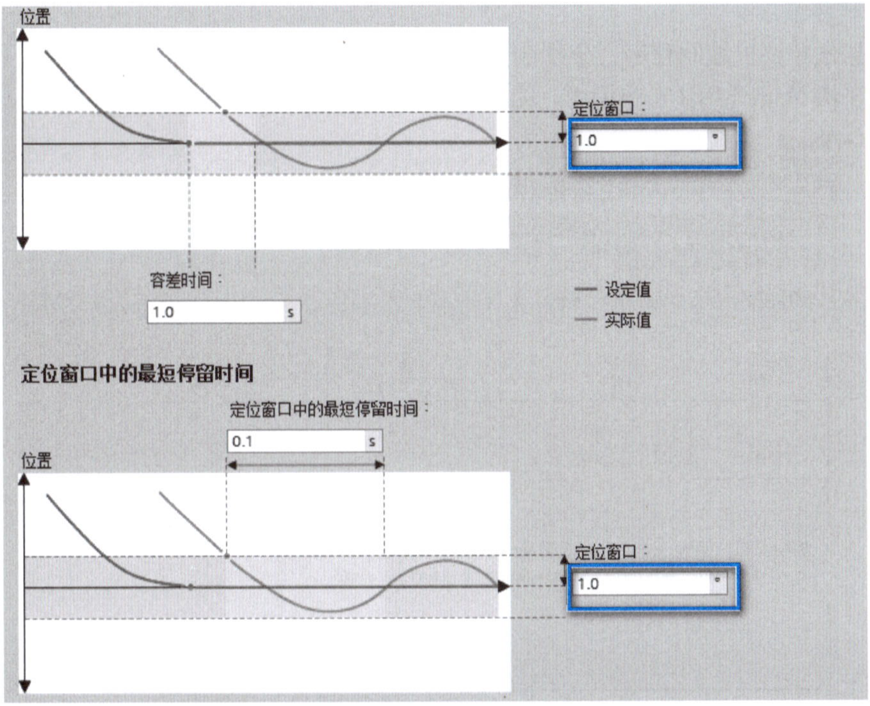

图 5-56 定位误差配置

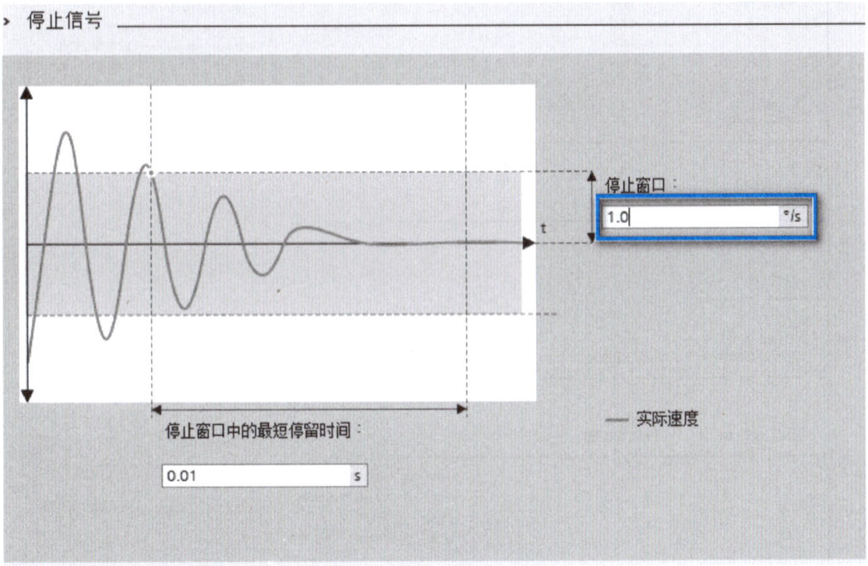

图 5-57 停止误差配置

11）控制回路：动态伺服控制（Dynamic Servo Control，DSC）功能是把位置计算移动到驱动器中，计算周期大大缩减，电动机转矩和电流脉动变小，提高了动态响应。运动控制器和驱动器必须支持此功能，例如使用 S7－1500T/TF 和 V90 PN 或者 S120，本任务选用的 PLC 不支持此功能。

（4）轴的面板调试与诊断　在这里对配置好的 S120 进行手动测试，没问题后进行程序编制。在诊断界面可以看到组态配置好的工艺轴运行过程中数据，当有故障发生时，通过诊断界面的观测数据可以判断故障点，这非常方便实用，大大减轻了调试工作量。

3. 程序编制

根据任务要求编制程序，分别创建函数块位置轴_1（FB1）和速度轴_1（FB2），在主程序块 Main（OB1）中调用，完成程序编制，如图 5-58 所示。

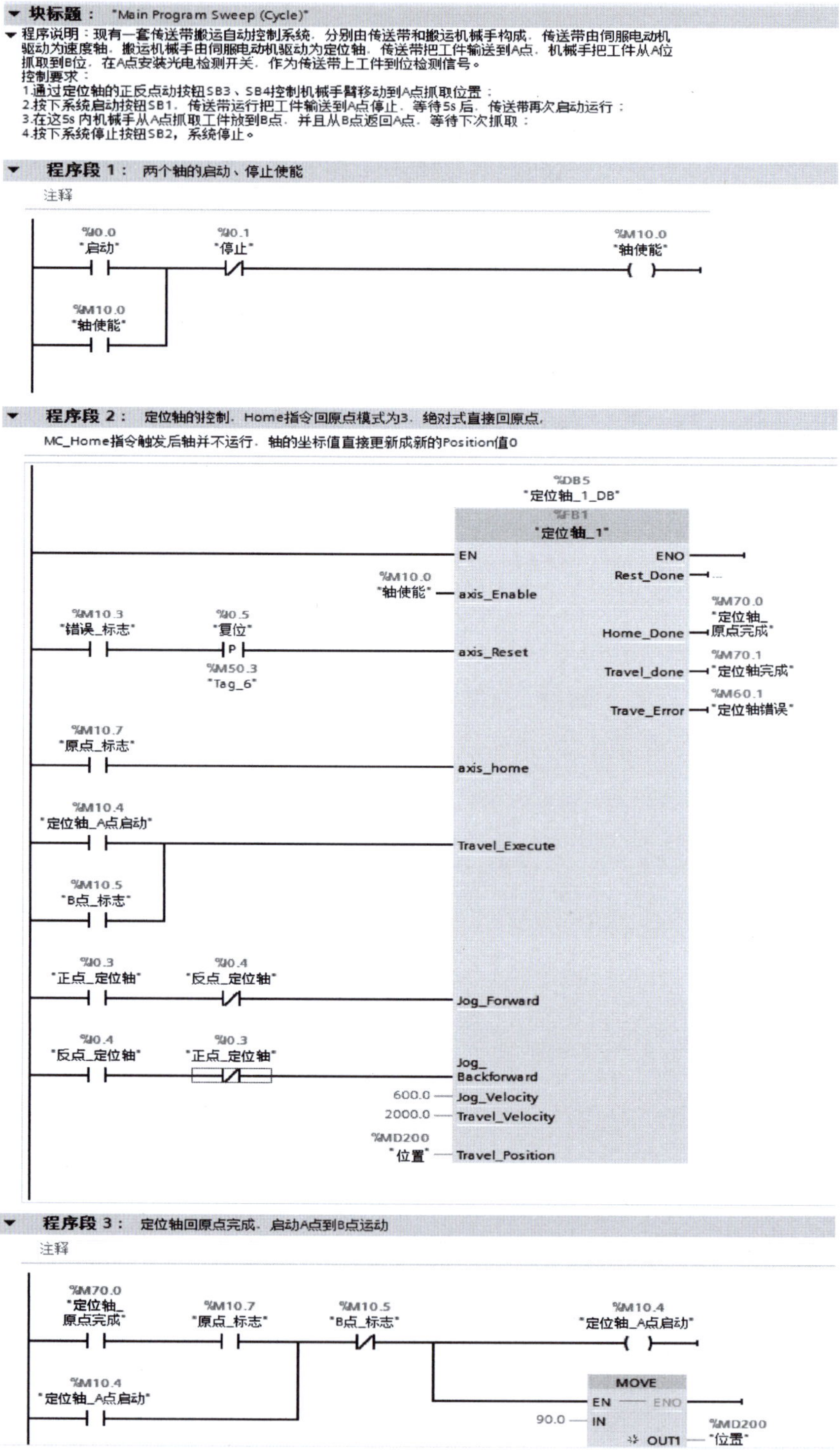

图 5-58　主程序块 OB1，

▼ 程序段 4： 到达B点，启动定位轴由B到A

注释

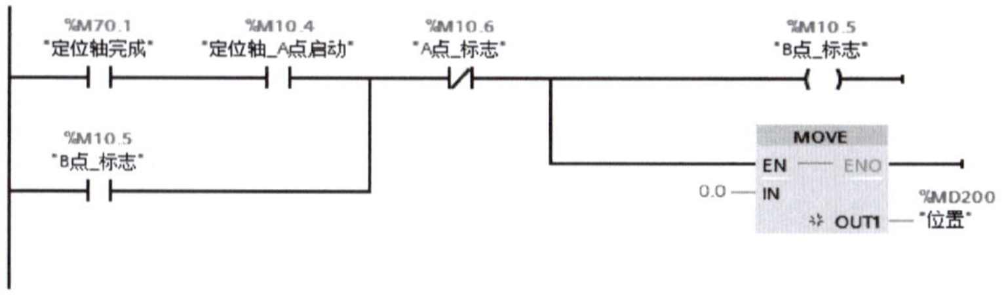

▼ 程序段 5： 定位轴到A点

注释

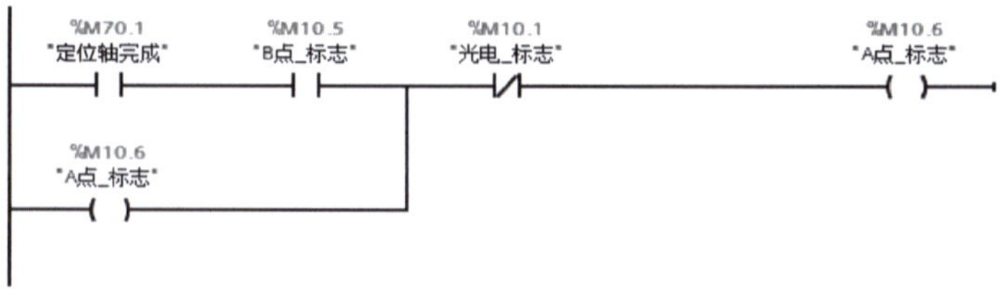

▼ 程序段 6： A点光电上升沿启动定位轴回原点

注释

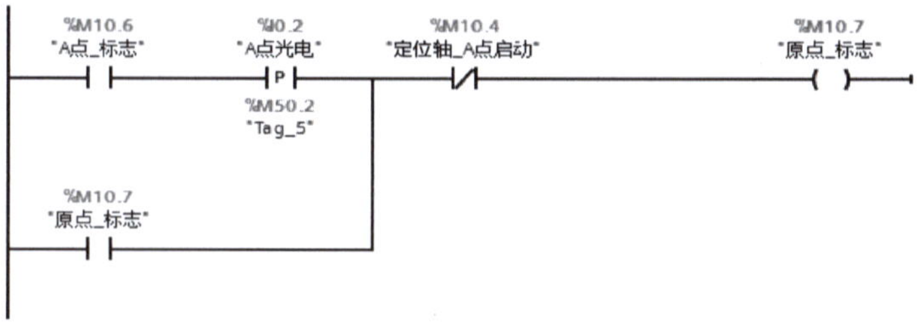

▼ 程序段 7： 速度轴的控制

注释

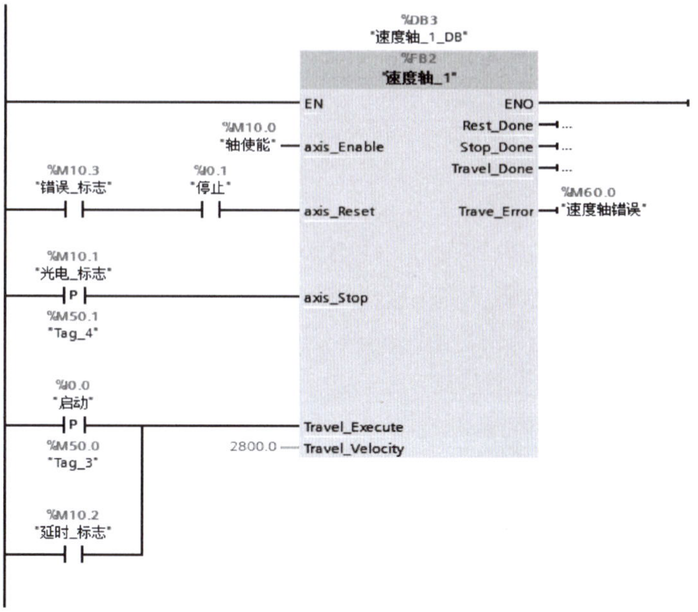

函数块 FB1、FB2

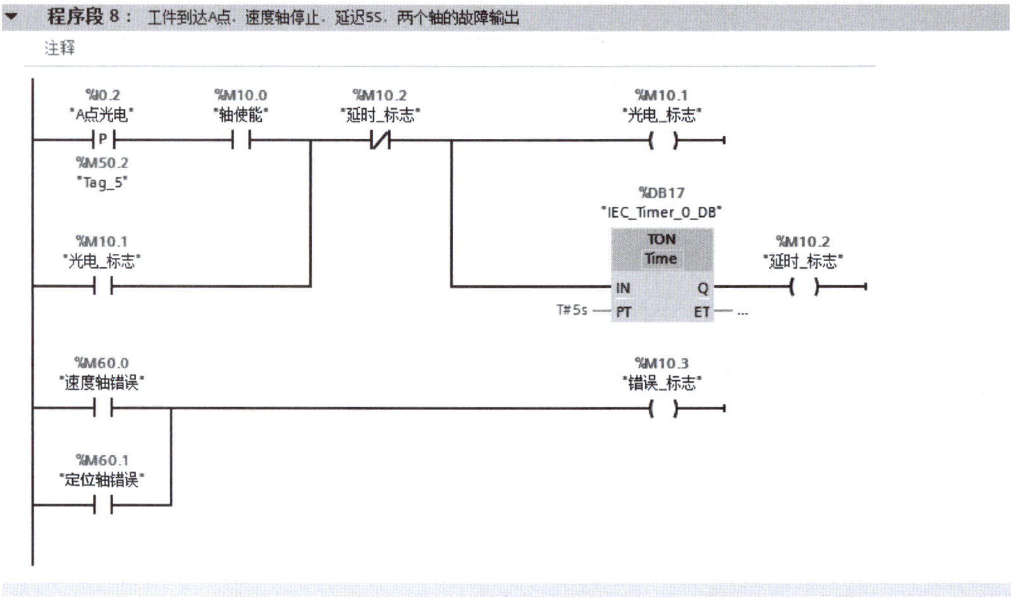

a) 主程序块

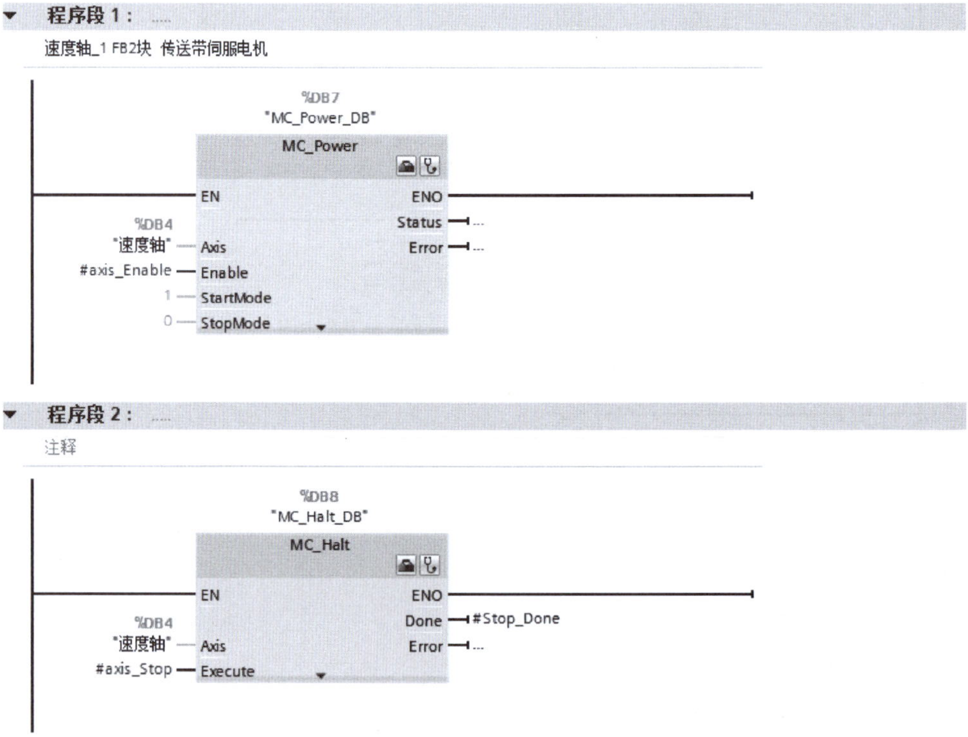

图 5-58　主程序块 OB1，

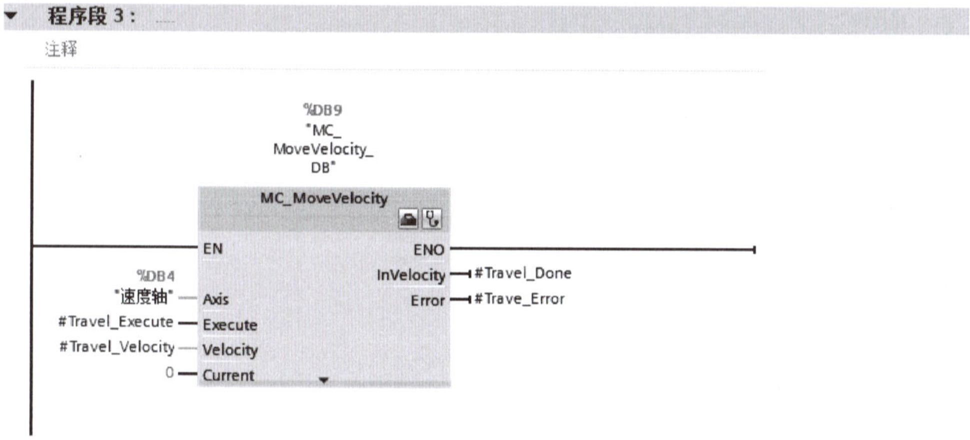

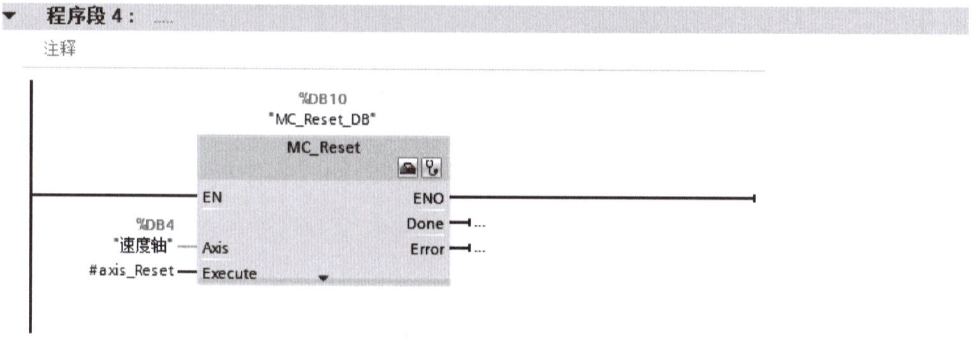

b) 函数块FB2

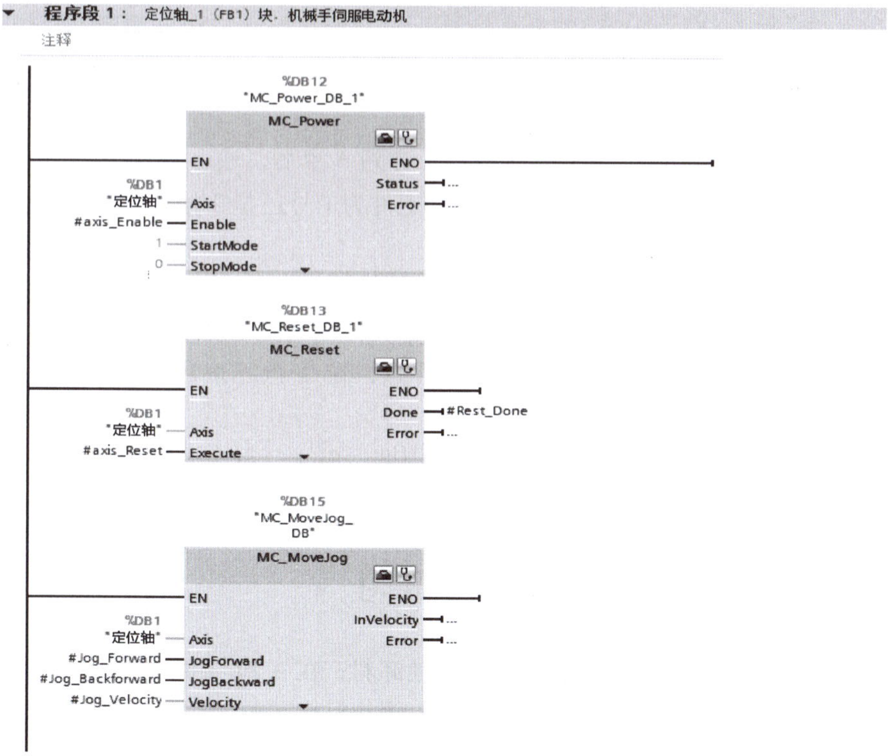

函数块 FB1、FB2（续）

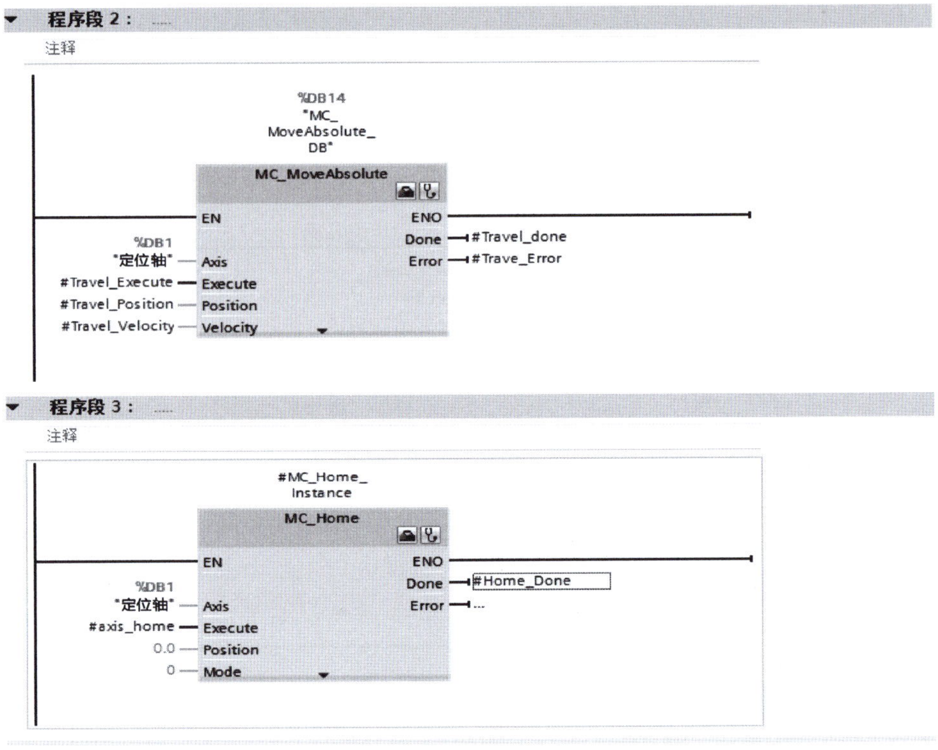

c) 函数块FB1

图 5-58 主程序块 OB1，函数块 FB1、FB2（续）

任务拓展

工作任务书
机械手分拣
控制系统

在任务中加入分拣功能，在传送带传送工件到 A 点后，通过光电检测传感器 Q1 检测工件的颜色，区分工件为 1 号还是 2 号，把 1 号工件抓取到 B 点，2 号工件抓取到 C 点。

任务要求如下：

1）按下系统启动按钮 SB1，传送带运行把工件输送到 A 点停止，检测工件类别，机械手抓取工件 1 放到 B 点、工件 2 放到 C 点，在 A 点抓取后传送带等待 2s 再次启动。

2）按下系统停止按钮 SB2，在完成一个周期后停止，每次抓取工件后，对应的工件计数值加一。

思考与练习

现有一套送料小车，在 A 地装料，在 B 地卸料，在 A 地与 B 地之间来回往返装卸料，进行直线运动。小车的运动控制由一套丝杠滑块机构实现，步进电动机与丝杠直接连接，小车固定在滑块上，丝杠螺距为5mm，在 A、B 地中间装有起始点（参考点）接近开关 SQ0，在 A 地装有左极限限位 SQ1，在 B 地装有右极限限位 SQ2，示意图如图 5-59 所示。

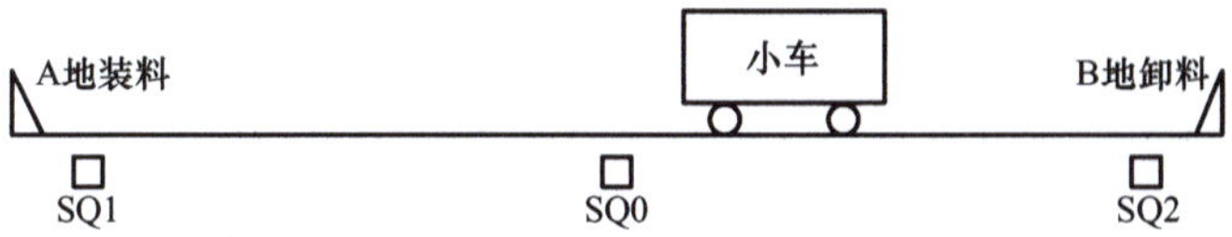

图 5-59 小车送料示意图

小车控制系统主要软硬件配置与本项目任务 1 相同。

控制要求如下：

1）按下复位按钮 SB1，小车回到起始点。

2）按下启动按钮 SB2，小车先去 B 地卸料，然后再去 A 地装料，来回往返运动。

3）按下停止按钮 SB3，小车立即停止。

4）运行过程中，指示灯以 1s 为周期闪烁。

项目6

西门子S7-1200 PLC流程控制

流程工业是国家基础工业，包括冶金、石化、建材、医药等，其产品是国民经济发展的基础性原料和国防工业建设的战略性物资。因此，流程工业在我国工业体系中占有重要地位。流程工业自动化是以智能化和绿色化为目标，研究流程工业的运行信息检测、生产过程建模和优化控制、企业经营决策支持等新方法、新技术，并实现集成应用。

本项目主要介绍流程工业自动化的 PLC 流程控制，将从三个环节进行学习：模拟量，在流程控制过程中作为压力、温度、流量、浓度、PH 值等多种物理量的信号采集环节；PID 算法，在流程控制过程中作为控制算法环节，以期得到稳定输出；变频器，作为输出环节的执行机构，起到驱动、执行、放大的作用。

任务1　工业搅拌系统控制

任务描述

工业搅拌系统示意图如图 6-1 所示，混合罐中有水 2L，搅拌机（由搅拌电动机驱动）在混合罐中将两种液体配料液混合搅拌（配料液 A 和配料液 B）。先放入配料液 A，按下按钮 1 以 20Hz 正向搅拌 5s 停下，再反向搅拌 5s 后停下。再放入配料 B，按下按钮 2，以 25Hz 正向搅拌 8s 停止。设计 PLC 程序对工业搅拌系统实现自动控制。

任务目标

1）进一步熟悉如何在 TIA 博途软件项目中添加 G120 变频器设备。

2）熟悉西门子 G120 变频器的控制方法，熟悉西门子 G120 变频器参数的设置方法。

3）熟悉西门子报文 1 和报文 352，掌握总线控制方式，实现三相异步电动机按设定频率运转。

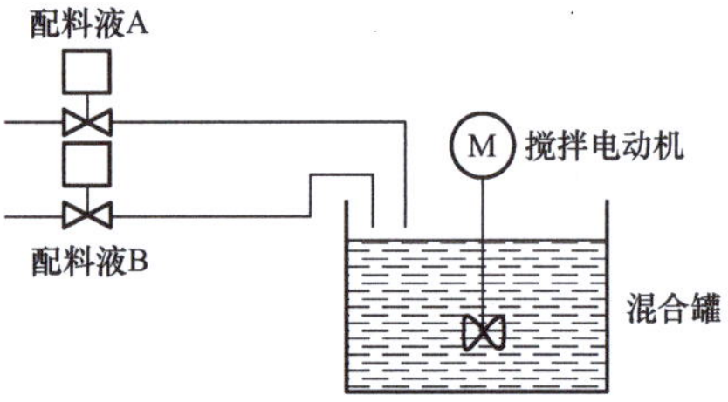

图 6-1　工业搅拌系统示意图

相关知识

1. 基本知识

（1）电气传动系统

1）电气传动系统的组成。电气传动系统是由电动机、变频装置和控制器三部分组成的，如图 6-2 所示。

图 6-2　电气传动系统组成

2）电气传动的意义。众所周知，所有的生产机械、运输机械在传动时都需要调速。首先，机械在起动时，根据不同的要求需要不同的起动时间，需要不同的起动速度相配合；其次，机械在停止时，由于转动惯量不同，其自由停车时间也各不相同，为了达到人们所需要的停车时间，就必须在停车时采取一些调速措施；第三，机械在运行中根据不同的情况也要求进行调速。

3）三相异步电动机调速历程。三相异步电动机调速经历了以下三个阶段：

① 继电器开环控制阶段。

② SCR 闭环控制阶段。

③ 变频器控制阶段。

4）变频器应用场合，如图 6-3 所示。

① 大功率传动场合：动车组、轧钢机、矿井提升机、龙门刨床、风机水泵等。

② 小功率传动场合：电梯门机、电梯主机、电动汽车、专用变频器等。

图 6-3　变频器应用场合

（2）G120 变频器

G120变频器及其调试

1）G120 变频器的构成。SINAMICS G120 是西门子公司的一个模块化的变频器，主要包括两个部分：控制单元（CU）和功率单元（PM）。功率模块支持的功率范围为 0.37～250kW。

控制单元（CU）以 CU240 为例，功率单元（PM）以 PM240 为例，输入电压：三相交流 380～480V；输入频率范围：47～63Hz；输出频率范围：V/f 控制频率范围为 0～650Hz，矢量控制频率范围为 0～200Hz。

2）安装与接线。

① 在功率单元上安装控制单元，如图 6-4 所示。

② 安装控制面板 BOP-2，如图 6-5 所示。

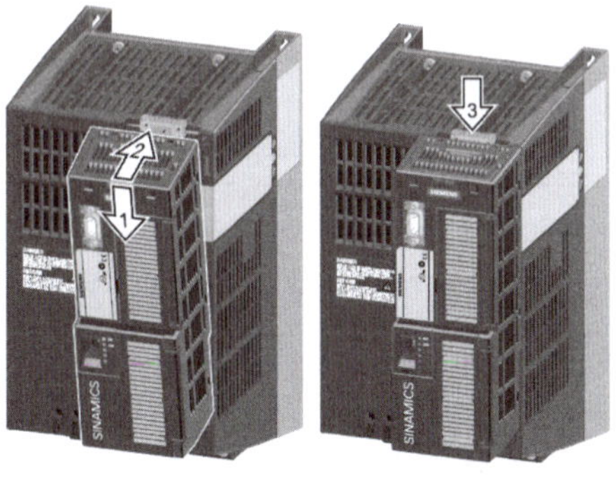

图 6-4　安装控制单元

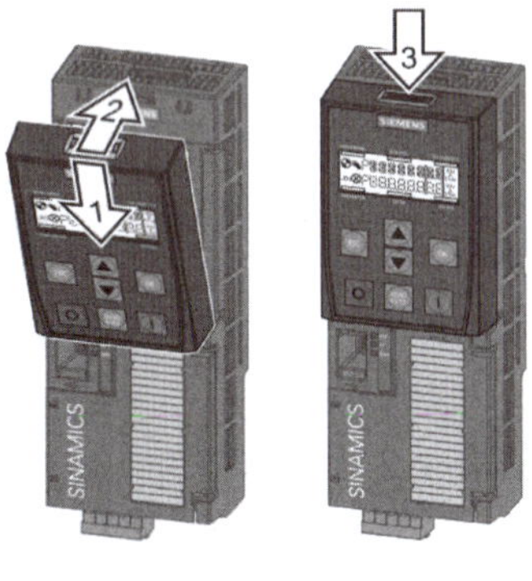

图 6-5　安装控制面板

③ CU240B-2 控制单元接口图，如图 6-6 所示。

除了外部电源接线、通信接口（网口）、USB 接口，控制单元与功率模块通信的 PM-IF 接口及与面板通信的接口外，还有模拟量控制、开关量控制等接口。

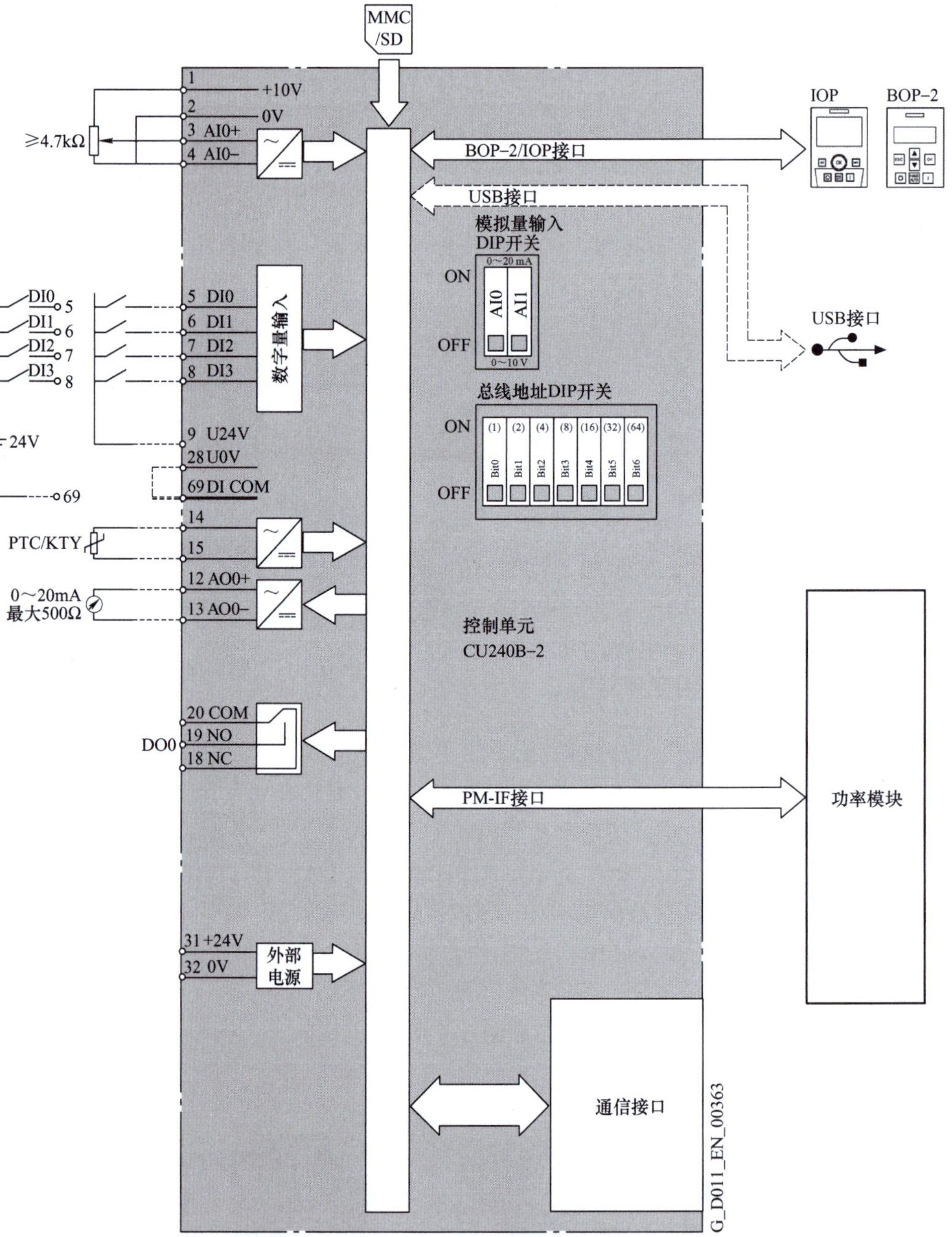

图 6-6 控制单元接口图

④ PM240 功率模块接线图。功率模块除了与控制单元有 PM-IF 接口外，还有三相电源接线、制动电阻接线、电动机抱闸接线和 UVW 三相电动机接线，如图 6-7 所示。

3）添加 G120 变频器设备。

在 TIA 博途软件项目中添加 G120 变频器的步骤如下：

① 创建新项目。

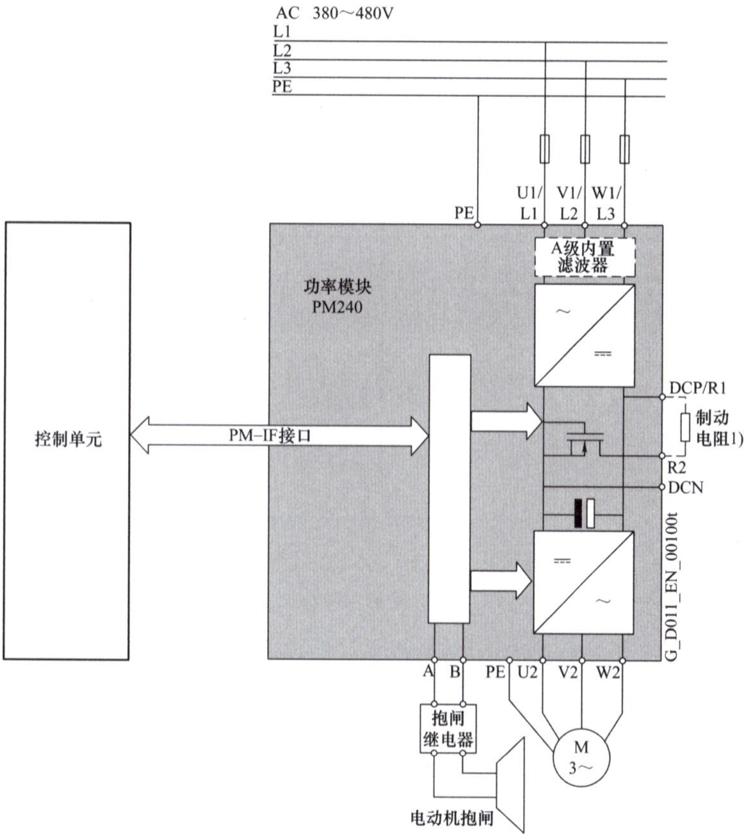

图 6-7　功率模块接线图

② 添加控制器设备，例如：添加 S7－1200 PLC 设备，选择“CPU 1214C DC/DC/DC”。

③ 添加驱动设备，添加变频器控制单元，单击“驱动和启动器”→“SINAMICS 驱动”→“SINAMICS G120”→“控制单元”→“CU240E-2 PN”，添加该设备。添加驱动设备控制单元如图 6-8 所示。

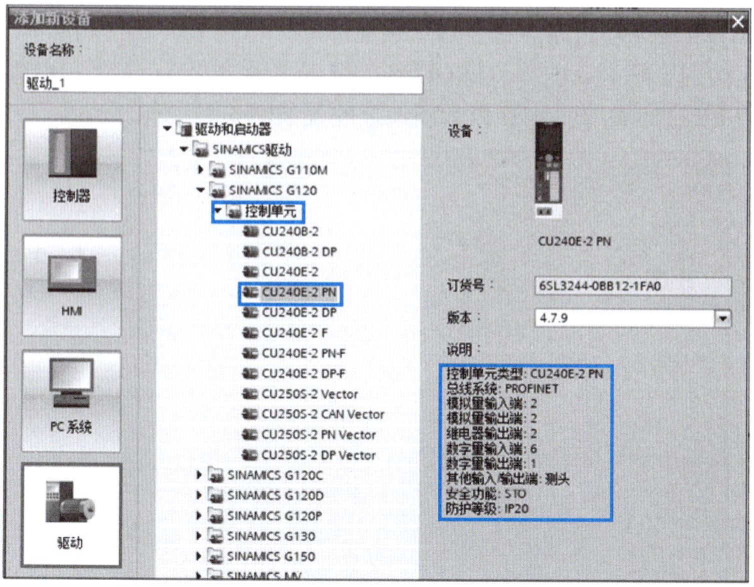

图 6-8　添加驱动设备控制单元

④ 添加功率单元，单击“功率单元”→“PM240”→“FSA”→“IP20 U 400V 1.5kW”，添加该设备。添加驱动设备功率单元如图6-9所示。

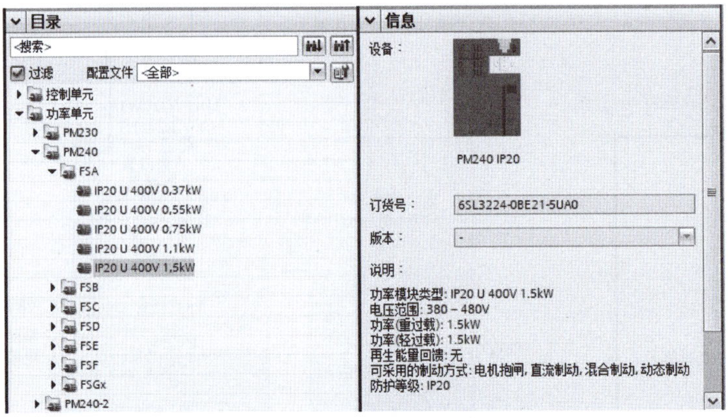

图6-9　添加驱动设备功率单元

添加完毕后，在TIA博途软件项目中显示如图6-10所示。

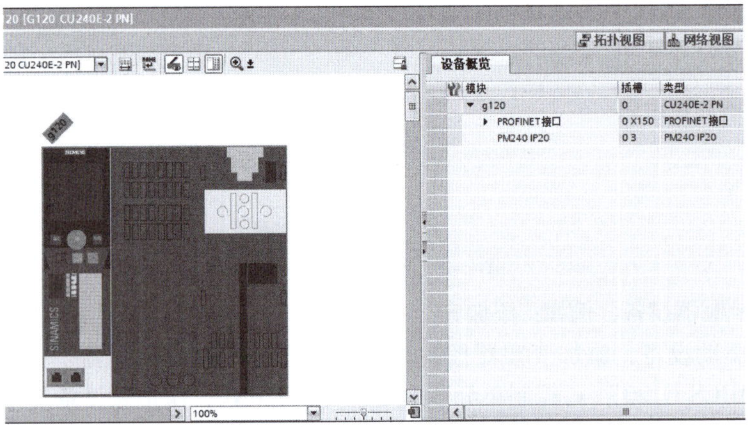

图6-10　功率单元设备视图

⑤ 配置G120变频器设备名称及以太网地址。

变频器连接到子网PN/IE_1，PROFINET设备名称命名为g120，IP地址设置为与PLC同网段的192.168.0.2。g120以太网地址配置如图6-11所示。

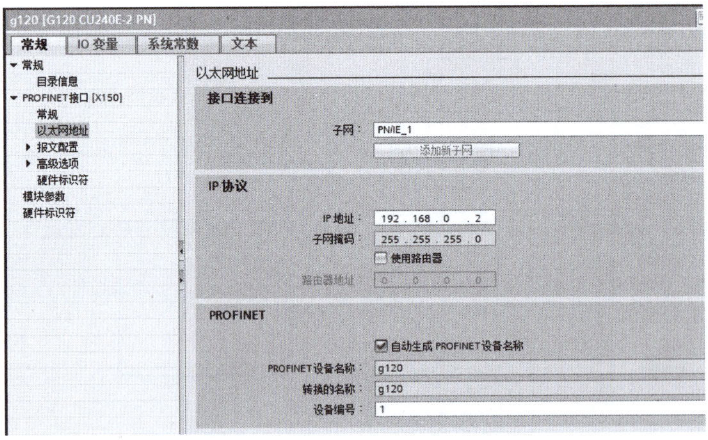

图6-11　g120以太网地址配置

⑥ 进行 G120 变频器设备报文配置，如图 6-12 所示。

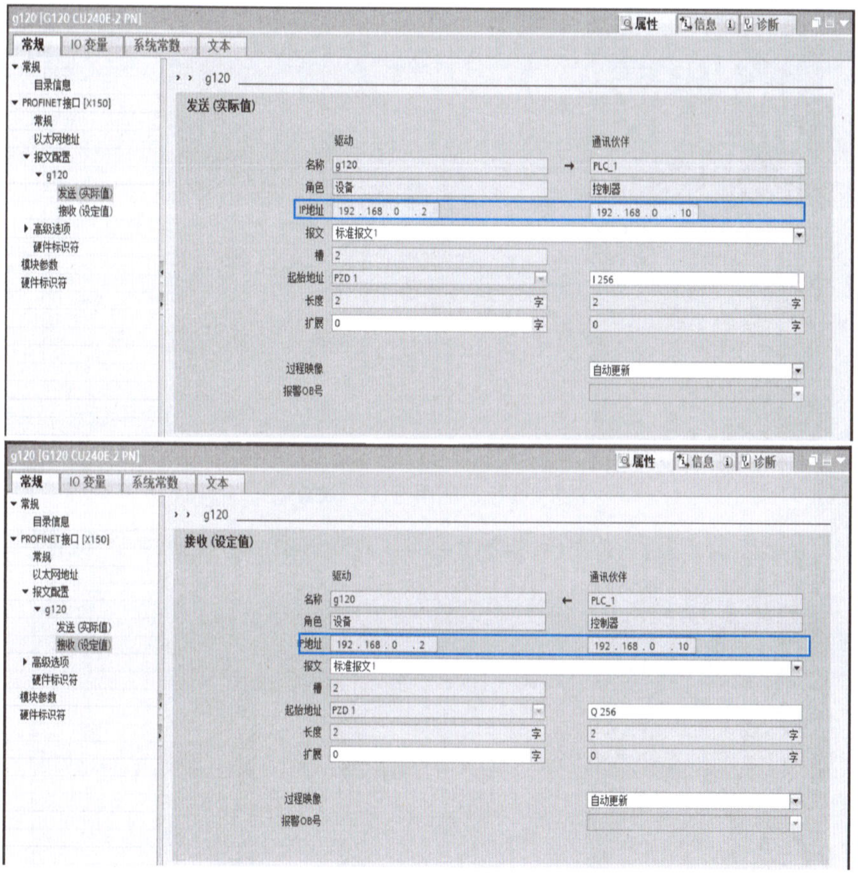

图 6-12　g120 发送和接收报文配置

发送与接收均选择标准报文 1。

(3) 调试 G120 变频器

在 TIA 博途软件项目中，调试 G120 变频器的步骤如下：

1）单击“g120”，单击“调试”弹出“调试”对话框，单击“调试向导”。g120 调试界面如图 6-13 所示。

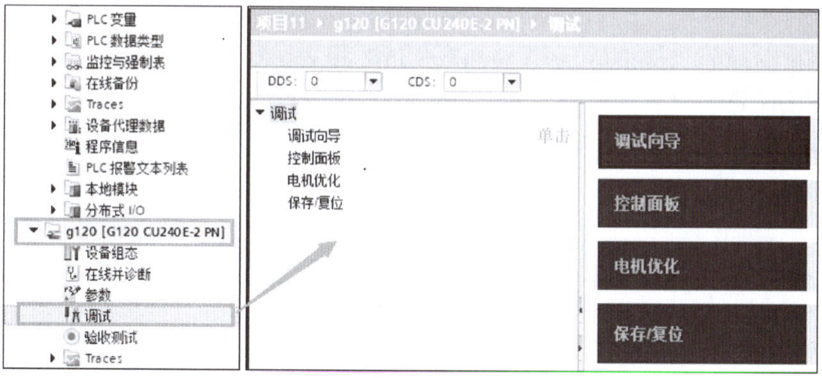

图 6-13　g120 调试界面

2）调试向导的“应用等级”设置，如图 6-14 所示。

3）调试向导的“设定值指定”设置，如图 6-15 所示。

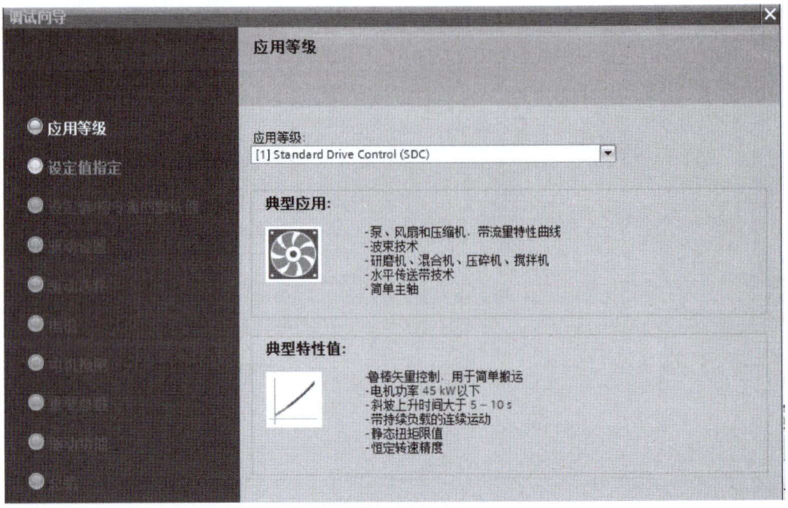

图 6-14　“应用等级”设置

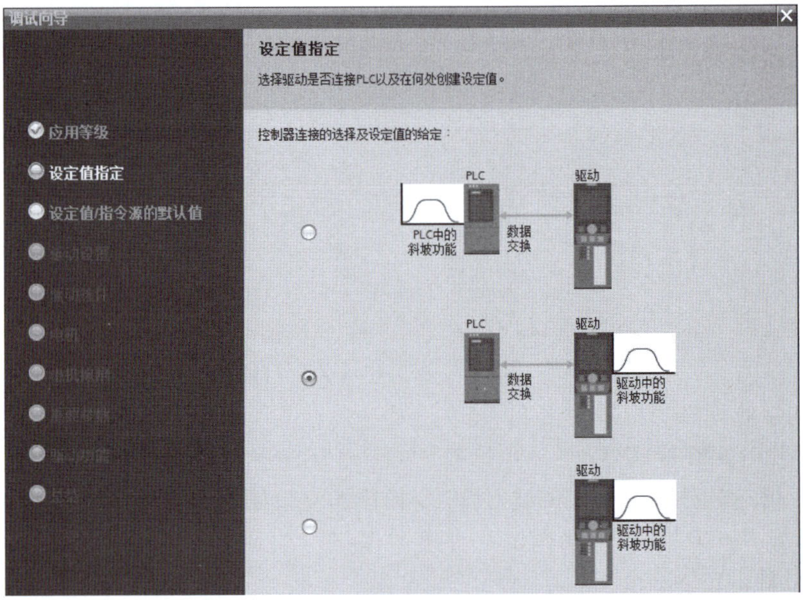

图 6-15　“设定值指定”设置

4）调试向导的“设定值/指令源的默认值”设置，如图 6-16 所示。

5）调试向导的“驱动设置”和“驱动选件”设置，如图 6-17 所示。

6）调试向导的“电机”设置，如图 6-18 所示。

选择电动机类型为“［1］异步电机”，按照需控制的电动机的铭牌填写电动机参数，例如：电动机额定电流为 1.1A，额定功率为 0.37kW，额定转速为 2860r/min，额定电压为 400V，额定频率为 50Hz，冷却方式为“［0］自冷却”，温度传感器选择“［0］无传感器”。

7）调试向导“电机抱闸”设置，如图 6-19 所示。

8）调试向导的“重要参数”设置，如图 6-20 所示。

例如：参考转速为 2860r/min，最大转速为 3000r/min。斜坡上升、下降时间分别为 10s。

9）调试向导的“驱动功能”设置，如图 6-21 所示。

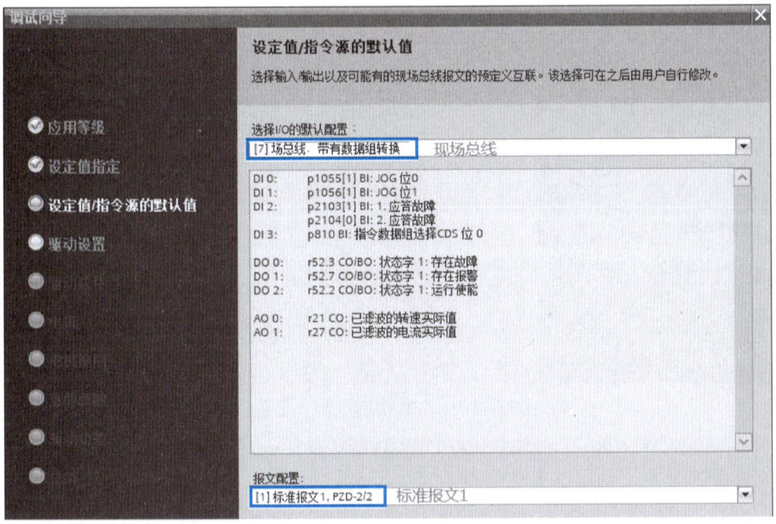

图 6-16 “设定值/指令源的默认值”设置

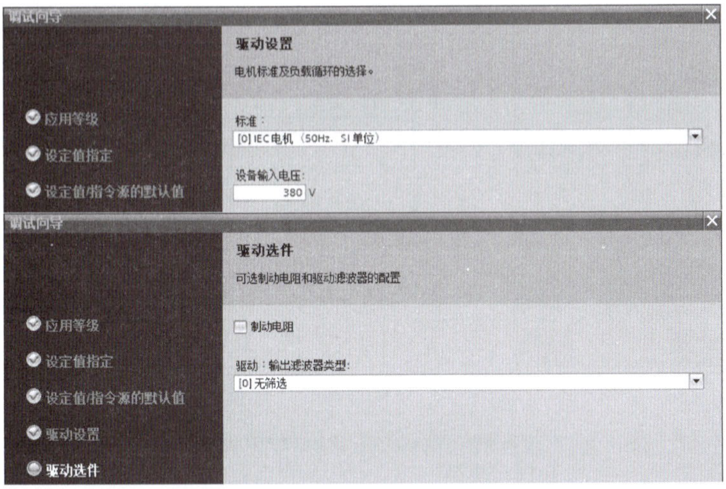

图 6-17 “驱动设置”和“驱动选件”设置

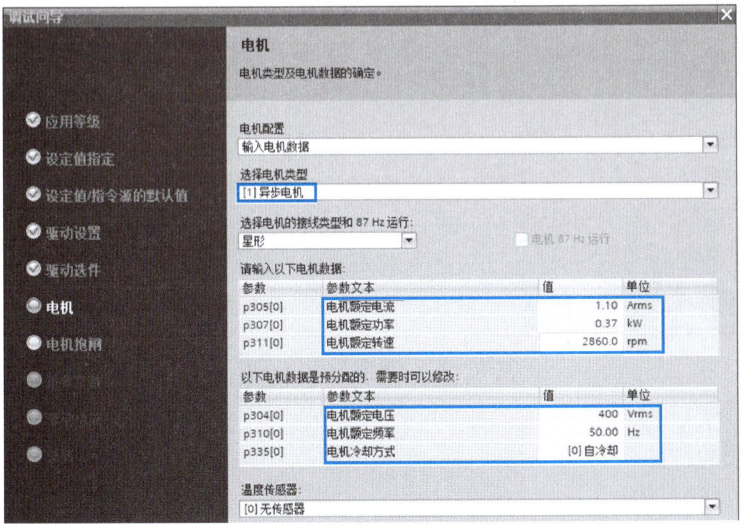

图 6-18 “电机”设置

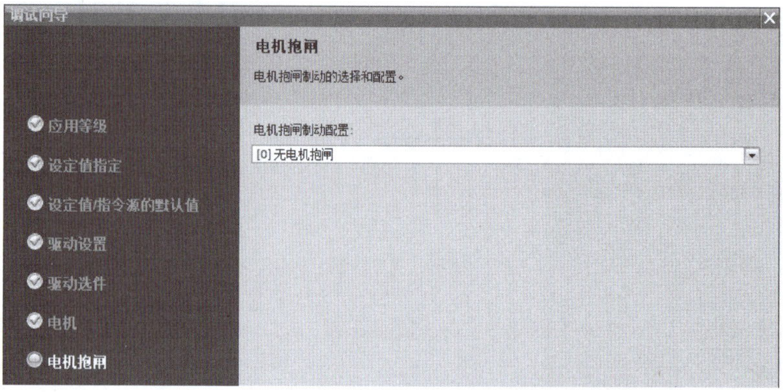

图 6-19 “电机抱闸”设置

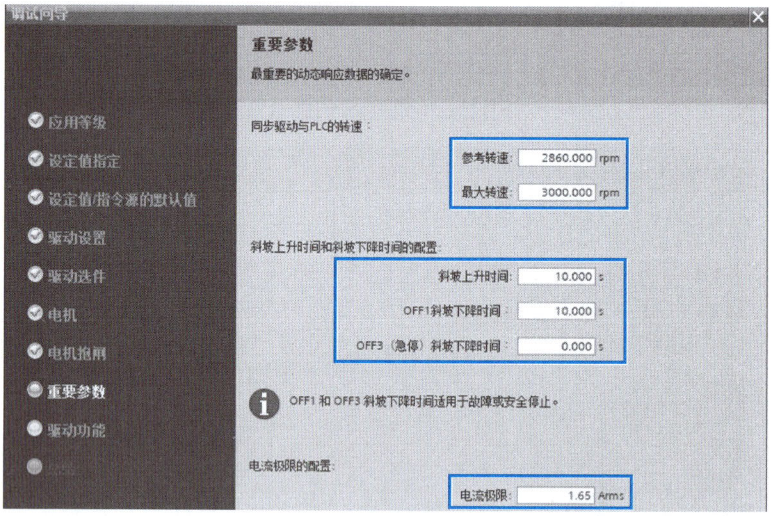

图 6-20 “重要参数”设置

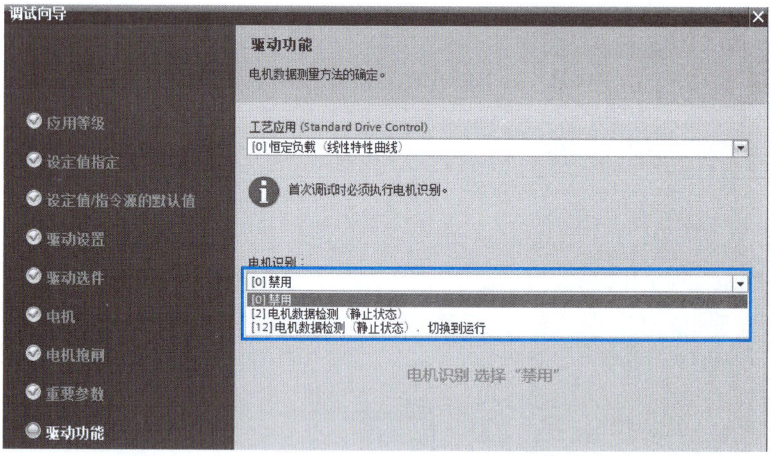

图 6-21 “驱动功能”设置

至此，完成 g120 变频器调试向导设置。

(4) 现场总线法

1) 预定义接口宏。

G120 为满足不同的接口定义提供了多种预定义接口宏，利用预定义接口宏可以方便地设置变频器的命令源和设定值源，可以通过参数 P0015 修改宏。

G120 的控制单元如 CU240B－2 定义了 8 种宏，见表 6-1。

表 6-1　CU240B-2 定义的宏

宏　编　码	宏功能（×表示支持，－表示不支持）	CU240B－2	CU240B－2 DP
7	现场总线 PROFIBUS 控制和点动之间切换	－	×（默认）
9	电动电位器（MOP）	×	×
12	双线制控制 1，模拟量调速	×（默认）	×
17	双线制控制 2，模拟量调速	×	×
18	双线制控制 3，模拟量调速	×	×
19	三线制控制 1，模拟量调速	×	×
20	三线制控制 2，模拟量通信调速	×	×
21	现场总线 USS	×	－

变频器上提供了各种已经定义好的接口设置，从中可以选择合适的设置（宏程序），然后根据所选设置连接端子台。

如果没有任何设置与所需应用完全相配，可以执行如下步骤：

① 根据应用连接端子台。

② 选择和所需应用最相配的设置（宏程序）。

③ 在基本调试期间设置选中的宏程序。

④ 修改不适合端子的功能。

以宏程序 12 为例，其设定步骤为：

进入参数列表，单击“EXPERT 专家”列表，将 P10 设置为 1，将 P15 设置为 12，此时已经启用宏程序 12，返回 P10，将参数设置为 0。可以根据需求设置参数 P0756（模拟量信号类别），参数值 0 代表单极性电压输入 0～10V，参数值 1 代表监控单极性电压输入 2～10V，参数值 2 代表单极性电流输入 0～20mA，参数值 3 代表监控单极性电流输入 4～20mA，参数 4 代表双极性电压输入－10～＋10V。

2）宏 7 现场总线及西门子报文。

S7－1200 PLC 和 G120 的网络通信选择宏 7，利用报文实现。报文分为标准报文和西门子专用报文。

标准报文有报文 1、2、3、4、7、9、20 等。西门子专用报文有报文 110、111、350、352、353、354 等。常用的报文有报文 1、报文 352 等。报文 352 PZD6/6 代表上位 PLC 和变频器之间通过 PROFIBUS DP 通信进行周期性数据交换，DP 通信的字数为 6，即 6 个通信字（也称 6 个 PZD 字）。PZD6/6 意味着 6 个输入字和 6 个输出字。报文 1 为 PZD2/2。标准报文 1 和西门子专用报文 352 格式见表 6-2。

表 6-2　标准报文 1 和西门子专用报文 352 格式

报文类别	标准报文		西门子专用报文	
报文编号	1		352	
	发送值	接收值	发送值	接收值
过程值 1（字）	控制字 1	状态字 1	控制字 1	状态字 1
过程值 2（字）	转速设定值	转速反馈值	转速设定值	转速反馈值
过程值 3（字）			空闲	电流反馈值
过程值 4（字）			空闲	转矩反馈值
过程值 5（字）			空闲	报警字
过程值 6（字）			空闲	错误字

根据上表，可以看出无论是报文1还是报文352，报文发送的前两个字第一个都是控制字，第二个都是转速设定值。转速设定值的设置范围为十六进制16#0000～16#4000，16#4000对应的十进制值为16384，就是说当设定值为16384时对应工频50Hz，对应三相异步电动机的额定转速。控制字的每一位都有具体的含义，表6-3为控制字1的每一位设置的具体说明。

表6-3　控制字1格式

位序		位序	
0	上升沿＝ON 0＝OFF1 通过斜坡关闭，然后脉冲抑制停转	8	1＝点动1
1	1＝工作条件，无滑行活动 0＝OFF2 电气停止，脉冲抑制，电动机滑行减速停转	9	1＝点动2
2	1＝工作条件，无急停活动 0＝OFF3 急停	10	1＝通过PLC控制
3	1＝使能工作	11	1＝旋转方向反向
4	1＝使能斜坡函数发生器	12	保留
5	1＝连续斜坡函数发生器 0＝冻结斜坡函数发生器	13	1＝电动电位计升高
6	1＝使能速度设定值	14	1＝电动电位计降低
7	1＝命令打开制动器	15	CDS bit 0

控制字1的灰色位序需要重新设置值，理解了这张表，就能理解为什么用16#047E（2#0000 0100 0111 1110 最高位是控制字第15位，最低位是控制字第0位）代表电动机停转，16#047F（2#0000 0100 0111 1111）代表电动机启动运行，16#0C7F（2#0000 1100 0111 1111）代表电动机反转。

对于报文1来说，接收值就是状态字和转速反馈值。很多实际工况，只有两个输入字和两个输出字，对于系统的稳定运行还是不够的，因此，采用报文352，该报文有6个输入字和6个输出字，其中，后四个输入字为空闲位，而后四位输出字为项目提供了更多的实际工况的反馈值，第三个字为电动机电流反馈值，第四个字为电动机转矩反馈值，第五个字为含报警（信息）码的报警字，第六个字为含错误（信息）码的错误字。

2. 拓展知识

（1）BICO功能　BICO功能是一种把变频器内部输入和输出功能联系在一起的设置方法，它是西门子变频器特有的功能，可以方便客户根据实际工艺要求灵活定义端口。G120调试过程中会大量使用BICO功能。

BICO参数如下：

BI：二进制互联输入，即参数作为某个功能的二进制输入；

BO：二进制互联输出，即参数作为某个功能的二进制输出；

CI：模拟量互联输入，即参数作为某个功能的模拟量输入；

CO：模拟量互联输出，即参数作为某个功能的模拟量输出；

CO/BO：模拟量/二进制互联输出，是将多个二进制信号合并成一个“字”的参数，该字中的每一位都表示一个二进制互联输出信号，16个位合并起来表示一个模拟量互联输出信号。

（2）G120变频器其他调试工具简介

1）使用操作面板BOP-2调试，如图6-22所示。

2）STARTER 软件调试。

STARTER 软件是西门子变频器调试、诊断的工具，西门子官方网站提供 STARTER 软件下载，“http://support.automation.siemens.com/CN/view/en/26233208”。

使用 STARTER 调试 G120 变频器分为以下三步：

① 创建 STARTER 项目；

② 设置 PG/PC 接口；

③ 进入“在线”模式使用专家列表修改变频器参数。

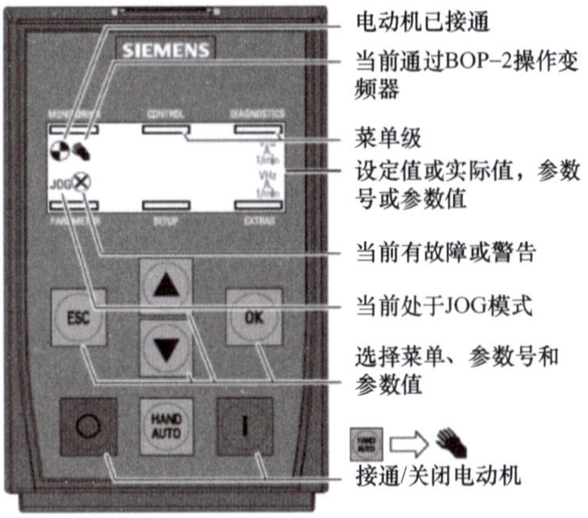

图 6-22　操作面板 BOP-2

STARTER 调试界面如图 6-23 所示。

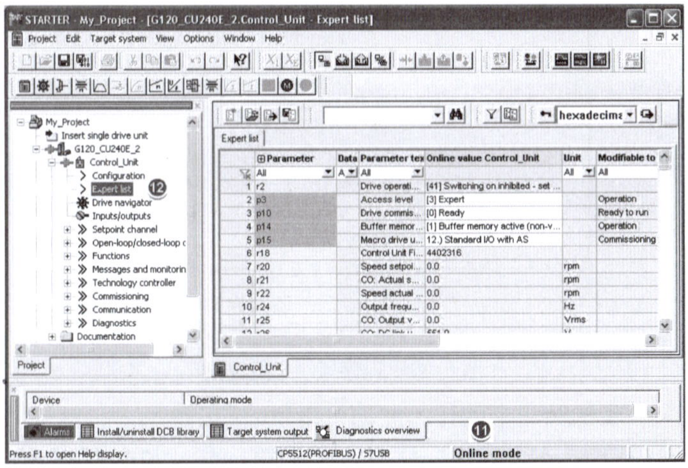

图 6-23　STARTER 调试界面

任务实施

1）根据控制要求确定 S7-1200 PLC 的 I/O 个数，进行 I/O 地址分配，输入/输出地址分配见表 6-4。工业搅拌系统 PLC 外部接线示意图如图 6-24 所示。

表 6-4　输入/输出地址分配

输　入			输　出		
符　号	地　址	功　能	符　号	地　址	功　能
SB1	I0.0	启动	标准报文 1	QW96	控制字 1
SB2	I0.1	切换频率按键	标准报文 1	QW98	转速设定值

2）新建项目并进行硬件组态。通过“添加新设备”组态 S7-1200 PLC_1，选择 CPU1214C DC/DC/DC（IP 地址为 192.168.0.1）；添加驱动设备，添加控制单元，单击“驱动和启动器”→“SINAMICS 驱动”→“SINAMICS G120”→“控制单元”→“CU240E-2 PN”，添加该设备。添加功率单元，单击“功率单元”→“PM240”→“FSA”→“IP20 U 400V 1.5kW”，添加该设备。设置 IP 地址为 192.168.0.2，通过现场总线方式，用以太网通信，用标准报文 1 控制，实现对搅拌电动机的启停控制、正反转控制以及以特定频率

（转速）运转。

3）设计程序。根据控制电路的要求，在计算机中编写程序，程序设计如图 6-25 至图 6-32 所示。在该程序中，采用指令 TP 进行定时，分步骤完成控制要求。

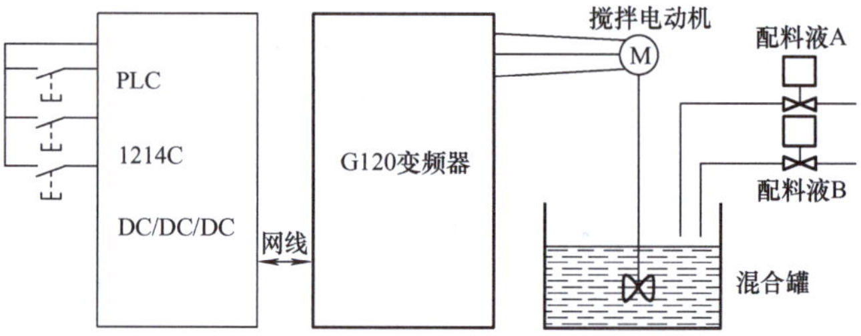

图 6-24　工业搅拌系统 PLC 外部接线示意图

程序段 1：初始化。

PLC 上电初始化，模拟量输出 16#047E 给变频器，使电动机为上电停转状态，如图 6-25 所示。

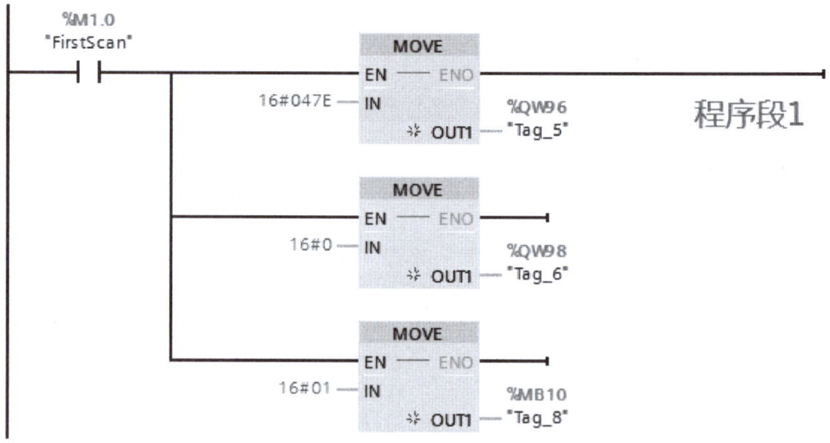

图 6-25　程序段 1：初始化

程序段 2：第一步的第一个动作，电动机以 20Hz 正转 5s。

设 MB10 为步骤变量，当 MB10 =1 时，作为第一步，加配料液 A，用 I0.0（按钮 1）开启 5s 定时，使电动机正转，如图 6-26 所示。

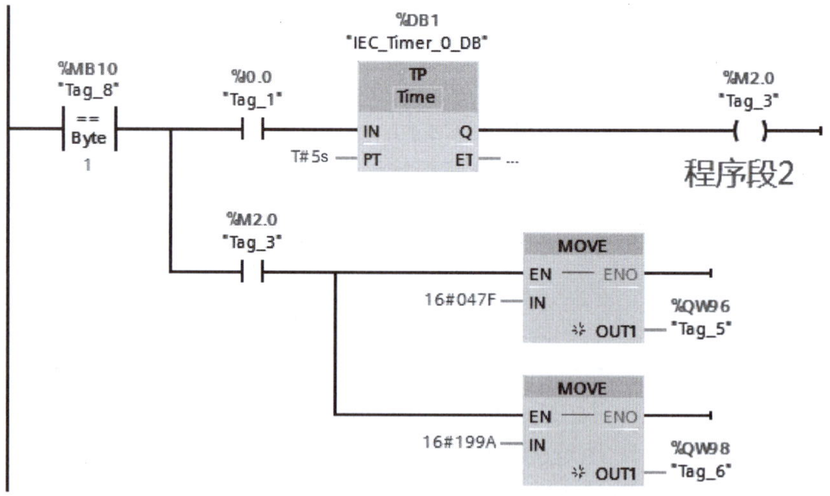

图 6-26　程序段 2：第一步的第一个动作

程序段 3：第一步的第二个动作，电动机停转 3s。

电动机正转 5s 时间到，用 3s 的延时等待电动机停转，如图 6-27 所示。

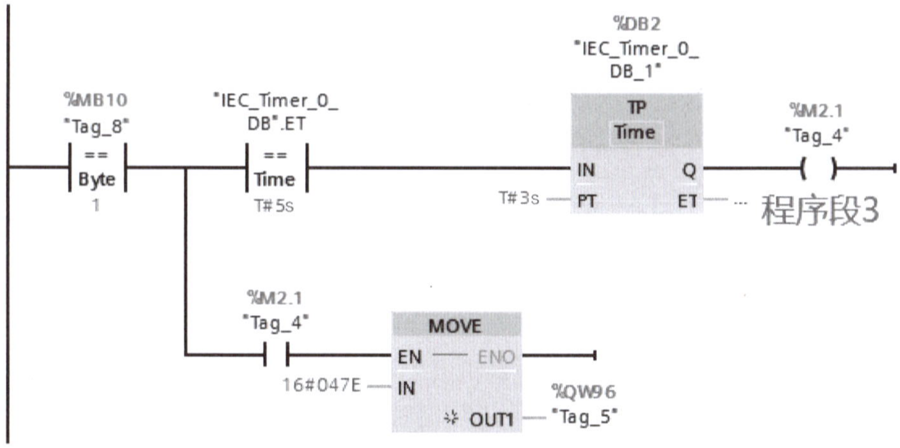

图 6-27　程序段 3：第一步的第二个动作

程序段 4：第一步的第三个动作，电动机以 20Hz 反转 5s。

3s 内电动机停转后，3s 时间到自动启动电动机反转 5s，如图 6-28 所示。

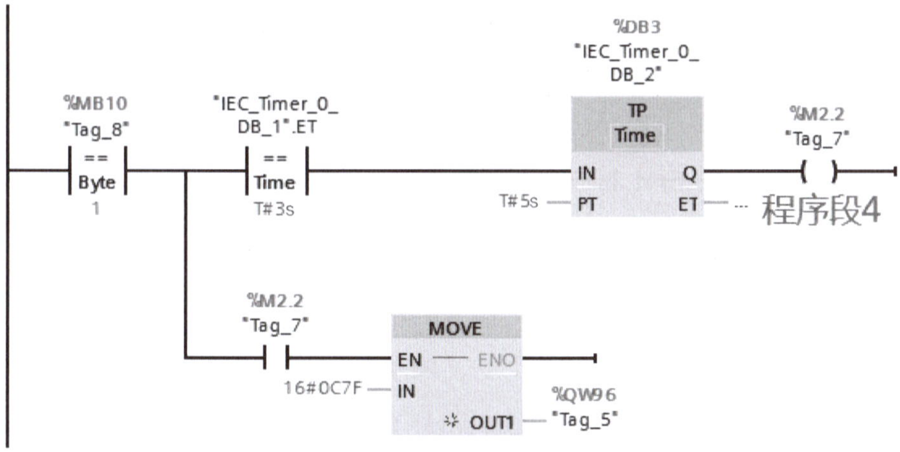

图 6-28　程序段 4：第一步的第三个动作

程序段 5：第一步的第四个动作，电动机停转。

电动机反转 5s 时间到，给电动机停转命令，如图 6-29 所示。

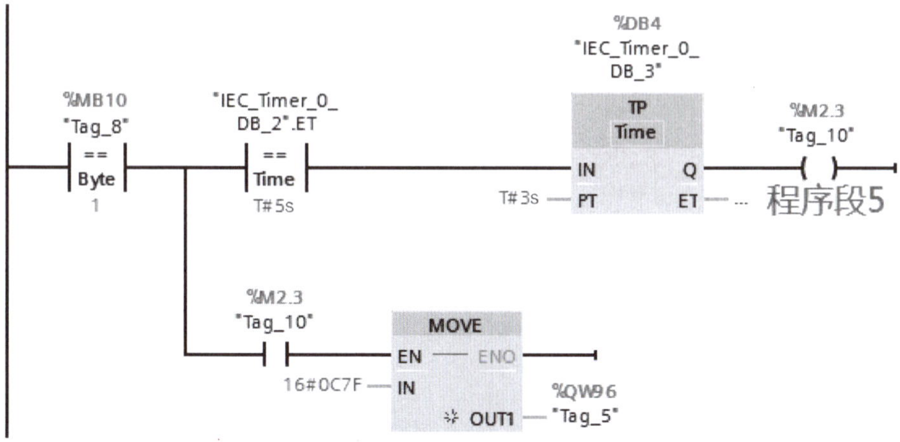

图 6-29　程序段 5：第一步的第四个动作

程序段6：切换到第二步，等待注入配料液B。

3s内电动机停转后，3s时间到切换到第二步。当MB10=2时，作为第二步，如图6-30所示。

图6-30　程序段6：切换到第二步

程序段7：第二步第一个动作，电动机以25Hz正转8s。

加配料液B，用I0.1（按钮2）开启8s定时，使电动机正转，如图6-31所示。

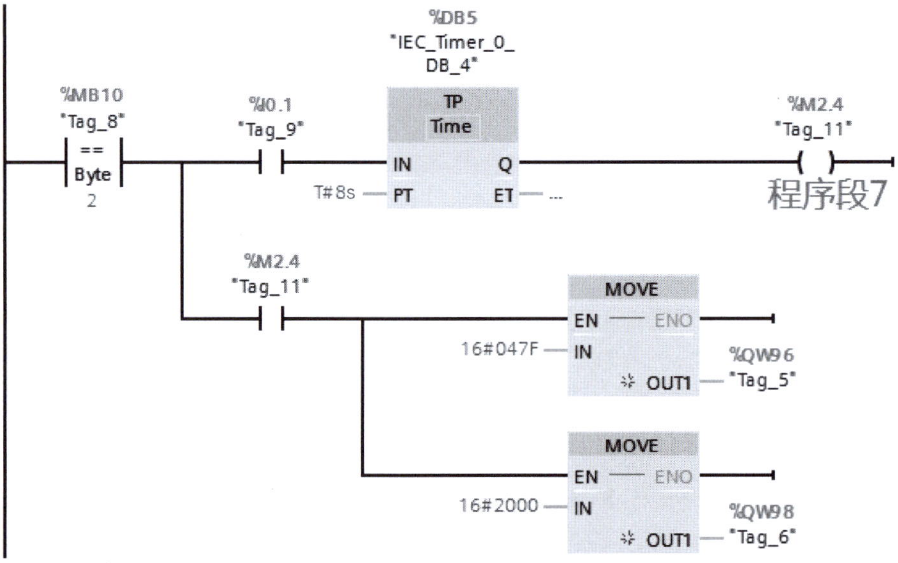

图6-31　程序段7：第二步第一个动作

程序段8：第二步第二个动作，电动机等待，3s内停转。

电动机正转8s时间到，给予停转命令，用3s的延时，等待电动机彻底停转，如图6-32所示。

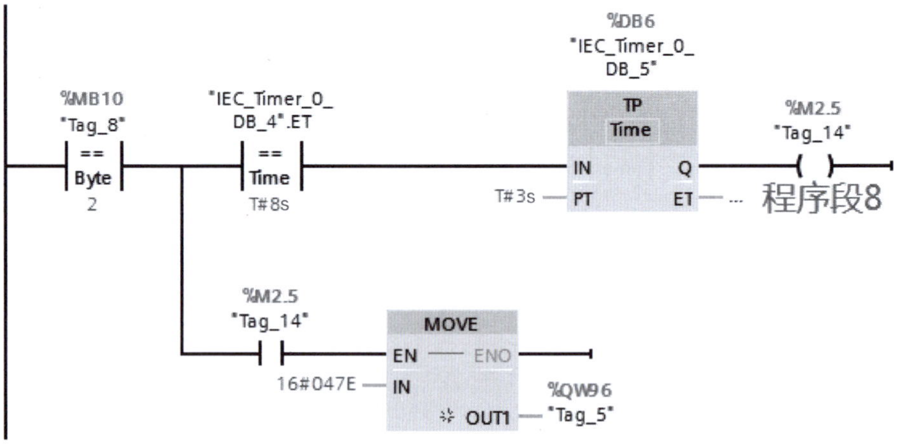

图6-32　程序段8：第二步第二个动作

任务拓展

工作任务书
工业搅拌控制系统

工业搅拌系统如图 6-1 所示，控制要求如下：

混合罐中有水 2L，搅拌机在混合罐中将两种液体配料液混合搅拌（配料液 A 和配料液 B）。

① 按下按钮 1 启动搅拌电动机正转，按下按钮 2 使电动机停转。

② 先放入配料液 A，按下按钮 3 电动机以 50Hz 正向搅拌 5s 停下，完全停下后再马上以 50Hz 正向搅拌 5s 停下。

③ 再放入配料 B，按下按钮 4，以 25Hz 反向搅拌 8s 停止。根据控制要求编制 PLC 控制程序并进行调试。

任务 2　恒压供水 PID 控制

任务描述

恒压供水是一种水利系统的供水方式，能够保持供水压力的恒定，可使供水和用水之间保持平衡。通过对小区恒压供水真实项目简化，制作一套简易恒压供水设备，如图 6-33 所示。

系统采用压力传感器、PLC 和变频器作为中心控制装置，实现所需功能。安装在管网干线上的压力传感器用于检测管网的水压，将压力转化为 0～10V 的电压信号，提供给变频器。压力表的范围为 0～0.6MPa，设定水压恒定在 0.12MPa，无论怎么调整进水阀门 1 和 2 的进水量大小，都会使水压在短时间（如 10s）内稳定在设定值，从而实现恒压供水。

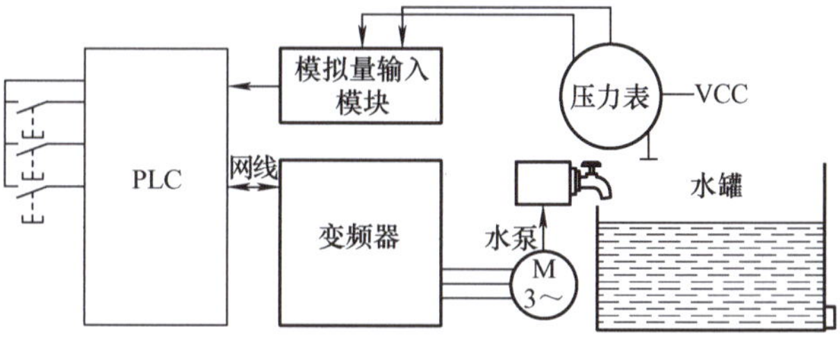

图 6-33　恒压供水系统示意图

试用 S7－1200 PLC 和 G120 变频器利用 PID 算法快速稳定地实现该简易装置的恒压供水。

任务目标

1）进一步熟悉如何在 TIA 博途软件项目中使用 G120 变频器设备。

2）熟悉 PID 算法。

3）熟悉 TIA 博途软件 PID_Compact 控制器及指令。

相关知识

1. 基本知识

（1）恒压供水系统　在工业生产中，一般采用闭环控制方式来控制温度、压力、流量这一类连续变化的模拟量。使用最多的是PID控制，即比例积分微分控制。恒压供水系统是采用压力传感器、PLC和变频器作为中心控制装置确保城市供水水压持续恒定的供水系统。恒压供水系统能够保持供水压力的恒定，可使供水和用水之间保持平衡，即用水多时供水也多，用水少时供水也少，从而提高了供水的质量。

恒压供水系统如图6-34所示。

(2) PID控制算法简介　PID (Proportion Integration Differentiation) 控制就是比例-积分-微分控制。当被控对象的结构和参数不能完全掌握，或得不到精确的数学模型时，控制理论的其他技术难以采用时，系统控制器的结构和参数必须依靠经验和现场调试来确定，即当我们不完全了解一个系统和被控对象，或不能通过有效的测量手段来获得系统参数时，最适合用PID控制技术。

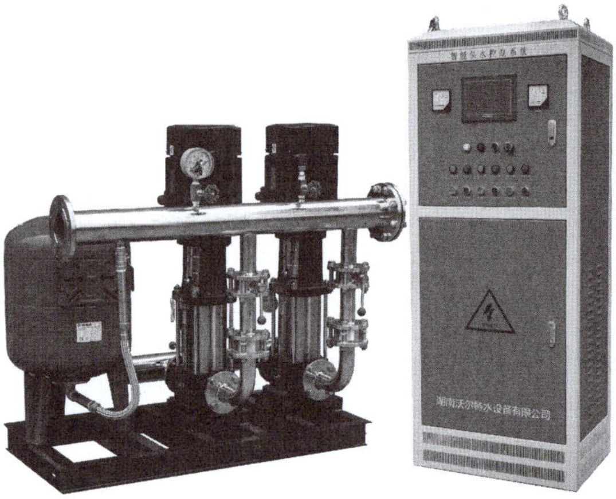

图6-34　恒压供水系统

PID调节器适用于温度、压力、流量、液位等几乎所有现场，不同的现场，仅仅是PID参数设置不同，只要参数设置得当均可以达到很好的效果。

(3) PID基本结构及每部分的作用　任何闭环控制系统的首要任务是要稳（稳定）、快（快速）、准（准确）地响应命令。PID调整的主要工作就是实现使输出值如何稳定快速准确地逐渐逼近设定值这一任务。由PID控制的基本结构图（见图6-35），可以看出，PID控制的基本原理就是：利用传感器从被控对象得到测量值，测量值与设定值比较，得到偏差，使用比例、积分、微分调节，进而来控制执行机构，最终达到控制被控对象输出的目的。

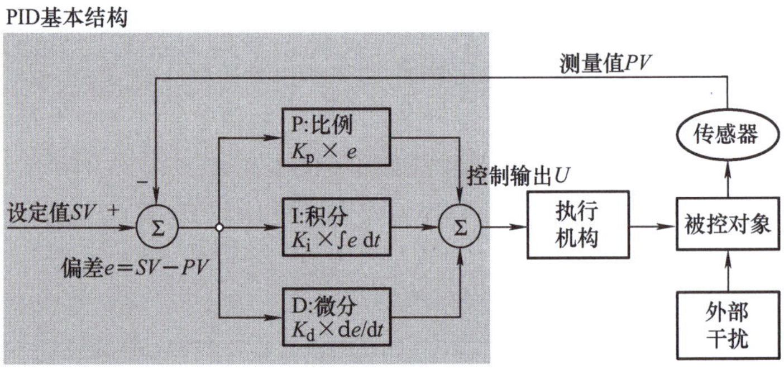

图6-35　PID控制的基本结构图

增大比例控制系数将加快系统的响应，它作用于输出值较快，但不能很好稳定在一个理想的数值，不良的结果是虽能有效地克服扰动的影响，但有余差出现，过大的比例系数会使系统有比较大的超调，并产生振荡，使稳定性变坏。积分能在比例的基础上消除余差，它能对稳定后有累积误差的系统进行误差修整，减小稳态误差。微分具有超前作用，对于具有容量滞后的控制通道，引入微分参与控制，在微分项设置得当的情况下，对于提高系统的动态性能指标，有着显著效果，它可以使系统超调量减小，稳定性增加，动态误差减小。

综上所述，P—比例控制系统的响应快速性，快速作用于输出，好比“现在”；I—积分控制系统的准确性，消除过去的累积误差，好比“过去”；D—微分控制系统的稳定性，具有超前控制作用，好比“未来”。

（4）PID 控制器的参数整定 PID 控制器的参数整定是控制系统设计的核心内容。它是根据被控过程的特性确定 PID 控制器的比例系数、积分时间常数和微分时间常数的大小。PID 控制器参数整定的方法很多，工程整定方法主要依赖工程经验，直接在控制系统的试验中进行，且方法简单、易于掌握，在工程实际中被广泛采用。PID 控制器参数的工程整定方法主要有临界比例法、反应曲线法和衰减法。三种方法的共同点都是通过试验，然后按照工程经验公式对控制器参数进行整定。但无论采用哪一种方法都需要在实际运行中进行对参数最后的调整与完善。现在一般采用的是临界比例法。

PID 调试的一般步骤：

1）预选择一个足够短的采样周期让系统工作。

2）确定比例增益 K_p。

确定比例增益 K_p 时，首先去掉 PID 的积分项和微分项，一般是令 $\tau_i=0$、$\tau_d=0$，使 PID 为纯比例调节。输入设定为系统允许的最大值的 60% ~70%，由 0 逐渐加大比例增益，直至系统出现振荡；再反过来，从此时的比例增益逐渐减小，直至系统振荡消失，记录此时的比例增益，设定 PID 的比例增益为当前值的 60% ~70%。比例增益 P 调试完成。

3）确定积分时间常数 τ_i。

比例增益确定后，设定一个较大的积分时间常数 τ_i 的初值，然后逐渐减小 τ_i，直至系统出现振荡；再反过来，逐渐加大 τ_i，直至系统振荡消失。记录此时的 τ_i，设定 PID 的积分时间常数 τ_i 为当前值的 150% ~180%。积分时间常数 τ_i 调试完成。

4）确定微分时间常数 τ_d。

微分时间常数 τ_d 一般不用设定为 0 即可。若要设定，与确定 K_p 和 τ_i 的方法相同，取不振荡时的 30%。

5）系统空载、带载联调，再对 PID 参数进行微调，直至满足要求。

（5）PID_Compact 指令 STEP 7 为 S7－1200 CPU 提供以下 PID 指令：

1）PID_Compact 指令，用于通过连续输入变量和输出变量控制工艺过程。

2）PID_3Step 指令，用于控制电动机驱动的设备，如需要通过离散信号实现打开和关闭动作的阀门。

说明：只有 CPU 从 STOP 切换到 RUN 模式后，在 RUN 模式下对 PID 组态和下载进行的更改才会生效。

两个 PID 指令（PID_3Step 和 PID_Compact）都可以计算启动期间的 P 分量、I 分量以及 D 分量（如果组态为“预调节”），还可以将指令组态为“精确调节”，从而对参数进行优化。用户无需手动确定参数。

PID 算法的采样时间表示两次输出值（控制值）计算之间的时间。在自调节期间计算输出值，并取整为循环时间的倍数。每次调用时都会执行 PID 指令的所有其他函数。

PID 控制器会测量两次调用之间的时间间隔并评估监视采样时间的结果。每次进行模式切换时以及初始启动期间都会生成采样时间的平均值。该值用作监视功能的参考并用于计算。监视包括两次调用之间的当前测量时间和定义的控制器采样时间的平均值。

PID 控制器的输出值由三个分量组成：

1）P(比例)：通过“P”分量计算，输出值与设定值和过程值（输入值）之差成比例。

2）I(积分)：通过“I”分量计算，输出值与设定值和过程值（输入值）之差的持续时间成比例增加，以最终校正该差值。

3）D(微分)：通过“D”分量计算，输出值与设定值和过程值（输入值）之差的变化率成函数关系，并随该差值的变化加快而增大。从而根据设定值尽快矫正输出值。

PID 控制器使用以下公式来计算 PID_Compact 指令的输出值。

$$y = K_{\mathrm{p}}\left[(bw - x) + \frac{1}{\tau_{\mathrm{i}} s}(w - x) + \frac{\tau_{\mathrm{d}} s}{a\tau_{\mathrm{d}} s + 1}(cw - x)\right] \qquad (6\text{-}1)$$

式中，y 为输出值；x 为过程值；w 为设定值；s 为拉普拉斯算子；K_{p} 为比例增益（P 分量）；a 为微分延迟系数（D 分量）；τ_{i} 为积分作用时间常数（I 分量）；b 为比例作用加权（P 分量）；τ_{d} 为微分作用时间常数（D 分量）；c 为微分作用加权（D 分量）。

PID_Compact 指令见表 6-5。

表 6-5　PID_Compact 指令

LAD/FBD	说　明
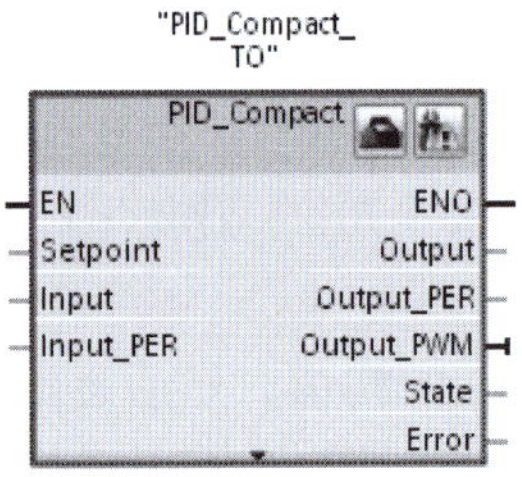	PID_Compact 提供可在自动模式和手动模式下自我调节的 PID 控制器。PID_Compact 是具有抗积分饱和功能且对 P 分量和 D 分量加权的 PID T1 控制器

PID_Compact 指令参数的数据类型见表 6-6。

表 6-6　PID_Compact 指令参数的数据类型

参数和类型		数据类型	说　明
Setpoint	IN	Real	PID 控制器在自动模式下的设定值。默认值为 0.0
Input	IN	Real	过程值。默认值为 0.0，还必须设置 sPid_Cmpt. b_Input_PER_On = FALSE
Input_PER	IN	Word	模拟过程值（可选）。默认值为 W#16#0 还必须设置 sPid_Cmpt. b_Input_PER_On = TRUE
ManualEnable	IN	Bool	启用或禁用手动操作模式。默认值为 FALSE： PID_Compact V1.0 和 V1.2：当 CPU 切换到 RUN 时，如果 ManualEnable = TRUE，则 PID_Compact 在手动模式下启动。将 PID_Compact 置于手动模式无需从 FALSE 切换到 TRUE PID_Compact V1.1：当 CPU 切换到 RUN 并且 ManualEnable = TRUE 时，PID_Compact 在上一个状态下启动。将 PID_Compact 置于手动模式需要从 TRUE 切换到 FALSE 再切换到 TRUE
ManualValue	IN	Real	手动操作的过程值。默认值为 0.0
Reset	IN	Bool	Reset 参数用于重新启动控制器。默认值为 FALSE
ScaledInput	OUT	Real	标定的过程值。默认值为 0.0
Output	OUT	Real	输出值。默认值为 0.0
Output_PER	OUT	Word	模拟量输出值。默认值为 W#16#0
Output_PWM	OUT	Bool	脉冲宽度调制的输出值。默认值为 FALSE
SetpointLimit_H	OUT	Bool	设定值上限。默认值为 FALSE。如果 SetpointLimit_H = TRUE，则说明达到设定值的绝对上限
SetpointLimit_L	OUT	Bool	设定值下限。默认值为 FALSE。如果 SetpointLimit_L = TRUE，则说明达到设定值的绝对下限
InputWarning_H	OUT	Bool	如果 InputWarning_H = TRUE，则说明过程值已达到或超出警告上限。默认值为 FALSE
InputWarning_L	OUT	Bool	如果 InputWarning_L = TRUE，则说明过程值已达到警告下限。默认值为 FALSE

（续）

参数和类型		数据类型	说　　明
State	OUT	Int	PID 控制器的当前操作模式。默认值为 0。使用 sRet. i_Mode 更改模式 State =0：未激活 State =1：预调节 State =2：手动精确调节 State =3：自动模式 State =4：手动模式
ErrorBits	OUT	DWord	PID_Compact 指令 ErrorBits 参数表定义错误消息。默认值为 DW#16#0000（无错误）

PID_Compact 指令算法框图如图 6-36 所示。

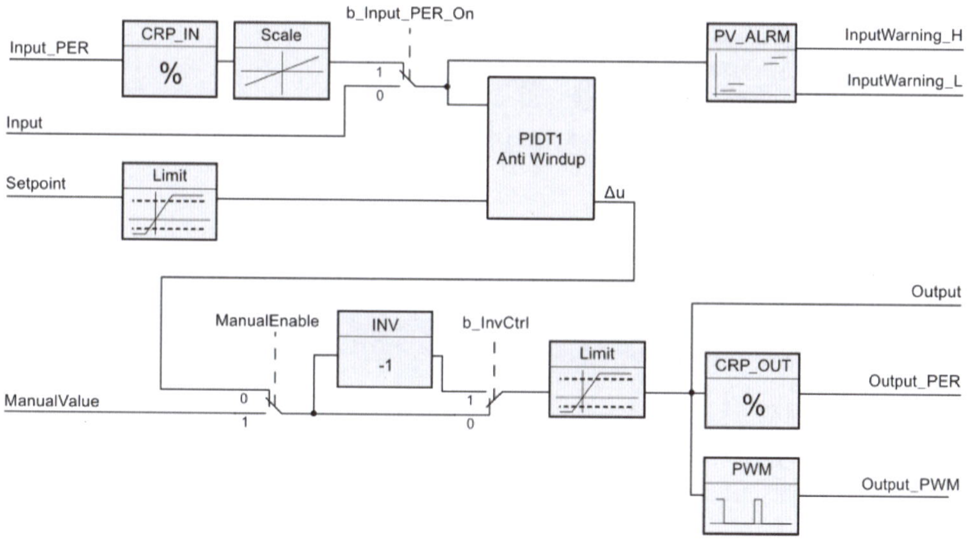

图 6-36　PID_Compact 指令算法框图

（6）组态 PID 控制器　工艺对象的参数决定 PID 控制器的操作。

PID控制器组态及其调试方法

1）有两种方法进行 PID 组态：

① 使用图 6-37 中方框图标可打开组态编辑器。

使用这种方法，单击 “项目”→“PLC 设备”→“工艺指令”→ “PID_Compact”，将其拖入编程区域。PID_Compact 指令如图 6-37 所示。

② 使用图 6-38 中方框图标依次单击可打开组态编辑器。

单击 “PLC 设备”→“工艺对象”→“新增对象”，弹出 “新增对象” 对话框，单击 “PID”→ “PID_Compact”。“新增对象” 对话框如图 6-38 所示。

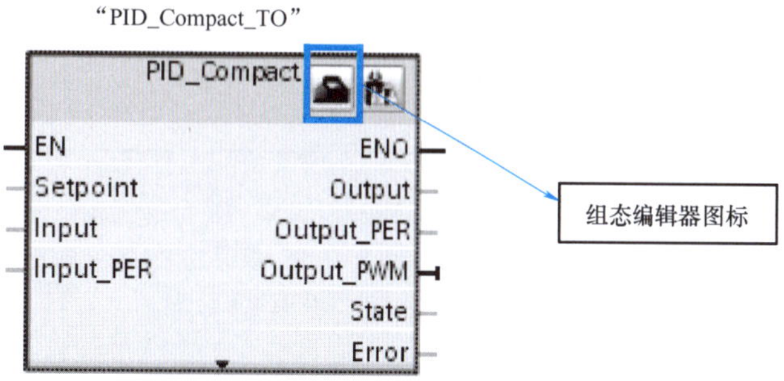

图 6-37　PID_Compact 指令

2）PID_Compact 指令组态编辑器界面。

① 单击 “基本设置”→“控制器类型”，弹出 “控制器类型” 对话框。

选择控制器类型及其单位，可勾选 “CPU 重启后激活 Mode”，可在此处设置

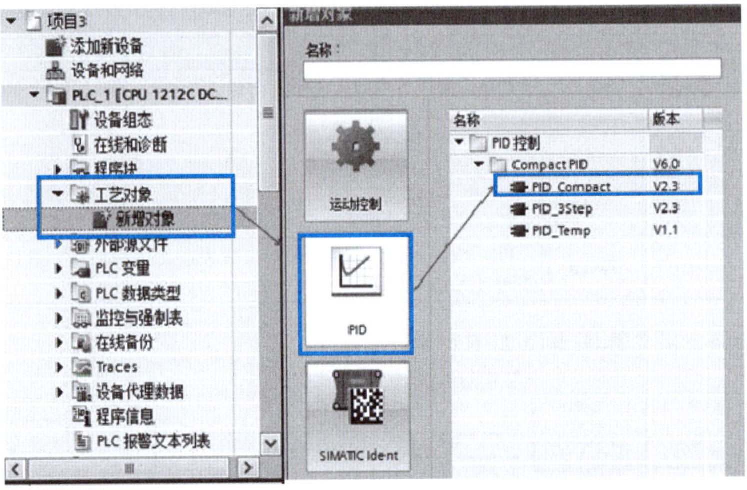

图 6-38　“新增对象”对话框

Mode，如图 6-39 所示。

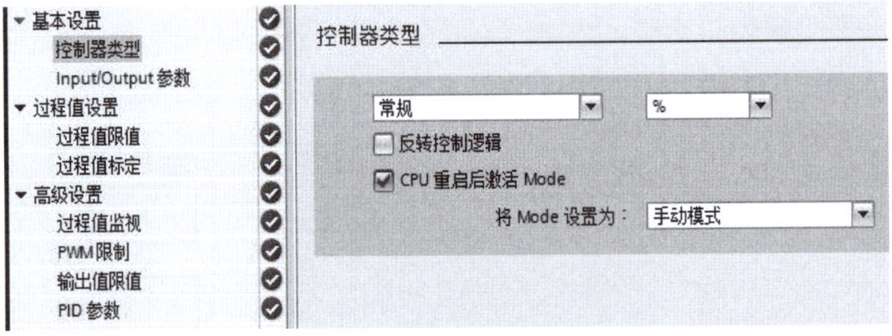

图 6-39　“控制器类型”对话框

② 单击“基本设置”→“Input/Output 参数”，弹出“Input/Output 参数”对话框，如图 6-40 所示，在其中进行基本输入输出参数设定、输入值、输出值配置。

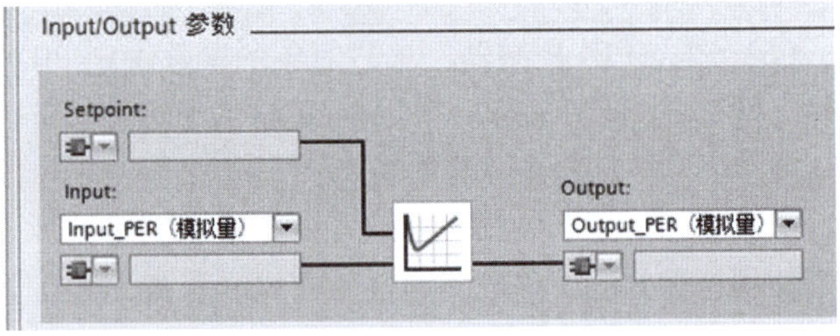

图 6-40　“Input/Output 参数”对话框

③ 单击“过程值设置”→“过程值限值”，弹出“过程值限值”对话框，如图 6-41 所示。

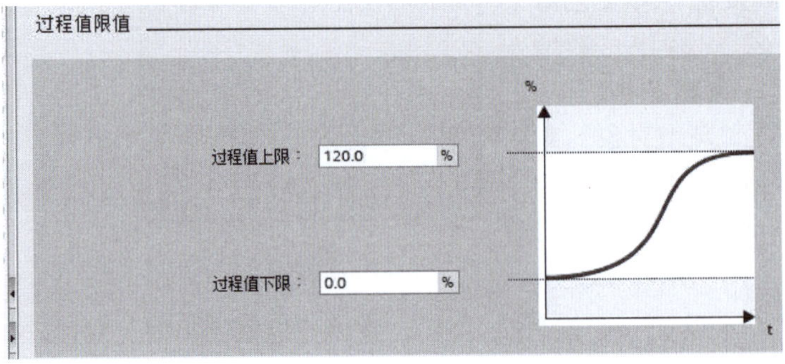

图 6-41　“过程值限值”对话框

④ 单击“过程值设置”→“过程值标定”，弹出“过程值标定”对话框，如图6-42所示。

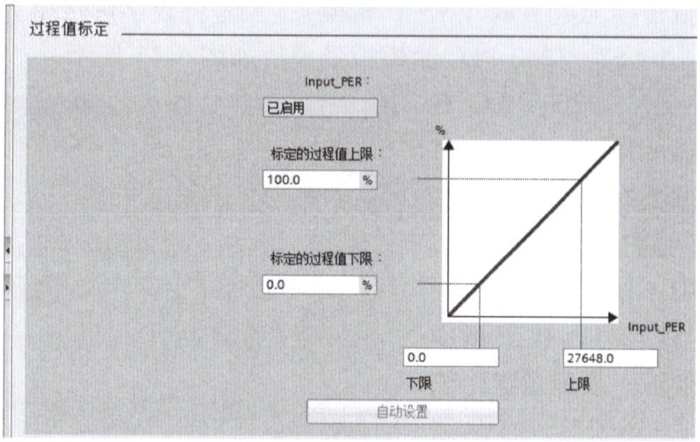

图6-42 “过程值标定”对话框

⑤ 单击“高级设置”→“PID参数”，弹出“PID参数”对话框，如图6-43所示。

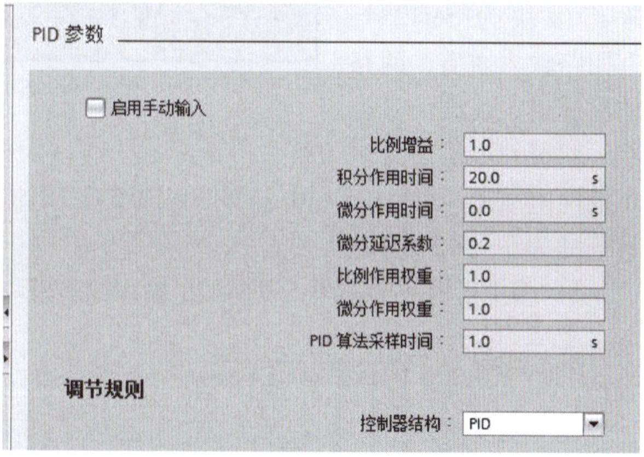

图6-43 “PID参数”对话框

（7）PID参数的调试　双击项目树的“调试”，或单击PID_Compact指令框中的“打开调试对话框”图标“![icon]”，在工作区打开PID调试对话框，如图6-44所示。

选中项目树中的PLC设备，将程序及组态数据下载到CPU。在最上面的分区将采样时间设置为默认的0.3s。单击采样时间右边的“Start”按钮，开始用曲线图监控PID控制器的设定值（Current Setpoint）方波、标定的过程值（ScaledInput）和PID输出（Output）。

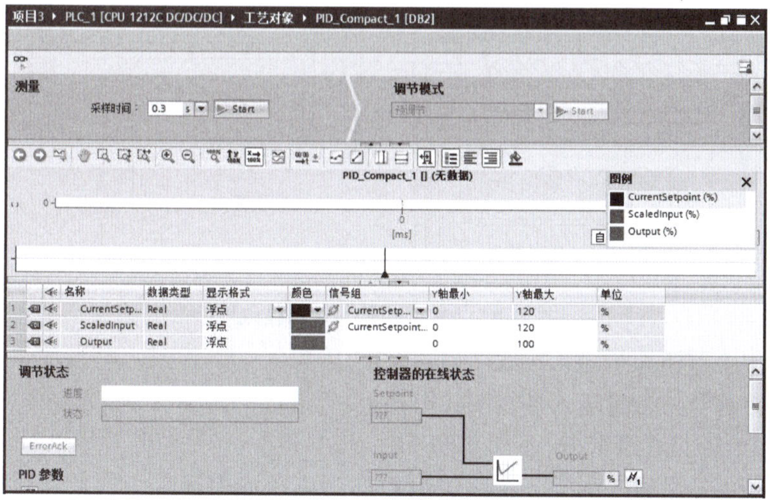

图6-44 PID参数调试对话框

（8）PID参数自整定　PID_Compact具有参数自整定（或者称为优化调节）的功能。优化调节分为预调节和精确调节两个阶段，二者配合可以得到最佳的PID参数。

（9）模拟量　在工业控制中，某些输入量（温度、压力、液位、流量等）是连续变化的模拟信号，某些被控对象也需要模拟信号控制，因此要求PLC具有处理模拟信号的能力。

PLC内部执行的均为数字量，因此模拟量处理需要完成两方面的任务：一是将模拟量转换为数字量（A－D 转换）；二是将数字量转换为模拟量（D－A 转换）。

1）S7－1200 PLC 的模拟量模块如图 6-45 所示。

S7－1200 PLC 有三款模拟量模块（每一款都有多个型号，有不同路的输入输出），其中：模拟量输入模块为 SM1231，有四路输入通道；模拟量输出模块为 SM1232，有两路输出通道；模拟量输入输出模块为 SM1234，有四路输入通道，两路输出通道。负载信号类型：双极性电压型为 ±10V、±5V、±2.5V，对应的数字量范围为 －27648 ~ ＋27648；单极性电压型为 0 ~ 10V、0 ~ 5V、0 ~ 2.5V，电流为 0 ~ 20mA、4 ~ 20mA，对应的数字量范围为 0 ~ ＋27648。

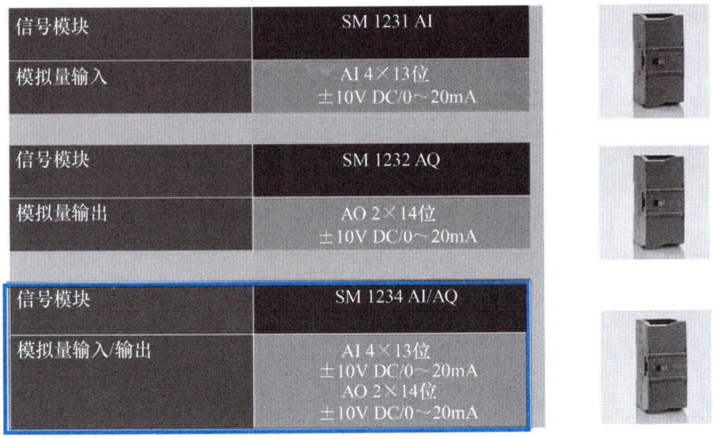

图 6-45　S7－1200 PLC 的模拟量模块

2）模拟量模块接线图。以模拟量输入输出模块 SM1234 为例，接线图如图 6-46 所示。

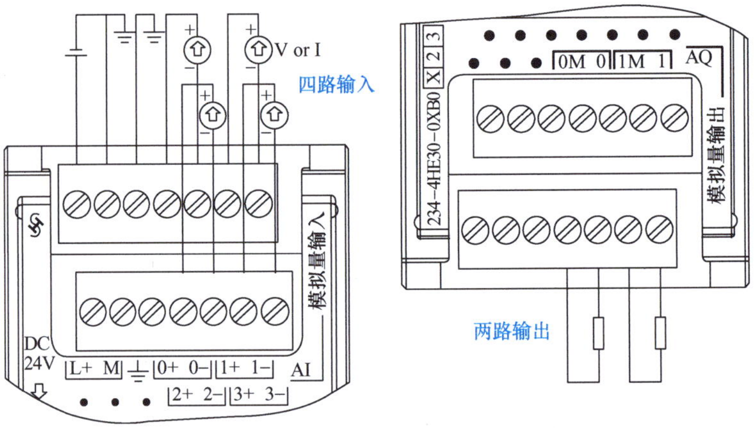

图 6-46　SM1234 输入输出接线图

两线制传感器模拟量输入接线图如图 6-47 所示。

三线制传感器模拟量输入接线图如图 6-48 所示。

3）模拟量模块通道组态。

对于每条模拟量输入通道，都将类型组态为电压或电流。为偶数通道选择的类型也适用于奇数通道，为通道 0 选择的类型也适用于通道 1，为通道 2 选择的类型也适用于通道 3。模拟量输入通道 0 组态如图 6-49 所示。

组态通道的电压范围或电流范围可选择以下取值范围之一：

① +/－2.5V；② +/－5V；③ +/－10V；④ 0 ~ 20mA。

对于每条模拟量输出通道，都将类型组态为电压或电流。模拟量输出通道 0 组态如图 6-50 所示。

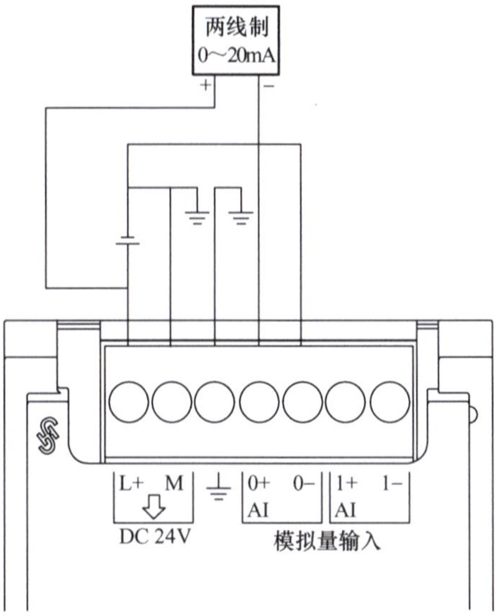

图 6-47 两线制传感器模拟量输入接线图

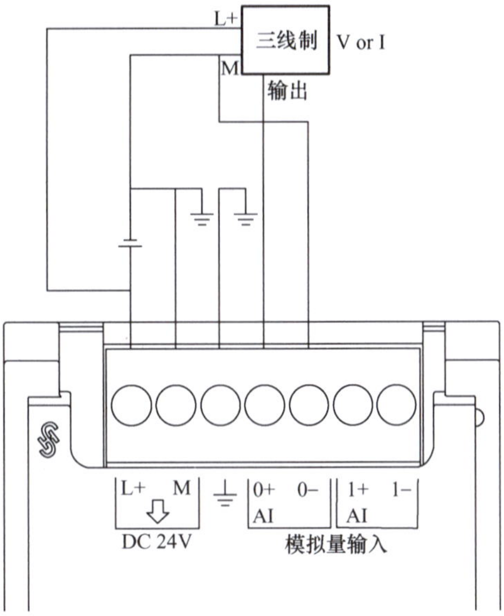

图 6-48 三线制传感器模拟量输入接线图

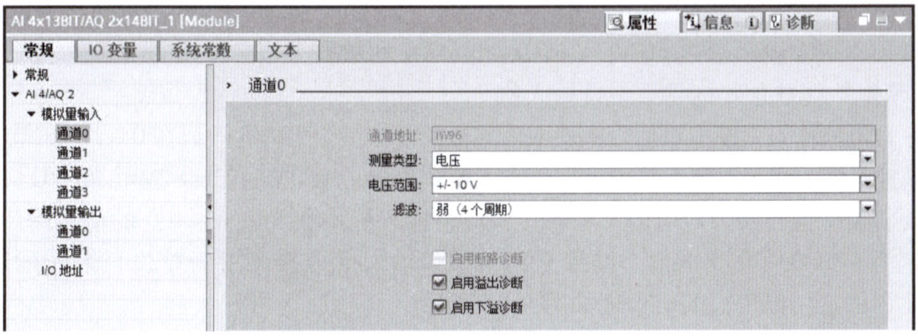

图 6-49 模拟量输入通道 0 组态

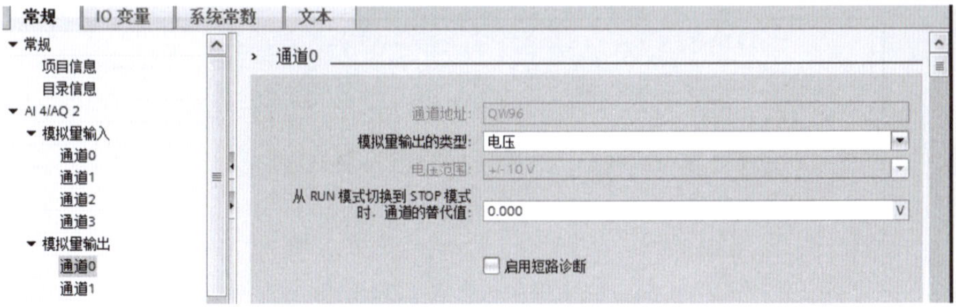

图 6-50 模拟量输出通道 0 组态

组态通道的电压范围或电流范围可选择以下取值范围之一：

① +/-10V；② 0~20mA。

4）S7-1200 PLC 模拟量转换方法。

① 使用西门子提供的程序库例程 FC105 和 FC106，可以将模拟量输入输出的整数值与工程量单位之间进行转换。用户需将此例程安装到程序库中。

② 可以利用计算指令，确定转换公式，自行设计程序实现模拟量读取。

③ 使用 SCALE_X 和 NORM_X 指令进行转换。

SCALE_X 和 NORM_X 指令表见表 6-7，其参数的数据类型见表 6-8。

表 6-7 SCALE_X 和 NORM_X 指令表

LAD/FBD	说 明
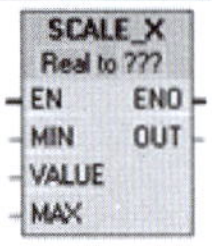	标定指令： 按参数 MIN 和 MAX 所指定的数据类型和取值范围对标准化的实参数 VALUE（其中，0.0≤VALUE≤1.0）进行标定： OUT = VALUE（MAX－MIN）+MIN
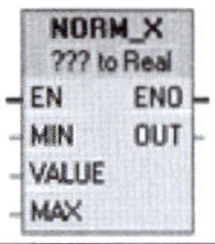	标准化指令： 对参数 MIN 和 MAX 指定的取值范围内的参数 VALUE 进行标准化： OUT =（VALUE－MIN）/（MAX－MIN），其中（0.0≤OUT≤1.0）

表 6-8 SCALE_X 和 NORM_X 指令参数的数据类型表

参数	数 据 类 型	说 明
MIN	SInt，Int，DInt，USInt，UInt，UDInt，Real，LReal	输入范围的最小值
VALUE	SCALE_X：Real，LReal NORM_X：SInt，Int，DInt，USInt，UInt，UDInt，Real，LReal	要标定或标准化的输入值
MAX	SInt，Int，DInt，USInt，UInt，UDInt，Real，LReal	输入范围的最大值
OUT	SCALE_X：SInt，Int，DInt，USInt，UInt，UDInt，Real，LReal NORM_X：Real，LReal	标定或标准化后的输出值

对于 SCALE_X：参数 MIN、MAX 和 OUT 的数据类型必须相同。

对于 NORM_X：参数 MIN、VALUE 和 MAX 的数据类型必须相同。

【示例】标准化和标定模拟量输入值

来自电流输入型模拟量信号模块或信号板的模拟量输入的有效值在 0～27648 范围内。假设模拟量输入代表温度，其中模拟量输入值 0 表示－30.0℃，27648 表示 70.0℃。

要将模拟值转换为对应的工程单位，应将输入标准化为 0.0～1.0 的值，然后再将其标定为－30.0～70.0 的值。结果是用模拟量输入（以摄氏度为单位）表示的温度。标准化和标定模拟量输入值程序如图 6-51 所示。

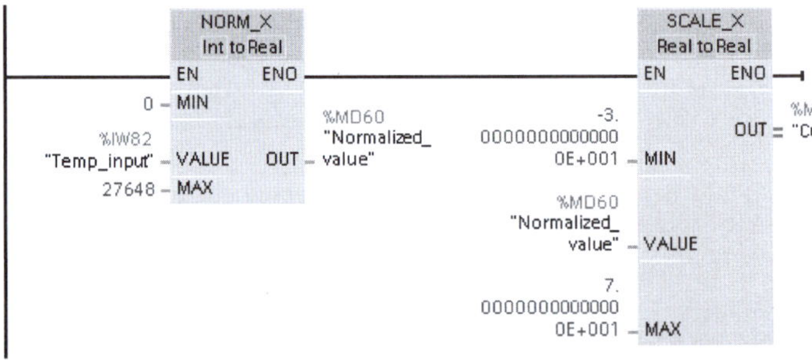

图 6-51 标准化和标定模拟量输入值程序

请注意，如果模拟量输入来自电压型模拟量信号模块或信号板，则 NORM_X 指令的 MIN 值是－27648，而不是 0。

转换指令

2. 拓展知识

（1）转换指令——CONV 指令 CONV 指令表见表 6-9。

表 6-9 CONV 指令表

LAD/FBD	说 明
	CONV 指令： 将数据元素从一种数据类型转换为另一种数据类型

1）对于 LAD 和 FBD：单击“???”并从下拉菜单中选择数据类型。

2）对于 SCL：通过识别输入参数（IN）和输出参数（OUT）的数据类型来构造转换指令。例如，DWORD_TO_REAL 将 DWord 值转换为 Real 值。

CONV 指令参数的数据类型见表 6-10。

表 6-10　CONV 指令参数的数据类型

参　数	数据类型	说　明
IN	位串 1，SInt，USInt，Int，UInt，DInt，UDInt，Real，LReal，BCD16，BCD32	输入值
OUT	位串 1，SInt，USInt，Int，UInt，DInt，UDInt，Real，LReal，BCD16，BCE32	转换为新数据类型的输入值

该指令不允许选择位串（Byte、Word、DWord），要为指令参数输入数据类型 Byte、Word 或 DWord 的操作数，应选择位长度相同的无符号整型数据。例如：为 Byte 选择 USInt，为 Word 选择 UInt，为 DWord 选择 UDInt。

（2）转换指令——ROUND 和 TRUNC　ROUND 和 TRUNC 指令即取整和截取指令，指令表见表 6-11，指令参数的数据类型见表 6-12。

表 6-11　ROUND 和 TRUNC 指令表

LAD/FBD	说　明
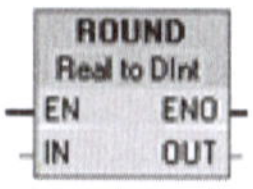	将实数转换为整数，默认数据类型为 DInt。当输出为除 DInt 以外的有效数据类型时，必须显式声明。例如，ROUND_REAL 或 ROUND_LREAL。 实数的小数部分舍入为最接近的整数值。如果该数值刚好是两个连续整数的一半（例如，10.5），则将其取整为偶数。例如 ROUND(10.5)＝10，ROUND(11.5)＝12
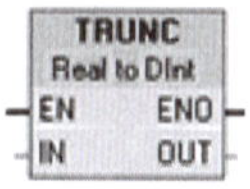	TRUNC 用于将实数转换为整数。实数的小数部分被截取为零

表 6-12　ROUND 和 TRUNC 指令参数的数据类型

参　数	数据类型	说　明
IN	Real，LReal	浮点型输入
OUT	SInt，Int，DInt，USInt，UInt，UDInt，Real，LReal	取整或截取后的输出

（3）转换指令——CEIL 和 FLOOR　CEIL 和 FLOOR 指令即上取整和下取整指令，指令表见表 6-13，指令参数的数据类型见表 6-14。

表 6-13　CEIL 和 FLOOR 指令表

LAD/FBD	说　明
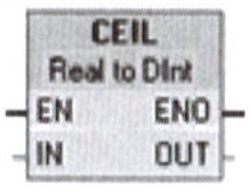	将实数（Real 或 LReal）转换为大于或等于所选实数的最小整数
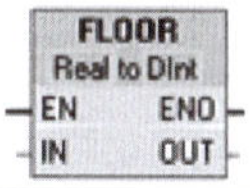	将实数（Real 或 LReal）转换为小于或等于所选实数的最大整数

表 6-14　CEIL 和 FLOOR 指令参数的数据类型

参　数	数据类型	说　明
IN	Real，LReal	浮点型输入
OUT	SInt，Int，DInt，USInt，UInt，UDInt，Real，LReal	转换后的输出

任务实施

1）根据控制要求确定I/O个数，进行I/O地址分配，输入/输出地址分配见表6-15。恒压供水系统的模型装置如图6-52所示。

表6-15 输入/输出地址分配

输入			输出		
符号	地址	功能	符号	地址	功能
SB1	M2.0	启动	模拟量	QW256	控制字1
模拟量	IW98	压力表输入	模拟量	QW258	转速设定值

由于压力表的范围为0～0.6MPa，即满量程对应的是0.6MPa。

画出恒压供水系统PLC接线示意图，如图6-53所示。

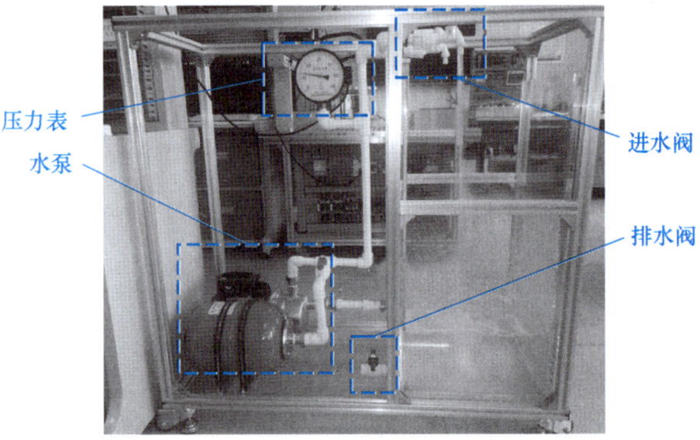

图6-52 恒压供水系统的模型装置

2）项目创建及组态。

① 创建新项目。

② 添加控制器设备，例如添加PLC设备“CPU 1214C DC/DC/DC”，添加模拟量输入模块“SM1231”和模拟量输出模块“SM1232”。

按照上一个任务知识点，进行模拟量输入模块“SM1231”的通道组态。压力表的模拟量输入接入模拟量输入模块“SM1231”的通道1。

PLC及模拟量模块组态如图6-54所示。

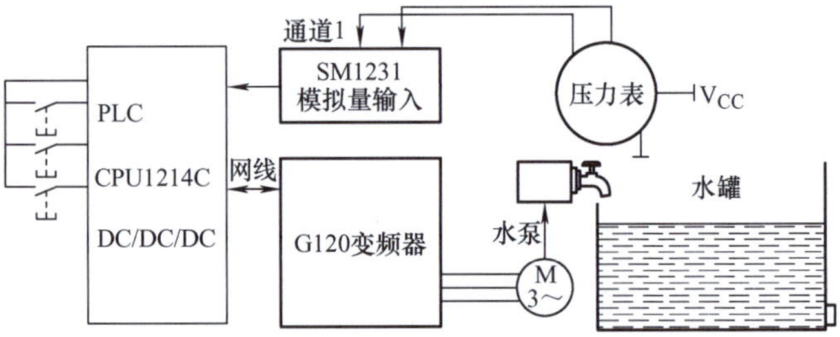

图6-53 恒压供水系统PLC接线示意图

③ 添加变频器设备的控制单元，单击“驱动和启动器”→“SINAMICS 驱动”→“SINAMICS G120”→“控制单元”→“CU240E-2 PN”，添加该设备。然后添加功率单元，单击“功率单元”→“PM240”→“FSA”→“IP20 U 400V 1.5kW”，添加该设备。添加变频器设备的控制单元及功率单元如图6-55所示。

利用G120调试向导，进行G120变频器的参数设定。配置过程在上个任务中已详细说明。变频器配置参数完毕后如图6-56所示。

3）PID组态及调节。单击“PLC设备”→“工艺对象”→“新增对象”，弹出“新增对象”对话框，在其中单击“PID”→“PID_Compact_1[DB1]”，添加工业对象PID_Compact_1[DB1] 如图6-57所示。

对新增的PID工艺对象进行组态。单击“组态”弹出组态对话框，在“控制器类型”中选择“压力”，因为压力表满量程为0.6MPa，经实验，这套搭建的实验模型将

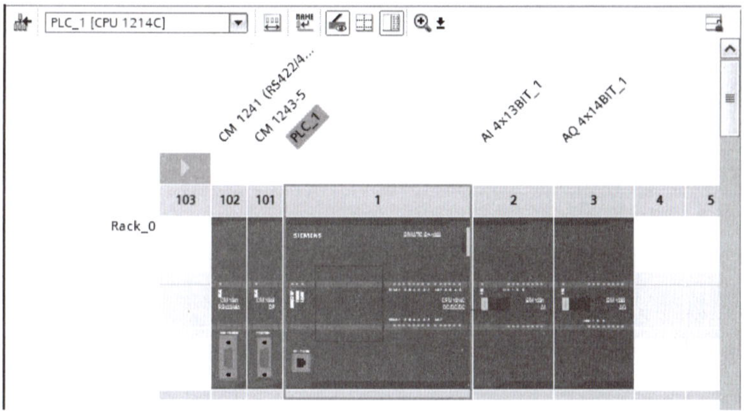

图 6-54 PLC 及模拟量模块组态

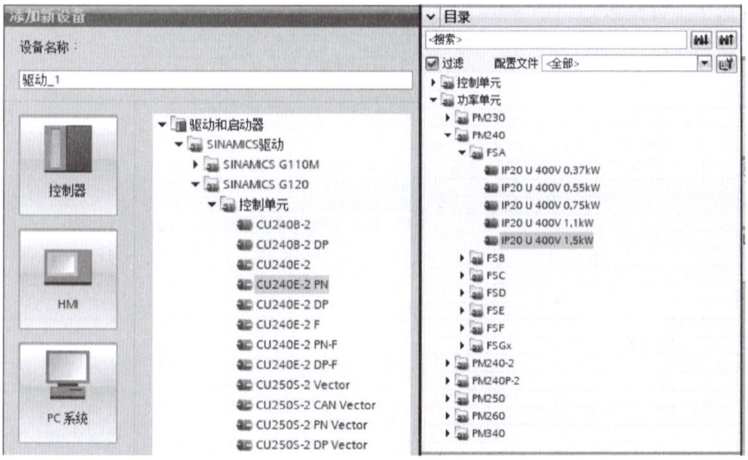

图 6-55 添加变频器设备的控制单元及功率单元

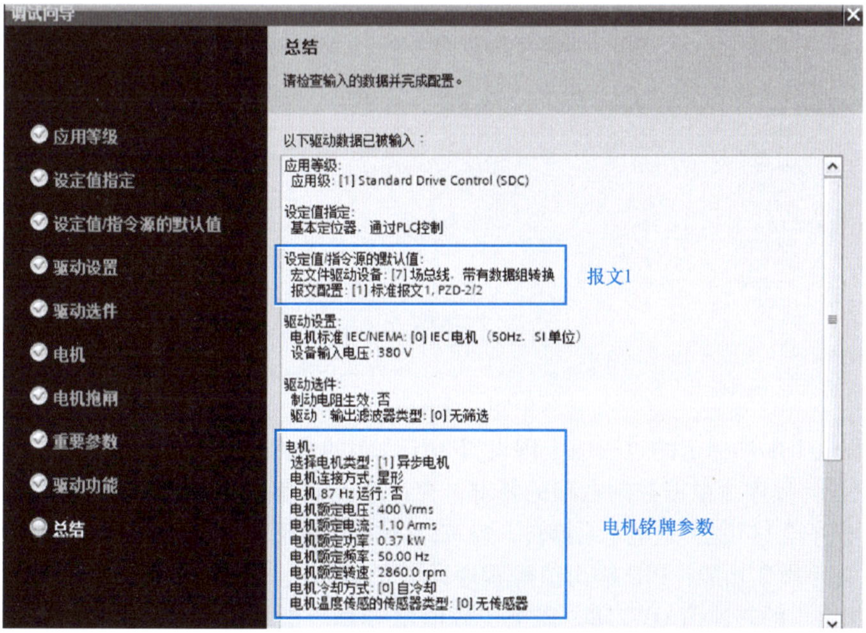

图 6-56 变频器调试向导总结

两个水龙头打开后水压无法达到0.2MPa，因此，选择0.12MPa（1200hPa）作为设定值。压力单位有三个：Pa（帕）、MPa（兆帕）和hPa（百帕），此处单位选择hPa最合适，如图6-58所示。Input/Output参数组态如图6-59所示。

按图6-59设置，输入选择“Input_PER模拟量”，输出选择“Output”。

过程值限值组态如图6-60所示，过程值标定组态对图6-61所示。

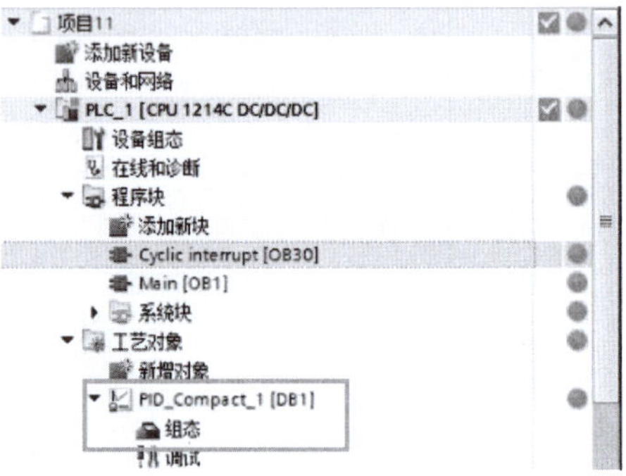

图6-57 添加工业对象PID_Compact_1［DB1］指令

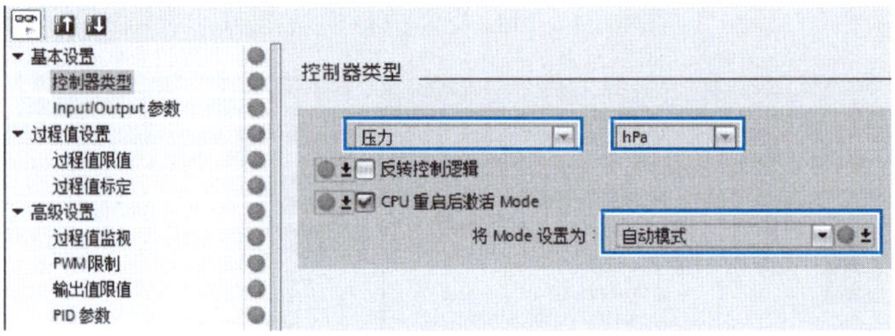

图6-58 PID控制器类型组态

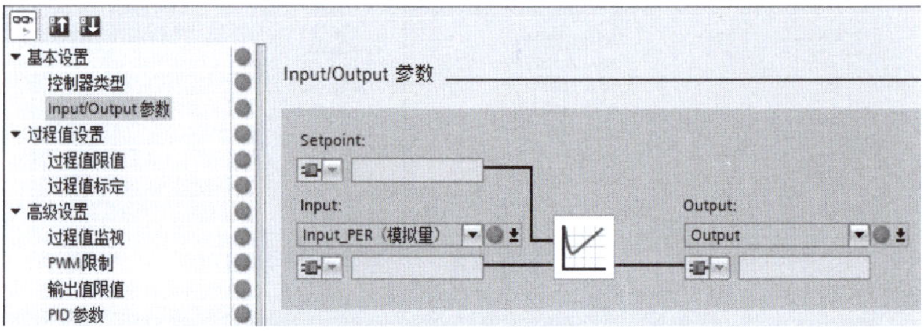

图6-59 Input/Output参数组态

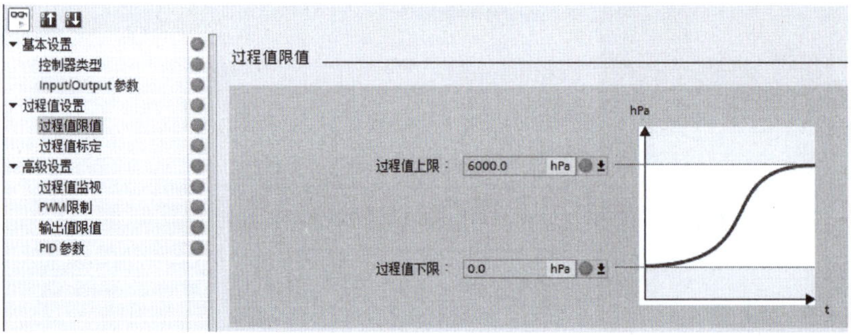

图6-60 过程值限值组态

过程值上限和标定的过程值上限设置为压力表的最大值6000hPa。

4）设计程序。根据控制电路的要求，在计算机中编写程序，下载、调试。

① 程序段1功能：上电水泵停转，按M2.0按钮水泵反转，开始供水，如图6-62所示。

② 程序段2功能：PID输出值经程序段3的运算公式计算得到的为实数，想赋值给标准报文1的转速值QW258，需把实数值用CONV指令转换为整型值，把此整型值作为水泵电动机的转速值，如图6-63所示。

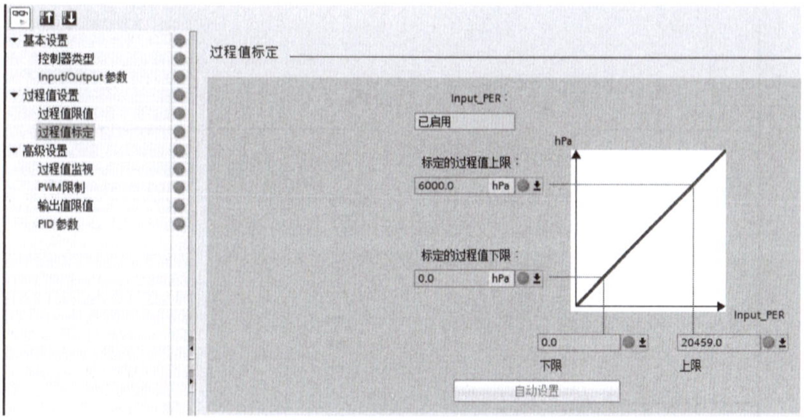

图 6-61　过程值标定组态

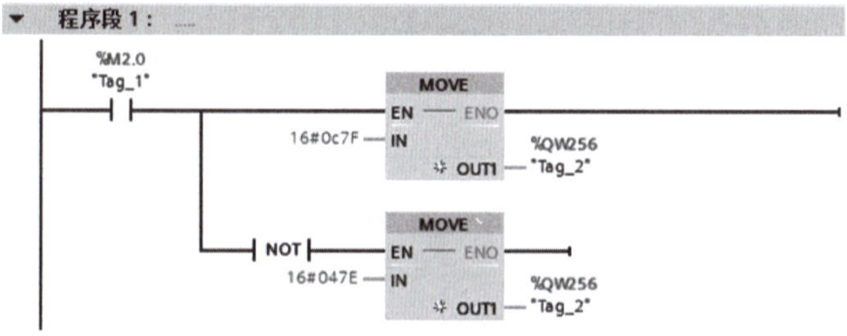

图 6-62　程序段 1

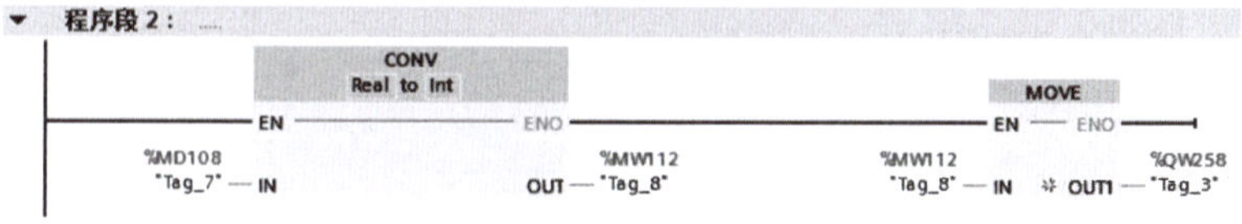

图 6-63　程序段 2

③ 程序段 3 功能：为计算公式，MD108 = MD104/100 × 16384，MD104 为 PID 输出值（百分比值），其范围为 0 ~ 100，16384 为 16#4000 为标准报文 1 的电动机转速最大值，因此，MD108 为计算得到的水泵转速值，如图 6-64 所示。

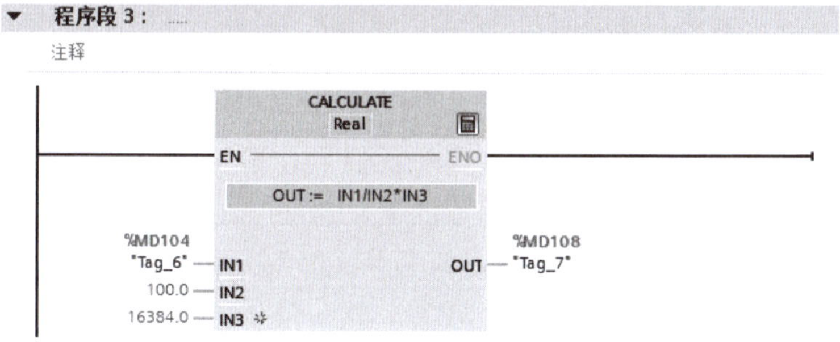

图 6-64　程序段 3

添加循环中断程序块 OB30，每 0.1s 执行一次 PID 指令。PID 指令如图 6-65 所示。

5）精确调节 PID 参数。PID 精确调节如图 6-66 所示。PID 精确调节完成后如图 6-67 所示。

上述两个图为 PID 参数精确调节界面，经成功调节后会得到效果较好的参数，上传该组参数，如图 6-68 所示。

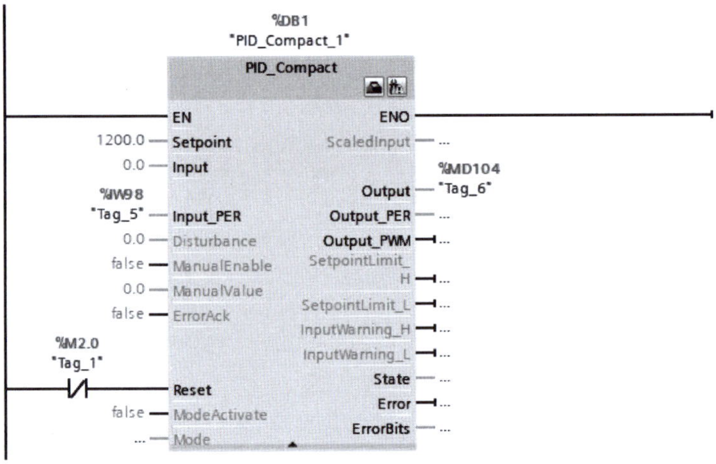

图 6-65 PID 指令

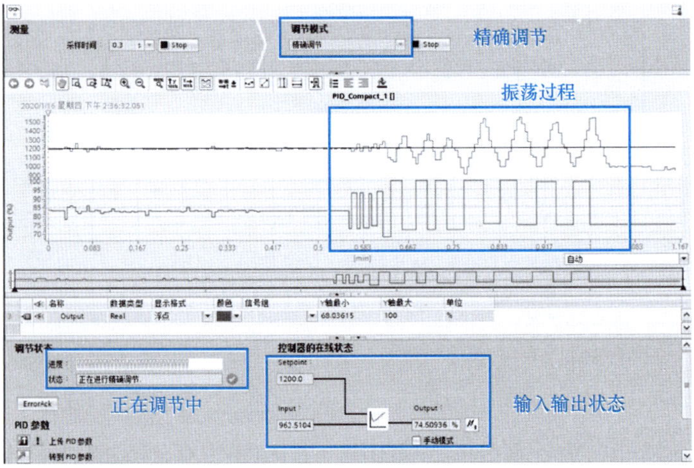

图 6-66 PID 精确调节

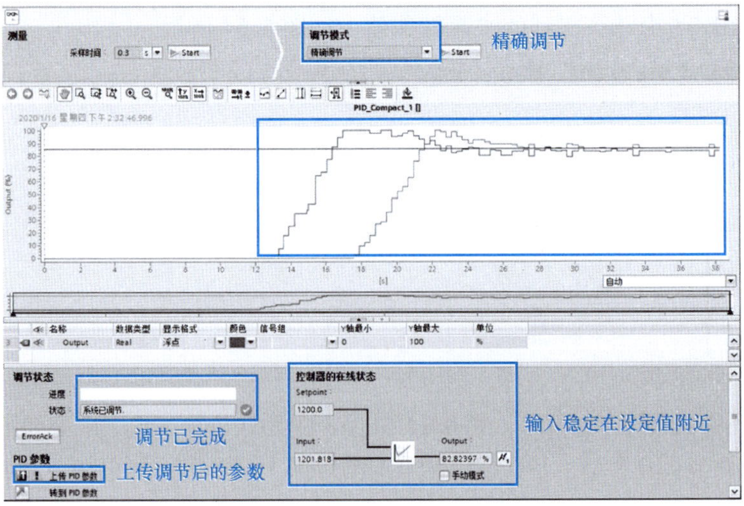

图 6-67 PID 精确调节已完成

PLC 程序及 PID 参数精确调节成功后，经下载调试，无论如何调节这两个水龙头出水量，水压都会在几秒内稳定在设定值 1200hPa，实现了恒压供水。

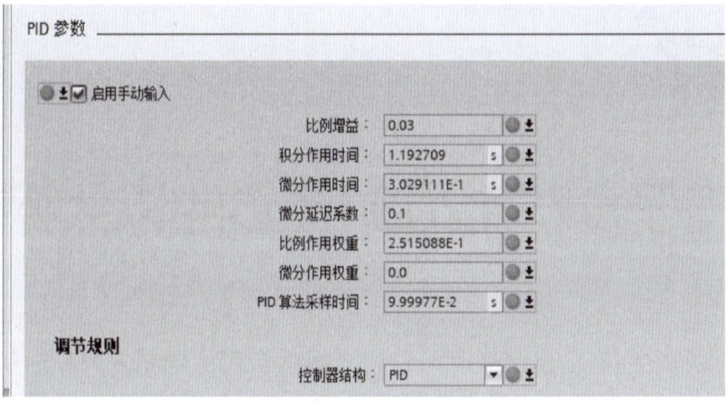

图 6-68　PID 参数

任务拓展

以 S7－1200 PLC 结合 SM1234 模拟量输入输出模块，用 PT100 铂电阻传感器采集密闭小空间温度。以此为基础，设置给定温度（如 50℃），利用 PLC 输出控制密闭小空间内的加热棒加热，利用 PID 算法实现密闭小空间的恒定温度控制。密闭小空间 PID 温度控制系统如图 6-69 所示。

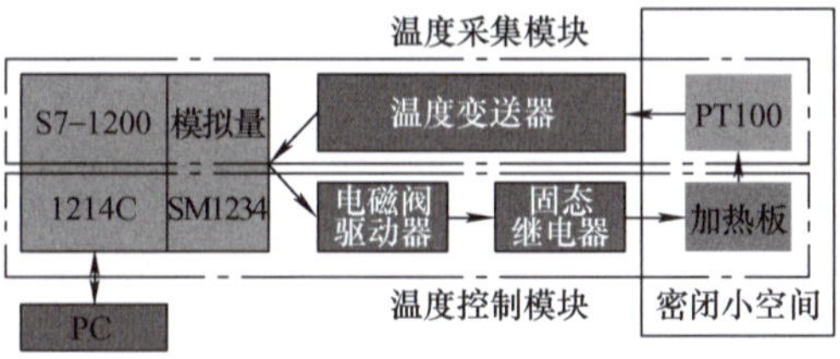

图 6-69　密闭小空间 PID 温度控制系统

工作任务书
密闭小空间
PID温度控制
系统

思考与练习

1. 电气传动系统由哪几部分组成？
2. 简述 G120 变频器的构成。
3. G120 变频器调试工具有哪些？
4. BICO 参数有哪些？含义都是什么？
5. G120 的控制单元 CU240B－2 定义了 8 种宏，宏编码及宏功能是什么？
6. 简述标准报文 1 中每个参数的含义。
7. 简述报文 352 中每个参数的含义。

项目7

西门子S7-1200 PLC的以太网通信

任意两台设备之间有信息交换时，它们之间就会产生通信。PLC 通信是指 PLC 与 PLC、PLC 与计算机、PLC 与现场设备或远程 I/O 之间的信息交换。PLC 通信的任务就是将地理位置不同的 PLC、计算机、各种现场设备等，通过通信介质连接起来，按照规定的通信协议，以某种特定的通信方式高效率地完成数据的传送、交换和处理。

工业以太网通信，通俗地讲就是应用于工业领域的以太网，其技术与商用以太网兼容，但材质的选取、产品的强度、可互操作性、可靠性和抗干扰性等方面应能满足工业现场的需求。

S7－1200PLC CPU 本体上集成了一个 PROFINET 通信接口，支持以太网、基于 TCP/IP 和 UDP 的通信标准。这个 PROFINET 物理接口是支持 10/100Mbit/s 的 RJ45 接口，支持电缆交叉自适应，因此一个标准的或是交叉的以太网线都可以用于这个接口。使用这个通信口可以实现 S7－1200 PLC CPU 与编程设备的通信、与 HMI 触摸屏的通信，以及与其他 CPU 之间的通信。

两台S7-1200 PLC之间以太网通信

任务 1　两台 S7－1200 PLC 的以太网通信

任务描述

本任务通过 PLC 通信配置、设计 PLC 程序，实现两台 S7－1200 PLC 通过以太网进行远程数据传输（用 S7 通信方式）。

两台 S7－1200 PLC 以太网通信示意图如图 7-1 所示，S7－1200 PLC_1 和 S7－1200 PLC_2 通过网口用网线连接并编程实现。

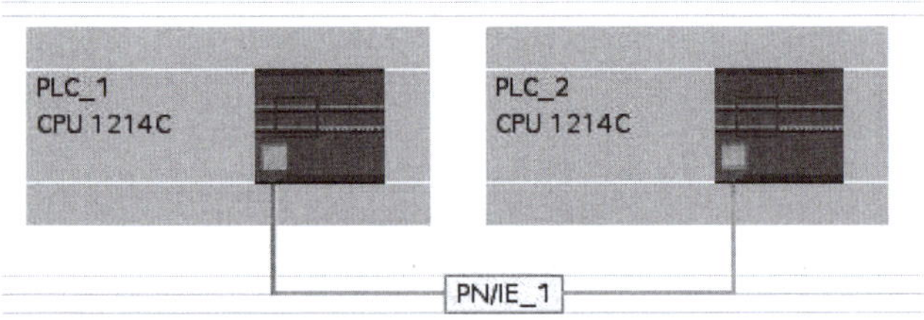

图 7-1　两台 S7－1200 PLC 以太网通信示意图

1）S7－1200 PLC Client 将通信数据区 DB1 中的 10Byte 数据发送到 S7－1200 PLC server 的接收数据区 DB1 中；

2）S7－1200 PLC Client 将 S7－1200 PLC server 发送数据区 DB2 中的 10Byte 数据读到 S7－1200 PLC Client 的接收数据区 DB2 中。

任务目标

1）进一步熟悉通信基本知识，熟悉 PLC 与 PLC 之间的通信。

2）掌握两台 S7－1200 PLC 通信的方法，掌握 S7 通信方式。

相关知识

1. 基本知识

（1）通信基础知识

1）通信的基本概念。

① 并行通信和串行通信。根据数据的传输方式，基本的通信方式有并行通信和串行通信两种，示意图如图 7-2 所示。

并行通信：一条信息的各数据位被同时传输的通信方式。优点：各数据位同时传输，传输速度快、效率高。缺点是有多少数据位就需要多少根数据线，因此传输成本高，且只适用于近距离（相距数米）的通信。

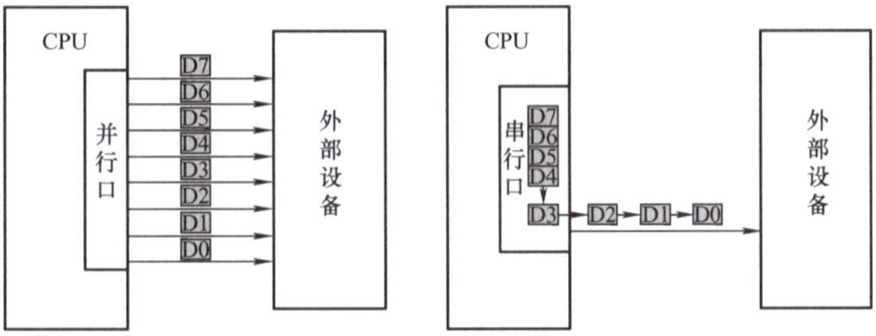

a) 并行传输方式　　b) 串行传输方式

图 7-2　并行通信和串行通信示意图

串行通信：一条信息的各数据位被逐位按顺序传输的通信方式。优点：数据位传输按位顺序进行，最少只需一根传输线即可完成，传输距离可以从几米到几千米，成本低。缺点是传输速度慢。

② 单工、半双工和全双工。根据信息的传送方向，串行通信可以进一步分为单工、半双工和全双工三种，示意图如图 7-3 所示。

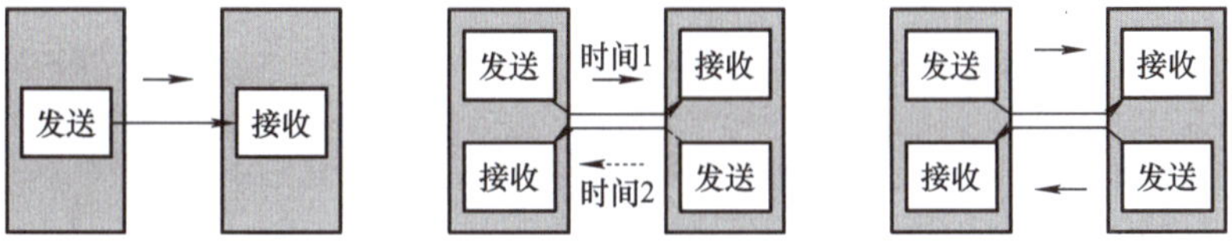

a) 单工　　b) 半双工　　c) 全双工

图 7-3　单工、半双工和全双工通信示意图

信息只能单向传送为单工通信；信息能双向传送但不能同时双向传送称为半双工，如对讲机；信息能够同时双向传送则称为全双工，如手机通话。

③ 异步通信和同步通信。按照串行数据的时钟控制方式不同，串行通信又可分为同步通信和异步通信，如图 7-4 所示。

异步通信：接收器和发送器有各自的时钟。

同步通信：发送器和接收器由同一个时钟源控制。

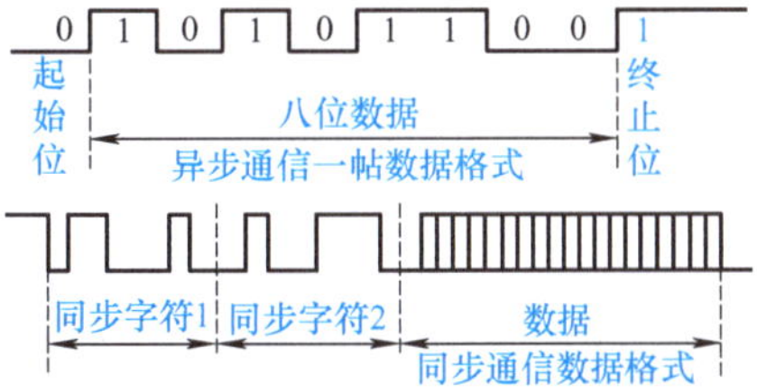

图 7-4　异步通信和同步通信数据格式

同步通信与异步通信的区别：

- 同步通信要求接收端时钟频率和发送端时钟频率一致，发送端发送连续的比特流；异步通信时不要求接收端时钟和发送端时钟同步，发送端发送完一个字节后，可经过任

意长的时间间隔再发送下一个字节。

● 同步通信效率高，异步通信效率较低。

● 同步通信较复杂，双方时钟的允许误差较小；异步通信简单，双方时钟可允许一定误差。

2）PLC 的网络术语。

① 站（Station）：在 PLC 网络系统中，将可以进行数据通信、连接外部输入输出的物理设备称为站。

② 主站（Master Station）：在 PLC 网络系统中，通常每个进行数据连接的系统控制站只有一个主站。

③ 从站（Slave Station）：除主站外，其他的站称为从站。

④ 远程设备站（Remote Device Station）：在 PLC 网络系统中，能同时处理二进制位、字的从站。

⑤ 本地站（Local Station）：在 PLC 网络系统中，带有 CPU 模块并可以与主站以及其他本地站进行循环传输的站。

⑥ 网关：不同协议的互联。

⑦ 中继器：信号放大，延长网络连接长度。

⑧ 路由器：把信息通过源地点移动到目标地点。

⑨ 交换机：用于解决通信阻塞。

⑩ 网桥：连接两个局域网的一种存储转发设备。

（2）OSI 通信参考模型　通信网络的核心是 OSI（Open System Interconnection，开放式系统互联）参考模型。这个模型把网络通信的工作分为七层，分别是物理层、数据链路层、网络层、传输层、会话层、表示层和应用层。一～四层是低层，这些层与数据移动密切相关。五～七层是高层，包含应用程序级的数据。每一层负责一项具体的工作，然后把数据传送到下一层。OSI 七层结构示意图如图 7-5 所示。

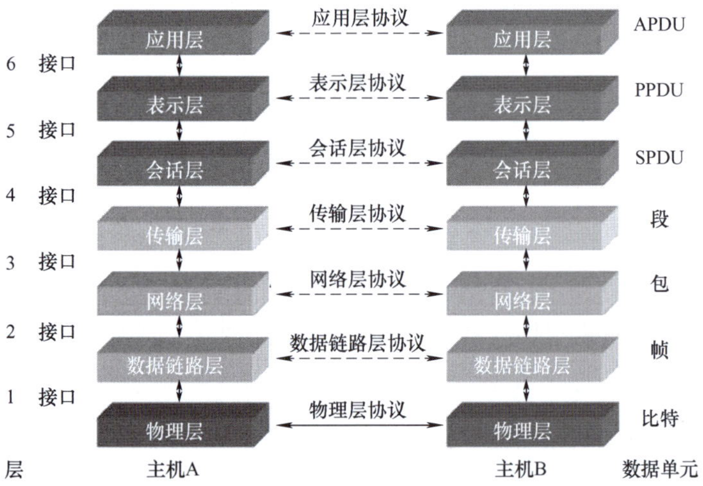

图 7-5　OSI 七层结构示意图

① 物理层：定义了传输介质、连接器和信号发生器的类型，规定了物理连接的电气、机械功能特性。典型的物理层设备有集线器（HUB）和中继器。

② 数据链路层：确定传输站点物理地址以及将消息传送到协议栈，提供顺序控制和数据流向控制。典型的数据链路层设备有交换机和网桥等。

③ 网络层：进行逻辑地址寻址，实现不同网络之间的路径选择。协议有 ICMP、IGMP、IP、ARP、RARP。典型的网络层设备是路由器。

④ 传输层：定义传输数据的协议端口号，以及流控和差错校验。协议有 TCP、UDP。网关是互联网设备中最复杂的，它是传输层及以上层的设备。

⑤ 会话层：建立、管理和终止会话。

⑥ 表示层：进行数据的表示、安全和压缩。

⑦ 应用层：网络服务与最终用户的接口。协议有 HTTP、FTP、TFTP、SMTP、SNMP 和 DNS 等。

（3）以太网通信基础 以太网（Ethernet）指的是由 Xerox 公司创建，并由 Xerox、Intel、DEC 公司联合开发的基带局域网规范。以太网使用 CSMA/CD（载波侦听多路访问/冲突检测）技术。以太网不是一种具体的网络，而是一种技术规范。

① 以太网的分类。以太网分为标准以太网、快速以太网、千兆以太网和万兆以太网。

② 以太网的拓扑结构。以太网的拓扑结构有星形、总线型、环形、网状和蜂窝状等，示意图如图 7-6 所示。

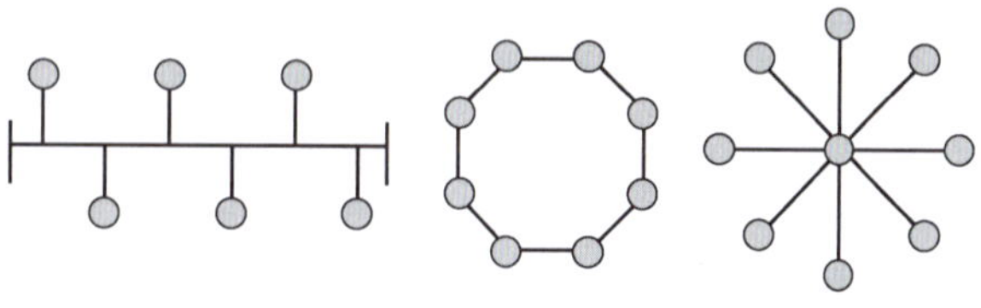

a) 星形　　b) 环形　　c) 总线型

图 7-6 以太网拓扑结构示意图

③ 以太网的工作模式。以太网可以工作在两种模式下：半双工和全双工。

④ 以太网的传输介质。以太网可以采用多种传输介质。

（4）S7 - 1200 PLC 以太网通信类型 S7 - 1200 PLC 集成了一个 X1 接口，X1 接口支持的通信类型示意图如图 7-7 所示。

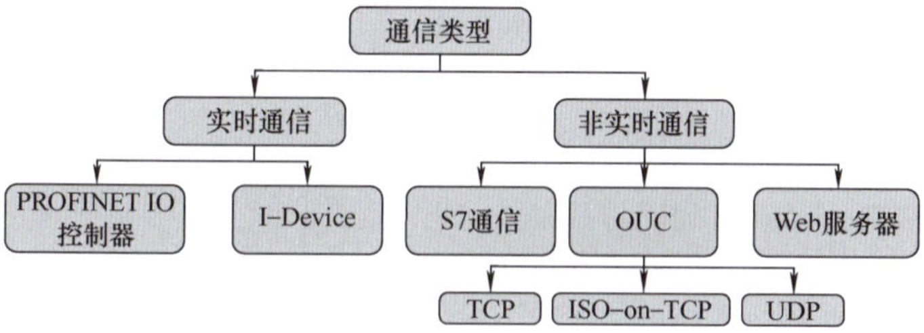

图 7-7 X1 接口支持的通信类型示意图

工业以太网的通信主要是利用第 2 层（ISO）和第 4 层（TCP）的协议。S7 - 1200 PLC 系统以太网接口支持的非实时性通信服务主要有两种：OUC（Open User Comunication，开放式用户通信）和 S7 通信。实际应用中，也经常采用 S7 通信和 OUC 来实现两个 S7 - 1200 PLC 间的数据通信。

（5）S7 - 1200 PLC 之间的 S7 通信 S7 通信集成在每一个 SIMATIC S7/M7 和 C7 系统中，属于 OSI 参考模型第七层应用层的协议，它独立于各个网络，可以应用于多种网络（ MPI、PROFIBUS、工业以太网）。S7 通信通过不断地重复接收数据来保证网络报文的正确。在 SIMATIC S7 中，通过组态建立 S7 连接来实现 S7 通信。在 PC 上，S7 通信需要通过 SAPI - S7 接口函数或 OPC（过程控制用对象链接与嵌入）来实现。

在 S7 通信中，可以使用 GET 和 PUT 指令通过 PROFINET 和 PROFIBUS 连接与 S7 - 1200 PLC CPU 通信。S7 - 1200 PLC CPU 不能访问远程 S7 - 1200 PLC CPU 的优化 DB 中的 DB 变量。GET 和 PUT 指令见表 7-1。

表 7-1 GET 和 PUT 指令表

指令	说明
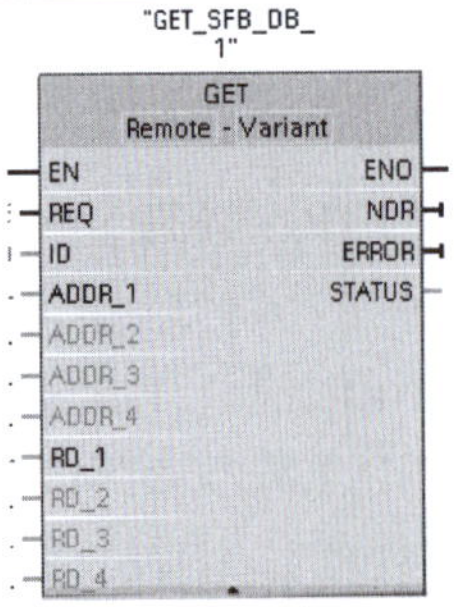	使用 GET 指令从远程 S7－1200 PLC CPU 中读取数据。远程 S7－1200 PLC CPU 可处于 RUN 或 STOP 模式下 STEP7 会在插入指令时自动创建该 DB
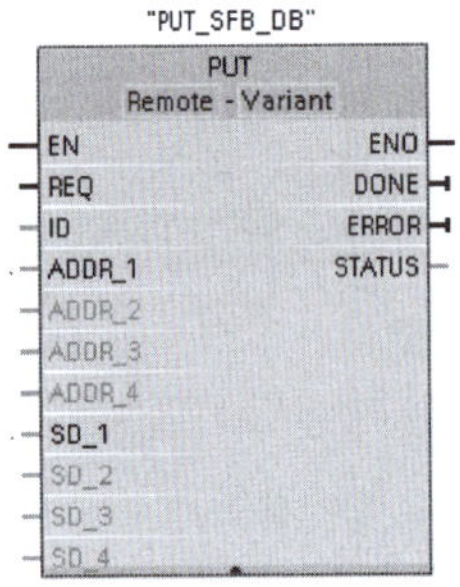	使用 PUT 指令将数据写入远程 S7－1200 PLC CPU 远程 S7－1200 PLC CPU 可处于 RUN 或 STOP 模式下 STEP7 会在插入指令时自动创建该 DB

GET 和 PUT 指令参数的数据类型见表 7-2。

表 7-2 GET 和 PUT 指令参数的数据类型

参数	类型	数据类型	说明
REQ	IN	Bool	通过由低到高的（上升沿）信号启动操作
ID	IN	CONN_PRG（Word）	S7 连接 ID（十六进制）
NDR(GET)	OUT	Bool	0：请求尚未启动或仍在运行 1：已成功完成任务
DONE(PUT)	OUT	Bool	0：请求尚未启动或仍在运行 1：已成功完成任务
ERROR	OUT	Bool Word	（1）ERROR＝0 时，STATUS 取值： ① 0000H：既没有警告也没有错误； ② <>0000H：警告，STATUS 提供详细信息 （2）ERROR＝1 时，出现错误。STATUS 提供有关错误性质的详细信息
STATUS			
ADDR_1	INOUT	远程	指向远程 CPU 中待读取（GET）或待发送（PUT）数据的存储区
ADDR_2	INOUT	远程	
ADDR_3	INOUT	远程	
ADDR_4	INOUT	远程	
RD_1(GET) SD_1(PUT)	INOUT	Variant	指向本地 CPU 中待读取（GET）或待发送（PUT）数据的存储区。允许的数据类型有 Bool（只允许单独一位）、Byte、Char、Word、Int、DWord、DInt 或 Real 注：如果该指针访问 DB，则必须指定绝对地址，如 P#DB10. DBX5. 0 Byte 10，在此情况下，10 代表 GET 或 PUT 的字节数
RD_2(GET) SD_2(PUT)	INOUT	Variant	
RD_3(GET) SD_3(PUT)	INOUT	Variant	
RD_4(GET) SD_4(PUT)	INOUT	Variant	

S7－1200 PLC 的 PROFINET 通信接口可以作为 S7 通信的服务器端或客户端（CPU V2. 0 及以上版本）。S7－1200 PLC 仅支持 S7 单边通信，仅需在客户端单边组态连接和

编程，而服务器端只准备好通信的数据就行。

S7－1200 PLC 之间 S7 通信可以分两种情况来操作，具体如下：

第一种情况：两个 S7－1200 PLC 在一个项目中的操作；

第二种情况：两个 S7－1200 PLC 不在一个项目中的操作。

1）第一种情况，即在同一项目中操作，其步骤如下。

① 创建一个新项目，并通过添加新设备组态 PLC_1（IP：192.168.0.1）；接着组态 PLC_2（IP：192.168.0.12），若使用 S7 通信，则需要使用 PUT/GET 指令。单击 PLC 设备属性中“防护与安全”→“连接机制”，弹出对应的对话框，如图 7-8 所示，勾选“允许来自远程对象的 PUT/GET 通信访问”。

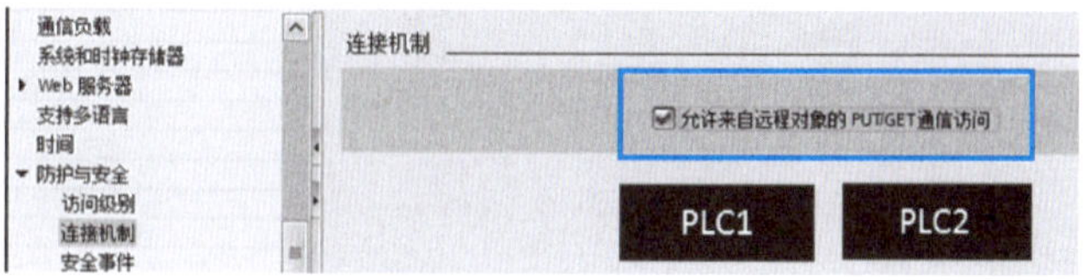

图 7-8　连接机制

② 在 PLC_1 中添加 PUT/GET 指令。PLC_1 作为客户端，单击“通信”→“S7 通信”→“PUT”或“GET”指令，加载其进编程区域，如图 7-9 所示。

③ PUT/GET 指令组态及参数填写。首先设置客户端 PLC_1 CPU 的 PUT 指令的组态参数，如图 7-10 所示。本地的“连接名称”选择“S7_连接_1”，勾选“主动建立连接”；伙伴的“端点”填“未知”，“地址”填“192.168.0.2”。

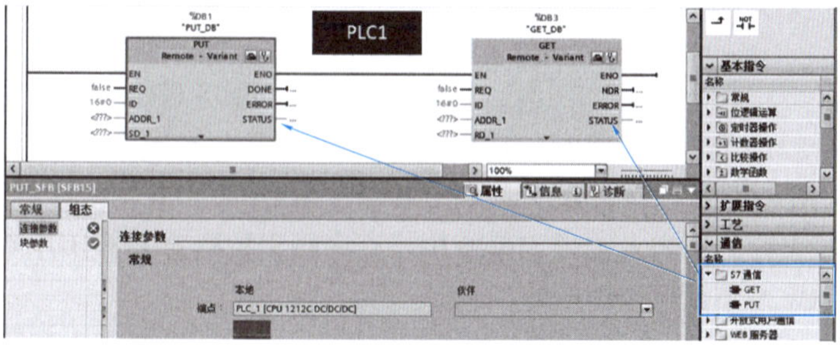

图 7-9　PUT/GET 指令

然后设置客户端 PLC_1 CPU 的 GET 指令的组态参数，与 PUT 指令一样。PUT/GET 指令组态完毕后，添加合适的参数。

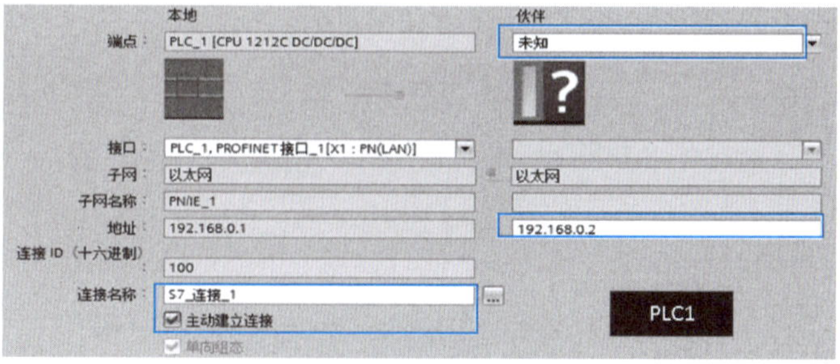

图 7-10　PUT 指令组态

PUT 指令的 SD_1 参数设置为“P#M10.0 BYTE 2”，ADDR_1 参数也设置为该地址，这就意味着 PLC_1 会将 MW10 存放的数据发送给远端的 PLC_2 的 MW10，如图 7-11 所示。

同理，GET 指令的 RD_1 参数设置为“P#M20.0 BYTE 2”，ADDR_1 参数也设置为该地址，这就意味着 PLC_1 会从远端的 PLC_2 的 MW20 读取数据，并存放到 PLC_1 的 MW20。

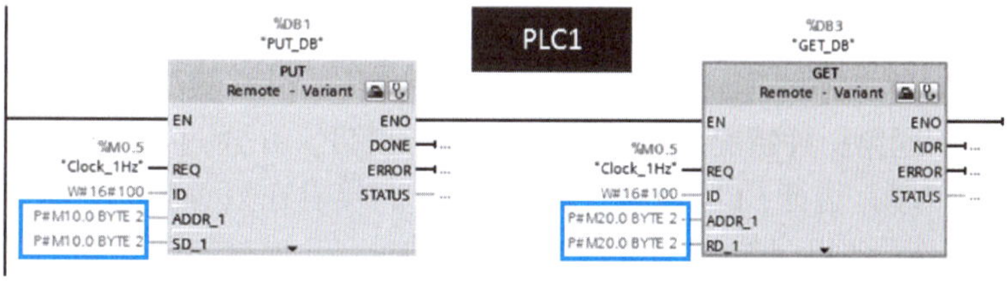

图 7-11　PUT/GET 指令参数填写

④ 编写 PLC_1 程序，并运行监控，如图 7-12 所示。

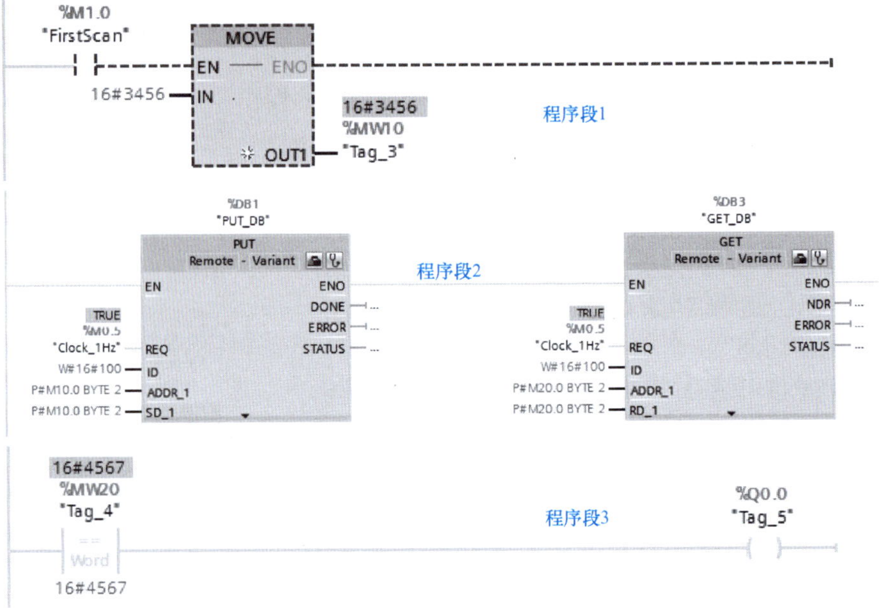

图 7-12　PLC_1 程序

程序段 1 是为 PLC_1 MW10 赋值十六进制数 3456；程序段 2 通过 PUT 指令将 MW10 存放的数值发送到远端 PLC_2，通过 GET 指令将远端 PLC_2 中 MW20 的数据接收过来存放到 PLC_1 的 MW20 中。程序段 3 是检验 PLC_1 中 MW20 的值是否已随 PLC_2 中 MW20 值的改变而改变了。

⑤ 编写 PLC_2 程序，并运行监控，如图 7-13 所示。程序段 1 是为 PLC_2 MW20 赋值十六进制数 4567；程序段 2 是检验 PLC_2 中 MW10 的值是否已随 PLC_1 中 MW10 的值改变而改变了，实验证明该任务完成了数据的发送和接收。

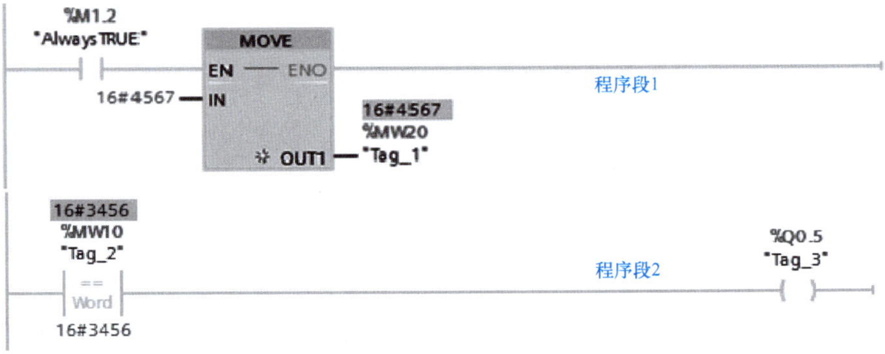

图 7-13　PLC_2 程序

2）第二种情况，即不在同一项目中操作，其步骤如下。

① 同第一种情况一样，创建一个新项目，并通过添加新设备组态 S7 – 1200 PLC client v4.1，选择 CPU 1214C DC/DC/DC；接着在另一个项目组态 S7 – 1200 PLC server v2.0，选择 CPU 1214C DC/DC/DC。添加新 S7 连接如图 7-14 所示。

② 同第一种情况不一样的地方，在于如何建立一个通信新连接，及进行相应的 S7 通信连接组态。在设备组态中选择“网络视图”栏进行网络配置，单击左上角的“连接”图标，在连接框中选择“S7 连接”，然后选中 client v4.1 CPU 1214C。在右键菜单中选择“添加新

连接”，在“创建新连接（N）”对话框内选择连接对象为“未指定”，如图7-15所示。

③ 进行连接组态，在“连接”条目中可以看到已经建立的“S7_连接_1”，如图7-16所示。

单击上面的连接，在“S7_连接_1”的连接属性中查看各参数，如图7-17所示。在“常规”中显示连接双方的设备，在伙伴的“站点”栏选择“未知”，在“地址”栏填写伙伴的IP地址“192.168.0.12”。

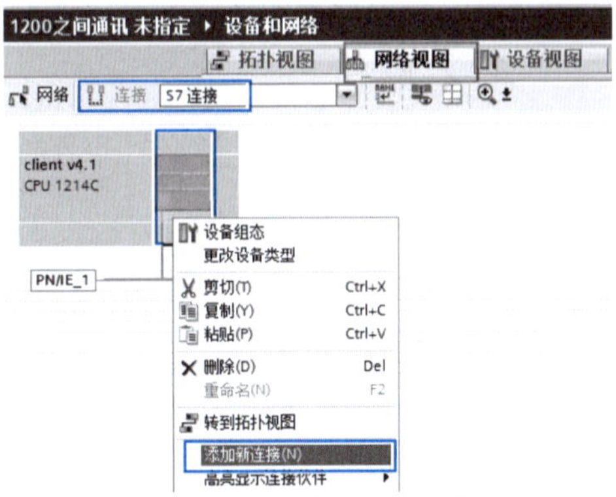

图7-14　添加新S7连接

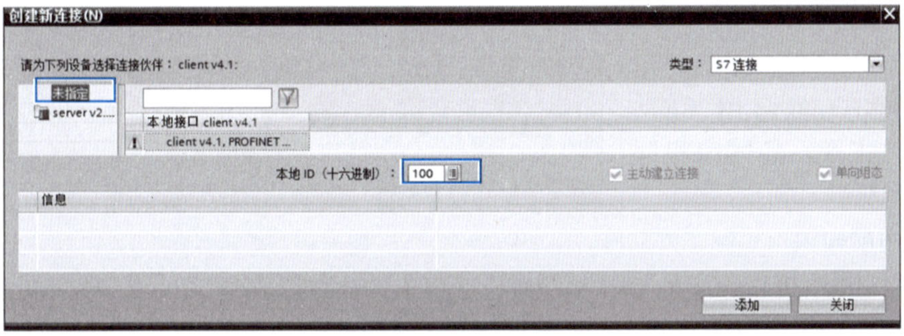

图7-15　建立S7连接

在“本地ID”中显示通信连接的ID号，这里ID = W#16#100，如图7-18所示。

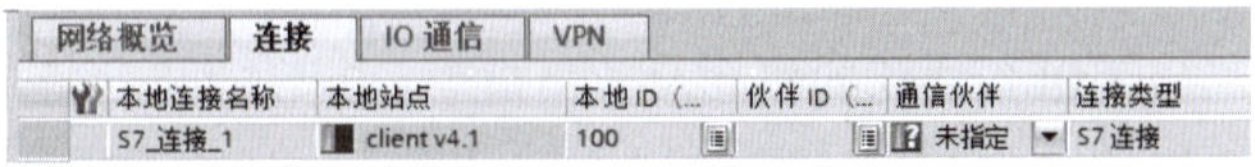

图7-16　S7连接

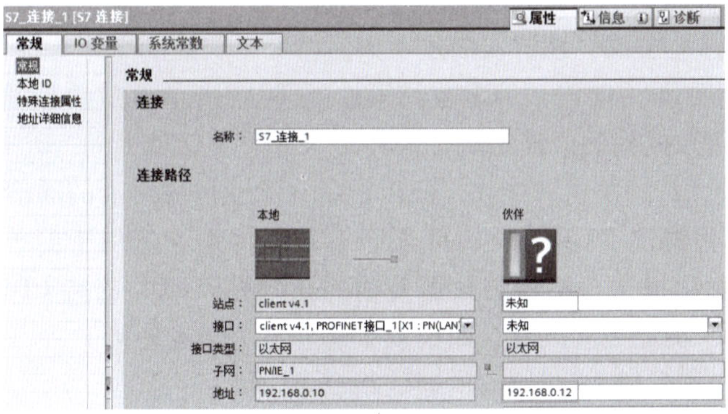

图7-17　S7连接的“常规”组态界面

在“特殊连接属性”中：建立未指定的连接，连接侧为主动连接，表示client v4.1设备是主动建立连接，如图7-19所示。

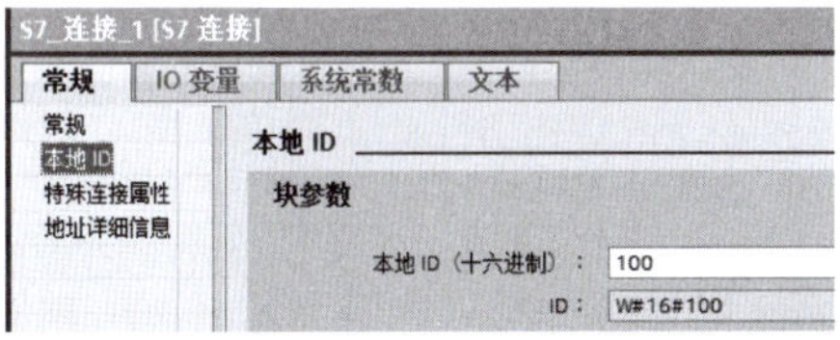

图7-18　S7连接“本地ID”组态界面

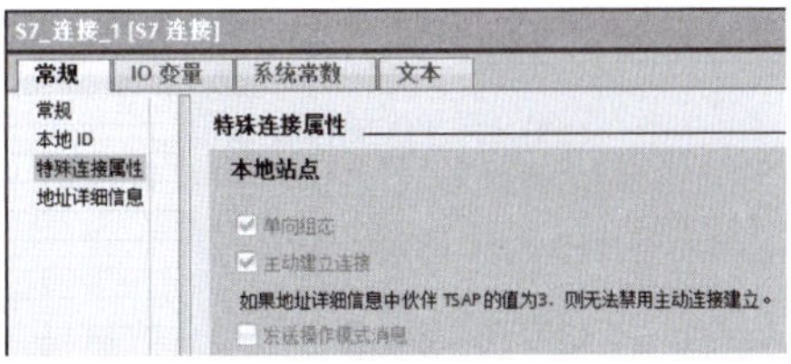

图7-19　S7连接“特殊连接属性”组态界面

在“地址详细信息”中定义伙伴的TSAP为03.00（注意：S7－1200 PLC预留给S7连接两个TSAP地址，分别为03.01和03.00），如图7-20所示。

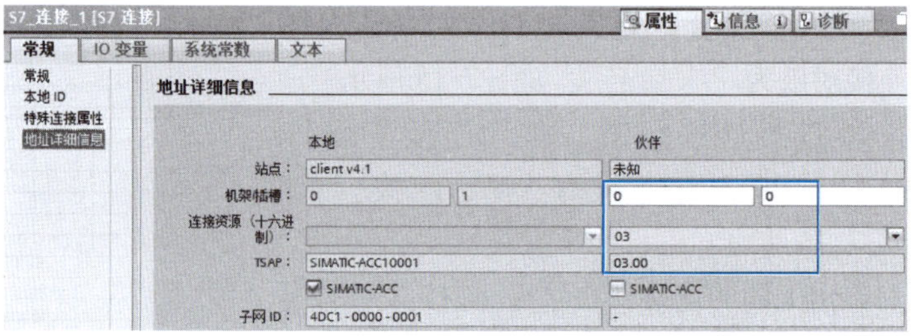

图7-20 S7连接“地址详细信息”组态界面

连接的属性及设置后的连接状态如图7-21所示。

配置完网络连接，编译存盘并下载。若通信连接正常，则连接状态如图7-22所示。

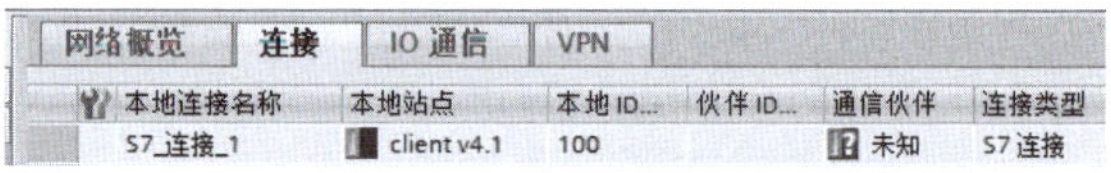

图7-21 连接的属性及设置后连接状态

④ PLC编程。在主动建连接的客户端调用GET、PUT通信指令，具体编程同第一种情况。

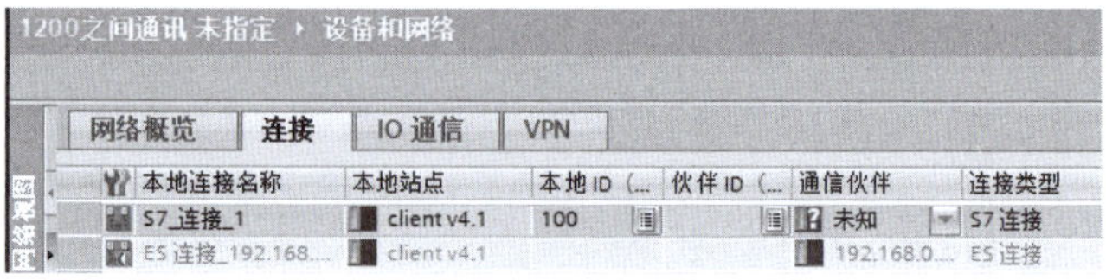

图7-22 连接状态

2. 拓展知识

［S7－1200 PLC之间的OUC］ OUC适用于SIMATIC S7－1200/1500/300/400 PLC之间的通信，以及PLC与PC和第三方设备之间的通信。OUC包括的通信协议为ISO-on-TCP、TCP和UDP。

（1）OUC协议的概念及常用指令

1）ISO-on-TCP(RFC 1006)。ISO-on-TCP支持第四层TCP/IP的开放数据通信。ISO-on-TCP符合TCP/IP，但相对于标准的TCP/IP，还附加了RFC 1006协议。RFC 1006协议是一个标准协议，该协议描述了如何将ISO映射到TCP。

2）传输控制协议（TCP）。TCP支持第四层TCP/IP的开放数据通信。提供了数据流通信，但并不将数据封装成消息块，因而用户并不会接收到每一个任务的确认信号。TCP支持给予TCP/IP的发送和接收，使得设备在工业以太网上的通信非常容易。

3）用户数据报协议（UDP）。UDP属于第四层协议，适用于简单的交叉网络数据传输，没有数据确认报文，不检测数据传输的正确性。UDP支持UDP的发送和接收，与TCP不同，UDP实际上并没有在通信双方建立一个固定连接。

表7-3为用于这三种OUC协议的通信指令。

表7-3 OUC协议的通信指令表

协 议	用 途	在接收区输入数据	通信指令	寻址类型
ISO-on-TCP	CPU与CPU通信消息的分割和重组	特殊模式	仅TRCV_C和TRCV	将TSAP分配给本地（主动）和伙伴（被动）设备
		协议控制	TSEND_C、TRCV_C、TCON、TDISCON、TSEND和TRCV	
TCP	CPU与CPU通信帧传输	特殊模式	仅TRCV_C和TRCV	将端口号分配给本地（主动）和伙伴（被动）设备
		指定长度的数据接收	TSEND_C、TRCV_C、TCON、TDISCON、TSEND和TRCV	
UDP	CPU与CPU通信用户程序通信	用户数据报协议	TUSEND和TURCV	将端口号分配给本地（主动）和伙伴（被动）设备，但不是专用连接

ISO-on-TCP 和 TCP 常用的通信指令有 TSEND_C 和 TRCV_C，见表 7-4。

表 7-4　TSEND_C 和 TRCV_C 指令表

指　令	说　明
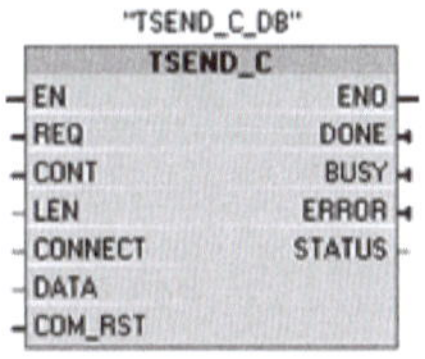	TSEND_C 可与伙伴站建立 TCP 或 ISO-on-TCP 通信连接、发送数据，并且可以终止该连接。设置并建立连接后，CPU 会自动保持和监视该连接
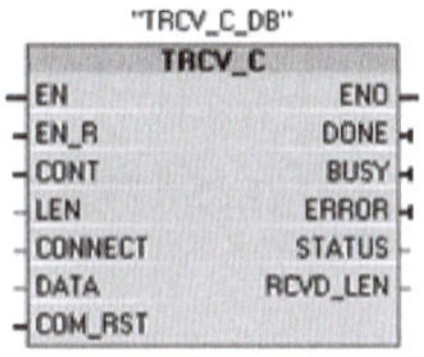	TRCV_C 可与伙伴 CPU 建立 TCP 或 ISO-on-TCP 通信连接，可接收数据，并且可以终止该连接。设置并建立连接后，CPU 会自动保持和监视该连接

TSEND_C 和 TRCV_C 指令参数说明见表 7-5。

表 7-5　TSEND_C 和 TRCV_C 指令参数说明

参　数	类　型	数据类型	说　明
REQ（TSEND_C）	IN	Bool	控制参数 REQ 在上升沿启动具有 CONNECT 中所述连接的发送作业
EN_R（TRCV_C）	IN	Bool	启用接收的控制参数：EN_R＝1 时，TRCV_C 准备接收，处理接收作业
CONT	IN	Bool	0：断开连接 1：建立并保持连接
LEN VCOK	IN	UInt	要发送（TSEND_C）或接收（TRCV_C）的最大字节数： （1）默认＝0：DATA 参数确定要发送（TSEND_C）或接收（TRCV_C）的数据长度 （2）特殊模式＝65535：设置可变长度的数据接收（TRCV_C）
CONNECT	IN_OUT	TCON_Param	指向连接描述的指针
DATA	IN_OUT	Variant	（1）包含要发送数据的地址和长度（TSEND_C） （2）包含接收数据的起始地址和最大长度（TRCV_C）
COM_RST	IN_OUT	Bool	允许重新启动指令 0：不相关 1：完成函数块的重新启动，现有连接将终止
DONE	OUT	Bool	0：作业尚未开始或仍在运行 1：作业无错完成
BUSY	OUT	Bool	0：作业完成 1：作业尚未完成，无法触发新作业
ERROR	OUT	Bool	0：无错误 1：处理时出错。STATUS 提供错误类型的详细信息
STATUS	OUT	Word	包括错误信息的状态信息
RCVD_LEN（TRCV_C）	OUT	Int	实际接收到的数据量（字节）

以下指令控制 UDP 通信过程：

① TCON——在客户端与服务器（CPU）PC 之间建立通信连接。

② TUSEND 和 TURCV——发送和接收数据。

③ TDISCON——断开客户端与服务器之间的通信。

TCON、TUSEND 和 TURCV 指令见表 7-6。

表 7-6　TCON、TUSEND 和 TURCV 指令

指　　令	说　　明
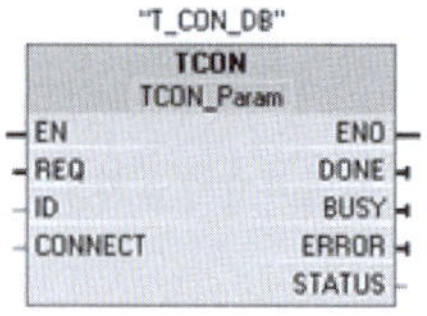	TCP 和 ISO-on-TCP：TCON 启动从 CPU 到通信伙伴的通信连接
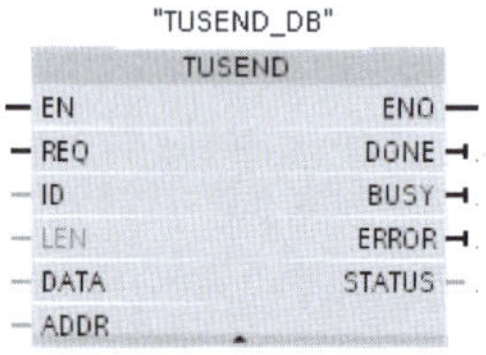	TUSEND 指令通过 UDP 将数据发送到参数 ADDR 指定的远程伙伴 要启动用于发送数据的作业，请调用 REQ = 1 的 TUSEND 指令
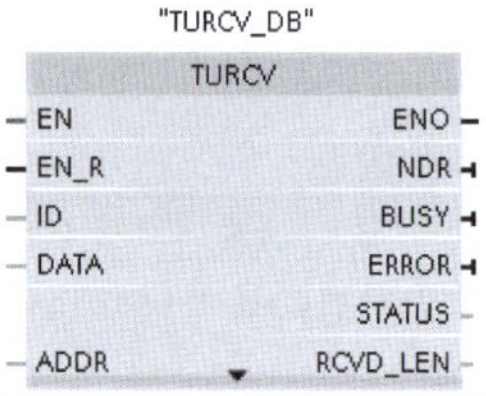	TURCV 指令通过 UDP 接收数据。参数 ADDR 显示发送方地址。TURCV 成功完成后，参数 ADDR 将包含远程伙伴（发送方）的地址 TURCV 不支持特殊模式 要启动用于接收数据的作业，请调用 EN_R = 1 的 TURCV 指令

TCON 指令参数说明见表 7-7。

表 7-7　TCON 指令参数说明

参　　数	类　　型	数据类型	说　　明
REQ	IN	Bool	控制参数 REQ 启动用于建立通过 ID 指定的连接作业，该作业在上升沿时启动
ID	IN	CONN_OUC (Word)	引用要建立的（TCON）或终止的（TDISCON）、连接到远程伙伴或在用户程序和操作系统通信层之间的连接。ID 必须与本地连接描述中的相关参数 ID 相同 取值范围为 W#16#0001 ~ W#16#0FFF
CONNECT (TCON)	IN_OUT	TCON_Param	指向连接描述的指针
DONE	OUT	Bool	0：作业尚未开始或仍在运行 1：作业无错完成
BUSY	OUT	Bool	0：作业完成 1：作业尚未完成，无法触发新作业
ERROR	OUT	Bool	状态参数，可具有以下值： 0：无错误 1：处理时出错，STATUS 提供错误类型的详细信息
STATUS	OUT	Word	包括错误信息的状态信息

TUSEND 和 TURCV 指令参数说明见表 7-8。

表 7-8　TUSEND 和 TURCV 指令参数说明

参　　数	类　　型	数据类型	说　　明
REQ (TUSEND_C)	IN	Bool	在上升沿启动发送作业，传送通过 DATA 和 LEN 指定区域中的数据
EN_R (TURCV_C)	IN	Bool	0：CPU 无法接收 1：允许 CPU 进行接收。TURCV 指令准备接收，并处理接收作业

（续）

参　　数	类　　型	数据类型	说　　明
ID	IN	Word	引用用户程序与操作系统通信层之间的相关连接。ID 必须与本地连接描述中的相关参数 ID 相同 取值范围：W#16#0001 ~ W#16#0FFF
LEN	IN	UInt	要发送（TUSEND）或接收（TURCV）的字节数 默认值为 0。DATA 参数确定要发送或接收的数据长度 取值范围：1 ~ 1472
DONE（TUSEND）	IN	Bool	0：作业尚未开始或仍在运行 1：作业无错完成
NDR（TURCV）	OUT	Bool	0：作业尚未开始或仍在运行 1：作业已成功完成
BUSY	OUT	Bool	0：作业完成 1：作业尚未完成，无法触发新作业
ERROR	OUT	Bool	状态参数，可具有以下值： 0：无错误 1：处理时出错，STATUS 提供错误类型的详细信息
STATUS	OUT	Word	包括错误信息的状态信息
DATA	IN_OUT	Variant	发送区（TUSEND）或接收区（TURCV）的地址： 过程映像输入表 过程映像输出表 存储器位 数据块
ADDR	IN_OUT	Variant	指向接收方（对于 TUSEND）或发送方（对于 TURCV）地址的指针（例如，P#DB100. DBX0. 0byte 8）。该指针可指向任何存储区，需要 8 字节，具体如下： 前 4 字节包含远程 IP 地址；接下来的 2 字节指定远程端口号；最后 2 字节保留

（2）ISO-on-TCP 通信步骤

1）创建一个 TIA 博途项目，添加两个 S7－1200 PLC 设备——PLC_1 和 PLC_2，启用系统存储器字节和时钟存储器字节，设置两个 PLC 的 IP 地址在同一网段，例如，分别为 192.168.0.1 和 192.168.0.2。创建项目及初步设置如图 7-23 所示。

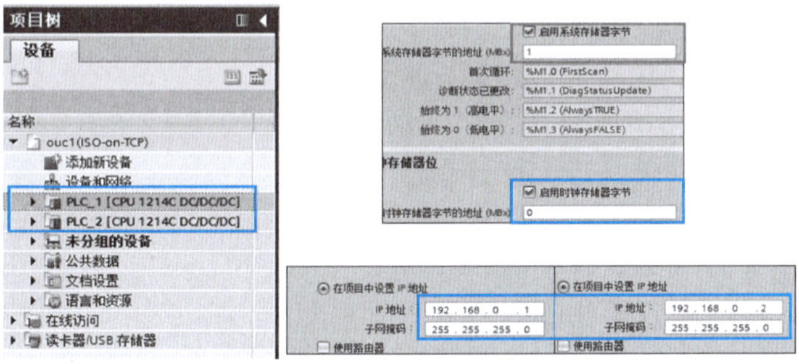

图 7-23　创建 ISO-on-TCP 通信项目及初步设置

2）PLC_1 作为发送数据端，单击“通信”→“开放式用户通信”→“TSEND_C”指令，加载进入编程区域。加载发送指令如图 7-24 所示。

单击指令的组态图标对 PLC_1 进行通信组态，组态界面如图 7-25 所示。

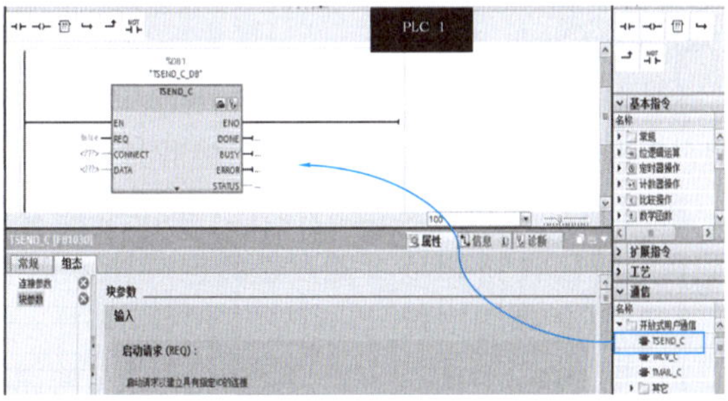

图 7-24　PLC_1 加载发送指令

首先对本地 PLC 进行通信组态，“连接类型”选择 ISO-on-TCP，“连接数据”选择 PLC_1_Send_DB，勾选“主动建立连接”。然后对伙伴 PLC 进行通信组态，“端点”选择“未指定”，地址填入“192.168.0.2”，不勾选“主动建立连接”。

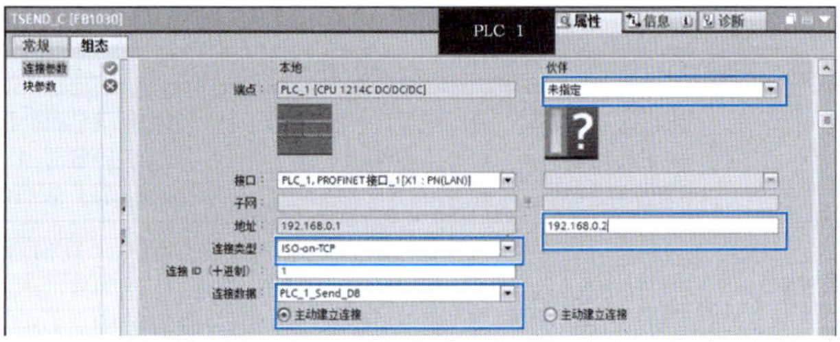

图 7-25 对 PLC_1 进行通信组态

3）对 PLC_1 进行通信的发送数据程序编写，如图 7-26 所示。首先将十六进制数据 1234 赋值给 MW10，然后在 TSEND_C 指令中，参数“REQ”用 M0.5（Clock_1Hz），即每秒钟进行数据发送，发送的数据参数“DATA”用 P#M10.0 BYTE 2，即 M10.0 起始的两字节数据，换句话说，就是把 MW10 这个字的数据发送出去。

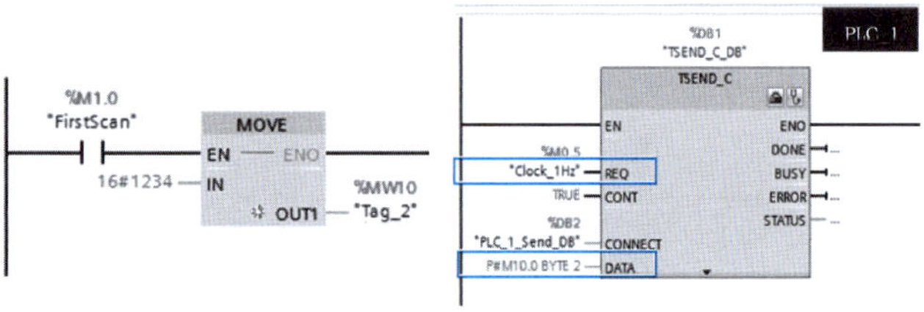

图 7-26 PLC_1 的通信发送数据程序

4）PLC_2 作为接收数据端，单击“通信”→“开放式用户通信”→“TRCV_C”指令，加载进入编程区域。加载接收指令如图 7-27 所示。

单击指令的组态图标对 PLC_2 进行通信组态，组态界面如图 7-28 所示。首先对本地 PLC 进行通信组态，“连接类型”选择 ISO-on-TCP，“连接数据”选择 PLC_2_Receive_DB，不勾选“主动建立连接”；然后对伙伴 PLC 进行通信组态，地址填入“192.168.0.1”，勾选“主动建立连接”。

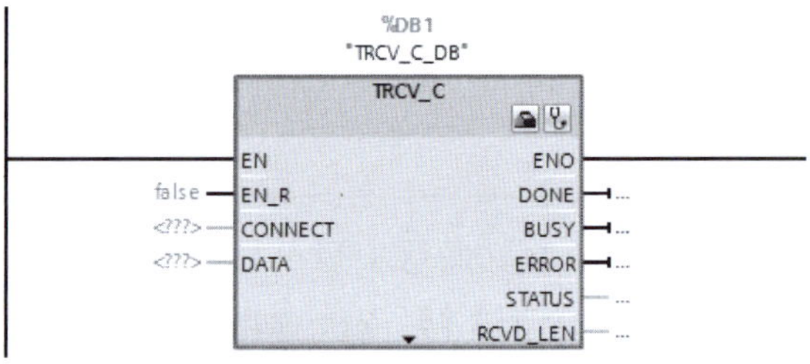

图 7-27 PLC_2 加载接收指令

5）对 PLC_2 进行通信的接收数据程序编写，如图 7-29 所示。首先将十六进制数 1234 赋值给 MW10，然后在 TRCV_C 指令中，参数“REQ”用 M0.5（Clock_1Hz），即每秒钟进行数据接收，接收的数据保存到参数“DATA”标注的地址。用 P#M10.0 BYTE 2 即 M10.0 起始的两字节为接收地址。

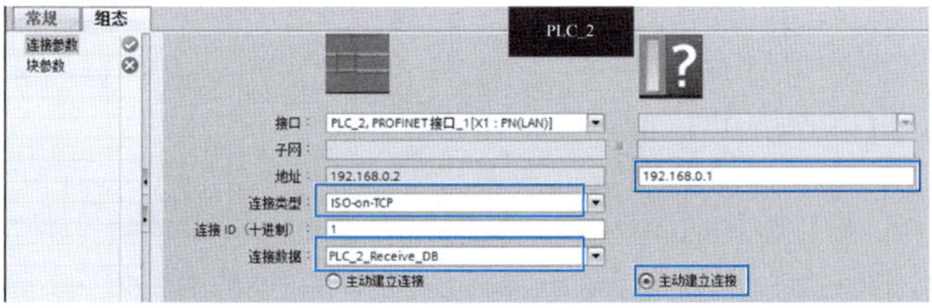

图 7-28 PLC_2 进行通信组态

运行 PLC_1 和 PLC_2 的程序，单击程序监视。从程序段 2 中可以看到，PLC_2 的 MW10 已经接收到 PLC_1 的发送数据（十六进制数 1234）。

（3）TCP 通信步骤

1）同 ISO-on-TCP 一样，创建一个 TIA 博途项目，添加两个 S7－1200 PLC——PLC_1 和 PLC_2，启用系统存储器字节和时钟存储器字节，设置两个 PLC 的 IP 地址在同一网段，例如，分别为 192.168.0.1 和 192.168.0.2。

2）PLC_1 作为发送数据端，单击“通信”→“开放式用户通信”→“TSEND_C”指令，加载其进入编程区域。然后单击指令的组态图标，组态过程与 ISO-on-TCP 类似，如图 7-30 所示。

与 ISO-on-TCP 相比，TCP 方式的组态多了端口信息，本地端口与伙伴端口的设置值均为 2000。

3）对 PLC_1 进行通信发送数据程序编写，与 ISO-on-TCP 方式一样。将十六进制数据 2345 赋值给 MW10，程序如图 7-31 所示。

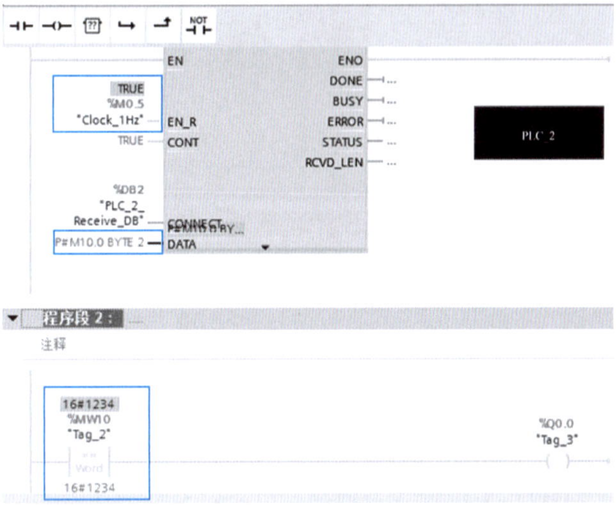

图 7-29　PLC_2 的通信接收数据程序

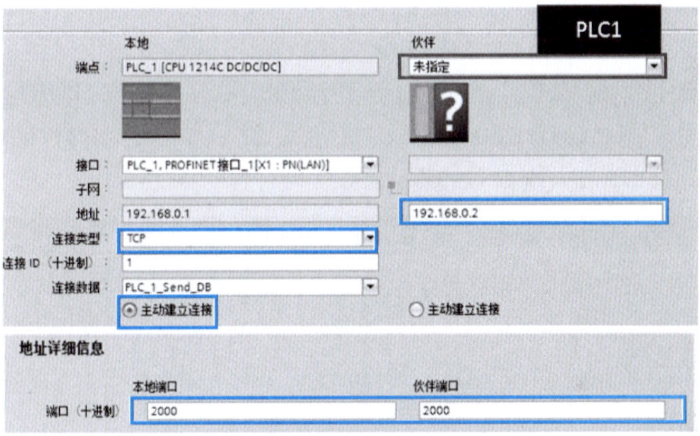

图 7-30　TCP 通信方式发送指令组态

4）PLC_2 作为接收数据端，单击“通信”→“开放式用户通信”→“TRCV_C”指令，加载其进入编程区域。然后单击指令的组态图标对 PLC_2 进行通信组态。组态界面如图 7-32 所示。组态过程与 ISO-on-TCP 类似。同样，与 ISO-on-TCP 相比，TCP 方式的组态多了端口信息，本地端口与伙伴端口的设置值均为 2000。

5）对 PLC_2 进行通信的接收数据程序编写，与 ISO-on-TCP 一样。运行 PLC_1 和 PLC_2 的程序，单击程序监视，如图 7-33 所示。在程序中可以看到，PLC_2 的 MW10 已经接收到了 PLC_1 的发送数据（十六进制数 2345）。

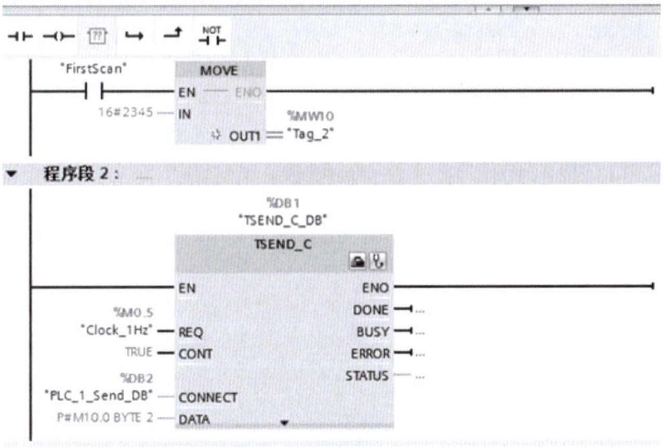

图 7-31　PLC_1 的通信发送数据程序

（4）UDP 通信步骤

1）创建一个 TIA 博途项目，添加两个 S7－1200 PLC——PLC_1 和 PLC_2，启用系统存储器字节和时钟存储器字节，设置两个 PLC 的 IP 地址在同一网段，例如，分别为

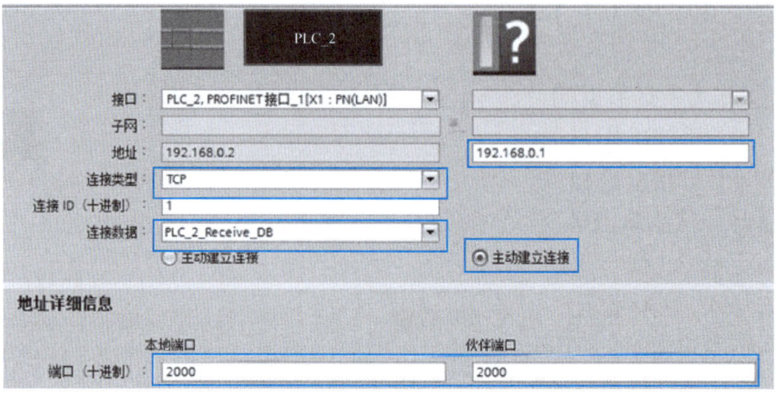

图 7-32　TCP 通信方式接收指令组态

192. 168. 0. 1 和 192. 168. 0. 2。

图 7-33　PLC_2 的通信接收数据程序

2）PLC_1 设置一个通信参数 DB，如图 7-34 所示。“REM_IP_ADDR”数组中存放的数据起始值为远端设备 IP 地址，即 PLC_2 的 IP 地址 192. 168. 0. 2。“REM_PORT_NR”存放的是远端设备的端口号，起始值为 2000。PLC_2 也设置一个通信参数 DB，远端设备 IP 地址设置为 192. 168. 0. 1，端口号也是 2000。

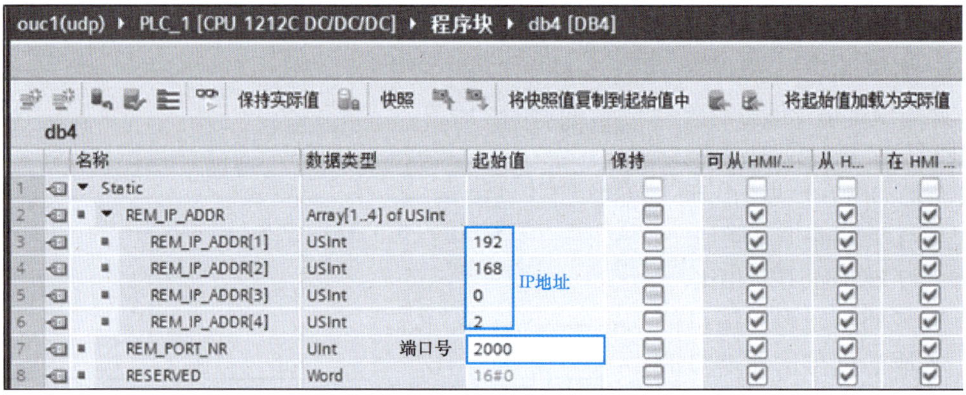

	名称	数据类型	起始值	保持	可从 HMI/...	从 H...	在 HMI ...
1	▼ Static			☐	☐	☐	☐
2	▼ REM_IP_ADDR	Array[1..4] of USInt		☐	☑	☑	☑
3	REM_IP_ADDR[1]	USInt	192	☐	☑	☑	☑
4	REM_IP_ADDR[2]	USInt	168	☐	☑	☑	☑
5	REM_IP_ADDR[3]	USInt	0	☐	☑	☑	☑
6	REM_IP_ADDR[4]	USInt	2	☐	☑	☑	☑
7	REM_PORT_NR	UInt	2000	☐	☑	☑	☑
8	RESERVED	Word	16#0	☐	☑	☑	☑

图 7-34　UDP 通信参数 DB

3）PLC_1 作为发送数据端，单击“通信”→“开放式用户通信”→“其他”→“TCON”指令，加载其进入编程区域，如图 7-35 所示。

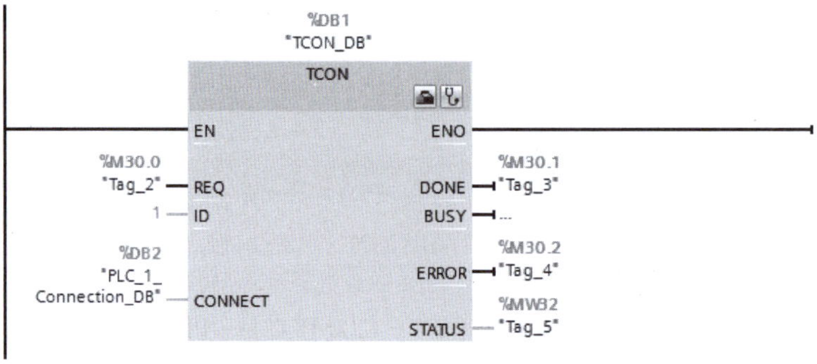

图 7-35　PLC_1 UDP 方式 TCON 指令

打开组态界面如图7-36所示，“连接类型”设为UDP，伙伴“端点”设为未指定。

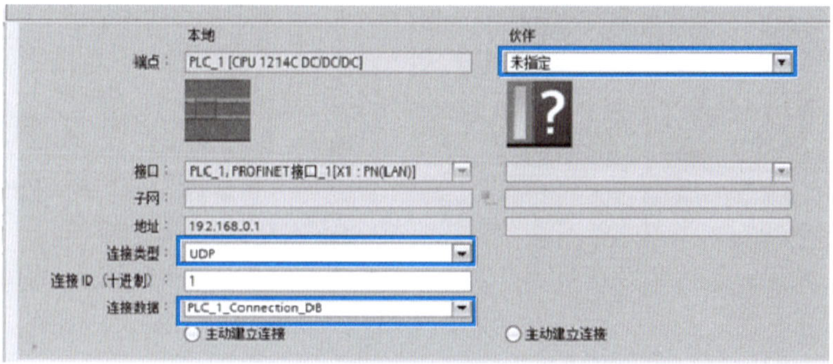

图7-36　UDP方式TCON指令组态界面

4）PLC_1作为发送数据端，单击“通信”→“开放式用户通信”→“其他”→“TUSEND”指令，加载其进入编程区域，PLC_1发送指令程序及监控如图7-37所示。

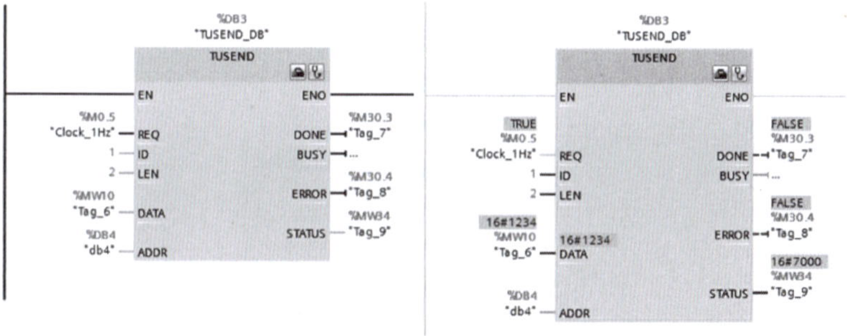

图7-37　PLC_1发送指令程序及监控

5）PLC_2作为接收数据端，单击“通信”→“开放式用户通信”→“其他”→“TCON”指令，加载其进入编程区域，如图7-38所示。

打开组态界面如图7-39所示，“连接类型”设为UDP，伙伴“端点”设为未指定。

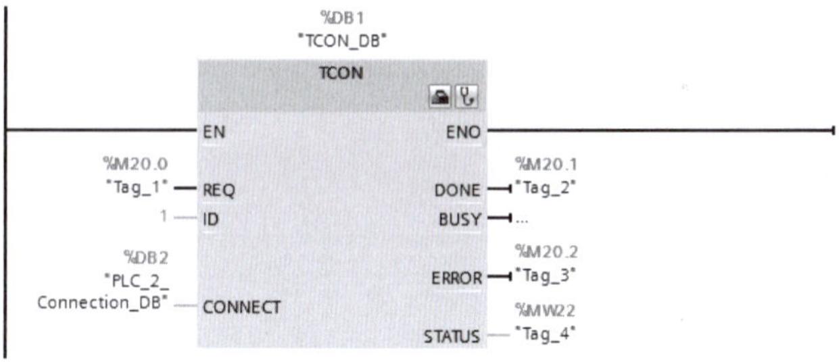

图7-38　PLC_2 UDP方式TCON指令

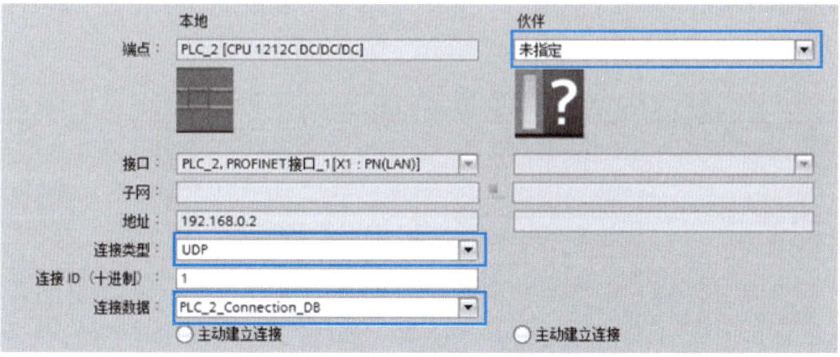

图7-39　UDP方式TCON指令组态界面

6）PLC_2作为接收数据端，单击“通信”→“开放式用户通信”→“其他”→“TURVC”指令，加载其进入编程区域。PLC_2接收指令程序及监控如图7-40所示。

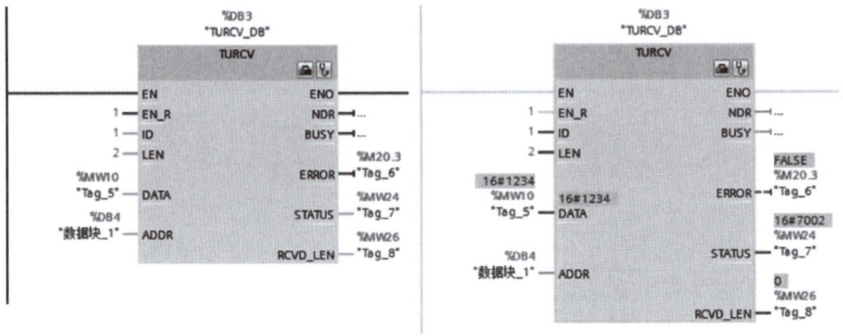

图 7-40　PLC_2 接收指令程序及监控

运行 PLC_1 和 PLC_2 的程序，单击程序监视，从程序中可以看到，PLC_2 的 MW10 已经接收到了 PLC_1 的发送数据（十六进制数 1234）。

任务实施

1）根据控制要求，PLC 以太网通信接线如图 7-41 所示。

2）在同一个项目中，新建两个 S7－1200 PLC。

通过“添加新设备”组态 S7－1200 PLC client v4. 1，选择 CPU 1214C DC/DC/DC(client IP 为 192. 168. 0. 10)；组态另一个 S7－1200 PLC server v2. 0，选择 CPU 1214C DC/DC/DC(server IP 为 192. 168. 0. 12)，如图 7-42 所示。

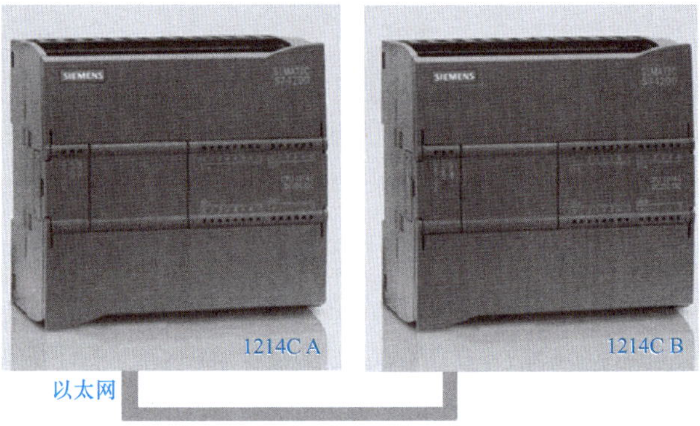

图 7-41　PLC 以太网通信接线图

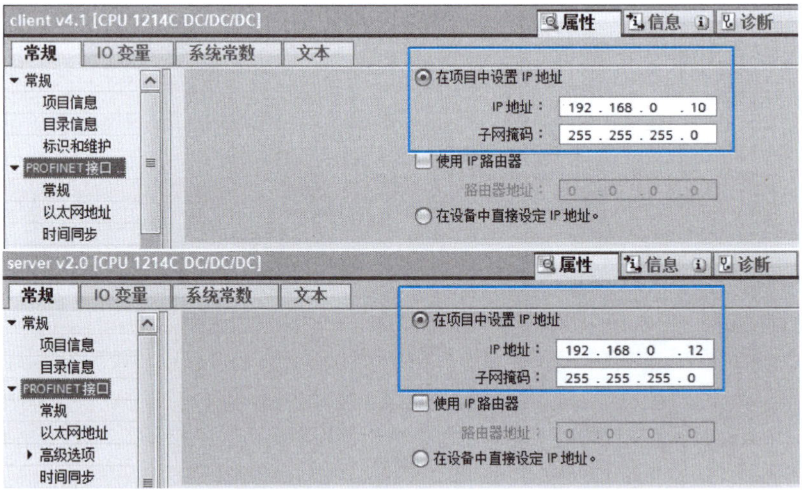

图 7-42　在新项目中插入两个 S7－1200 PLC

3）网络配置，组态 S7 连接。

在“设备组态”中选择“网络视图”栏进行网络配置，单击左上角的“连接”图标，在连接框中选择“S7 连接”，然后选中 client v4.1 CPU 1214C，在右键菜单中选择“添加新连接”，在“创建新连接”对话框选择连接对象“server v2.0 CPU 1214C”，勾选“主动建立连接”，如图7-43 和图7-44 所示。

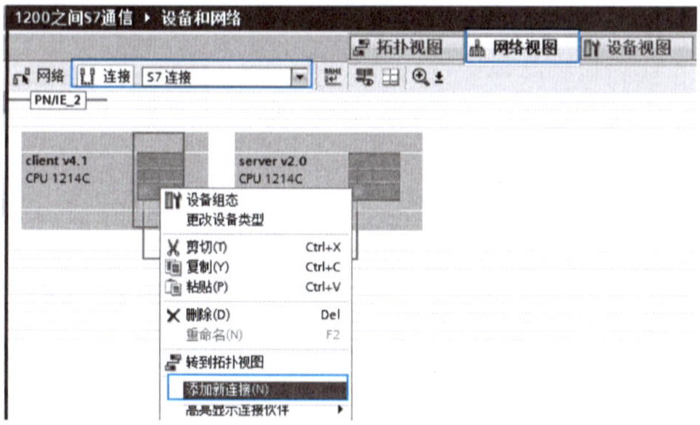

图 7-43 建立 S7 连接添加新连接

在中间栏的“连接”条目中，可以看到已经建立的“S7_连接_1”，如图7-45 所示。

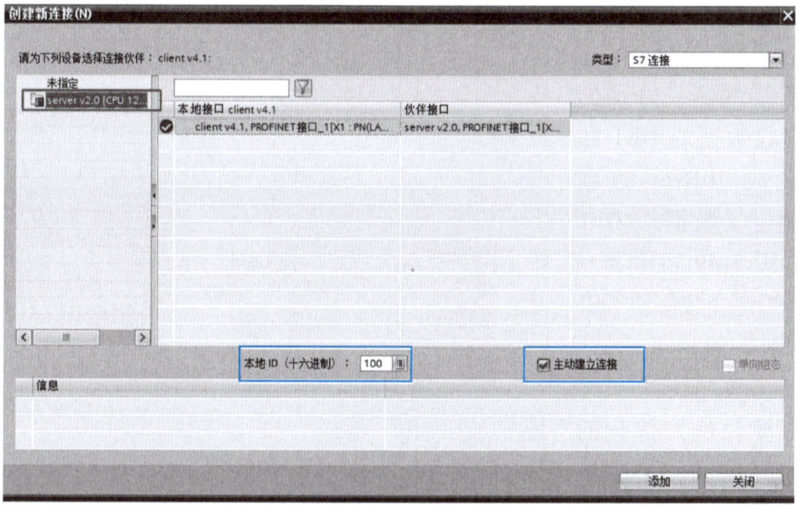

图 7-44 建立 S7 连接

在“S7_连接_1”的连接属性中查看各参数，如图7-46 所示。在“常规”中，“连接”部分显示名称，“连接路径”中显示本地与伙伴的站点、接口、接口类型、子网及地址等。

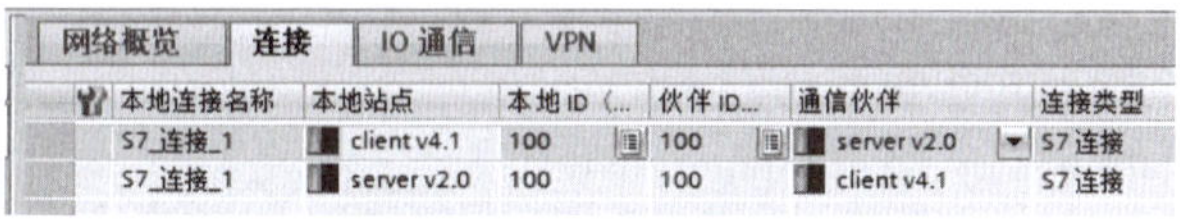

图 7-45 S7 连接

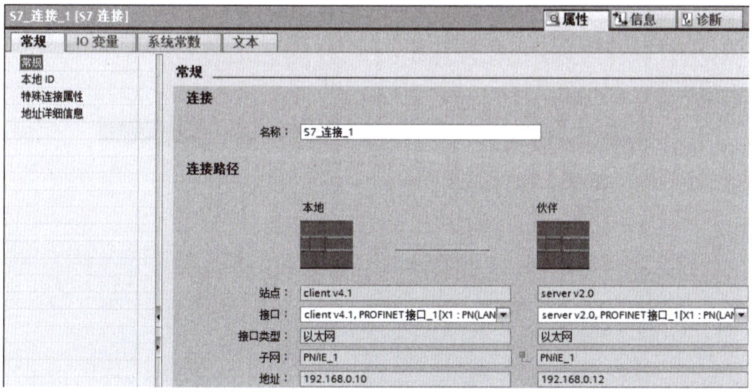

图 7-46 S7_连接_1 的“常规”组态

在“本地 ID”中显示通信连接的 ID 号，这里 ID = W#16#100（编程使用）。

在“特殊连接属性”中，可以勾选“主动建立连接”，这里 client v4.1 是主动建立连接，如图 7-47 所示。

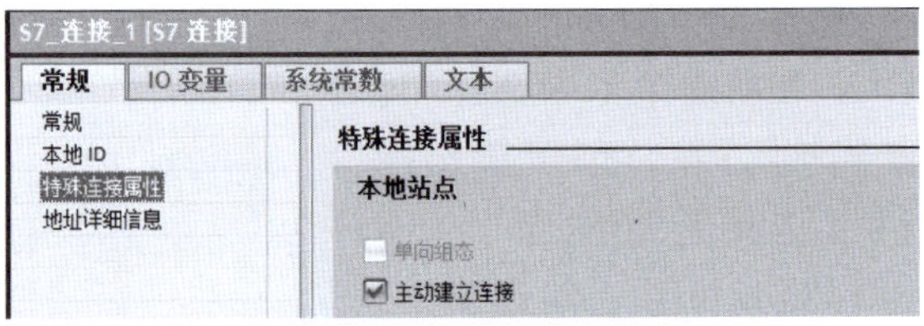

图 7-47 S7 连接属性——“特殊连接属性”组态界面

在“地址详细信息”中，定义通信双方的 TSAP 号，这里不需要修改。

网络配置完成后，双方都编译保存并下载。如果通信连接正常，连接状态如图 7-48 所示。

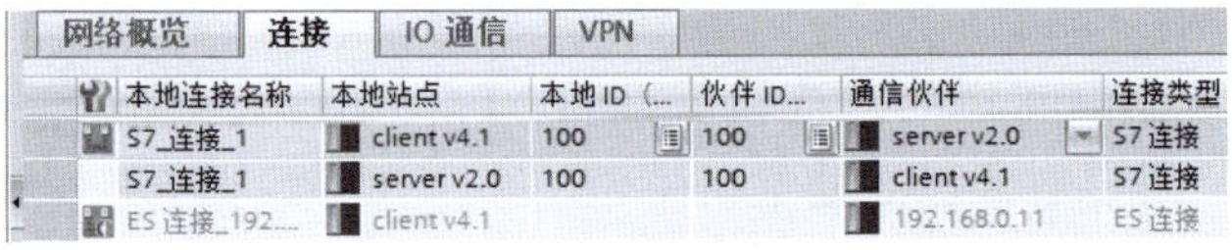

图 7-48 连接状态

4）软件编程。

在 S7 - 1200 PLC 客户端、服务器端两侧，分别创建发送和接收数据块 DB1 和 DB2，定义成 10Byte 的数组。客户端定义数据块 DB1 和 DB2，如图 7-49 所示。

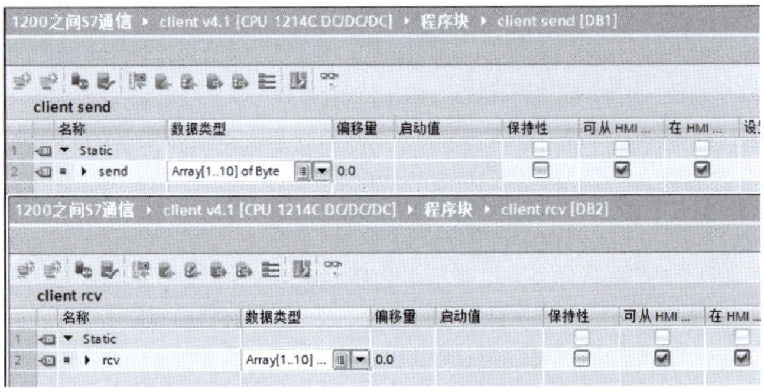

图 7-49 客户端定义数据块 DB1 和 DB2

服务器端定义数据块 DB1 和 DB2，如图 7-50 所示。

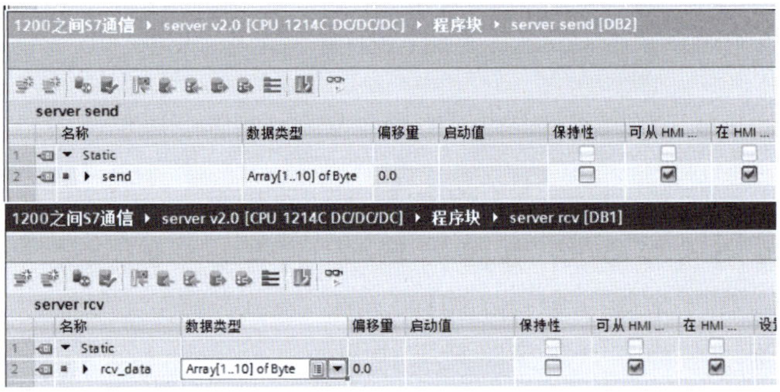

图 7-50 服务器端定义数据块 DB1 和 DB2

注意：在数据块的“属性”中，不要勾选“优化的块访问”，如图 7-51 所示。

在主动建连接侧编程（client v4.1），在 DB1 中，在“Instruction”→“Communication”→“S7 Communication”下调用 GET、PUT 通信指令，如图 7-52 所示。

5）监控结果。

通过在 S7 - 1200 PLC 客户端侧编程进行 S7 通信，实现两个 PLC CPU 之间的数据交换，监控结果如图 7-53 所示。

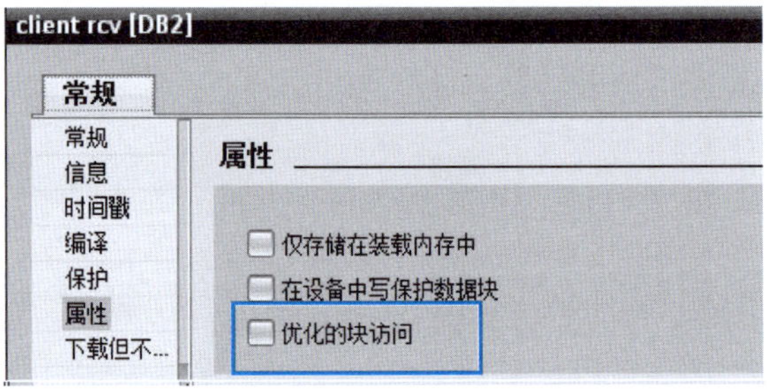

图 7-51 数据块“属性”中不要勾选“优化的块访问”

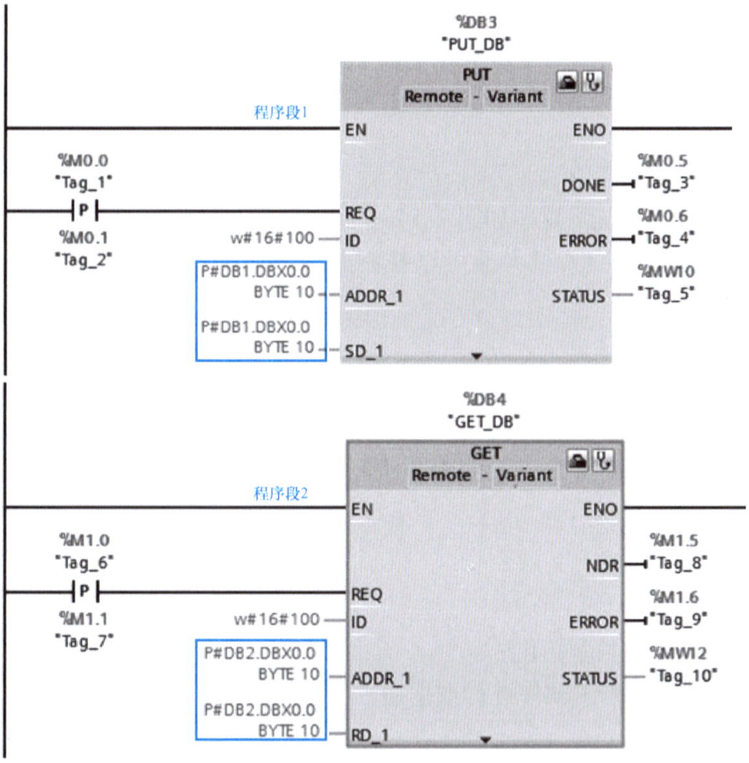

图 7-52　发送接收指令调用

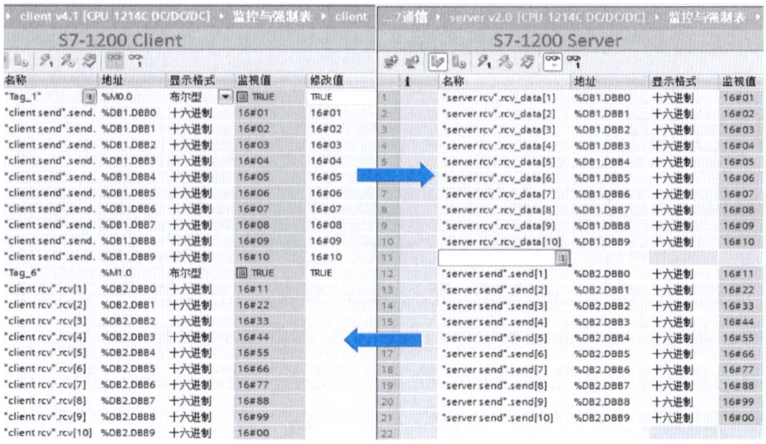

图 7-53　监控结果

工作任务书
两台S7-1200 PLC的TCP通信系统

任务拓展

两台 S7－1200 PLC 通过 TCP 协议进行数据传输，系统具体控制要求：

1）将 PLC_1 的通信数据区 DB3 块中的 100Byte 的数据发送到 PLC_2 的接收数据区 DB4 块中。

2）将 PLC_2 的通信数据区 DB3 块中的 100Byte 的数据发送到 PLC_1 的接收数据区 DB4 块中。

根据控制要求建项目，进行通信组态，编制 PLC 控制程序并进行调试。

任务2 S7-1200 PLC与组态王的以太网通信

任务描述

组态王工业监控系统示意图如图7-54所示。

用组态王软件编写的人机界面可以控制并监测S7-1200 PLC的寄存器状态。

S7-1200 PLC与组态王的通信

任务要求

1）按钮1可以控制M0.0的关断，从而控制计数器的复位；

2）计数器可以对按钮2按下的次数进行计数，计数值可以直接显示在组态界面上，也可以通过仪表显示。

任务目标

1）熟悉组态王软件的使用方法。

2）熟悉PLC与组态王软件进行数据通信的参数设置。

3）熟悉组态王变量定义和管理、连接与动画。

4）熟悉组态王软件与PLC的变量关联。

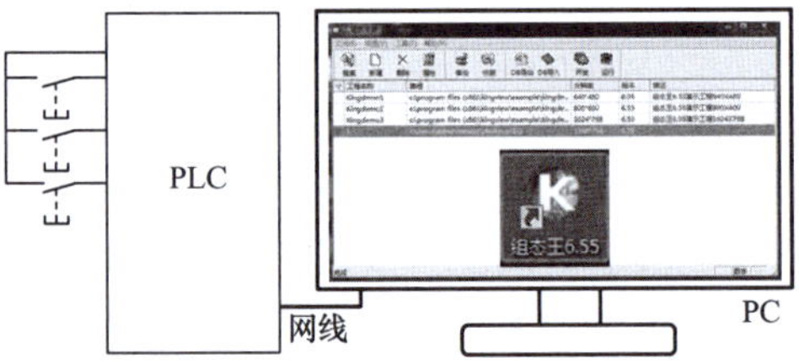

图7-54 组态王工业监控系统示意图

相关知识

1. 基本知识

（1）组态王软件简介 组态软件又称组态监控软件（Supervisory Control and Data Acquisition，即数据采集与监视控制，简写为SCADA）。它是指一些数据采集与过程控制的专用软件，处在自动控制系统监控层一级的软件平台和开发环境中，使用灵活的组态方式为用户提供快速构建工业自动控制系统监控功能的、通用层次的软件工具。

组态王软件由北京亚控科技发展有限公司开发，目前在市场上广泛使用的是KingView6.53、KingView6.55版本。

组态王软件由工程管理器（ProjManager）、工程浏览器（TouchExplorer）和画面运行系统（TouchView）三部分组成。

1）工程管理器内嵌画面管理系统，用于新工程的创建和已有工程的管理，对已有工程进行搜索、新建、备份、恢复以及DB导入和DB导出等功能。

工程管理器界面如图7-55所示。

2）工程浏览器是一个工程开发设计工具，用于创建监控画面、监控设备及相关变量、动画链接、命令语言以及设定运行系统配置等。

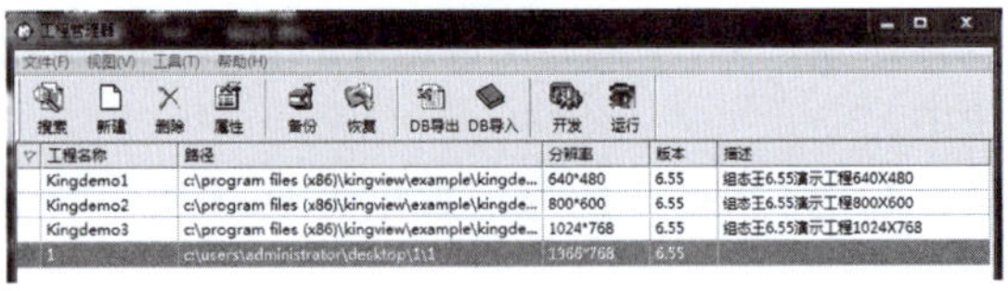

图7-55 工程管理器界面

工程浏览器界面如图7-56所示。

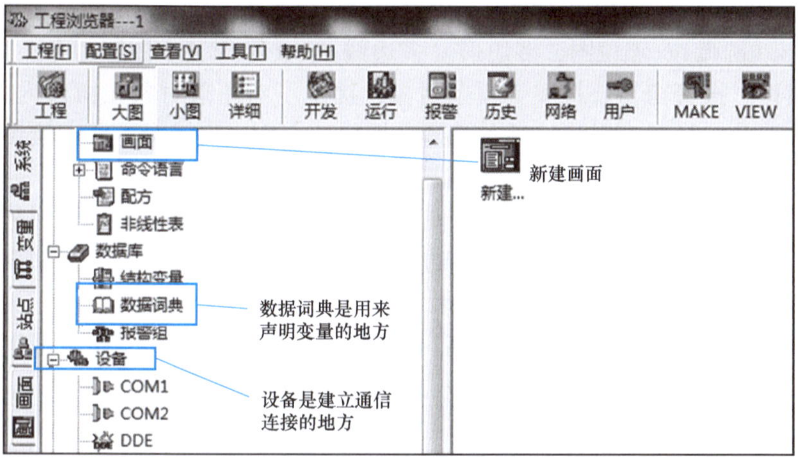

图7-56　工程浏览器界面

3）画面运行系统是工程运行画面，从采集设备中获得通信数据，并依据工程浏览器的动画设计显示动态画面，实现人与控制设备的相互交互，如图7-57所示。

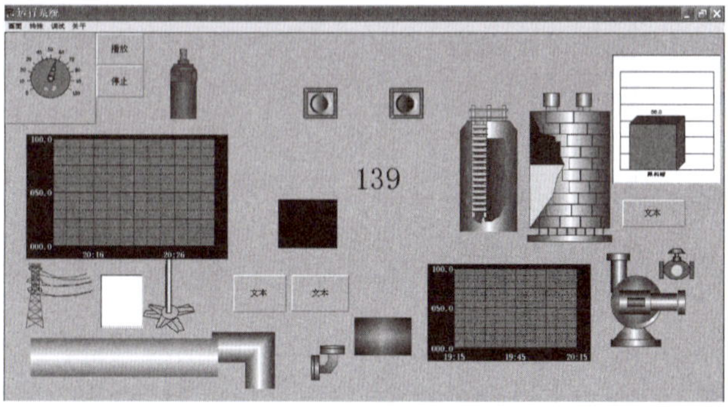

图7-57　运行系统界面

（2）组态王制作一个工程的一般步骤

1）建立组态王新工程。要建立新的组态王工程，首先为工程指定工作目录（或称工程路径）。组态王用工作目录标识工程，不同的工程应置于不同的目录中。工作目录下的文件由组态王自动管理。

下面创建工程路径。

启动组态王“工程管理器”，选择菜单“文件”→“新建工程”或单击“新建”按钮，弹出“新建工程向导之一”对话框。

单击“下一步”继续，弹出“新建工程向导之二”对话框。在“工程路径”文本框中输入一个有效的工程路径，或单击“浏览…”按钮，在弹出的“路径选择”对话框中选择一个有效的路径。

单击“下一步”继续，弹出“新建工程向导之三”对话框。在“工程名称”文本框中输入工程的名称，该工程名称同时将被作为当前工程的路径名称。在“工程描述”文本框中可输入对该工程的描述文字。工程名称长度应小于32个字符，工程描述长度应小于40个字符。

单击“完成”按钮，完成工程的创建。系统会弹出对话框，询问用户是否将新建工程设为当前工程。单击“否”按钮，则新建工程不是工程管理器的当前工程；单击“是”按钮，则将新建工程设为组态王的当前工程。定义的工程信息会出现在工程管理器的信息表格中。双击该信息条或单击“开发”按钮或执行“工具”→“切换到开发系统”菜单命令，进入组态王的开发系统。

2）创建组态画面。进入组态王开发系统后，就可以为每个工程建立数目不限的画面，在每个画面上生成互相关联的静态或动态图形对象。这些画面都是由“组态王”提供的类型丰富的图形对象组成的。系统为用户提供了矩形（圆角矩形）、直线、椭圆（圆）、扇形（圆弧）、点位图、多边形（多边线）、文本等基本图形对象，以及按钮、趋势曲线窗口、报警窗口、报表等复杂对象；提供了对图形对象在窗口内任意移动、缩放、改变形状、复制、删除、对齐等编辑操作，全面支持键盘、鼠标绘图，并可提供对图形对象的颜色、线型、填充属性进行改变的操作工具。

组态王采用面向对象的编程技术，使用户可以方便地建立画面的图形界面。用户构图时可以像搭积木那样利用系统提供的图形对象生成画面。同时支持画面之间的图形对象复制，可重复使用以前的开发结果。

3）定义I/O设备。组态王把那些需要与之交换数据的设备或程序都作为外部设备。外部设备包括：下位机（PLC、仪表、模块、板卡、变频器等），它们一般通过串行口和上位机交换数据；其他Windows应用程序，它们之间一般通过DDE交换数据；网络上的其他计算机。

定义I/O设备通信连接画面如图7-58所示。

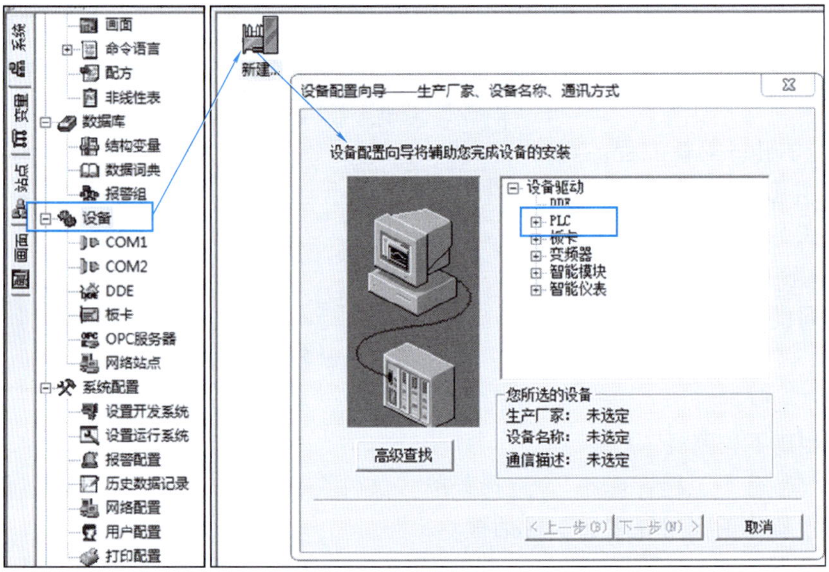

图7-58 定义I/O设备通信连接画面

只有在定义了外部设备之后，组态王才能通过I/O变量和它们交换数据。为方便定义外部设备，组态王设计了“设备配置向导”，引导用户一步步完成设备的连接。

4）构造数据库。数据库是组态王软件的核心部分，工业现场的生产状况要以动画的形式反映在屏幕上，操作者在计算机前发布的指令也要迅速送达生产现场，所有这一切都是以实时数据库为中介环节，所以说数据库是联系上位机和下位机的桥梁。在TouchView运行时，它含有全部数据变量的当前值。变量在组态王画面开发系统中定义，定义时要指定变量名和变量类型，某些类型的变量还需要一些附加信息。数据库中变量的集合形象地称为“数据词典”，数据词典记录了所有用户可使用的数据变量的详细信息。

数据词典及新建“定义变量”对话框如图7-59所示。

数据库中存放的是制作应用系统时定义的变量以及系统预定义的变量。变量可以分为基本类型和特殊类型两大类。基本类型的变量又分为“内存变量”和“I/O变量”两类。

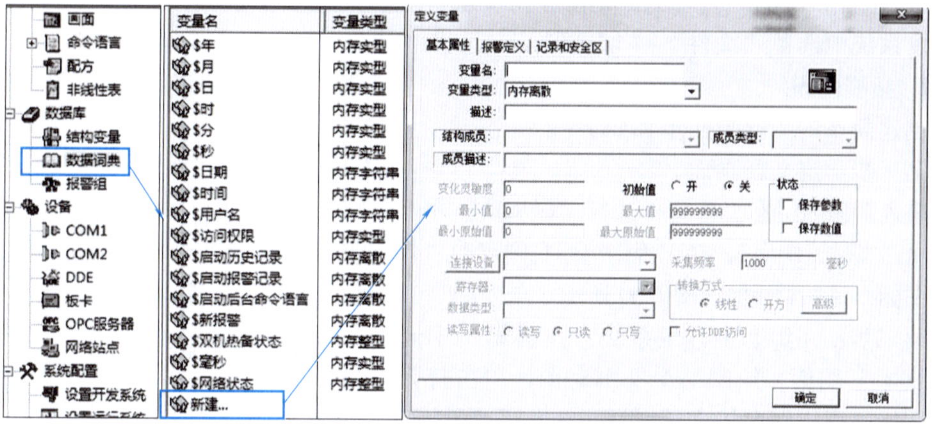

图 7-59 数据词典及新建“定义变量”对话框

I/O 变量指的是需要组态王和外部设备或其他应用程序交换数据的变量。这种数据交换是双向的、动态的，也就是说在组态王系统运行过程中，每当 I/O 变量的值改变时，该值就会自动写入远程应用程序；每当远程应用程序中的值改变时，组态王系统中的变量值也会自动更新。所以，那些从下位机采集来的数据以及发送给下位机的指令等变量，都需要设置成 I/O 变量。那些不需要和其他应用程序交换、只在组态王内应用的变量，如计算过程中的中间变量，就可以设置成内存变量。

基本类型的变量也可以按照数据类型分为离散型、实型、整数型和字符串型，见表 7-9。

表 7-9 变量类型

内 存 变 量	I/O 变量
内存离散型变量	I/O 离散变量
内存整数型变量	I/O 整数变量
内存实型变量	I/O 实型变量
内存字符串型变量	I/O 字符串型变量

特殊变量类型有报警窗口变量、报警组变量、历史趋势曲线变量及时间变量四种。这几种特殊类型的变量体现了组态王系统面向工控软件自动生成人机接口的特色。

5）建立动画连接。定义动画连接是指在画面的图形对象与数据库的数据变量之间建立一种关系，当变量的值改变时，在画面上以图形对象的动画效果表示出来；或者由软件使用者通过图形对象改变数据变量的值。组态王提供了 22 种动画连接方式，见表 7-10。

表 7-10 动画连接方式

种　　类	具体动画连接方式
属性变化	线属性变化、填充属性变化、文本色变化
位置与大小变化	填充、缩放、旋转、水平移动、垂直移动
值输出	模拟值输出、离散值输出、字符串输出
值输入	模拟值输入、离散值输入、字符串输入
特殊	闪烁、隐含、流动（仅适用于立体管道）
滑动杆输入	水平、垂直
命令语言	按下时、弹起时、按住时

一个图形对象可以同时定义多个连接，组合成复杂的效果，以便满足实际动画显示需要。

6）运行和调试。组态王工程已经初步建立起来，进入到运行和调试阶段。在组态王开发系统中选择“文件”→“切换到 View”菜单命令，进入组态王运行系统。

2. 拓展知识

创建简单的图形画面步骤如下：

第一步：定义新画面。

进入新建的组态王工程，选择工程浏览器左侧大纲项“文件\ 画面”，在工程浏览器右侧双击“新建”图标，弹出对话框如图 7-60 所示。

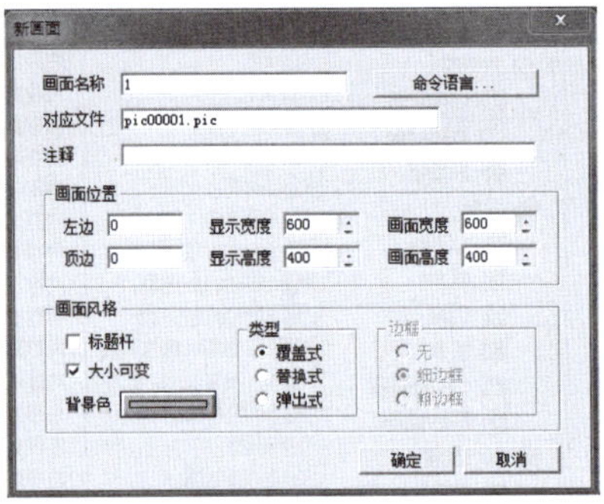

图 7-60　创建新画面

第二步：在组态王开发系统“工具箱”中选择“文本”图标，绘制一个文本对象，单击打开图库图标，弹出图库管理器对话框，如图 7-61 所示。从中选择一款按钮，添加两个，选择添加一款仪表，如图 7-62 所示。

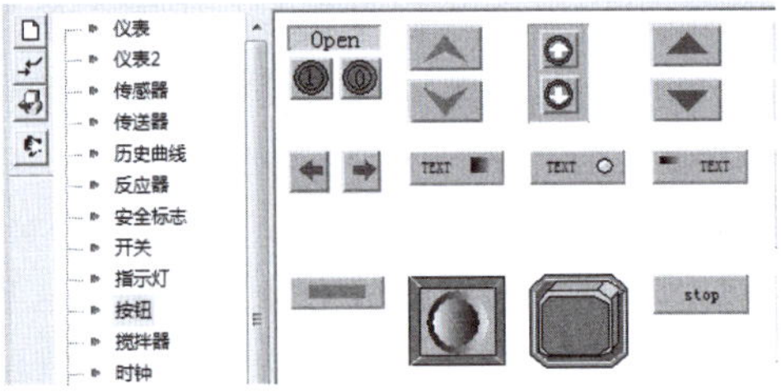

图 7-61　图库管理器

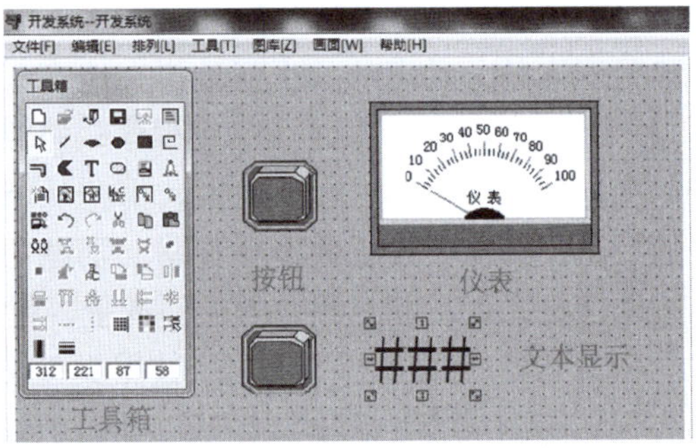

图 7-62　创建简单图形画面

任务实施

1）根据控制要求，S7－1200 PLC 连接装有 KingView 6.55 版本软件的 PC，硬件配置方法选用的通信协议是基于以太网的 TCP/IP。所以，直接使用网线将 S7－1200 PLC 和配置有网卡的计算机的以太网接口相连，TIA 博途软件通过添加新设备组态 S7－1200 PLC_1，选择 CPU 1214C DC/DC/DC（IP 地址为 192.168.0.1）；PC 端设置 IP 地址为 192.168.0.10，如图 7-63 所示。

2）进行 PG/PC 接口设置及通信测试，以检查运行组态王的计算机是否和 PLC 正常通信。

在操作系统中单击“开始”菜单，打开“控制面板”选项，在控制面板中，选中“大图标”显示，即可找到“设置 PG/PC 接口”，双击打开，如图 7-64 所示。

在应用程序访问点的下拉列表中选择“添加/删除”，可以添加自己定义的输入名称。

在“为使用的接口分配参数”中选择“Realtek PCIe GbE Family Controller. TCPIP. 1”（注意：应根据运行计算机实际工作的网卡名进行选择，不能选择带 Auto 的），然后在“应用程序访问点”内显示“S7ONLINE STEP7→Realtek PCIe GbE Family Controller. TCPIP. 1，如图 7-65 所示。

3）用组态王新建工程，新建 I/O 设备，进行通信测试，以检查运行组态王的计算机是否和 PLC 正常通信，通信协议是 TCP/IP，在组态王中定义的 I/O 设备应该使用

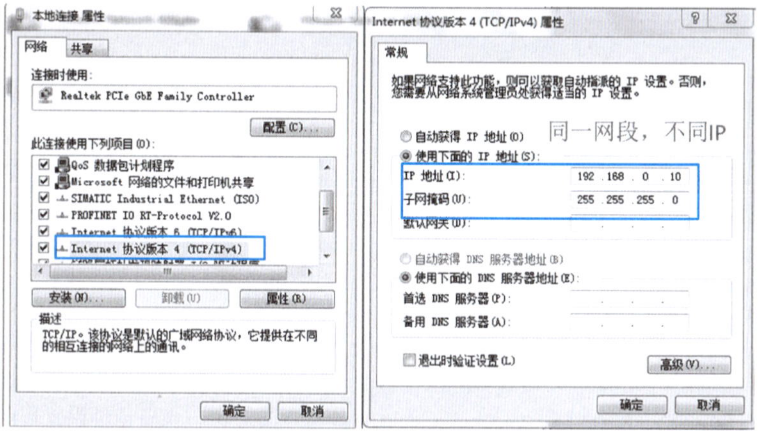

图 7-63　PC 端 IP 地址设置

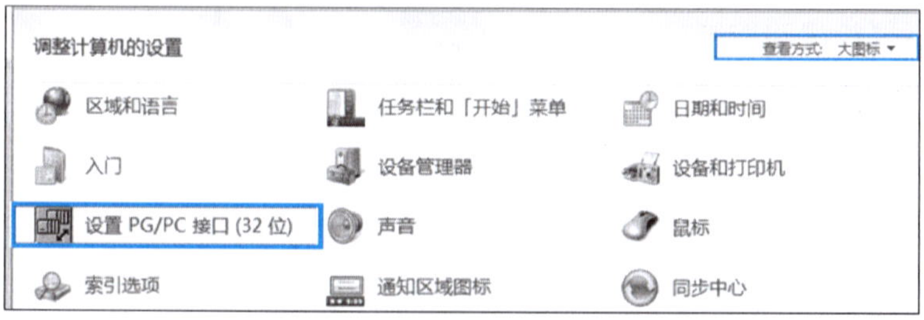

图 7-64　设置 PG/PC 接口

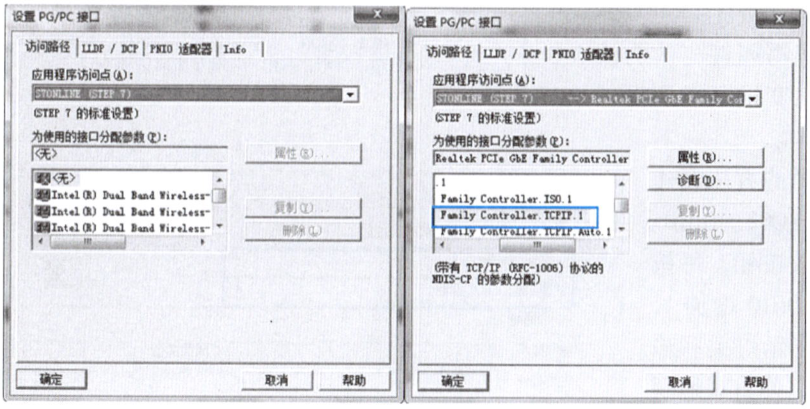

图 7-65　选择网卡

TCP/IP，设备设置如图 7-66 所示。

注意设备地址的填写，冒号前面是在 TIA 博途软件中组态的 PLC 的地址，冒号后面为 S7－1200 的默认槽号，此处为 0。所以，应填入信息为 192.168.0.1：0。设备地址设置指南如图 7-67 所示。

按向导顺序单击“下一步”，无需改动参数，最终组态王即可完成新建一个 I/O 设备。

在“工程浏览器”中单击“设备”菜单，就会在右侧框内看到新建成的 I/O 设备连接了，比如，新建成的 Z1200（自己命名）图标。右击该图标，会弹出一个对话框，在其中单击“测试 Z1200”，会弹出“串口设备测试”对话框，如图 7-68 所示。

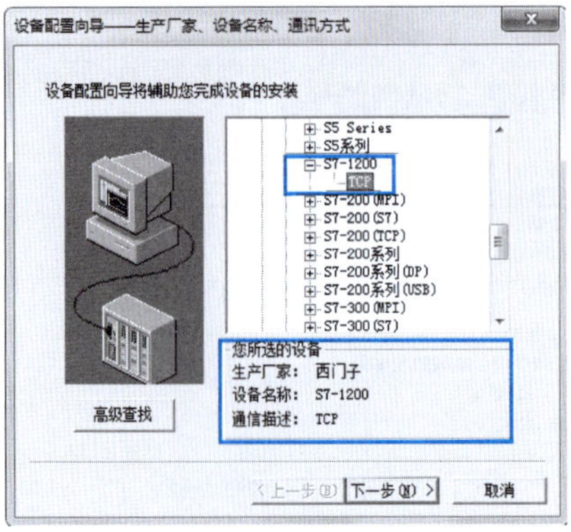

图 7-66 设备设置

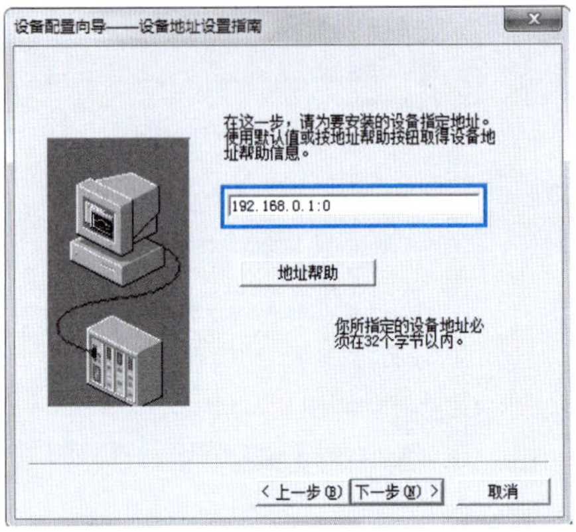

图 7-67 设备地址设置指南

4）新建 I/O 变量。根据程序选择需要检测和控制的寄存器变量，在组态王数据词典中定义相应的 I/O 变量。先为复位开关 M0.0 建立一个 I/O 变量，定义“变量名”为 M00，“变量类型”为 I/O 离散，“连接设备”为 Z1200，“寄存器”为 M0.0，“读写属性”改为读写。“定义变量”对话框如图 7-69 所示。

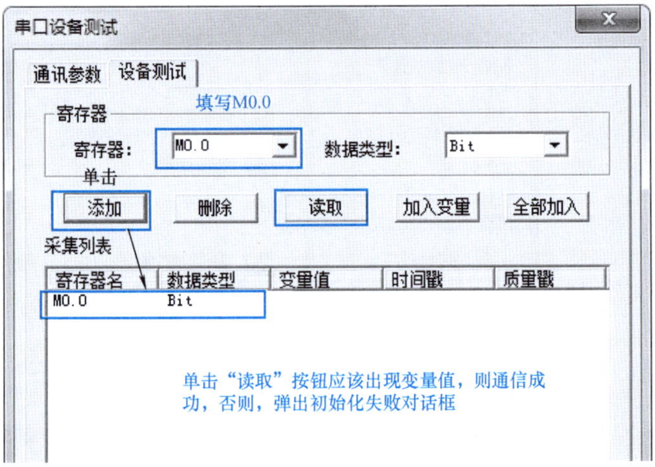

图 7-68 “串口设备测试”对话框

以同样的方法新建变量 M01、Q02、DB10。M01 为计数按钮，每按一次变量 DB10 增加 1，组态一个指示灯关联输出 Q0.2，以便直观地观察复位状态。数据词典新建的变量如图 7-70 所示。

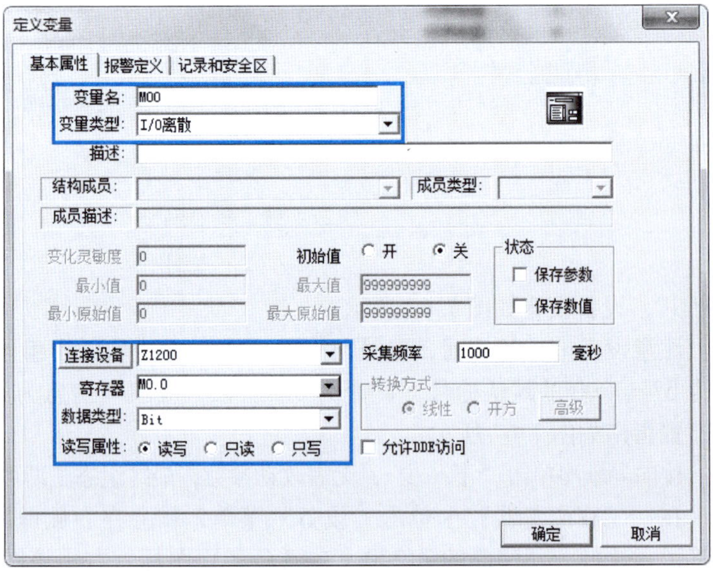

图 7-69 “定义变量”对话框

5）组态画面设计及关联变量。新建并组态一个画面 1，还是以按钮 1 为例，添加按钮 1 并对其进行变量关联，如图 7-71 所示。

在“选择变量名”对话框关联变量，如图 7-72 所示。

用同样的方法，创建按钮 2、指示灯 1、文本显示 1 及仪表 1，分别关联所建新变量

M01、Q02、DB10。画面如图 7-73 所示。

6）编写 PLC 程序。

在 TIA 博途软件 V15 中组态 S7－1200 PLC 并编写程序，编写完成后编译并下载，如图 7-74 所示。

7）监控。组态王运行画面如图 7-75 所示。可同时打开 TIA 博途软件的在线监控，如图 7-76 所示，组态王的人机界面有指令时，TIA 博途软件也可以同时监测到寄存器的状态变化。

对比图 7-74 和图 7-76，看出二者数据可以同步变化，S7－1200 PLC 和组态王软件通信成功。

变量名	变量类型	ID	连接设备	寄存器
M00	I/O离散	21	Z1200	M0.0
M01	I/O离散	22	Z1200	M0.1
Q02	I/O离散	23	Z1200	Q0.2
DB10	I/O整型	24	Z1200	DB1.0
新建...				

图 7-70　数据词典新建的变量

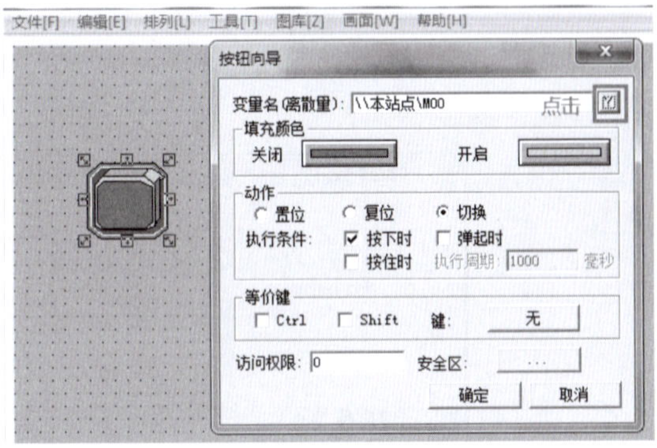

图 7-71　组态按钮并为其关联变量

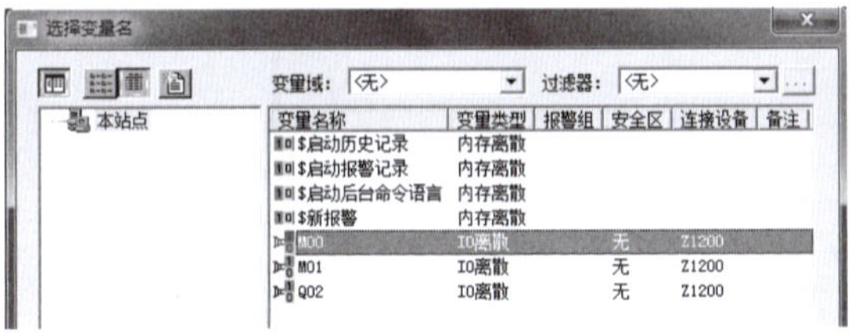

图 7-72　在“选择变量名”对话框中关联变量

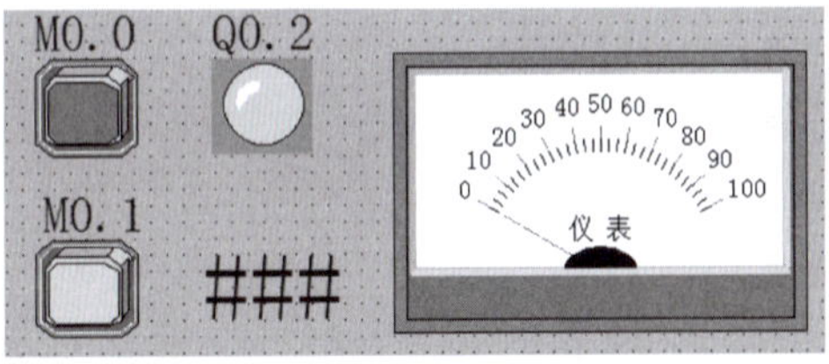

图 7-73　组态王画面

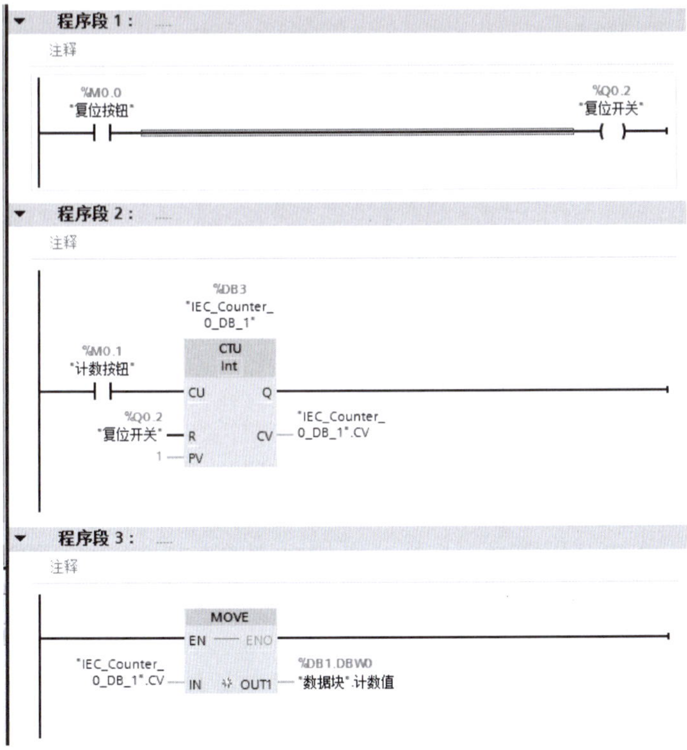

图 7-74　S7－1200 PLC 程序梯形图

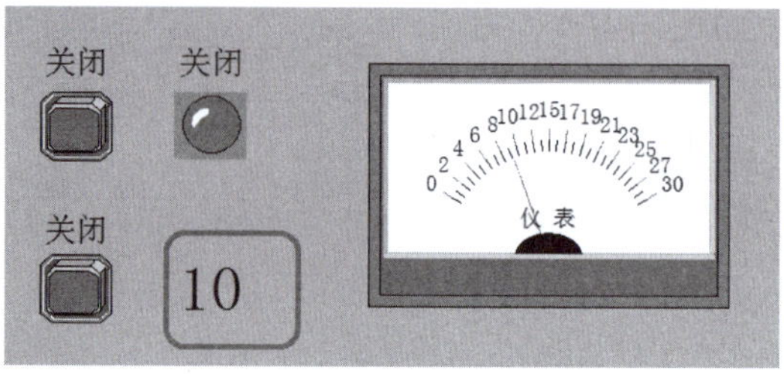

图 7-75 组态王运行画面

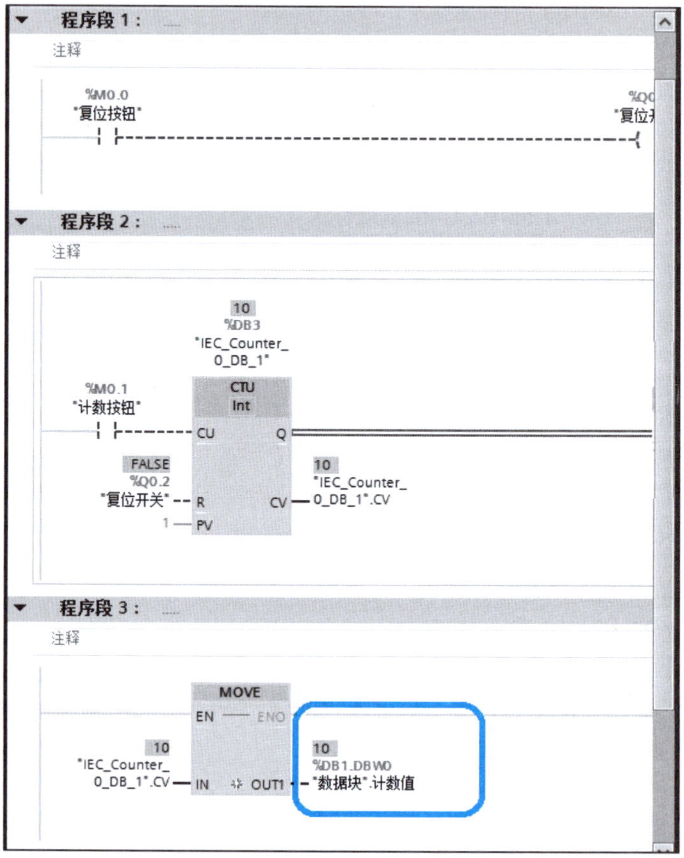

图 7-76 TIA 博途软件在线运行画面

任务拓展

工作任务书
自动送料小车控制系统

S7－1200 PLC 与组态王进行数据传输，PLC 控制小车按要求运转，具体控制要求为：

1）从“原位”开始（不是“原位”先回到“原位”），送料小车运行至“卸料”处，L2 灯亮，停 2s；接着运行到“料斗”处，L3 灯亮，停 2s；运行至“清洗”处，立即返回至“原位”。

2）再重复步骤 1）两次，最后一次在“清洗”处停 3s 清洗运料小车，清洗完毕后，回到原位，停止工作。

自动运料小车控制系统示意图如图 7-77 所示。

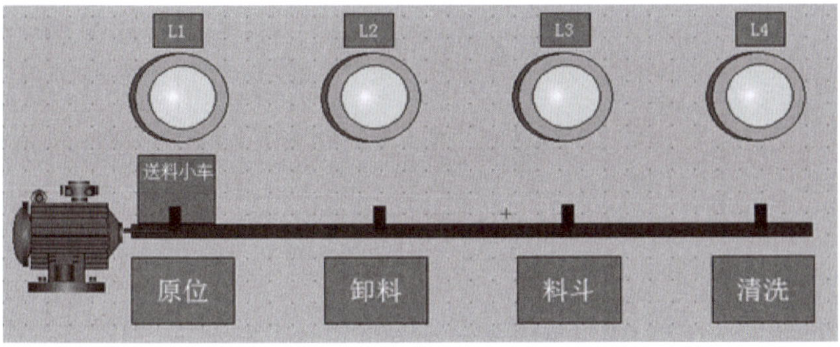

图 7-77 自动运料小车控制系统示意图

根据控制要求建项目，进行通信组态，编制 PLC 控制程序和组态王监控程序，并进行调试。

思考与练习

1. 什么是串行通信和并行通信？
2. 什么是单工、半双工和全双工通信方式？
3. 什么是异步通信和同步通信？
4. 异步通信和同步通信区别是什么？
5. OSI 七层模型分别是哪七层？
6. S7 - 1200 PLC 以太网的通信类型有哪些？
7. S7 - 1200 PLC 之间的 OUC 有哪几种？分别需要哪些指令进行通信？
8. 简述 ISO-on-TCP 的通信步骤。
9. 简述 TCP 的通信步骤。
10. 简述 UDP 的通信步骤。
11. 什么是 S7 通信？S7 通信指令有哪些？
12. 简述 S7 的通信步骤。
13. 组态王软件由哪三部分组成？每一部分的作用是什么？
14. 组态王制作一个工程的一般步骤是什么？
15. 在组态王中如何新建一个 I/O 设备？
16. 如何在数据词典中新建变量？
17. 组态王新建变量的类型有哪些？简述 I/O 变量和内存变量的区别。
18. 组态王都有哪些动画连接？

参 考 文 献

[1] 向晓汉. 西门子 S7－1200 PLC 学习手册 [M]. 北京：化学工业出版社，2018.
[2] 李方园. 西门子 S7－1200 从入门到精通 [M]. 北京：电子工业出版社，2018.
[3] 王淑芳. 电气控制与 S7－1200 PLC 应用技术 [M]. 北京：机械工业出版社，2018.